WE CAME TO PLAY

Titelbild , Gestaltung und Satz: Hanna Lippmann, Berlin
Druck und Bindung: DZA Druckerei zu Altenburg GmbH

Bibliografische Information der Deutschen Nationalbibliothek
Die Deutsche Nationalbibliothek verzeichnet diese Publikation in der Deutschen Nationalbibliografie; detaillierte bibliografische Daten sind im Internet über http://dnb.d-nb.de abrufbar.

jovis Verlag GmbH
Kurfürstenstraße 15/16
10785 Berlin

www.jovis.de

ISBN 978-3-86859-039-5

RE PLAY CITY

IMPROVISATION
ALS URBANE PRAXIS

CHRISTOPHER DELL

jovis

INHALTSVERZEICHNIS

Christopher Dell ist Theoretiker und Komponist. Er war Dozent für Architekturtheorie an der Universität der Künste Berlin und Gastprofessor für Theorie am Lehrstuhl Städtebau/ Urban Design an der HafenCity Universität Hamburg. Dort leitete er das UD Meta Lab, Studio für angewandte Theorie, und initiierte gemeinsam mit Bernd Kniess und Michael Koch das Lehr- und Forschungsprojekt „Universität der Nachbarschaften" (UdN). Dell ist Leiter des ifit, Institut für Improvisationstechnologie, Berlin. Sein Interesse gilt Praxen und Organisationsverläufen der zeitgenössischen Stadt. In disziplinübergreifenden Arbeitskonstellationen sucht er relationale Handlungsformen als Verfahren zu konzeptionalisieren und für Gestaltung fruchtbar zu machen.

Monografien: *Prinzip Improvisation*, Köln 2002, *Tacit Urbanism*, Rotterdamm 2009

„denn eine neue Art von Musik einzuführen muss man sich hüten, weil es das Ganze gefährden heißt; denn nirgends wird an der Musik gerüttelt, ohne dass die wichtigsten Gesetze des Staates mit erschüttert würden" Platon: Der Staat

„Warum aber soll die Sprache die ‚Wohnung des Seins', der Ort der Enthüllung sein, und nicht die Praxis? Und warum die Sprache allein? Warum nicht auch die Musik (...) ?" Henri Lefebvre

INTRO

Das vorliegende Buch enthält eine Versammlung von Arbeiten, die auf unterschiedliche Kontexte zurückgehen, in denen ich mich, über das zeitliche Intervall von zehn Jahren hinweg, mit dem Thema Stadt und Praxis auseinandergesetzt habe. Konzeptuell kreisen die Texte um die Frage eines performativ-relationalen Raumverständnisses. Darunter verstehe ich, Raum und mithin Stadt als Produziertes zu begreifen, das in unterschiedlichen Konstellationen immer wieder neu versammelt und erhandelt wird.
Die Texte dokumentieren aber auch eine Bewegung, die vielleicht erst in dieser Versammlung und über den Zeitraum einer Dekade erkennbar wird. Als Bausteine eines stadttheoretischen Denkens bilden sie die Fortsetzung früherer Untersuchungen, in denen ich die Grundzüge einer Theorie der Improvisation bestimmt habe.[1] Alle Texte stellen aus einer jeweils anderen Perspektive unternommene Versuche dar, etwas von der Faszination des Denkens von Stadt als Handlung zu vermitteln – in der Zusammenschau der Konzeptionen von Relationalität, Performanz, Improvisation und musikalischem Raumdenken. Am Ende ging es jedoch nicht darum, einen Kreis zu schließen, sondern einen Weg zurückzulegen, indem Wiederkehrendes und Unterschiedenes zu einer geschichtlichen Spur des Denkens von und Arbeitens an einer sehr spezifischen Variante von Stadttheorie verwoben wird.

ZUM VERFAHREN

In diesem Band wird auch sichtbar, wie sich das relationale Verfahren auf sich selbst anwenden lässt. Der Kern seines Modus liegt in Wiederholung und Sequenzialität: im mehrfachen Umspielen bestimmter Motive auf unterschiedlichste Art und Weise. In der Musik würde man sagen, die einzelnen Texte sind unterschiedliche Takes desselben Stücks. Das ist in sich selbst relational gedacht: Jeder Take stellt das Motiv wieder in andere Zusammenhänge oder Maßstäbe. Verschiebung ist hier kein von außen eingefügtes Merkmal, sondern eine „grundlegende Eigenschaft, die es ermöglicht, die Struktur als Ordnung der Orte unter wechselnden Verhältnissen zu definieren."[2] Das ganze Verfahren wird von diesem Ursprung aus bewegt, wenngleich dieser selbst sich dem Bild entzieht. Die Serien der Texte als Takes können als Verschiebungen verstanden werden, die zur Konstruktion dienen. Das relationale Feld durchläuft, zirkuliert in und konstituiert sich aus Serien. Diese Arbeit kann auch als Versuch verstanden werden, erst einmal Instrumen-talität und Repräsentation loszulassen, um in der kontrollierten, fokussierten Auslieferung ans Feld – und den dadurch erzeugten und mit verkörperten Verschiebungen – eine serielle Sequenz an Varianten aufzuspannen und zu durchlaufen, aus denen sich wiederum unterschiedliche Schritte und Fragestellungen ergeben.
Von diesem Ansatz her ist auch die Gestaltung des vorliegenden Buches zu verstehen: als Anordnung performativer Versuche auf einem Datenträger, die es ermöglicht, selbst durch das Feld zu navigieren, Texte zu überspringen, vorzuspulen, zu wiederholen usw. Das Design lädt zu einem Lesen ein, wie es der französische Wissenschaftler Gilles Deleuze in seinen Dialogen vorgeschlagen hat: „Die beste Art, heute ein Buch zu lesen wäre, es so zu rezipieren, als würde man eine Schallplatte hören."[3]
Die Texte sind nicht chronologisch, sondern thematisch angeordnet. Sie gliedern sich in drei große Abschnitte mit jeweils unterschiedlichen Schwerpunkten. Im ersten Teil geht es um die Frage, wie Stadt heute als Performanz beschrieben werden könnte (siehe „Taktiken strategisch machen"). Teil dessen ist auch die historische Auseinandersetzung mit Arbeiten aus den 50er und 60er Jahren (unter anderem von den Situationisten, Alison und Peter Smithson oder Constant), in denen bereits eine erste Problematisierung der Reduktion von Stadt auf ein materielles Objekt angedeutet wird (siehe „Die performative Erkundung der Städte", „Stadt als Handlung"). Die daran anschließenden Stellungnahmen zu aktuellen architektonischen Konzeptionen zielen deshalb auch auf Protagonisten, die dieses Thema auf unterschiedlichste Art und Weise wieder aufgreifen, wie Bernd Kniess, Lacaton/Vasall, Raumlabor oder „shrink to fit" (mit unter anderem Oda Pälmke und Wilfried Kühn). Dabei wird deutlich, wie die hier entwickelte Sicht auf Stadt auch die eigenen Produktionsweisen und deren Organisationsform beeinflusst (siehe „Improvisation braucht Methode", „Die Lage die Lage die Lage"). Genau darum geht es im zweiten Teil: die Produktionsweise von Improvisation als Technologie und deren Implikation für ein neues Raum- bzw. Architekturverständnis, aus dem sich der Begriff der *Ermöglichungsarchitektur* herauskristallisiert (siehe „Performanz des Raums", „Ermöglichungsarchitektur"). Der Abschnitt besteht aus einer größeren Studie zur Improvisation und kleineren, eher persönlich gehaltenen Transkriptionen von (improvisierten) Vorträgen.
Der dritte Teil konzentriert sich auf die Frage, welche grundsätzliche Denkungsart hinter meiner Konzeption von Stadt zu lesen ist: das musikalische Raumdenken. Der

Kerngedanke ist, dass performative Praktiken alltäglicher Improvisation als urbane Praxis die Bedingung dafür setzen, dass Stadt sich immer wieder neu ereignen kann. Improvisation als Handlungsverlauf lässt sich vor allem über die Musik erläutern – nicht als Metapher, sondern als Verfahren.
Die Struktur der Abschnitte ist wiederum in Textcluster unterteilt, sodass der Leser, der nicht einzelne Texte herausgreifen, sondern mehrere Aufsätze im Zusammenhang lesen will, schneller Orientierung findet. Das Textfeld entfaltet sich als diagrammatisches Prinzip. Diagrammatisch heißt hier, dass die Choreografie aus einer inneren Kartografie heraus entsteht, aus den Relationen die Form schafft und so den Prozess des Lesens dynamisch hält. Die Texte bilden Teile eines „generativen Feldes", indem sie in Bezug auf die anderen agieren, ohne dabei voneinander abhängig zu sein. Die Transformation der Bedeutungstopologie vollzieht sich als Redesign von Konstellationen. Die strukturellen Elemente des Verfahrens treten so in den Vordergrund, sie bilden den Motor des Buchs. Deshalb werden allen Texten sogenannte „knee-plays" vorangestellt. Der Choreograf Robert Wilson hat diese Strategie der performativen Einschnitte erfunden. „Knee-plays" fungieren als Verbindungsstücke. Es sind isolierte Aktionen, die als eine Art ***drone*** durchlaufen, je nach Belieben an- und ausgeschaltet werden und als ***shift*** zwischen Abschnitten dienen können. Ihr Ablauf kann zeitlich in andere Teile des Stücks hineinragen und so nicht nur strukturelle Verbindungen herstellen, sondern auch nicht-metrische Modulationen hervorrufen. Beliebt ist das „knee-play" auch zu Beginn eines Stücks oder in der Pause: Zuschauer kommen in den Bühnenraum und die Aktion läuft bereits, setzt die Atmosphäre des Stücks.

GESCHICHTSGEBUNDENHEIT DER PRAXIS

Anliegen der hier versammelten Essays ist es, Fragmente der urbanen Praxis als Verfahren aufzuzeigen, zu analysieren und damit zu versuchen, deren theoretisch-praktische Kategoriengerüste für ein Terrain möglicher Fragen zu öffnen. Das geschieht in zwei Modi, die sich in den Texten auf unterschiedliche Weise kreuzen. Der erste Modus fokussiert auf das System der Praxis und fragt: Wie ist das aufgebaut, wie mache ich das? Diesen Befragungsmodus kreuzt ein zweiter Modus, der als Untersuchungsart danach fragt, aus welchen geschichtlichen Zusammenhängen, Bedingungen und Verhältnissen sich die Form der Praxis entwickelt hat. Dieser zweite Modus weist also darauf hin, dass die Improvisation als Verfahren historisch in die aktuelle Situation als Praxis des Urbanen einzuordnen ist, geschichtlich bedingt ist. Verfahrenstechnik mischt sich mit Zeitdiagnostik.
Wenn ich untersuchen will, wie eine Gesellschaftsform aus urbaner Praxis entstehen kann, ist es entscheidend, den Begriff der Geschichte nicht auszuklammern, wie es einige Kritiker der New Economy tun.[4] Indem sie die neuen Formen des Kapitalismus als ungeschichtlich disqualifizieren, sehen sie selbst nicht die historischen Entwicklungen, aus denen überhaupt erst so etwas wie die Subjektivierung von Arbeit entstehen konnte. Denn die Verquickung von Leben und Arbeiten, von flachen Hierarchien und Patchworkidentität sind keineswegs Erscheinungen ex nihilo.
Die Geschichtsgebundenheit der Praxis kann jedoch nicht als ein Wahrheitskriterium verstanden werden, also insofern, als dass dasjenige, das sich in der Praxis durchsetzt,

gleichzeitig wahr sei. Vielmehr ist gemeint, dass sich Gedanken, die sich in der Realität widerspiegeln, in der Praxis ausdrücken. Im Gegensatz zum rein pragmatischen Denken können hier Wahrheit und Erfolg einer Handlung nicht gleichgesetzt werden.[5] Es geht also nicht um den Erfolg einer Handlungsform, die eine politisch-soziale Theorie rechtfertigen soll. Vielmehr ist sie als Ausdrucksform gesellschaftlicher Realität zu untersuchen. Nur dann sind auch politische Machtverhältnisse zu kritisieren, selbst wenn sie Handlungsformen hervorrufen, die andere Möglichkeiten gesellschaftlicher Formen in sich tragen. Die Theorie muss vielmehr den Anspruch erheben, die realen Bedürfnisse widerzuspiegeln.
Bedeutet dies, sich auf einen geschichtsphilosophischen Standpunkt zurückzuziehen und zu behaupten, dass man dem Gang der Geschichte ausgeliefert sei? Nein. Es ist vielmehr ein dialektischer Vorgang am Werk: In der urbanen Praxis erzeuge ich das Urbane als Form mit, gleichzeitig bin ich von dieser Form als zeitspezifischer Situation beeinflusst. Was zu tun ist, was „an der Zeit ist", lässt sich demnach nicht in linear-„chronologischer" Weise bestimmen, sondern nur in Kenntnis der gleichsam dahinter palimpsestartig sich entfaltenden Geschichte und vor allem ihrer alltäglichen Ausprägung. Das heißt weiterhin, Theorie gerade nicht zugunsten eines pragmatischen Aktionismus zu vernachlässigen, sondern in einer Art der „umgekehrt" angewandten Theorie die Konzeptionalisierung der Praxis voranzutreiben – gerade um die taktischen Elemente und Dimensionen der Praxis in ihrer politischen Bedeutung zu klären und damit auch strategisch, das heißt politisch nutzbar zu machen.
Das bedeutet nicht, die zunehmende Ökonomisierung des Sozialen zu leugnen. Jedoch wäre es zu kurz gefasst, daraus ein Einstimmen in dominante Gesellschaftstheorien abzuleiten. Sowohl die Systemtheorie, die autonome Subsysteme unterstellt, wie auch der Neomarxismus als ökonomischer Determinismus oder das konservative Wertelamento kulturpessimistischer Provenienz unterstellen ein Ausgeliefertsein des Einzelnen an die Gesellschaft. Das Urbane ist aber genau dadurch charakterisiert, dass es sich permanent ausdifferenziert, dass es nicht reduzierbar ist. Daraus folgt, dass sich immer eine Lücke finden lässt, neue Wege der Vergesellschaftung zu erproben.

ZUM ANSATZ:

RAUMPRODUKTION, RELATIONALER RAUM UND STADTPOLITIK

Urbaner Raum wird in diesem Kontext als soziales Produkt gefasst, das sich in einem geschichtlichen Verlauf entfaltet. „Soziale Verhältnisse existieren insofern, als sie räumlich existieren; sie bilden sich in einem Raum ab, schreiben sich dort ein und produzieren dadurch genau diesen Raum,"[6] schreibt der französische Theoretiker Henri Lefebvre und macht in diesem Zusammenhang darauf aufmerksam, dass die Veränderung des gesellschaftlich-sozialen Raumes nicht nur an den Produktionsformen, sondern auch und vor allem an den Produktionsbeziehungen festzumachen ist. „Raum ist nicht mehr nur das indifferente Milieu, die Summe der Örtlichkeiten, an denen der Mehrwert gebildet, realisiert, verteilt wird. Er wird zum Produkt der sozialen Arbeit, zum allgemeinen Objekt der Produktion und infolgedessen der Bildung des Mehrwertes. In dieser Form und auf diesem Weg wird die Produktion sogar innerhalb des Neo-Kapitalismus sozial. Ein Weg, der noch vor wenigen Jahren unvorhersehbar gewesen wäre, als man Produktion und sozialen

Charakter der Produktion nur vom Unternehmen bzw. der produktiven Arbeit im Unternehmen aus ansah. (...) heute gehört der gesamte Raum in den Bereich der Produktion, ist Produkt durch Kauf, Verkauf, Austausch der Teile des Raums"[7] (siehe „Zeit der 100 Prozent Stadt").

Das heißt zum Ersten, dass Raum nicht mehr als Behälter, als fixiertes Objekt zu denken ist, sondern als dynamische Konstellation, die performativ produziert wird. Zweitens kann Stadt nicht mehr problemlos generalisiert werden. Der Geograf Harvey macht deutlich, dass heterogene Erfahrung und Konstruktion von Zeitprozessen ein reales Phänomen urbaner Praxis ist. „Multiple processes" schreibt er „generate multiple *real* as opposed to Leibniz's ideal differentiation in spatio-temporalities."[8] Entscheidend wird das *Wie* der Praxis: „the way in which multiple processes flow together to construct a single consistent, coherent, though multi-faceted time-space system."[9] So ist das Urbane bestimmt von einer großen Spannbreite eingelagerter und heterogener Raum-Zeit-Prozesse. Stadt „cannot be examined independently of the diverse spatio-temporalities such processes contain."[10]

Auch die neuen, theoretischen Konzeptionen der Stadt, die als Akteur-Netzwerk-Theorien von Michel Callon[11] und Bruno Latour[12] emergiert sind, betonen die (vollen) kontingenten und relationalen Ansätze in Bezug auf soziale Organisation. Widerlegt werden hier essenzialistische oder technologische Determinismen, absoluter Raum wird von einer relationalen Konzeption abgelöst. Als entscheidend erweist sich in diesem Zusammenhang der Begriff der *agency* als rein relationaler Prozess. „In this perspective, social ordering occurs through complex efforts of both humans and non-humans to engage other actors through performative actions that are fundamentally heterogenous and impossible to generalise,"[13] schreiben die Geografen Graham und Amin. *Agency* wird in diesem Zusammenhang definiert als „precarious, contingent effect, achieved only by continuous performance and only for the duration of that performance."[14] Der Fokus auf die heterogenen Modi der Überlagerung und Interaktionen, der polyrhythmischen Verschaltungen der urbanen Akteure, erlaubt vereinfachende, komplexitätsreduzierende Determinismen zu überwinden und gleichzeitig die immense Differenzierung der Raum-Zeit-Gelegenheiten unterschiedlicher sozialer Gruppen in der Stadt zu betonen. Aus dieser Differenzierung, so unsere These, entfaltet sich eine neue urbane Praxis, die es den Menschen ermöglicht, sich Raum und Zeit in einer performativen Dimension improvisatorisch anzueignen.

Mit dem Begriff der *agency* als Handlungswirksamkeit gerät umgekehrt auch die Frage eines Maßstabs des Politischen wieder in den Blick. Die Stadtbürger beginnen zu realisieren, was sich infolge der Finanzkrise nun abspielt: Die Krise kommt in den Städten an. Es fehlt konkret an Kindergartenplätzen, an Geld für Schulen, Geld für die Feuerwehr, für die Gebäudesanierung usw. – die Funktionsfähigkeit der Stadt als Generator des Öffentlichen ist gefährdet. Infolgedessen wird Stadt als Politikum neu entdeckt. Waren seit den Sechzigern Orte und Bezugsrahmen des Protests entweder besetzte Häuser (der „Rauch-Haus-Song" von Ton Steine Scherben erinnert daran), die Straße („Reclaiming the Streets") oder im Falle der AKW-Bewegung das Land – Brokdorf, Mutlangen und Wackersdorf – heißt es nun: Wem gehört die Stadt? Hier zeigt sich Stadt als neuer Maßstab der politischen *agency*. Bei Fragen nationalstaatlicher oder bundeslandbezogener Entscheidungen ist die Handlungsmacht der Bürger weit weg, der Maßstab ist zu groß. Demgegenüber entpuppt sich Stadt mit ihren alltäglichen Funktionen und Nutzungsangeboten als genau der

richtige Gradmesser, an dem sich die Sorge um das Gemeinwohl artikulieren kann. Hier wird offensichtlich, dass die Bürger die Handlungsmacht über ihre Stadt nicht aufgeben wollen – hier ist der Ort, an dem die Menschen sich eine greif- und begreifbare Form von Politik schaffen bzw. schaffen wollen. Ausgehend von einem noch nicht näher definierten Gefühl entwickelt sich so ein Prozess der Transformation, der auch die Deutung von Stadt verändert. Daraus entsteht ein Prozess, der Bedingungen und Verhältnisse des Rechts auf Stadt aufscheinen lässt und, mit Hegel gesprochen, zur Durcharbeitung bringt.[15]
Mit den Fragestellungen nach einem Recht auf Wohnraum, nach der Verdrängung einkommensschwacher Bewohnergruppen aus den Zentren, nach dem Zugang zu kommunalen Einrichtungen und der Nutzung öffentlichen Raums seien nur die wichtigsten Teilaspekte dessen benannt, was Lefebvre bereits 1967 unter dem Begriff „Recht auf Stadt"[16] subsumiert hat. Mit der Wiederaufnahme dieses Begriffs beginnt eine grundsätzliche Debatte darüber, wie Raumaneignung und -produktion in der Stadt heute aussehen könnten und wie in Zusammenhang damit das „Politische" des sozialen Raums zu verstehen wäre. Die Findung einer Form aber, die in der Lage wäre, ein Bild davon zu geben, wie ein Recht auf Stadt und die damit einhergehende Krise der Repräsentation gefasst werden könnte, befindet sich noch in ihren Anfängen.[17]

ZU DEN ABSCHNITTEN:

STADT UND URBANE PRAXIS

„Heute bietet die urbane Realität eher den Anblick eines Chaos, einer Unordnung (unter der eine noch zu entdeckende Ordnung verborgen ist), als die eines Objekts. (...) So ist die Wirklichkeit des Phänomens der Verstädterung weniger ein Objekt, das der Reflexion gestellt wird, als ein virtuelles Objekt."[18]

Bedingungen der urbanen Praxis

Urbane Agglomerationen befinden sich im Prozess des Wandels und der Verdichtung, hin zu einem mehrdeutigen und kontingenten Geflecht, das irgendwie aus der Möglichkeit seiner Handlungsräume zu entstehen scheint. Gleichzeitig ist jedoch im Blick zu halten, dass dieses Geflecht nicht ohne normative Rahmungen auskommt: Metaregeln städtischer Organisation spielen als Vektoren in die urbane Bewegung hinein, wobei die Auseinandersetzung um Deutungen und Deutungshoheiten über Stadt zunimmt.[19]
Während sich ihre Transformation vollzieht, erfährt der gesellschaftlich-kategoriale Status der Stadt einen Wechsel: Stadt wird selbst zum Synonym von Gesellschaft erhoben und umgekehrt – Gesellschaft verstädtert sich. „Verstädterung", sagt Lefebvre, „ist nicht sichtbar. Wir sehen sie noch nicht."[20] Daraus folgert er: „Zur Wissenschaft kann das Wissen um das Phänomen der Verstädterung nur in der und durch die bewusste Bildung einer ***urbanen Praxis*** werden, die an die Stelle der inzwischen vollendeten (vollkommen verwirklichten) Industriepraxis und ihrer Rationalität tritt."[21] Für den rational denkenden Urbanisten ist die Praxis genau das Blindfeld. Er lebt auf diesem Blindfeld, er befindet sich in ihm. „Er sieht es nicht und er begreift es nicht als solches. Mit bestem Gewissen setzt er an Stelle der Praxis seine Vorstellungen vom Raum, vom sozialen Leben, von den Gruppen und deren Beziehungen untereinander. Er weiß nicht, woher ihm diese

Vorstellungen kommen, er kennt ihre Implikationen, das heißt die Logiken und Strategien, denen sie dienen, nicht."[22]
Es wird entscheidend, Versuche zu unternehmen, neue Formen zu finden, um die urbane Praxis zu untersuchen. Weshalb? Weil sich in der Praxis ein bestimmtes (wir können sagen „stilles" oder auch „implizites") Wissen äußert, dass ihr als *tacit knowledge* eingelagert ist. Lefebvre geht sogar soweit, zu sagen, dass das Urbane selbst epistemologisches Gebiet wird und, die Terminologie Gaston Bachelards aufgreifend, zur Episteme, zur Wissensform der Zeit wird. Daher bedarf es auch neuer Formen der Untersuchung, die die Praxis nicht ausschließen. Weder legen die Phänomene den Blick darauf frei, wie sich die Rhythmen der Stadt verbinden, überlagern, auseinander bewegen und wieder begegnen, noch eröffnet uns das schriftliche Aufzeichnen des alltäglichen Lebens allein einen Zugang zur Immanenz des urbanen Prozesses. Wir fragen nach einer bestimmten Praxis, „die, in Form von Simultanität und Begegnung, in sich die zerstreuten, dissoziierten, separaten Bewegungen des Sozialen vereint."[23]
Das Urbane ist voller Performativität, sich überkreuzender Bewegungen und unvorhersehbarer Situationen. Der Vektor Null ist in diesem Raum virtuell enthalten: Die maximale Reduktion von Raum und Zeit ist die Leidenschaft der Bewohner des Urbanen, sie sind besessen davon, Entfernung abzuschaffen. Diese Utopie ist ihr Symbol des Imaginären, die in der Performanz der plötzlichen und unerwarteten „Begegnungen und Annäherungen, in der Lust an der Geschwindigkeit" Gestalt annimmt und sich so als „differentielle Realität" verwirklicht.[24] Anders gesagt: Das Urbane ist heute zu einem Labor des Sozialen geworden. Es ist Ort der Meditation, der Vermittlung und der Organisation der urbanen Gesellschaft und ihres alltäglichen Lebens. Wenn das Urbane total ist, so ist es dies nicht auf die Art und Weise eines Objekts, das sich in Masse und Volumen ausdrückt, sondern eher wie ein Gedanke, der die Konzentration seiner Aktivität permanent fließen lässt und sich durch neue Formen der Konzentration verändert, aber nie einen Zustand festhalten kann. So ist Stadt „das Mögliche, definiert durch ein Ende eines Weges, der zu ihm hinführt."[25] Diese theoretische Erkenntnis ist abstrakt und konkret zugleich. Denn sie bezieht sich auf „ein soziales Geschehen, das noch im Fluss ist, eine urbane Praxis, die trotz aller Hindernisse im Entstehen ist. Dass diese Praxis im Augenblick verschleiert und zusammenhanglos erscheint, dass die zukünftige Wirklichkeit und die zukünftige Wissenschaft nur bruchstückartig existieren, ist nur ein Aspekt der kritischen Phase."[26]
Unsere These ist, dass wir von dieser Praxis heute sagen können, dass sie als Technologie der Improvisation zu definieren sei, die gleichzeitig im Modus des Trivialen und des Hochkomplexen agiert. Wir konstatieren damit, dass heute Improvisation, Performanz und Produktion von Raum in einem Feld zusammenspielen, das sich als das Urbane entfaltet.

Unsicherheit und urbane Praxis

Endemische Unsicherheit wird zum festen Bestandteil des Alltags, Verflüssigungen vormals linearer Biografien verlangen dem Individuum ein hohes Maß an Flexibilität und Anpassungsfähigkeit ab. Lebensformen fordern die Befähigung, konstruktiv mit Unordnung, Ungewissheit umzugehen. Der Verlust an linearen Kontinuitäten ruft auch eine Krise der Repräsentation und damit auch eine „Krise der Politik"[27] hervor. Der Soziologe und Philosoph Zygmunt Bauman spricht in diesem Zusammenhang von Unsicherheit in drei Kategorien, die er aus der angelsächsischen Sprache ableitet. *Uncertainty:* das Gefühl der Ungewissheit, *insecurity:* das Gefühl der Unsicherheit und *unsafety:* das Gefühl der Schutzlosigkeit. Bauman bemerkt, dass in diesem Dreiklang von Ethik, Materialität und Emotionalität diejenigen Faktoren eingelagert sind, die im Prinzip neue Möglichkeiten verhindern. Menschen, die sich diesen drei Gefühlen ausgesetzt sehen, sind nicht frei, jene Risiken einzugehen, die kollektives Handeln erfordert. Bauman erkennt, dass viele Maßnahmen, die von den alten Institutionen angeboten werden, um einzelne Kategorien der Unsicherheit zu beheben, nur dazu führen, dass Ressourcen nicht angemessen genutzt werden und Wandel erschwert wird. Deshalb ist für uns Unsicherheit Teil der Verhandlung über die neue Subjektivität der Produzenten. Wir sehen diesen Prozess geknüpft an eine Befähigung zur Improvisation als Technologie, also der Steuerung des aktiven Prozessierens von Unsicherheit.

IMPROVISATION

Halten wir fest: Urbanes Wissen bleibt provisorisch. Daraus leitet sich die Forderung ab, den Begriff der urbanen Praxis als Improvisation neu zu denken, und zwar als Technologie (siehe Teil III). Denn Improvisation im sogenannten Modus 2 – als strukturnutzende, situative Überschreitung des Plans – ist nicht die Beschönigung eines Scheiterns, sondern Anerkennung der situativ-mikropolitischen Beweglichkeit der Produktion relationalen Raums. Frei nach dem Motto: In der Situation liegt auch die Lösung. ***Was vormals als Nebenprodukt gedacht war, die Improvisation, wird zum Hauptprodukt gesellschaftlicher Gegenwart.*** Aus diesem Paradigmenwechsel erwächst die Aufgabe, Improvisation als Handlungsmodell neu lesbar zu machen und, als urbane Praxis, in einen gesellschaftlich relevanten Kontext zu stellen. Es wird deutlich, dass Handeln nicht nur instrumentell zu interpretieren ist, sondern dass ihm ein kreativer Aspekt innewohnt, der eine Aneignungsfähigkeit der Welt beinhaltet. Kunst (als Verfahren der Improvisation) wird technologisch, indem sie ins alltägliche Handeln als Gebrauch des Urbanen integriert wird.
Als Musiker gehört für mich Improvisation zu gleichen Teilen zum künstlerischen Akt des Denkens (musikalische Form) und Handelns (Improvisation und Performanz); ebenso wie für mich als Theoretiker der Akt des Verknüpfens (bestehender Strukturen und Gedanken) sowie des Kreierens (neuer Modelle der Wahrnehmung oder der Interpretation) nur ein Improvisatorischer sein kann, der die Differenz zwischen bestehendem Alten und neuem Möglichen stufenweise überbrückt. Beidem liegt der kreative Akt, das Erschaffen eines, zwar der Situation immanenten, aber unvorhersehbaren Neuen zugrunde. Anders formuliert: Der Akt, der vom Musiker sowie vom Theoretiker in einer urbanen Gesellschaft verlangt wird, ist ein poietischer. Insofern wird ein Prinzip aus der Musik auf die Untersuchung übertragen, das der Modulation. Was innerhalb der Musik als Übergang von Tonart zu Tonart stattfindet, meist unter Zuhilfenahme von Schnittstellen, also Harmoniebausteinen, die zu beiden Tonarten gehören, geschieht hier zwischen zwei Denkräumen: der Musik und des Erforschens einer urbanen Praxis als stadttheoretisches Unterfangen. Das Modulationsverfahren könnte mit dem französischen Kulturphilosophen Michel de Certeau als Steuerung und Bespielen der „Bewegungen der Verhältnisse zwischen verschiedenen Untersuchungsschritten bei ein und demselben Thema"[28] beschrieben werden. Auch der Gegenstand des Forschens, die urbane Praxis selbst lebt von Modulation: von Taktiken, deren Modulationskapazität (das heißt ihr Reservoir an Variationen) nicht allein auf die

Kapazität von Subjekten zurückzuführen ist, sondern an strukturelle Einheiten gekoppelt ist, welche aus Handlungsweisen stammen, die wiederum mit (auch konflikthaften) urbanen Situationen verknüpft sind. In Rechnung zu stellen, dass hier Stadt nicht 1:1 als Musik gedacht, sondern dass das musikalische Denken diagrammatisch (also als Verfahren und nicht repräsentational bzw. abbildend) auf die Stadt angewendet bzw. transponiert wird, ist wesentlich, um die folgenden Überlegungen richtig einordnen zu können.

RAUM MUSIKALISCH DENKEN

Im dritten Teil der Essaysammlung wird ein theoretischer Rahmen aufgespannt, der Musik als Denkmodell einsetzt und vor dieser Hintergrundfolie Handlungsprozesse zu beschreiben sucht. Ich möchte Musik als ästhetisches Verfahren, als Modell, als Metapher und als Referenzquelle heranziehen, um einen anderen Blick auf die Praxis des Urbanen zu erhalten.
Welches wäre aber der Vorteil, den eine Stadttheorie erlangen könnte, wenn sie sich mit Musik auseinandersetzte? Der Mehrwert würde darin bestehen, komplexe urbane Prozesse auf neue Weise sichtbar, erfahrbar und gestaltbar zu machen, und zwar indem ein „musikalisches Denken" als Filter und Perspektive eingesetzt wird. Phänomene urbaner Praxis haben als Prozesse eher mit unsichtbaren Vorgängen in der Zeit zu tun als mit visuellen Strukturen. Man könnte sogar sagen, sie sind ihrem Wesen nach eher musikalisch. Musik könnte im Kontext der Untersuchung von Stadt als Handlungsform schon deshalb eine vorgeordnete Rolle spielen, weil sie als ästhetisches Verfahren über einen komplexen zeitlichen Organisationsverlauf verfügt und gerade in ihrem Abstraktionsgrad und ihrer Immaterialität das *Wie* des Produzierens in den Vordergrund stellt.
Dies wird wichtig, wenn eine Theorie der Stadt in ihrer Beschreibung des sozial produzierten Raums jene Phänomene eingliedern muss, die in utilitaristischen Begriffen unerklärlich bleiben. Herauszuarbeiten ist jener Kern der Normativität, der abstrakt genug ist, um auf die lokalen und spezifischen Probleme anwendbar zu sein. Architektur als Ermöglichungsarchitektur (siehe „Performanz des Raums", „Ermöglichungsarchitektur") im Sinne von Improvisation könnte, so unser Ansatz, strategische Werkzeuge und minimale bauliche Strukturen entwickeln, die es den intersubjektiv sich organisierenden Akteuren gestatten, in einer performativen Dimension neue Bindungen einzugehen und sich so den gesellschaftlich-politischen Raum wieder anzueignen.

Problematiken musikalischen Raumdenkens

Die Rede von einem „musikalischen Denken" birgt jedoch eine Reihe von Problemen. Zuerst einmal impliziert sie, dass es in Musik einen Sinn geben könnte. Dies ist fragwürdig schon allein deshalb, weil Musik kein Inhalt ist, der sich auch anders zum Ausdruck bringen ließe: Musik ist radikal nichtgegenständlich, sie ist, wie der Philosoph Matthias Vogel konstatiert, „nichts Bezeichnetes, auf das man sich auch mit anderen Zeichen – beispielsweise solche der Sprache – beziehen könnte. Es ist ein ganz und gar unübersetzbarer Sinn, der sich nur im Medium der Musik (...) ausdrücken lässt."[29] Andersherum lässt sich Musik auch nicht in eine eindeutige semantische Beziehung setzen. Man kann nicht sagen, dass Musik M irgendein X bedeutet. Matthias Vogel stellt klar, dass die Relation zwischen einer Musik M und einem X niemals eine Repräsentationsbeziehung darstellen kann. „Wir können das ‚bedeutet' in unsere Formel nicht in dem Sinne interpretieren, dass

M auf X referiert, dass M X denotiert, dass M X abbildet oder darstellt, und zwar schlicht deshalb nicht, weil Musik keine prädikative Struktur hat, sie also deshalb keine Gegenstände herausgreifen kann, denen sie Eigenschaften zuweist."[30] Auch weist Musik weder Ähnlichkeitsrelationen noch kausale Relationen auf.

Wir können also nicht sagen: Musik M ist Stadt X. Selbst die Behauptung: „klingt wie Stadt X" ist problematisch, weil die Art und Weise, wie Hörer auf Musikstücke mit bestimmten Assoziationen reagieren, mehr über ihre eigene ontogenetische Geschichte und ihren kulturellen Kontext aussagt als über die Musik. Aber genau darin liegt der Punkt unserer Untersuchung: Wir wollen eben nicht auf die Semantik der Musik abheben, sondern auf ihr Verfahren. In diesem Sinne ist es auch nicht schlimm, dass eine Musik M keine Übersetzung der Stadt X sein kann, weil sie diese in wichtigen Hinsichten nicht vertreten kann. Es gilt ganz einfach, offen und konstruktiv mit der Tatsache umzugehen, dass „Musik anders ist als alles, was wir verstehen können"[31]. Das geht nur, wenn wir versuchen, die Erfahrung, die wir mit Musik machen, differenzierter auszuloten und in andere Kontexte zu stellen.

Was aber versprechen wir uns davon? Es geht um eine andere Logik, die atonale oder relationale Logik der Stadt. Dieser wollen wir auf den Grund gehen, indem wir sie aus der Perspektive eines Raumanordnens in der Musik betrachten. Das ist nur dann sinnvoll, wenn wir a) Musik als mediale Praktik verstehen, b) Wissen räumlich bzw. als strukturell organisiert interpretieren und c) mit der Geografin Dagmar Reichert davon ausgehen, dass die Kategorie Raum „noch vor jeder Übertragung des Raumbegriffes auf spezielle Bereiche des zugleich Existierenden (zum Beispiel Farben im Farbraum, Zahlen im Zahlenraum, Planeten im Weltraum oder Berge und Städte im geografischen Raum der Erdoberfläche) (...) entweder die Ordnung koexistierender Dinge bzw. Ideen oder die Grundlage ihrer Ordnung" bedeutet – und dass diese Ordnung bzw. Grundlage auf verschiedene Weise gedacht werden kann. „Jede Festlegung in dieser Hinsicht bestimmt eine Art der Ordnung(sgrundlage) koexistierender Dinge, eine Bedeutung von ‚Raum'"[32]. Deshalb ist auch Raumlogik nicht gegeben, sondern das Resultat von Auswahl- und Orientierungstätigkeit.

Wissen wird in unserem Kontext als topologische oder diagrammatische Form strukturell-räumlicher Anordnung gedacht, deren Elemente relational zueinander bestimmt sind (siehe „Diagramm und Notation"). Ein Raum des Wissens konstituiert sich durch eine spezifische Produktions- bzw. Ordnungsweise, die das Feld des Denkens strukturell-räumlich organisiert. Die in diesem Zusammenhang relevanten Anmerkungen des deutschen Philosophen Ernst Cassirer zur Strukturierung des Raumes in „mythischen, ästhetischen und theoretischen Raum" stehen zu Reicherts These in beachtlicher Kongruenz. Cassirer ging davon aus, „dass es nicht eine allgemeine, schlechthin feststehende Raumanschauung gibt, sondern dass der Raum seinen bestimmten Gehalt und seine eigentümliche Fügung erst von der ‚Sinnordnung' erhält, innerhalb derer er sich jeweilig gestaltet. Je nachdem er als mythische, als ästhetische oder als theoretische Ordnung gedacht wird, wandelt sich auch die ‚Form' des Raumes – und diese Wandlung betrifft nicht nur einzelne und untergeordnete Züge, sondern sie bezieht sich auf ihn als Gesamtheit, auf seine spezielle Struktur. Der Raum besitzt nicht eine schlechthin gegebene, ein für allemal feststehende Struktur; sondern er gewinnt diese Struktur erst kraft des allgemeinen Sinnzusammenhangs, innerhalb dessen sein Aufbau sich vollzieht."[33]

Soweit zum Raum- und Wissensverständnis. Was aber hat es mit der medialen Praktik auf sich? Musikalische Logik hat die Eigenschaft, aus sich selbst heraus relational zu sein: Sie fügt sich nicht aus wahrheitserhaltendem Schließen zusammen, sondern aus der Relationalität einer spezifischen Nachbarschaftsordnung musikalischer Elemente. Vogel bezeichnet genau dieses Verfahren als mediale Praktiken. „Im Mittelpunkt medialer Praktiken stehen tradierte und erlernbare Tätigkeitstypen, die wahrnehmbare Ereignisse hervorbringen, wobei Produzenten und Rezipienten dieser Ereignisse sich nicht an deren physikalischen Eigenschaften, sondern anderen beobachterrelevanten Eigenschaften orientieren."[34] In unserem Falle wäre also die Rolle der Musik als mediale Praktik bestimmt, die als Instrument zur Wissensproduktion über und von Stadt dient.

Wir verstehen Musik, wenn wir die mediale Ebene ihrer tertiären Eigenschaften (Rhythmus, Melodie, Harmonie, im Gegensatz zu primären Eigenschaften wie Schall und sekundären wie Klangfarbe und Lautstärke) erfassen und identifizieren können. Vogels Folgerung jedoch, dass dies vor allem in der Wiederholbarkeit gründe und in der Reidentifikation von Ebenen, im Erkennen dessen, dass die zweite Aufführung dieselben tertiären Eigenschaften aufweise,[35] verliert aus dem Blick, dass improvisierte Musik, die fast nie zwei gleiche Aufführungen hervorbringt, nichtsdestotrotz im Sinne tertiärer Eigenschaften verstanden werden kann. Wir gehen davon aus, dass dieses Verständnis in der strukturellen, musterhaften Anordnung und Systematik von Improvisation begründet liegt, in ihrem Verfahren angewandter Relationalität, dem Zusammenfügen unterschiedlichster Muster in unterschiedlichen Ebenen, in rhythmischen und harmonischen Matrizes, was letztlich eine Durchsicht ermöglicht oder zumindest das Verfolgen des Spiels zu einem „sinnvollen" Ereignis werden lässt.

Ästhetische Erfahrung im Kontext medialer Praktiken ist eine übergeordnete Wahrnehmung und hat sozusagen eine Metafunktion inne: Sie lässt uns gewahr werden, wie wir die von der Erfahrung als dynamischem Prozess gelenkten, gelernten Einflüsse und Elemente integrieren und Fokusse bilden. Bezogen auf die Musik bedeutet dies, dass Musik eine ästhetische Erfahrung auslöst, die durch unseren Versuch, dem strukturellen Verlauf, der inhärenten Grammatik, dem relationalen Verschalten innerhalb der Parameter Melodie, Harmonie und Rhythmus sowie zwischen den Parametern des jeweils Gespielten als *performativem Prozess* zu folgen und sie damit zu definieren – also der Musik einen individuellen Sinn zuzuordnen, lernt oder lernend wirkt.

ZURÜCK VON DEN SACHEN

Wir sprechen von einer bestimmten Form der Wahrnehmung. Aber: Welche Vektoren liegen diesem Ansatz zu Grunde? Was ist damit zu tun und wie?

Das musikalische Raumdenken, das hier skizziert wird, will zu einem Verknüpfen von Relationalität mit Phänomenologie, von Wahrnehmungskunst mit Interaktion hinleiten (siehe „Metazoon").

„Aber nicht von den Philosophien, sondern von den Sachen und Problemen muß der Antrieb zur Forschung ausgehen",[36] lautet die Grundthese von Edmund Husserls Phänomenologie. Damit distanzierte er sich von einer Erkenntnistheorie, bei der Dinge nur als präformierte Objekte im Dienste der Erkenntnis gelten. Husserl wollte mit der phänomenologischen Methode der Epoché die erkenntnistheoretische Setzung des „Wirklichen" mit einer zurückhaltenden, möglichst urteilsfreien Meditation vermeiden, „die in ihrem Sinn gemeinten Gegenstände sozusagen naiv als seiend zu setzen und zu bestimmen oder hypothetisch anzusetzen"[37]. Vielmehr sollte mit der Analyse und Darstellung der Art und Weise, wie Gegenstände ins Bewusstsein treten, zu den „Sachen selbst!"[38] vorgestoßen und ein voraussetzungsloses Wahrnehmen der „Dinge der Welt" in ihrer unverkürzten Wirklichkeit formuliert werden.

Die Phänomenologie wollte zu den Sachen; jetzt gilt es zu fragen, wie der nächste Schritt aussehen könnte. Der Philosoph Hans Blumenberg deutet in der aus seinem Nachlass stammenden Schrift *Zu den Sachen und zurück*[39] an, wie neben der Unmittelbarkeit der Wahrnehmung auch die Frage der Konzeptionalisierung der in der Wahrnehmung angelegten (also indirekten) Verschaltmöglichkeiten als Virtualität (die es dann wieder zu aktualisieren gilt) wieder zu ihrem Recht kommen könnte: als Begriff, Symbol, Metapher, Logik. Mit dieser Fragestellung eröffnet sich auch eine andere Perspektive auf den Raum. Bewegte sich die Intentionalität der Phänomenologie noch in einem euklidischen, vorgängigen Raum, geht es in Deleuzes Schriften um einen relationalen Raum, dessen Topologie „das Außen und das Innen, das Fernste und das Tiefste miteinander in Verbindung bringt"[40].

Mit musikalischem Raumdenken ist also eine Form angewandter Relationalität intendiert. Das ist zumindest dann plausibel, wenn es nicht hinreicht, mit herkömmlichen erkenntnistheoretischen Mitteln die Logiken der Relationen zu erhellen. Deleuze wies auf eine solche Sachlage hin: „Es reicht nicht aus, eine Logik der Relationen zu erstellen, es reicht nicht aus, die Rechte des Urteilens über die Relation als autonome Sphäre zu erkennen, die von einem Urteil über die Existenz und die Attribution abgelöst ist (...) Man muss weiter gehen: provozieren, dass die Begegnung mit den Relationen alles penetriert und korrumpiert, das Sein ergreift und es durcheinanderwirbelt."[41]

Michel Foucault, der französische Philosoph und Soziologe, hat die indirekten strukturellen Voraussetzungen des relationalen Verfahrens in seiner genealogischen Methode des Archivierens umrissen: als serielle Aktion und Operation, die, statt „eine Ähnlichkeitsbeziehung" zu suchen, „alle Spuren auseinanderlegt" und auf der Suche nach den unzähligen Anfängen „tausend verlorene Ereignisse wimmeln läßt."[42] Mit seinem Verfahren wandelte Foucault Phänomenologie in Epistemologie: „Sehen und Sprechen sind Wissen, aber man sieht nicht das, wovon man spricht und man spricht nicht das, was man sieht."[43] Was aber auf diese erkenntnistheoretische Transformation der Phänomenologie folgen muss, ist, diese Analyse der Koppelung, des Gefüges zum Räsonieren zu bringen. In Bezugnahme auf die Kompositionstechnik Pierre Boulez' formulierten es Deleuze und der Psychoanalytiker Félix Guattari folgendermaßen: „Die Musik hört nicht auf, ihre Fluchtlinien ziehen zu lassen, gleichsam als ‚Transformations-Vielheiten', und kehrt dabei sogar ihre eigenen Codes um, die sie (...) strukturieren."[44] Die hierin liegende Bejahung permanenter Modulation stellt den Vorrang des Themas (*sujet*) infrage, nicht indem sie Form negiert, sondern weil sie die Funktion der Strukturen selbst erhellt und diese zum weiteren relationalen Verschalten hin öffnet.

Mit dem seriellen Verfahren befreit sich Boulez von der tonalen Logik, legt die Grundpartikel des Notenmaterials strukturell frei (wie ein Archivar, könnte man im Sinne Foucaults sagen). Aber relational wird Boulez' Arbeitsweise erst durch die Einführung des Verfahrens, das er als „multiplication des fréquences" bezeichnet hat. Diese Multiplikationstechnik besteht darin, die tonale Reihe in unterschiedliche Segmente zu unterteilen und diese Segmente aufeinander zu transponieren. So entledigt sich Boulez der Rigidität

der Zwölftonreihe: Er gliedert die Reihe in systematisch relational miteinander verschaltete Zellen. Die Intervallcharakteristika einer jeden Zelle werden mit denen aller anderen verknüpft. Die daraus folgende Lokalisierung der Funktionen innerhalb der Struktur ruft eine feinere Gliederung und stärkere Vektoren hervor, und zwar in Form harmonischer Charakterisierungen, bei denen die Intervalle bzw. die Intervallkonstellationen sozusagen, als Anziehungskraft untereinander, eine atonale Logik bilden (siehe „Diagramm und Notation"). Dieser Ansatz beruft sich auf Anton Webern, der den Reihen durch Verdichtung ihre Linearität nahm. Man hat dies auch als Pointillismus bezeichnet, treffender ist jedoch, auch in Bezug auf Boulez, davon zu sprechen, dass die Webernsche Polyfonie einen Kontrapunkt als relationales Feld darstellt. Durch die Mittel von Stimmverschränkung, gebrochenem Satz, intervallischer, rhythmischer und dynamischer Variation wandelt sich der Kontrapunkt bei Webern von einer linearen zu einer relationalen Ordnung, in der sich die Stimmen in kleinere Partikel aufspalten und als Konstellation miteinander in Beziehung stehen. Die Multiplikationstechnik Boulez' geht noch einen Schritt weiter: Das Tonhöhenmaterial erlangt außerordentliche Mobilität in ihrer Verwendbarkeit. „Es handelt sich also um eine weniger rigide Infrastruktur der Tonhöhen, die in ihrem Gebrauch variierter und reicher ist und somit den kompositorischen Gebrauch weniger einschränkt. Denn die sonoren Blöcke stammen nicht aus einem Zwang, simultane Klänge, mit anderen Worten: reelle Akkorde zu verwenden, sondern aus dem Vermögen, diese in unterschiedlichsten Sinnzusammenhängen zu durchqueren, sie in freier Ordnung zu modifizieren."[45]
Boulez gibt also das Motiv nicht auf, sondern bringt es als Struktur, sozusagen als strukturalistisches Leitmotiv, wieder neu ins Spiel. Das diskursive Schema der melodischen Linie wird aufgelöst. Melodie repräsentiert weder eine Tonhöhe, einen Rhythmus, eine Dauer noch spezielles Timbre, das einer Funktion zugewiesen werden könnte. Das melodische Konstrukt wird nun eine diagrammatische Mannigfaltigkeit von Verschaltungen, die keiner vereinheitlichenden Form zugeordnet werden können (siehe „Komposition und Form"). Und darin liegt meines Erachtens die große Leistung von Boulez: die Technik Richard Wagners weiterzuführen und zu modifizieren, indem Figur und Grund vertauscht werden.[46] Das Leitmotiv ist für Boulez keine Form, keine tonale Verdoppelung einer Figur, sondern Material als Struktur. Der Sinn, der dahinter liegt, ist klar: Das Motiv ermöglicht es, offen zu sein, ohne die Orientierung aufgeben zu müssen. Zwar ist Struktur keine fixierte tonale Anordnung und in seiner Bedeutung unbestimmt, aber als relationales Werkzeug funktioniert sie als Prinzip einer tonalen Welt, die musikalische Linien in Bewegung versetzt.
Zum Schluss ist noch eine Bemerkung wichtig: Zwar beschrieben Deleuze und Guattari relationale Arbeit als Diagrammatik sehr genau. In *Tausend Plateaus. Kapitalismus und Schizophrenie* erläutern sie die strategisch-soziale Funktion des Relationalen als Arbeit am Diagramm, die sich als gesellschaftliche Technik zeigt, in deren Ausübung es den Akteuren möglich wird, sich collagenartig sowohl unterschiedlichsten Situation anzupassen als auch diese mit zu erzeugen. Eine diagrammatische Karte, so die beiden Autoren, „kann von einem Individuum, einer Gruppe, einer gesellschaftlichen Organisation angelegt werden. Man kann sie auf eine Wand zeichnen, als Kunstwerk konzipieren oder als politische Aktion oder Meditationsübung begreifen." Deleuze und Guattari ziehen daraus den Schluss: „Bei einer Karte geht es um Performanz."[47] Was sie jedoch nicht berücksichtigen, ist die Performanz des Verfahrens selbst – Boulez kann komponieren, nicht jedoch improvisieren. Und in Letzterem liegt der Quantensprung: das *agencement* (Gefüge,

Versammlung) als permanente Verschaltung, in die Zeit selbst zu integrieren und so Raum herzustellen. Vielleicht würde so musikalisches Raumdenken das, was Deleuze und Guattari als „Instrument zum Zeichnen von Lebenslinien“[48] bezeichnen: Im Übergang von Komposition zu Improvisation als Fluchtlinie, die aus fixierten und vorgeformten Systemen herausführt, würde Kartografie zu Notation, um der Performanz des diagrammatischen Arbeitens Ausdruck zu verleihen.

Es würde dann sozusagen doppelt an der Schraube gedreht: nahm Deleuze in seiner Beschreibung der Vorgehensweise Foucaults die Musik in Anspruch, bewegt sich die Schraube hier noch eine Drehung weiter. Um das musikalische Raumdenken zu konfigurieren, werden Aspekte einer sich der Relationalität und der Performanz widmenden Philosophie in Anspruch genommen.

TEIL I

STADT UND URBANE PRAXIS

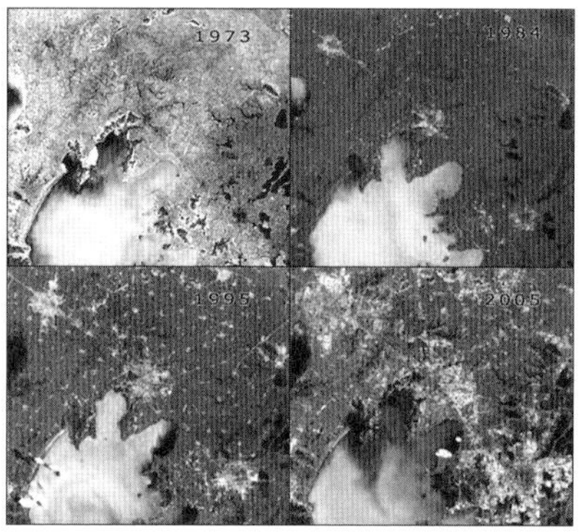

1 Shanghai 1973-2005

2 Mumbai

KP _ 01
Nach Henri Lefebvre leben wir heute in einer Gesellschaft, die als die „urbanisierte Gesellschaft" bezeichnet werden kann. Das heißt auch, dass wir dabei sind, uns von der Homogenität der europäischen Stadt zu verabschieden. Was aber bedeutet es, wenn das Urbane alles überschreibt, wenn Stadt und Gesellschaft beginnen, deckungsgleich zu werden? Und wie ließe sich Stadt heute als Megacity beschreiben?

1

MEGACITY

Städte sind Wunder. Städte sind die Hölle. Städte sind faszinierend, heterogen, vielfältig. Albert Camus schrieb einmal, es seien die kleinen Lieben, die man mit einer Stadt teile: die Begegnungen und Geheimnisse, die Winkel der Erinnerung, der Körperlichkeit, der Gerüche. Städte sind aber auch Ausdruck schierer Masse und Größe, Orte des Kampfes um Macht, Geld und Anerkennung.
Städte sind Wunder. Städte sind diejenige historische Errungenschaft, die es den Menschen ermöglicht hat und ermöglicht, das Anwachsen menschlicher Gemeinschaft räumlich dauerhaft zu organisieren. Städte sind Orte des Politischen, Orte, an denen sich Menschen zu Gruppierungen zusammenfinden, Allianzen bilden, wo sie in Konflikt treten und an einem gemeinschaftlichen Gebilde partizipieren. Für Hannah Arendt wird öffentlicher Raum gar erst dann politisch, wenn er in einer Stadt gesichert ist.[1]
Städte sind Wunder. Wunder des Beginnen-Könnens, des Setzens eines Anfangs. Freiheit ist an die Gründung von Stadt geknüpft: Die Verbindung von Freiheit und Beginn finden wir bereits in der römischen Vorstellung, dass die Größe der Vorfahren in der Gründung Roms beschlossen liege und die Freiheit der Römer stets auf diese Gründung „ab urbe condita" zurückgeführt werden müsse, in der ein Anfang gemacht worden ist.
Derzeit können wir einen neuen Anfang beobachten: den Beginn des urbanen Zeitalters, das uns vor völlig neue politische Herausforderungen stellt. Laut den Vereinten Nationen leben seit 2008 erstmals mehr Menschen in Städten als auf dem Land, bis 2025 werden es

voraussichtlich 61 Prozent sein. Die Urbanisierung der Weltbevölkerung ist dabei schneller fortgeschritten, als es der Club of Rome in seinem Bericht ***Die Grenzen des Wachstums*** 1972 vorhergesagt hat. 1950 gab es weltweit 86 Städte mit einer Bevölkerung von über einer Million. Heute sind es nach dem Bevölkerungsbericht der Vereinten Nationen bereits 400 Städte, bis 2015 wird es aller Wahrscheinlichkeit nach 550 geben.
Die dramatische Geschwindigkeitszunahme lässt sich gut an Beispielen konkretisieren: London war 1910 siebenmal größer, als es um 1800 gewesen war. Im Gegensatz dazu sind die neuen Megastädte, also Städte mit mehr als acht Millionen Einwohnern wie Kinshasa, Dhaka oder Lagos, heute vierzigmal größer als im Jahr 1950. Die *Financial Times* berichtete im Jahr 2004, dass im China der 1980er Jahre mehr Stadtbewohner hinzukamen als in Europa im gesamten 19. Jahrhundert. Nach Prognosen der ***Far Eastern Economic Review*** könnte allein Schanghai, dessen Wachstum unter dem kommunistischen Regime zeitweilig eingefroren war, bis 2025 eine Hafenmetropole von 27 Millionen Einwohnern werden. Die indische Megastadt Mumbai rechnet bis dahin mit einem Anstieg auf sogar über 33 Millionen Menschen.

STADT ALS REGION

Die Städte breiten sich aus und saugen die Landbevölkerung auf: Seit 1950 haben die urbanen Zonen zwei Drittel des weltweiten Bevölkerungswachstums absorbiert, während die Anzahl derer, die auf dem Land leben, inzwischen ihren Höchststand erreicht hat und nach 2020 vermutlich zurückgeht. Das hat auch zur Folge, dass sich der Arbeitsmarkt in den Städten dramatisch verdichtet: Seit 1980 hat sich der städtische Arbeitsmarkt verdoppelt. Die Stadt überschreitet in der Ausbreitung den eigenen Maßstab und wird zu einer Region. Die Rio/São Paulo Extended Metropolitan Region (RSPER) schließt mittlere Städte auf einer Verkehrsachse von 500 Kilometern ein. Mit einer Zahl von heute bereits insgesamt 37 Millionen Einwohnern ist diese Region größer als die Doppel-Megalopolis Tokio/Yokohama. Auch die Region Mexiko-Stadt wird bis 2050 voraussichtlich 50 Millionen Menschen beherbergen und damit 40 Prozent der Einwohner Mexikos. In Afrika finden sich ebenfalls solche neuen Ballungszentren, wie zum Beispiel an der Westküste entlang des Golfs von Guinea. Nach den Forschungen der Organisation für wirtschaftliche Zusammenarbeit und Entwicklung (OECD) könnte ein westafrikanischer Verbund von 300 Städten um Lagos im Jahr 2020 eine mit der heutigen US-amerikanischen Ostküste vergleichbare Bevölkerungszahl haben, mit fünf Städten, die über eine Million Einwohner haben. Die Gesamtbevölkerung könnte entlang eines 600 Kilometer langen Streifens zwischen Benin-Stadt im Osten und Accra im Westen auf über 60 Millionen ansteigen.[2]
Auch die chinesische Urbanisierungspolitik zeigt einen Paradigmenwechsel hin zur Metropolregion und orientiert sich dabei an Tokio und der US-amerikanischen Ostküste. So verdichten sich die Stadtsiedlungen in den Deltas des Perlflusses sowie diejenigen am Jangtse im Großraum Schanghai bereits genauso mit den Städten Hongkong und Guangzhou wie es im Korridor zwischen Peking und Tianjin geschieht. Dabei stellt Schanghai als Region mit seinen fünf angrenzenden Provinzen die momentan größte subnationale Planungseinheit der Welt dar. Wenn diese Entwicklung anhält, könnte sich entlang der ostasiatischen Küstenregionen eine Stadtlandschaft von Japan bis Indonesien entfalten, die zu einem großen urbanen Korridor kulminiert. (siehe Abb. 1, S. 22)

Auch Städte aus der zweiten Reihe explodieren. So befindet sich Nanchang – die Hauptstadt der ärmsten chinesischen Zentralprovinz Jiangxi – gemeinsam mit London, Las Vegas und Moskau auf der *Newsweek*-Liste der zehn dynamischsten Städte der Welt. Wundersam ist auch der Aufstieg von Dongguan, das sich von der absteigenden Agrarstadt, die sie in den 1980er Jahren war, zu einer der weltgrößten Produktionsstätten für Spielzeug, Möbel und Computerzubehör emporgeschwungen hat. Laut *Newsweek* liegen die meisten der 150 am schnellsten wachsenden mittelgroßen Städte in China.
Warum sind diese faszinierenden Fakten so wichtig? Weil sie uns zeigen, dass wir völlig neuen räumlich-sozialen Problematiken entgegensehen. Problematiken, die eine Dimension annehmen, die bis dato unbekannt war.
Es sind Fakten, die das Leben in der Stadt unmittelbar betreffen.

Zoom in 1: MUMBAI – STADT DER VIELEN

Mumbai ist Indiens vielschichtigste Stadt. Der Schriftsteller Salman Rushdie schrieb einmal, das Mumbai an „too-muchness" leide.[3] Damit meinte er nicht allein die schiere Statistik, die Größe oder Menge an Stadt, sondern vielmehr die Unfasslichkeit ihrer Totalität. Die Megastadt, die sich als Landzunge in das Arabische Meer schiebt ist ein Ort, an dem sich zwei Heterotopien fanden, das Schiff und der Markt. Ein Ort, der von Beginn an Hybridität hervorbrachte. „Schöne Bucht" nannten ihn die Portugiesen, die Engländer machten Mumbai daraus. Rushdie beschreibt, wie sich aus der Mischung von Handel und Wandel eine Region des anderen entfaltete: Mumbai ist zentral, war es vom ersten Moment seiner Entstehung an gewesen: das Mischlingskind einer portugiesisch-englischen Ehe und dennoch die indischste aller indischen Städte.[4] In Mumbai traf sich ganz Indien und vermischte sich miteinander. (siehe Abb. 2, S. 22)
Heute ist Mumbai ein hybrider Moloch aus Muschelkalk, fauligen Palmenblättern und Plastikabfall, aus europäisch-viktorianischer Architektur, postmodernen Shopping-Malls und Wellblechhütten. Hier begann die Unabhängigkeitsbewegung Gandhis, was aber blieb, sind die schnellen Bilder Bollywoods und eine Luft, die laut der Weltgesundheitsorganisation (WHO) so dreckig ist, als würde man jeden Tag zwei Schachteln Zigaretten rauchen. Mumbai hat die höchsten Büromieten und die niedrigsten Einkommen der Welt. Hier leben in blitzsauberen „Gated Communities" mehr Millionäre als in Manhattan – während zwölf Millionen Menschen am Rande des Existenzminimums in den Slums hausen.
Die Gesamtregion Mumbai ist mittlerweile eine Megalopolis mit über 16 Millionen Einwohnern. Zwei Drittel davon haben keine richtige Wohnung, kampieren entlang der Bahngleise, leben in riesigen Slums mit Verschlägen aus Pappe, Plastikplanen und Wellblech oder verbringen die Nacht auf den Gehwegen im Stadtzentrum. Jeden Tag kommen 100 neue indische Familien nach Mumbai, um dort ihr Glück zu finden.
Während Indiens Volkswirtschaft in den Städten jährlich um neun Prozent wächst, hinkt die Landwirtschaft mit nur zwei Prozent Wachstum hinterher und die Bauern verarmen. Um Arbeit zu bekommen, drängen die Menschen vom Land in die Stadt. Arbeit bietet vor allem der informelle Sektor, der Mumbai zur Dienstleistungsstadt macht. Jedoch ist der tertiäre Arbeitsbereich nicht in Bürotürmen versteckt, sondern spielt sich performativ im öffentlichen Raum ab. So ist eine der einfachsten Arbeiten, Müll zu sammeln, zu trennen und die Wertstoffe zu verkaufen. Eine Megastadt wie Mumbai produziert viel Müll und

braucht dementsprechend viele Sammler. Im ersten Morgengrauen sind sie bereits unterwegs, um mit minimalem Gewinn ihren Tageslohn zu verdienen.
Die Pendlerzüge treffen früh am Morgen alle drei Minuten im Bahnhof Chhatrapati Shivaji ein, dem neogotischen Prunkbau, Relikt aus der Zeit, in der Mumbai eine koloniale europäische Stadt war. Diese Züge sind für 2000 Passagiere ausgelegt, bei jeder Ankunft strömen jedoch bis zu 6000 Menschen heraus: Ein Strom von Tagelöhnern und Arbeitern ergießt sich in die Innenstadt, um gegen Abend wieder in die entgegengesetzte Richtung aufzubrechen.
Die eigentümliche Topografie der Megastadt, mit ihren immer enger zusammenlaufenden Schienensträngen der Pendlerzüge, produziert ein weiteres Dienstleitungsphänomen, den „Mittagessen-Lieferservice". Die Anzahl der Dabbawallahs, wie sie in Mumbai genannt werden, geht in die Tausende. Man kann sie im öffentlichen Raum gut ausmachen: Es sind in klinisches Weiß gekleidete Männer mit Schiffchenmützen, die das Mittagessen – in Henkelmännern ordentlich gestapelt – von den Mittelschicht-Haushalten aus den Vororten zu deren berufstätigen Familienmitgliedern in das Stadtzentrum bringen. Dafür gibt es ein eigenartiges Orientierungssystem: Da die Dabbawallahs Analphabeten sind, wird jeder Henkelmann mit bestimmten Zeichen versehen, die dafür sorgen, dass jedes Mittagessen in dem städtischen Millionenchaos stets zum richtigen Empfänger gelangt.
Der Dienstleitungsmarkt funktioniert hier ganz einfach: Jeder, der es sich vom Einkommen her leisten kann, versucht anderen Arbeit zu verschaffen. So ist der inoffizielle Arbeitsmarkt halb in privater Hand. Zum Beispiel nutzen auch Familien, die sich eine Waschmaschine leisten könnten, den Wasch- und Bügeldienst des „Dhobi Ghat", Mumbais Mega-Waschmaschine – ein gigantisches Areal mit einem quadratischen Betonbecken. Während Männer in der Seifenlauge stehen und die Wäscheberge der Stadt klopfen und wringen, bringen die Frauen die von ihnen gebügelte Wäsche auf die Dächer, wo sie, weithin sichtbar, im Wind hängt. Jede Woche wird die schmutzige Wäsche aus den Stadtquartieren dorthin transportiert, um nach einer Woche schrankfertig gefaltet an die Auftraggeber zurückzugehen.
Aber auch in Dharavi, dem Slum von Mumbai, wird gewaschen. Die Wäsche hängt auf den Dächern der Wellblechhütten, auf verrotteten Mauern, auf Leinen zwischen den Verschlägen. Für das Waschen eines Hemdes werden zwei Rupien gezahlt. Da es genug dreckige Wäsche gibt, ist die Arbeit sicher. Die Probleme, eine Stadt zu regieren, kennt Mumbai ebenfalls, und dabei stört Dharavi besonders, denn die Stadt soll ebenso sauber wie die Wäsche sein. Dharavi steht vor dem Ausverkauf.
Dharavi ist eine eigene Millionenstadt innerhalb der Metropole. Durchschnittlich leben hier 16 Menschen auf 100 Quadratmetern. Es ist ein „Melting pot" der Kulturen, der Religionen, Kasten und Ethnien. Das Resultat ist das von den Menschen her wohl vielfältigste Wohnviertel innerhalb Indiens vielfältigster Stadt. So kommen die Töpfer meist aus Gujarat, die Gerber sind Tamilen, aus Uttar Pradesh stammen die Näher, die in den Kleinfabriken – Kaarkhanas genannt – in Schichtarbeit Jeans anfertigen.
Das Interessante für Investoren ist jedoch die Lage dieses Areals: Es liegt mitten im Zentrum einer der teuersten Städte der Welt, in der die Mieten pro Jahr um 40 Prozent steigen. So ist Dharavi ein „Filetgrundstück" in Mumbai, einer Stadt, die wie kaum eine andere die Hoffnung Indiens verkörpert, mit China wirtschaftlich konkurrieren zu können.
Der Stadtplaner Mukesh Mehta hat vor diesem Hintergrund neun Jahre lang das Projekt „nachhaltiges, slumfreies Mittelschicht-Dharavi" entworfen. Mehta will Dharavi in fünf

Sektoren aufteilen und diese unter Beteiligung von Investoren – hauptsächlich Inder aus dem Ausland – sanieren. Der Wert der frei gewordenen Fläche wird von Fachleuten auf 7,5 Milliarden Euro geschätzt. Mit dem Erlös der Geschäfte sollen die Investoren im Gegenzug Sozialwohnungen bauen. Zunächst sollen 57.000 Familien in Hochhäuser umquartiert werden, die in der Nähe ihrer jetzigen Wohnungen liegen. Jede Familie hat Anspruch auf 21 Quadratmeter Wohnfläche plus Innentoilette. Doch sind das weniger Quadratmeter, als ihnen jetzt zur Verfügung stehen.

Hintergrund des Projektes bildet ein Achtjahresplan, der von McKinsey erarbeitet und von der Regierung abgesegnet wurde. „Forget Shanghai", tönte Premierminister Manmohan Singh im Jahr 2005 und setzte seine Unterschrift unter das stadtplanerische Projekt, das die Stadt bis zum Jahr 2013 in die modernste Hyperstadt des Planeten verwandeln soll. Die maximale Transformation des urbanen Turbokapitalismus läuft jedoch nicht reibungslos: Der Widerstand gegen das Projekt wächst. Die Nationale Vereinigung der Slumbewohner (NSDF) warnt vor dem Bau vertikaler Slums, zu denen sich Methas Hochbauten entwickeln könnten. In ihrem Artikel „Grober Missbrauch von Mumbais Slum-Umsiedlungsprogramm" zeichnete die *Times of India* ein ernüchterndes Bild des urbanen Aufbauprogramms.[5] Von den zugesagten vier Millionen Wohnungen sind zwischen 1995 und 2005 gerade einmal 65.000 gebaut worden. Und Simpreet Singh, Aktivist der National Alliance of People's Movements kritisierte im *South Asian,* dass der 40 Milliarden schwere Städtebauplan weder Folgen noch Methoden thematisiert: „In 2004, Mumbai First, an NGO floated by corporates entrusted McKinsey International of bringing out a Vision Mumbai report which talked of Shanghaisation of Mumbai. One of the thrust areas of the report was slums. It recommended reducing the slum population of Mumbai to less than 10 per cent of the total population by 2011. But what was not mentioned was the way to achieve this."[6] Das von der Regierung des Staates Maharashtra initiierte Abrissprogramm machte über drei Millionen Menschen obdachlos. Der Architekt Charles Correa bemerkte bezüglich des Programms: „Es gibt wenige Visionen. Sie sind eher wie Halluzinationen."

Dass die Slums besser organisiert sind, gerade weil sie mit Informalität konstruktiv verfahren – sie begründen architektonische Selbsthilfeprojekte, in denen ein Kleinbetrieb neben dem anderen, eine Computerschule über der anderen existiert –, dämmert den Planungskommissionen erst langsam. Dabei werden in Dharavi jährlich 15 Milliarden Rupien umgesetzt. Trotz der langsam wachsenden Erkenntnis der lokalen Stärken ist man dem globalen medialen Druck nur schwer gewachsen. Der brutale Stadtumbau erhält durch die jüngst gegründete Jawaharlal Nehru National Urban Renewal Mission (JNNURM) neue Nahrung, die Mumbai vorrangig als eine Stadt darstellt, die sich zu einem globalen Finanzzentrum entwickeln müsse.

Zoom out: GLOBAL CITY VERSUS MEGASLUM

Das Beispiel Mumbai zeigt sehr gut auf, wie heterogen die Entwicklungen der Megastädte im Moment verlaufen. Auf der einen Seite glitzernde Finanzpaläste, auf der anderen wuchernde Armenviertel. Neben neuen Hochhäusern aus Glas und Stahl entfalten sich Siedlungen aus Backstein, recyceltem Plastik und Stroh. So produziert die Megastadt neue Stadttypen.

Global Cities sind ein solcher neuer Stadttypus, der sich, als Entscheidungszentrum und Drehscheibe der globalen Ökonomie, strategisch über alle Kontinente und Zeitzonen verteilt. Dabei liegt die Konzentration nicht mehr nur auf den Hauptstädten, sondern auf den hoch spezialisierten Dienstleistungskomplexen, die die globalen Finanz- und Produktionsströme lenken. Entweder ist diese Superstruktur auf historische Städte montiert – wie in New York, Tokio, Mumbai oder London – oder die Städte selbst sind neu entstanden – wie Schanghai, Hongkong oder Singapur. Kerneigenschaft dieser Zentren ist, dass sie transnational agieren, mehr oder weniger unabhängig von lokalen Bedingungen und nationalen Bindungen. Die Konzentration von Wirtschaftsmacht erfordert und erzeugt kommerzielle Großbauten, deren Größe und Komplexität bisher nicht gekannte Ausmaße annehmen. Hochhäuser und Bürotürme schießen in immer weitere Höhen, während schwindelerregende Spekulationen dafür sorgen, dass neue Projekte ebenso schnell entstehen, wie sie wieder verschwinden. Corporate Identity ist das Markenzeichen der neuen globalen Investorenarchitektur in den globalen urbanen Zentren.
Städte würden, so die Soziologin Saskia Sassen, zunehmend zu transnationalen Marktplätzen, die von einer starken Diskontinuität gezeichnet sind,[7] einer Diskontinuität, die in die Vielfalt an Ökonomie und Arbeitskulturen der globalen Informationsökonomie eingebettet ist. Städte sind strategische Orte, an denen sich die Leitungsfunktionen, die globalen Märkte, aber auch die Produktionsstätten neuer und hochentwickelter Informationsindustrien konzentrieren. Die neue urbane Form der Megalopolis beruht nicht allein auf der räumlichen Konzentration von Menschenmassen, sondern auch von globalen Kontrollaktivitäten. Sie ist Knotenpunkt des Handels, Sitz großer Unternehmen und multinationaler Konzerne, der größten Börsen und wichtigsten Finanzdienstleister, Informations- und Kommunikationszentrum sowie Brennpunkt abgeleiteter und unterstützender Aktivitäten wie beispielsweise Rechts- und Unternehmensberatung, Wirtschaftsprüfung, Werbung und Marketing. Kurz gesagt: Weltstädte sind Schaltstellen der globalen Ökonomie. Dass es globale Akteure und globale Zusammenhänge gibt, bedeutet aber nicht, dass die Aktivitäten multinationaler Konzerne, die Kapitalströme und Umsätze der Börsen, keine lokale Verankerung hätten. Die Weltstädte sind die Bühne, auf der sich die Performance der ökonomischen Globalisierung abspielt.[8] Während die Kohärenz des Nationalstaatlichen aus der Perspektive der Desintegration zerfällt, entwickelt sich auf anderen Ebenen ein neues Raumgeflecht. Neue Kohärenzen erwachsen zum einen im Rahmen transnationaler Produktionsnetzwerke und zum anderen auf regionaler Cluster-Ebene.
Direkt neben der Finanzstadt wächst der andere Teil der Megacity: städtische Armut und Umweltzerstörung. Im Buch *Planet der Slums*[9] des US-amerikanischen Urbanismustheoretikers Mike Davis wird deutlich, dass sich große Teile der Megastädte immer mehr in Slums verwandeln. Untersuchungen der Vereinten Nationen belegen, dass knapp eine Milliarde Menschen – und somit jeder dritte Stadtbewohner – heute in Slums lebt. Der Slum wird zur zentralen urbanen Kondition und ruft so eine weltweite Krise der Städte hervor. Die globale Landbevölkerung wird von den Städten geschluckt werden, vor allem in den Ländern der Dritten Welt: Voraussichtlich 95 Prozent von ihnen werden bald in den Städten des Südens, in den Städten der armen Länder leben, deren Bevölkerung sich über die nächste Generation auf fast vier Milliarden verdoppeln wird.
Die Megastädte des Südens haben mit geringen Ressourcen eine riesige Anzahl Menschen zu versorgen. So ist die Fläche von Mexiko-Stadt (20 Millionen Einwohner auf 1300

Quadratkilometern) in der räumlichen Ausdehnung kaum größer als Berlin, das 3,5 Millionen Einwohner zählt. Diese Zahlen weisen auf eine hohe Bau- und Bewohnerdichte hin, die in den Metropolen des Südens meist mit reduzierten städtebaulichen und infrastrukturellen Standards einhergehen.

In einer Zeit zunehmender globaler Verarmung nimmt gleichzeitig das Abschotten von „Wohlstandsinseln" zu. Segregation ist eine Kehrseite der städtischen Globalisierung: Neue Grenzen werden gezogen, Territorien isoliert, Migrationsströme kanalisiert. Sicherheit wird zum Hauptthema der Stadt. Zäune und Selbstschussanlagen wie in den Reichenvierteln Johannesburgs verhelfen zu einer Illusion von Kontrolle und Distanz. Auch im nationalen Maßstab werden Städte zu einem Segregationsgebiet: So führt durch das Stadtgebiet von San Diego/Tijuana die Grenze zwischen den USA und Mexiko. Diese territoriale Grenze ist auch eine Demarkationslinie zwischen Arm und Reich, zwischen Nord und Süd, zwischen Erster und Dritter Welt, im Prinzip ist sie der Prototyp einer Grenze zwischen Gewinnern und Verlierern.

Die Zukunft der Megastädte liegt also auch und vor allem in den ökonomischen Verhältnissen der Slums der neuen Megacities: Manila, Dhaka, Kairo, Schanghai, Jakarta, Karatschi, Delhi, Kalkutta oder Lagos.

Zoom in 2: DELHI – DURCH DEN ORT AUSGELÖSTE TRANSFORMATION DES MENSCHEN

Dass es in dem Reifeprozess der neuen Städte nicht nur um Pessimismus gehen kann, sondern vor allem darum, neue Lebensmöglichkeiten aus dem Urbanen zu erfinden, zeigte der indische Autor Rana Dasgupta. Dasgupta ist selbst urbaner Hybrid. Seit fünf Jahren lebt er in Delhi, der Hauptstadt Indiens, die mit mehr als zwölf Millionen Einwohnern die drittgrößte Metropole des Landes ist. Geboren und aufgewachsen ist er jedoch in England, sein Studium absolvierte er in Oxford. Danach arbeitete er in Kuala Lumpur und New York. Das Urbane und vor allem die neuen Megametropolen faszinierten Dasgupta schon immer. Im Moment arbeitet er an einem Internetblog für die BBC zur Stadtentwicklung Delhis. Das rasante Wachstum der indischen Hauptstadt und die damit verbundenen Brüche fesseln ihn. „Da gibt es diesen Moment, wenn jede Menge divergierende Zukunftsvorstellungen in der Luft liegen. Es ist sehr spannend, heute in dieser Stadt zu leben, wenn die unterschiedlichen Gruppen darum streiten, wie Delhis Zukunft aussehen soll."[10]

Dasguptas Roman ***Die geschenkte Nacht***[11] enthält 13 Geschichten aus aller Welt. Die Erzählungen über Anatolien und Frankfurt, London und Delhi, Istanbul und New York, Lagos und Detroit, Tokio, Odessa, Paris, Warschau und Shenzen, die alle durch eine Rahmenhandlung – auf dem Flughafen von Tokio festsitzende Passagiere erzählen sich in einer Nacht Geschichten – zusammengehalten werden, können als Fragmente der globalisierten Gegenwart gelesen werden. Bemerkenswert ist, wie der Autor das virtuelle Konzept des globalisierten Ganzen als zentrales Thema des 21. Jahrhundert in skurrilen Geschichten mit den mythologischen Formen früherer Zeiten bearbeitet. Dasgupta versucht so, dem Gespenst der Globalisierung anhand eines fantastischen Esprits romantischer Kunstmärchen zu Leibe zu rücken. Im Mittelpunkt steht dabei die Frage: Was machen die Orte mit den Menschen?

Das Grundthema von Dasguptas Roman ist die Transformation der Menschen durch den sozialen Raum in ganz unterschiedlichen Gesellschaften. Dabei findet er Anhaltspunkte, die sich in den unterschiedlichen urbanen Welten ähneln: die Suche nach Möglichkeiten und Wegen, mit Grundfragen des Lebens erfinderisch und fabulös umzugehen. Im gleichen Atemzug entwickelt er eine spezifisch indische Sicht auf die urbane Problematik. „Mein Schreiben", so sagt er, „ist sehr von Delhi inspiriert. Die Stadt umgibt mein Leben und verschafft mir einen ganz eigenen Blick für Städte und für urbane ‚Alltäglichkeiten'."[12]
Zu diesem Alltag in Delhi gehören vor allem die Kontraste: In einer Straße wird der Tee noch wie vor Jahrzehnten auf der Straße zubereitet und die Menschen scheinen alle Zeit der Welt zu haben, während zwei Straßen weiter das hektische Großstadtleben pulsiert. So stößt Dasgupta auf einen Kernpunkt der Megastadt, auf ihre enorme Differenzierung. Unterschiedliche Stadien der Stadtentwicklung und des menschlichen Zusammenlebens treffen aufeinander oder existieren nebeneinander und erzeugen eine maximale Dichte alltäglicher Erfahrungen. Diese Erfahrungen sind komplex und nicht auf einen einfachen Nenner zu reduzieren. So zeigt der Roman die Distanz zwischen den verschieden Orten, gleichzeitig aber auch die gemeinsamen Metaphern und Analogien, die in New Delhi wie in New York universelle Gültigkeit besitzen.

Zoom out: INFORMELLER SEKTOR

Der Blick in das alltägliche Leben der Megalopolis zeigt, dass der Alltag der Stadt nicht mehr der ruhigen Ordnung folgt, wie wir sie aus der bürgerlichen europäischen Stadt kennen. Das Navigieren der Menschen in den Megastädten ist vor allem von Unordnung geprägt – informelle Aktivitäten nehmen zu und soziale Sicherheit wird zum Fremdwort. Schätzungsweise die Hälfte aller Einwohner bestreitet ihren Lebensunterhalt mittels einer Beschäftigung in der informellen, der sogenannten Schattenwirtschaft, ohne soziale Absicherung und Unterstützung im Krankheitsfall. Als Schuhputzer, Straßenverkäufer oder Müllsammler versuchen sie, in den Megastädten der Entwicklungsländer zu überleben. Die Grundregel des informellen Sektors ist unbarmherzig: keine Arbeit – kein Überleben.
Nach der Definition der International Labour Organization (ILO) versteht man unter dem informellen Sektor den Teil der Wirtschaft, der sich einer ordnungsgemäßen Registrierung durch Behörden entzieht und der entsprechend ungeregelt, das heißt jenseits festgeschriebener Regeln abläuft. Zu ihm zählen eine Vielzahl wirtschaftlicher Tätigkeiten, die von der Nachbarschafts- und Haushaltshilfe über Straßenhandel und Kleintransporte bis hin zu illegalen Aktivitäten, Drogenhandel und Prostitution reichen.
Es ist jedoch falsch, daraus den Schluss zu ziehen, dass der informelle Sektor automatisch mit Illegalität gleichzusetzen sei. Ein Staat kann – wiederum je nach der Art der Gesetze und Regeln – informelles Agieren auch ohne offizielle Genehmigung und Registrierung dulden oder ignorieren. Dies ist in den Megastädten des Südens durchweg der Fall. Die Merkmale des informellen Sektors zeigen seine ökonomische Prekarität: Es fehlt an sozialer Absicherung, an Arbeitsrechten und -regeln. Die Kapitalverfügbarkeit ist gering, ebenso die Umsätze und Gewinne.
Eine der Hauptursachen für die Zunahme informeller Beschäftigung liegt zum einen in der Tatsache, dass die Megastädte der Entwicklungsländer keine ausreichenden Arbeitsmöglichkeiten in der formellen Wirtschaft zur Verfügung stellen. Zum anderen hat sich eine Vielzahl

nicht registrierter Mikrounternehmen herausgebildet, die hochflexibel Arbeiten vergeben können, für die ein breites Angebot un- und angelernter Arbeitskräfte zur Verfügung steht. Das macht deutlich, dass die Megastädte der Entwicklungsländer zu schnell wachsen, als dass die wirtschaftlichen Entwicklungen durch eine städtische Verwaltung gesteuert werden könnten. Die Megastädte entwickeln sich weitgehend ungeregelt und entziehen sich in vielen Bereichen einer Steuerung. Für die Stadtstrukturen der Megastädte bedeutet dies, dass sie durch die informelle Bewegung zunehmend aufgelöst werden.
Dass eine neue Phase des Urbanen die industrielle Phase abgelöst hat, sehen wir auch daran, dass die zunehmende wirtschaftliche Verdichtung der Entwicklungsländer nicht zu einem Rückgang der Informalität führt, so wie wir es nach dem Modell der Industrialisierung, sprich „Entwicklung", eigentlich vermuten würden. Im Gegenteil: Mit dem Wachstum der Megastädte ist gerade nicht automatisch eine zeitgleich stattfindende Entwicklung der Gesetze, Regelsysteme und Steuerungsformen verbunden. Die Ökonomie der Megastädte wird vielmehr hohe Flexibilität zum Paradigma der wirtschaftlichen Dynamik erheben.
Der informelle Sektor entfaltet sich in den Megastädten immer weiter und wird für Millionen von Menschen zur Normalität. Diese Tatsache erfordert ein Umdenken in der Interpretation von Ökonomie, denn es zeigt sich, dass die Komplexität und Vielfältigkeit der Informalität bisher wenig erforscht ist. Gerade wenn Informalität zur Norm wird, muss die Deutung des Begriffs Informalität erweitert sowie auf die vielfältigen Relationen zwischen informellen und formellen Bereichen ausgedehnt werden. Auch ist die Mehrdimensionalität des Begriffs in Bezug auf Sicherheit vor Gewalt, Arbeitsplatzverlust, Terrorismus und Vertreibung zu klären.
Das bedeutet ebenfalls, dass das soziokulturell unterschiedlich interpretierte Verständnis von Legalität und Illegalität und die Frage konkurrierender Rechtssysteme – wie etwa vorkolonial- bzw. kolonialzeitlich implementierter, ethnisch begründeter, staatlich bzw. religiös verankerter Rechtsauffassungen – berücksichtigt werden müssen. Ziel wäre die Klärung informeller Prozesse und Strukturen in Megastädten als dynamisches Moment der Möglichkeit.

Positive Informalität

Die Dialektik des Informellen zeigt sich in der positiven Zuschreibung durch den Architekten und Künstler Jorge Mario Jáuregui. Auf der Documenta in Kassel 2007 zeigte er seine Arbeitsweisen, die entscheidend durch seine Erfahrungen in den Favelas von Rio de Janeiro geprägt wurden. Jáuregui hat in seinen Barrio-Projekten neue Wege aufgezeigt, das Innovationspotenzial der Urbanisierung der Favelas zu nutzen. Im Gegensatz zum modernistischen Planungsstädtebau geht Jáuregui auf die Spezifik des Ortes ein und entwickelt daraus seine Interventionen. In diesem Prozess sucht er das direkte Gespräch, die Begegnung mit den Bewohnern. So wird es ihm möglich, die Bedürfnisse der Bewohner in die Planung einzubeziehen. Dabei spielt gerade die Informalität als prozesshafte Struktur eine wichtige Rolle, die es als Energie zu nutzen gilt.
Auch die Urbanisten Alfredo Brillembourg und Hubert Klumpner fordern eine neue Interpretation von Informalität. Ihrer Auffassung zufolge ist die „Informal City" zum neuen Lebensstil geworden, der sich bereits zu einem globalen Phänomen entwickelt hat. Das Verständnis der „informal city will serve as a base and a frame of reference for evaluating the fundamental problems of cities today"[13].

Für die Autoren stehen Straßenhandel und Schwarzmärkte nicht nur für eine Umgehung des Steuersystems, sondern auch für eine Selbstbehauptung, eine Selbstermächtigung, die die Funktion des öffentlichen Raumes radikal transformiert. Der Alltag besteht aus Taktik, die Menschen bringen sich mit illegalen und informellen Tätigkeiten in das Stadtleben ein und formen so die Stadt mit. Auch kann die momentartige Schaffung von Wohnraum als demokratisches Element gedeutet werden: Der taktische Umgang mit Grund und Boden stellt dann eine territoriale Aneignung als partizipatives Moment dar. Ein urbanistisches Verständnis, das diese Entwicklungen degradiert und das Informelle nur als Vorstufe zum Formalen versteht, ist weder in der Lage, die Potenziale zu erkennen, noch kann es mit althergebrachten Steuerungsmechanismen die Lage in den Griff bekommen.

Zoom in 3: RIO

Quiet nights and quiet dreams
Quiet walks by quiet streams
And the window looking on the mountains and the sea how lovely

This is where to be
Here with you so close to me
Till the final flicker of life's ember

Aus dem Bossa-Nova-Standard *Corcovado,* Text: Andy Williams,
Musik: Antonio Carlos Jobim

Es sind diese lyrischen Zeilen, die das Bild Rios in der Welt prägten. Die weichen Klänge eines souligen Bossa Nova, die rauchige Stimme von Astrud Gilberto, leise Gitarrenakkorde und sanfte Klavierberieselung. Der sentimentale Blick aus dem Fenster auf das Meer und den Zuckerhut: Corcovado. So liegt sie da, die Küstenmetropole der Träume, eingebettet in die Guanabara-Bucht an der Copacabana, einem der schönsten Strände der Welt.
Doch der Schein trügt. Am 21. August 2007 berichtete *Spiegel online* von einem neuen Milliardenprogramm gegen Gewalt, welches der brasilianische Präsident Lula da Silva gegen die ausufernde Kriminalität im Land verkündet hatte.[14] Das 6,7 Milliarden Real (etwa 2,6 Milliarden Euro) starke „Nationale Programm für öffentliche Sicherheit" (Pronasci) beinhaltete den Bau von 160 neuen Gefängnissen und bessere Arbeitsbedingungen für die Polizei. Das Programm sah eine deutliche Erhöhung der Anzahl an Polizisten, eine bessere Ausbildung der Beamten sowie soziale Maßnahmen für die von der Gewaltwelle am schwersten betroffenen Armenbezirke in den Großstädten vor. Die Aktionen konzentrierten sich auf die Städte, die am stärksten mit den Kriminalitätsproblemen zu kämpfen haben: São Paulo, Rio de Janeiro, Brasília und Belo Horizonte.
Der im August 2007 in Genf von der Small Arms Survey[15], einem unabhängigen Forschungsprojekt des Hochschulischen Instituts für internationale Studien (HEI), vorgestellte Bericht über Kleinwaffen mit dem Titel „Guns and the City" sagt aus, dass sich die Zahl der Tötungen durch Waffengewalt in Brasilien zwischen 1982 und 2002 auf über 45.000 Fälle pro Jahr verdreifacht hat. Diese Morde stehen laut dem Bericht in Zusammenhang mit der Urbanisierung und der wachsenden sozialen Ungleichheit.

Rio ist die von Gewalt am stärksten betroffene Stadt Brasiliens. Die Nichtregierungsorganisation Rio de Paz schätzte jüngst, dass die Kriminalität in den ersten sieben Monaten des laufenden Jahres bereits mehr als 3000 Menschenleben gefordert hat. Die Stadt wird immer unlenkbarer und die Polizei zunehmend nervöser. Bei einer Razzia gegen Drogenhändler in einem Slumgebiet in Rio wurden im Juli 2007 19 Menschen unter dubiosen Umständen getötet. Angehörige, Menschenrechtler und die Anwaltskammer versicherten, die meisten Opfer seien unschuldig gewesen.Die „Policía Militar" hat in Brasilien einen schlechten Ruf. Sie gilt als korrupt und schlecht ausgebildet. Den Statistiken zufolge sterben jährlich mehr als 1000 Menschen bei Polizeieinsätzen.
Im Mai 2007 titelte ein Bericht der *FAS* zur Lage in Rio: „Hier ist es schlimmer als im Irak." Ein Fotograf erzählt: „Im Irak weiß man wenigstens, wo die eigenen Leute stehen. Hier wird man von überall beschossen."[16] Der Complexo do Almeão, ein Gebiet im Norden Rios, wird im Volksmund inzwischen als „Gazastreifen" bezeichnet. Dieser Korridor umfasst von Caju bis Pavuna 33 Stadtviertel, in denen mehr als eine Million Menschen wohnen. In dieser „Zona Norte" finden über die Hälfte aller Mordfälle in Rio und zwei Drittel aller Überfälle auf Autofahrer statt. Für die Bewohner der Favelas ist Drogenhandel oft der einzige Ausweg aus der Armut. 750 Favelas gibt es derzeit in der Stadt und die Zahl wächst kontinuierlich.

Dialektik des Informellen

Allerdings gehen die Reportagen über Armut, Drogenhandel und Gewaltspiralen in den Favelas nicht weit genug und bleiben oft in Betroffenheitsbekundungen stecken. Was dabei unberücksichtigt bleibt, sind die Potenziale der informellen Urbanität: Gerade an den Randgebieten der Stadt scheint die Zukunft des Städtischen definiert zu werden, dort, wo andere Formen kollektiven Zusammenlebens experimentell ausprobiert werden, weil nichts anderes geht, wo erste Modelle neuer Gouvernementalität implementiert und getestet und Ersatzökonomien als Alternative zu kapitalistisch organisierten Geld- und Warenströmen gesetzt werden. In dem von dem Stadtforscher Stephan Lanz herausgegebenen Reader *City of Coop*[17] wird aufgezeigt, dass die Effekte des Aufeinandertreffens von informellem Handeln, dem listigen Taktieren der Favelabewohner auf staatliche Reglementierungen, nicht pauschal vorhergesagt werden können.
Vielmehr eröffnet sich eine neue Dialektik des Urbanen: Das Handeln der Subjekte in der erzwungenen Informalität ist weder frei noch völlig selbstbestimmt, es lässt sich aber auch nicht auf rein reaktives Handeln reduzieren. Weder ist das Informelle reiner Ort der Emanzipation noch marginaler Ort der Kleinkriminalität und staatlicher Kooptation. Es ist der Weg dazwischen, der sich in immer neuen Bewegungen austariert und die Form der Megastädte mitproduziert. So werden die Megastädte des Südens zu Laboratorien des Selbsthilfebauens und des Lowtech-Städtebaus. Weil herkömmliche Stadtplanung die spezifischen Bewegungen der Megastadt nicht bewältigen kann, haben sich – wie in Rio – die Bewohner zwangsläufig emanzipiert und eine Moderne des urbanen Informalismus geschaffen. Es ist eine von unten entstandene Städtebaukultur, die sich auf routinierte Praktiken beruft, die der offiziellen Planung an Effizienz kaum nachstehen, aber bei Weitem schneller agieren können.
Eine Megastadt wie Rio zieht ihre Qualität aus starken Kontrasten, großer Heterogenität, permanentem Wandel und konstruktiver Improvisation. Daraus kreiert sie Räume des Offenen, die eine neue Herausforderung des Umgangs mit der Stadt darstellen.

Zoom out:
WIE SIEHT DIE ZUKUNFT AUS? – PROZESSE DENKEN LERNEN

Megastädte

Fassen wir zusammen: Megastädte sind nicht nur große Agglomerationen von Gebäudestrukturen, Verkehrswegen und Bewohnern. In ihrer Dimension erzeugen sie neue Dynamiken, neue Komplexität und neue komplexe Interaktionen zwischen verschiedenen demografischen, sozialen, politischen, wirtschaftlichen und ökologischen Prozessen. Bis zum Jahr 2015 prognostizieren die Vereinten Nationen die Entstehung von 33 Megastädten mit jeweils mehr als acht Millionen Einwohnern, 27 von ihnen werden in sogenannten Entwicklungsländern liegen. Deren chaotisches Wachstum lässt die Möglichkeiten zur Regulierung und Kontrolle solcher Prozesse zweifelsohne abnehmen. Verwaltung und Planung auf städtischer Ebene wird immer unlenkbarer. Gleichzeitig nimmt der Grad an Informalität sowie die Vielfalt und Vielzahl der beteiligten Akteure und ihrer Verflechtungen zu.

Städte werden angesichts der breiten Diversität und des Clusters von verfügbaren hochqualifizierten Arbeitskräften zu globalen Knotenpunkten von Transformation. Es ist jedoch zu konstatieren, dass diese Veränderung sowohl ästhetisch sichtbar als auch sozial wirksam wird, bevor sie in ihrer Tragweite erkannt und verstanden werden kann.

Die Megastadt hinterlässt einen Stadtkörper, der weder dem Bild der kompakten Stadt entspricht noch existiert ein neues Modell, das eine neue Identifikation ermöglicht.

Zweifel am Planbaren – Abschied von der europäischen Stadt

Die zunehmende Informalität im Wachstum der Megastädte lässt den Planungsoptimismus vergangener Jahrzehnte schwinden. Gleichzeitig scheint das einstige koloniale Erfolgsexportmodell der „europäischen Stadt“ seine Wirkungskraft zu verlieren und zum Nebenschauplatz im globalen Verstädterungsprozess zu werden. Es erwächst ein neuer Stadttypus: die Megastadt. Wie Mitte des 19. Jahrhunderts die Industriestadt emporstieg, so erleben wir heute eine urbane Revolution, die städtische Gebilde hervorbringt, die in der Geschichte kein Beispiel kennen. Mit formal geprägtem Eurozentrismus kommt man hier nicht weiter. Vielmehr gilt es, die spezifischen Qualitäten der Megastädte global neu zu erforschen.

Anna Tibaijuka, bis 2010 die geschäftsführende Direktorin von HABITAT, dem Wohn- und Siedlungsprogramm der Vereinten Nationen, bringt es auf den Punkt: „Megastädte lassen sich notorisch schlecht definieren.“[18] Sie stellt fest, dass es eine der zentralen Zukunftsfragen sein wird, wie wir die rapide Urbanisierung managen. Wenn sich die Bevölkerung der Megastädte in den nächsten 30 Jahren verdoppelt, so werden für diese zwei Milliarden neuen Stadtbewohner die wöchentlichen Aufwendungen für Planung, Finanzierung und Infrastrukturmaßnahmen denjenigen für eine neue Stadt mit einer Million Einwohner entsprechen.

Das Wachstum der Megastädte erzeugt radikale Ungleichzeitigkeiten. Städte wie New York und Los Angeles drohen bis 2015 um die Hälfte zu schrumpfen, das Wachstum anderer Zentren wie Tokio und London könnte immerhin stagnieren. In Lateinamerika scheint die Höchstmarke der Schnelligkeit erreicht: Städte wie Rio, São Paulo und Mexiko-Stadt werden nicht mehr so schnell wachsen wie früher. Hohe Raten der Bevölkerungsverdichtung

in den Ballungszentren haben in den nächsten Jahren hauptsächlich Asien und Afrika zu erwarten. Die Megastädte Asiens haben derzeit eine jährliche Wachstumsrate von 6,9 Prozent. Zudem werden andere Städte in die Liga der Großen vorstoßen, wie Istanbul, Guangzhou, Manila und Peking.
Bei aller Unterschiedlichkeit verfügen die Megastädte im globalen Vergleich über ein gewisses Maß an Kongruenz von kulturellen und historischen Bedingungen. Unter dem Einfluss veränderter Rahmenbedingungen hat sich ihr Stadtbild durch unterschiedliche Phasen hindurch kontinuierlich transformiert, wobei der nun stattfindende Übergang von der Produktions- zu einer Wissensgesellschaft ganz neue Herausforderungen an die Stadt stellt. Nicht zuletzt werden sich die demografischen Veränderungen der Gesellschaften unterschiedlich auf eine urbane Gesellschaft auswirken. Migrationsbewegungen führen zu neuen Zusammensetzungen verschiedener Ethnien, Religionen und Kulturen. Materielle Ungleichheiten und Segregation als Folgeerscheinung einer gesamtwirtschaftlichen Entwicklung erfordern einen neuen Umgang bürgerschaftlicher Beteiligung.
Eine wechselseitige Befruchtung der Ideen, Hypothesen, Planungsvoraussetzungen und Lösungsansätze ist deshalb vonnöten, die alle realen Dynamiken urbaner Prozesse einbezieht. Es stellt sich die Frage, wie wir uns in dieser neuen Stadt zurechtfinden, wie wir uns mit ihr identifizieren und uns in ihr beheimaten.

Vom Rhythmus des Urbanen

Vor diesem Hintergrund geht es mir um die Frage, wie sich neue Modi entwickeln lassen, um Bewegungen des Urbanen zu erkennen, diese aufzuzeichnen und „gestaltbar" zu machen.
Das Urbane ist kein visuelles, materiales Objekt, es erscheint in der Zeit als Rhythmus. Rhythmus existiert, verfügt jedoch über keinen eigenen Ort. Um Rhythmus zu analysieren, muss er gelebt werden. Rhythmus ist, wie das Urbane, nicht plan-, sondern nur strukturierbar.
Wenn ich von Rhythmus spreche, geht es mir nicht nur um phänomenologische Beschreibung, sondern um eine gegenwärtige architektonische Praxis, die sich mit den spezifischen Lebensumständen des Alltags – Politik, Arbeit, Freundschaft und Erinnerung – entwickelt hat. Dieses Architekturkonzept möchte ich thematisch zu dem französischen Architekturtheoretiker und Philosophen Henri Lefebvre in Beziehung setzen. Dessen Raumbegriff erhält im Zuge der Neudefinition urbaner Praxen neue Aktualität. Für Lefebvre steht die Frage nach einer urbanen Praxis und daraus resultierend die Frage nach den Formen und Vektoren des ***everyday life*** und der Rhythmusanalyse im Vordergrund. In den Schlüsselwerken ***La Production de l'Espace*** und ***La Révolution Urbaine*** wird der Raum von Lefebvre nicht mehr als Objekt, sondern als improvisatorische urbane Praxis gelesen. Die Analyse von Praxis wirft Fragen nach immanenten Qualitäten auf. Diese gliedern sich anhand von Parametern wie Vektor, Viskosität und Volumen. Die Ordnung von Zeit geschieht dann nicht im Modus von Geschwindigkeit, sondern im Modus des Rhythmischen und seiner Qualitäten wie Amplitude, Frequenz und Intensität: Raum wird Schwingung, Bewegung. Die Entwicklung des Urbanen macht konventionelle Voraussagen und Prognosen nutzlos, da sie von einer Reihe von Fakten ausgehen.

Stadt als Labor

Die Stadt in ihrer gegenwärtigen Verfassung kann nur als ein Labor begriffen werden. Urbanität wird zum räumlichen Rahmenwerk moderner Gesellschaften, Ökonomien und Kulturen sowie der transformierenden Landschaft eines sich permanent verändernden alltäglichen Lebens. Wobei in der Analyse von und dem kritischen Umgang mit Urbanität immer die Frage mitgedacht sei, ob das Modell Stadt noch als ein abgeschlossenes gelesen werden kann oder sich einem universellem Begriff von Urbanisation zu öffnen hat. Dieser Begriff des Urbanen erwächst aus Handlung, aus Bewegung, kurz gesagt, aus urbaner Praxis, deren Kernpunkte die Arbeit an und der produktive Umgang mit der Verarbeitung von Unsicherheit darstellen.

Das urbane Phänomen ist von einer tiefen Krise gekennzeichnet, in der wir keine Form der Sicherheit mehr ausmachen können. Urbanes Wissen bleibt provisorisch. Mehr als die Konstruktion reduktiver Modelle ist daher eine radikale Kritik gefragt, die eine Orientierung und einen Weg in die Praxis eröffnet. Ein Wissen, dass kein Ding ist, das nicht reduziert werden kann – Impuls, Elan, Willen, Begehren, vitale Energie, Antriebskraft: Improvisation. Dies erfordert eine stärkere Orientierung an prozessorientierten Modell- und Szenarienbildungen der Megaurbanisierung. Flächennutzungs- und infrastrukturorientierte Planung von oben geht vielfach an Bedarf und Nachfrage vorbei. Deshalb ist ein Perspektivenwechsel hin zu einer stärkeren partizipativen Einbindung der vielfältigen Akteure notwendig. Der Gegensatz von formell und informell, der die Beteiligung des Staates als Kriterium heranzieht, erweist sich als unzulänglich, weil dadurch der Blick auf die Realitäten der komplexen Interaktion der Akteure, also den Inhalt von Stadt, verstellt wird. Gefragt ist deshalb ein neuer Blick auf den urbanen Alltag, um dort soziale Kohärenz, lokale Identität und zugleich wachsende Verantwortung zivilgesellschaftlicher Netzwerke und Gruppierungen zu stärken.

KP _ 02
Mit dem vorherigen Essay wurden auf unterschiedlichen Maßstabsebenen die Bewegungen der Urbanisation nachgezeichnet. Es zeigt sich, wie Kontingenz und Heterogenität zeitgenössischer Stadt zunehmen. Wie aber ließe sich 100 Prozent Stadt näher bestimmen und welche Folgerungen lassen sich daraus ziehen?

2

DIE ZEIT DER 100-PROZENT-STADT

MODERNE: FLUCHT VOR DER FORM

Im Prinzip lässt sich der Städtebau der Moderne als Flucht vor der Form beschreiben. Seine beiden Hauptströmungen, der Funktionalismus und der Strukturalismus, versuchen dies, indem sie aus der Trias Form, Funktion und Struktur den jeweils eigenen Parametern (Funktion bzw. Struktur) eine extrem hohe Bedeutung zumessen. Tatsächlich werden auf diese Weise jedoch die Parameter wiederum zur Form überhöht. Im einen Falle wird der Funktion, im anderen der Struktur eine Formenteleologie beigelegt.
Dies hat einen einfachen Grund: Sowohl Funktionalismus als auch Strukturalismus sind nicht in der Lage, die Stadt als Totalität zu interpretieren, also auch dasjenige mit einzuschließen, das – jenseits des Plans existierend – Kohärenz erzeugt. Es folgt, was folgen muss: In der Postmoderne erleben wir den eigentlichen Rückfall in den Formalismus. Die seit den 1980er Jahren zu konstatierende Hinwendung zum Stararchitekten folgt dem mentalen Modell einer Mischung aus Mittelalter und Aufklärung. Das Heilsversprechen der Form durch den Stararchitekten ist meines Erachtens so etwas wie die Kombination von mittelalterlicher Gottesmetaphysik und Geniekult des 18. Jahrhunderts. Aber diese retro-formalistische Sichtweise auf die Stadt führt nicht zu neuen Erkenntnissen, sondern erzeugt Fragmente einer „Branding Architecture“, die medial genau das verdeckt, was sich im Alltäglichen abspielt.

Will ich die Stadt als Totalität anerkennen, kann es mir beim heutigen Fragen nach der Stadt weder um substanzielle Formen noch um eine a priori zielgerichtete Determination von Realprozessen gehen, also um Prozesse, die durch die Formen bestimmt sind.
Ich gebe zu, dass ich heutzutage, in Bezug auf die Stadt, weder durch die Definition des Allgemeinen noch durch die Ableitung aus einem formalen Schema zum Realen kommen kann. Aber darin liegt auch ein entspannendes Moment: Das Loslassen von Form als Ziel. Ich komme dann zu einem Raumbegriff, der Form als urbanes Sein nur nach und nach, in der Zeit selbst, dem Realen gleichsam ablauscht. Eines ist dabei klar: Ich kann nicht mehr auf ein absolutes Kriterium der Wahrheit verweisen. Vielmehr muss es mir mehr um die ständige Verhandlung, um das ständige Forschen und um ständige Korrekturen, die niemals zum Abschluss kommen, zu tun sein.

ZEIT DER 100-PROZENT-STADT

Auf der Achse von null bis 100 Prozent Urbanisation gibt es dauernde Modulationen der Übergänge von der ländlichen Region bis zur Stadt als Totalität. Die Entwicklung befindet sich auf dem Weg einer kontinuierlichen Verdichtung zum urbanen Ganzen. Stadt ist in diesem Kontext nicht als festes, sondern als sich permanent ausdifferenzierendes Kontinuum, als Verlauf zu interpretieren. In diesem Verlauf werden die Filter Struktur, Funktion, Form und Vektor unterschiedlich hoch gefahren. Das hat wiederum Auswirkungen auf andere Filter, wie zum Beispiel Natur: So können sich etwa aufgrund bestimmter Aufgaben oder Nutzungen neue Grünbereiche im Städtischen verdichten. Diese führen jedoch nicht zu einer ursprünglichen Natur zurück, sie sind vielmehr Teil des Gleichzeitigen des Urbanen: urbane Natur.
Die Achse der Entwicklung zu 100 Prozent Stadt ist sowohl räumlich als auch zeitlich zu verstehen. Erstens räumlich, weil sich der Prozess in der Produktion von Raum eröffnet, in der Modifikation oder in der Aneignung von Raum; und in der Ausbildung neuer Zentren und Peripherien, die in einem dialektischen Verhältnis stehen und nicht gegeneinander auszuspielen sind. Vielmehr überlagern sie sich in immer neuen Konstellationen. Zweitens zeitlich, und zwar in einer bestimmten Qualität: Zeit ist nicht als rein linearer Verlauf zu verstehen, denn das Urbane ist bereits 100 Prozent, sondern als rhythmisches Kontinuum. Rhythmisches Kontinuum deshalb, weil sich die urbane Praxis zum einen als „Erhandlung“ von Raum in der Zeit abspielt, zum anderen als geschichtliche Praxis stets neuer Auseinandersetzungen und Konflikte.
Die rhythmische Ordnung der urbanen Zeit ist aber nicht in der Definition verschiedener Intervalle zu suchen, sondern in der improvisatorischen Praxis der Momente, Situationen und ihrer Potenziale. Die Form dieser Situationen ist zugleich konkret und abstrakt: konkret, weil sie Teil der Praxis ist, aus Praxis entsteht; abstrakt, weil sie erst in der reflektierenden Urteilskraft, durch die Aufstellung von Regeln und Ordnungen einer Nutzung zugeführt wird.
Im geschichtlichen Übergang von der Agrar- über die industrielle Stadt hin zum Urbanen können wir unterschiedliche Zeitmodi ausmachen: Für die Agrarstadt ist Zeit mit dem absoluten Raum der Natur verbunden. Die Stadt teilt diesen Raum und bestimmt seine Richtungen durch den Adel und den Klerus. Der Erhalt dieses Raums ist jedoch direkt an den absoluten Raum und dessen Universalität geknüpft: Das Telos der Form kommt

durch Gott, gleichzeitig gibt es eine zyklische Zeit der Jahreszeiten, der Ernte, der Agrarproduktion. Mit der Negation der Agrarstadt durch die industrielle Stadt wird auch die Linearität von Zeit verstärkt und die Zeit wird gerichtet, getaktet. Mit dem Verkehr auf interregionaler Ebene und der Zunahme von Geschwindigkeit durch neue Verkehrsmittel, wie zum Beispiel die Eisenbahn, kommt es zu neuen Zeittaktungen, die den Austausch zwischen den Orten ermöglichen. Hatten jeder Ort, jede Stadt vorher ihre eigene Zeit durch den Stand der Sonne, so ist nun ihre geografische Lage auf dem Längengrad taktgebend.

FÜR EIN NEUES RAUMVERSTÄNDNIS

Diese Entwicklung korrespondiert mit der Stadt als solcher. War sie in der Ankopplung an die zyklische Zeit noch ein Werk, an dem eine Gemeinschaft arbeitete, so kommt sie durch die Industrialisierung in eine Krise der Zeit. Linearität und künstliche Taktungen beginnen bereits, die alte Stadt zu unterminieren. Stadt, als klar definiertes Objekt, bekommt Konkurrenz durch die Produktion von Gütern, die der Stadt vorangestellt werden. Die Definition von Stadt als Objekt dient in dialektischer Weise der industriellen Produktion: Sie negiert dieses Objekt, taktet es neu, durchzieht es mit dem Raster einer neuen Rationalität. Das Urbane hingegen verlangt eine Kritik dieser Objektanschauung. Es ist nicht mehr allein Gegenstand von Erkenntnis, sondern von Reflexion und Praxis zugleich. Das macht auch eine neue Zeitqualität aus: Handlungszeit, als Rhythmus, erhält eine neue Bedeutung, jenseits industrieller Taktungen und Sequenzen. Das Urbane als Form ist also nicht als bestehende Realität zu verstehen, die hinter einer Aktualität der Zeit zu situieren wäre. Vielmehr ist das Urbane als Form selbst ein Horizont von Möglichkeiten, die sich in einem Feld von Vektoren äußern. Das Mögliche als Praxis ist die Richtung, in die sich das Urbane bewegt. Diese Richtung ist nicht linear an ein Fortschrittsmodell gekoppelt, sondern Feld dauernder Auseinandersetzung und Kooperation.

HORIZONT DES URBANEN. RAUM ALS MEDIUM

Raum kann nicht Form, Sinn oder Finalität *her*-stellen. Dennoch wird Raum oft als Form *dar*-gestellt, als Form, in die ein Telos eingeschrieben sei. Der urbane Raum ist zwar Form, aber als Rahmung, als Medium. Das Urbane ist vermittelnde Form, der ich, via Urteilskraft und gemeinschaftlichem Diskurs, reflektierend Regeln und Zweckmäßigkeiten beilege. Das heißt, Raum existiert weder als Absolutes, das außerhalb der Zeit einer Ewigkeit beigeordnet ist, noch als alles umfassender, die Erscheinung der Dinge erst ermöglichender Behälter. Vielmehr ist Raum als Medium von der Nutzung, also der Aneignung seiner Produktion abhängig. Darin besteht sowohl seine Forderung als auch Eröffnung von Möglichkeit zur Partizipation und zur Emanzipation. Raum als Form ist ein Produkt – und damit sowohl Tatsache als auch Wert, Konkretes und Abstraktion – das an die Zeit der Praxis gekoppelt ist. Die Artikulation der Raumkonstitution ist, und das ist das Entscheidende, nicht in sich selbst konstitutiv, sondern regulativ: Sie ist als Wissen an die Nutzung in der Zeit gebunden. Die Beziehung zwischen Zeit und Raum ist demzufolge eine soziale, in welcher keiner der beiden Ebenen eine Priorität zugestanden werden kann.

Die Konvergenz des Urbanen als Form existiert nur im Horizont: Diesen Horizont, diese Perspektive muss ich dem Urbanen in der Arbeit mit anderen aktiv geben. Integration entsteht nicht durch einen Klassenkampf, der die Form (einer Klasse) selbst als Telos ansieht. Vielmehr sind es Interventionen und die Entwicklung einer Haltung im Diskurs, die die Auseinandersetzung bestimmen. Pragmatismus heißt hier Erfindung, Kreation von Nutzungen, nicht allein deren Anwendung als Inhalt der urbanen Form. Technokratischer Operationalismus kann hier nur der Zeit hinterherhinken. Dies deshalb, weil er die Schnittstelle zwischen dem Rationalraum der Vernunft und der Realität nicht als reflektierte Praxis rhythmisch integriert, so wie es eine improvisatorische Praxis täte. Stadtplanung konstruiert in langatmigen Verfahren, die allein Experten offenstehen, anstatt Ordnungen zu entdecken, die als „Lösungen des Alltags" von Laien, den Nutzern der Stadt, gemacht werden. Weil Planung meist noch von der Funktion und nicht vom Gebrauch her denkt, werden partizipatorische Mediationsverfahren wertlos, dienen sie doch nur dazu, die Bürger „abzuholen" – was den paternalistischen Standpunkt impliziert, man wüsste, wo die Bürger stünden – und „mitzunehmen", meist nur dorthin, wo das Planungsverfahren schon lange ist.

PRODUKTION VON RAUM

Fassen wir zusammen: Das Urbane kann weder als geschlossenes System definiert noch in Fragmenten analysiert werden. Raum ist nicht ein Gegebenes an sich, sondern etwas, das in der Zeit und in der sozialen Bewegung produziert wird. Damit ist jedoch keinesfalls eine industrielle Produktion im Sinne von Marx gemeint. Der französische Philosoph und Raumtheoretiker Henri Lefebvre beschreibt den Modus industrieller Produktion als *Kreativität erster Ordnung,* genauso wie agrikulturelle Ausbeutung. *Kreativität zweiter Ordnung,* Poiesis, ist nach diesem Konzept eine heterogene Neuordnung von Kultur innerhalb des urbanen Gewebes. Lefebvre geht jedoch nicht davon aus, dass urbane Praxis als Diskurs zweiter Ordnung, als Metasprache, Exegese oder Kommentar auf industrielle Produktion oder dergleichen bezeichnet werden darf. Denn: Die Kreativität der zweiten Ordnung und die sekundäre Natur des Urbanen manifestieren sich in einer improvisatorischen *Praxis* und sind daher irreduzibel. Urbane Praxis ist ein Prozess, der die Freiheit, Differenzen zu produzieren, beinhaltet. Dieser Prozess ist genau deshalb *nicht* determiniert, weil er Freiheit als Handlung im Kantschen Sinne, als die Befähigung zum Ansetzen einer neuen Kausalkette in der Zeit, beinhaltet. Das geht nur, wenn ich mich von der Form befreie und unter Willensfreiheit eben nicht die Wahl zwischen Vorgegebenem verstehe. Das heißt auch: Es ergibt keinen Sinn, mich auf den geschichtsphilosophischen Standpunkt zurückzuziehen und zu sagen, dass ich dem Gang der Geschichte ausgeliefert sei. Es ist vielmehr ein dialektischer Vorgang am Werk: In der urbanen Praxis erzeuge ich das Urbane als Form mit, gleichzeitig werde ich selbst von dieser Form als zeitspezifische Situation beeinflusst.

Urbane Praxis ist improvisatorisch. Das bedeutet jedoch nicht, dass das Urbane normfrei sei, wie manche Apologeten glauben machen möchten.[1] Dies ist wiederum geschichtlich begründet. Weil Normierung und Linearisierung von Zeit aus der industriellen Phase in die urbane Phase hinüberreichen und sich mit urbaner Komplexität verdichten, nehmen normative Einschränkungen eher zu. Aber: Sie werden schwerer sichtbar. Genau aus diesem

Grund hilft es nicht, den Kampf um Stadt an der Frage von formell versus informell festzumachen. Notwendig ist vielmehr eine reflexiv-kritische Praxis des Hinterfragens von Form statt der reinen Anwendung, sei es formell oder informell.

Wenn ich ehrlich mit mir selbst bin, so muss ich doch zugeben: Diese Entwicklung bereitet mir selbst ebenfalls Schwierigkeiten, auch wenn ich auf Modernität, Zeitgenossenschaft oder Avantgarde poche. Wie allen anderen Menschen, steht auch mir des Öfteren der Sinn nach Finalität, Sicherheit, beruhigender Ordnung oder vielleicht gar Idylle. Vergebens. Dabei wird eines klar: Ich kann Sicherheit nicht mehr auf die alte Weise herstellen. Das stellt mich konsequenterweise, ob ich es verdrängen will oder nicht, vor das Problem, dass sich, im Eingang des Urbanen als Totalität, Finalität und Kohärenz rationaler Logik auflösen, ohne dass neue Modelle schon bereitstünden.

Aber – kommt alles so unvorbereitet? Nicht wirklich. Im Bereich der Produktion kann man schon seit den 1950er Jahren neue Formen der Regierungstechnik, der Organisation erkennen, welche bereits das industrielle Modell von Organisation unterminieren oder abzulösen suchen. Mit den neuen Regierungstechniken, die ich Performancetechniken[2] nennen möchte, beginnt das postindustrielle Zeitalter, das sich als langsames Ende sowohl des Systems von Akt und Entscheidung als auch historischer Werte äußert. Es findet eine Verlagerung unternehmerischer Entscheidungen in das Subjekt selbst statt, bei gleichzeitiger Aufwertung von Gruppenarbeit.

Hier zeigt sich eine der normativen Problematiken des Urbanen. Das Urbane erhält seine Werte aus den alltäglichen Transformationen. Wenn jedoch Arbeit in das Subjekt hineingetragen wird, wird Alltag zur Arbeitszeit. Weder helfen dann, wie es Richard Sennett in *The Use of Disorder* hinreichend gezeigt hat,[3] Kritiken der Stadt im Sinne von Kommunität mit dem Verweis auf eine Homogenität alter Stammesstrukturen und Dörfer. Noch hilft es, Ordnungsstrukturen aus der industriellen Phase wieder integrieren zu wollen, Klassenkämpfe als Formkämpfe wieder zu Lösungswegen zu machen. Denn auch diese neigen zur Homogenisierung in der Form. Vielmehr bedarf es neuer, intersubjektiver Vergesellschaftungsformen, aus denen sich urbaner Raum produzieren lässt: kleinteilig, reflexiv, aneignend. Und in Anerkennung von Partikularität, von Differenz. Aber nicht als postmodernes *anything goes*, denn damit verlöre ich den Blick für sich ausbildende Zentren, vergäße in der Hinwendung zum rein Kulturellen jene Kämpfe und Konflikte, die sich im ökonomischen Feld abspielen. Lefebvre sagt zu recht: Es kann keine urbane Realität ohne Zentren geben, allein ändern könnten sie sich. Lefebvre spricht vom Vektor null: Jeder Punkt kann alles anziehen.[4] An jedem Punkt kann der Raum-Zeit-Vektor null werden und Form zu Materie. Das beschreibt den dialektischen Zustand des Urbanen: Die immanente Widersprüchlichkeit von Ordnung versus Unordnung. Das heißt auch, jede Zentrumsbildung birgt in sich wieder das Risiko der Auflösung, der Unordnung, jede homogene Bewegung kann in eine heterogene kippen. Vielleicht liegt hierin auch eine der Ursachen für die aktuell zu beobachtende Zunahme von Homo-[5] und Topophobien begründet.

PERFORMATIVE ANEIGNUNG

Konservative Stadtkritik ist weniger Ausdruck eines Nachdenkens über oder konstruktiver Umgang mit Unordnung, sondern eher von Langeweile und Neurose. Dem sogenannten

Urbanismus geht es nur um die Pole Ordnung und Unordnung in einem oberflächlichen, formalen Sinn. Um diese Dichotomie zu überwinden, müsste von jener Politik des Raums gesprochen werden, die aufzeigt, wie der Urbanismus inhaltlich agiert: von aufgezwungener Homogenität,[6] einer Planung, die Symbole, Information und Spiel, also urbane Praxis, zu unterbinden sucht.
Hier tut sich ein Widerspruch auf: Zeitliche Phänomene sollen in objekthafte, dauernde Objekte überführt werden, die ja eigentlich eine Morphologie des Monotonen darstellen. Hier berufen sich Architekten und Stadtplaner auf die Form. Sie erzeugen damit eine bestimmte Politik des Raums: eine Strategie, die Ebenen und Dimensionen reduzierbar macht. Ordnung wird zu Wissenschaft und Moral. Das Diktat des rechten Winkels (Moderne) oder krummen Winkels (Postmoderne) bleibt rein formaler, pseudoästhetischer Rahmen für die Anpassung an ein mentales Modell eines neokapitalistischen Raums.
Wenn hingegen das Ephemere mehr Gewicht erhält, so ist zu hoffen, dass es wieder aus Praxis bestehen wird: aus den Improvisationen kleiner Gruppen, die neue Werkzeuge zur performativen Aneignung und Produktion von Raum erzeugen. Diese Gruppen werden ihre Momente finden, mit Aktionen, die von der Ebene des Habitats ausgehen mögen, wohl aber ohne dabei zu verharren. Der Architekt würde dann mehr zu einem Vermittler des Vermittelnden, der zwischen den Maßstäben und Ebenen zu navigieren hilft: zwischen dem Privaten und dem Öffentlichen, zwischen Wohnung und Straße, Straße und Stadt, zwischen Stadt und Region usw. Jedoch agiert der Architekt, und dies ist ganz entscheidend, innerhalb eines nicht auszublendenden ökonomischen Kontextes, der genutzt, kritisiert und interpretiert werden muss, der jeweiligen Situation gemäß. Formeln wird es nicht mehr geben, vielmehr wird jedes improvisatorische Projekt seine eigenen Regeln und Nutzungen erfinden: Das verlangt reflektierende Urteilskraft ebenso wie eine Architektur, die nicht präskriptiv agiert, sondern ermöglicht.

WAS TUN? 100 PROZENT STADT ALS ERGEBNISOFFENER PROZESS

Sicherlich haben wir im Urbanen eine zunehmende Ökonomisierung des Sozialen zu konstatieren.[7] Märkte jedoch existieren nicht außerhalb des Einzelnen. Sie sind in ein gesellschaftliches und kulturelles Milieu eingebettet und damit auch Ort sozialen Handelns. Jeder hat direkten Anteil an ihnen. Zu sagen, dass das Urbane als „Durchökonomisiertes" den Einzelnen steuert, ist folglich zu einfach. Der expandierende Produktionssektor Umwelttechnologie könnte eines jener Beispiele sein, die zeigen, dass im Urbanen als Markt nicht nur Individuen aufeinandertreffen, die einer rationalen Ökonomisierung folgen, sondern vergesellschaftete Raumproduzenten, die eine Vielzahl von weltanschaulichen und ethischen Orientierungen in sich vereinen. Die urbanen Akteure bringen diese in unterschiedlichen Situationen, in sozialen Verschaltungen zur Anwendung. Jeder lebt im Anschluss an differente Milieus, die er durch sein eigenes Cross-over ausdifferenziert. Im sozialen Feld des Urbanen, in der Ausprägung der urbanen Form, fällt den kulturellen Werten, dem umfassenden Wissen und den weit gefächerten, heterogenen Interessen der Akteure eine Schlüsselrolle zu. Ökonomie und Ethik sind hier, eigentlich ganz im Sinne der bürgerlichen politischen Ökonomie Adam Smiths, zusammen zu denken. Zu beobachten und zu vergrößern wäre dann eine Revitalisierung der Allianz zwischen wirtschaftlichen und sozial-ökologischen Interessen. Dass diese Entwicklung zweischneidig ist, darf nicht verhehlt werden; es macht die Sache der persönlichen Positionierung des Einzelnen umso schwieriger. Aber auch umso wichtiger, denn jeder bewegt sich heute in einer medialen Welt der performanzgeprägten Ideologie, die den Einzelnen tendenziell als durchfunktionierten Bürger definiert. Das impliziert, dass der formale Ansatz eines liberalen Wirtschaftens allein nicht hinreicht, sondern menschliche Freiheit eher infrage stellt.

Dies führt direkt zurück zu Kant und der ungebrochenen Aktualität seines Ansatzes: Erst die kritische Auseinandersetzung mit der Form macht Mündigkeit möglich. Die Reduktion des Einzelnen auf die Kunden- und Konsumentenrolle reicht nicht. Gesellschaftskritik als Kritik der Form bleibt nötig, um die Frage nach Zeit- und Raumsouveränität und der wirtschaftlich unverfügbaren Ressource Sinn als existenziell für das Urbane zu ihrem Recht kommen zu lassen.

Für den Städtebau müsste das auch bedeuten, Improvisation als Restbestand der Moderne zum Handlungsmodell neu aufzuwerten. Kein Rückfall in vormoderne Zeiten dörflicher Community-Strukturen ist hier gemeint, sondern Improvisation im Modus zwei: als Strategie einer prozessorientierten Stadtentwicklung. Die veränderten Rahmenbedingungen und die geringere Bautätigkeit eröffnen Zeitbudgets, die Chancen bieten, über das eigene Aufgabenverständnis nachzudenken.

Es stellt sich die Frage, wie mit Entdichtung bei gleichzeitiger Zunahme von Komplexität umzugehen ist. Brauchen wir flexible Ordnungen, die mit qualitativ neuen Strategien maximale Wirkung erzielen?

100 Prozent Stadt kann nur als ein ergebnisoffener Prozess der Gesellschaft begriffen werden. Genau deshalb liegt im Uminterpretieren vorgefundener Defizite einer unvollständigen, das heißt provisorischen Gestaltung ein bislang ungenutztes Entwicklungspotenzial. Es geht dann um eine Zeitvorstellung, die eher von Prozessen als von linearen Intervallabfolgen ausgeht. Die Zeit ist nicht als Planungs-, sondern als Handlungsfeld zu interpretieren, das in der Lage ist, aus Handlungen selbst Strukturen zu generieren.

Planung ist nicht überflüssig. Es kommt jedoch darauf an, wie man sich dazu befähigt, sie konstruktiv zu überschreiten. Nur wer in der Lage ist, Planung offen zu gestalten, kann via Improvisation im Modus zwei Vergangenheit nutzen, um Möglichkeiten für das Zukünftige zu eröffnen.

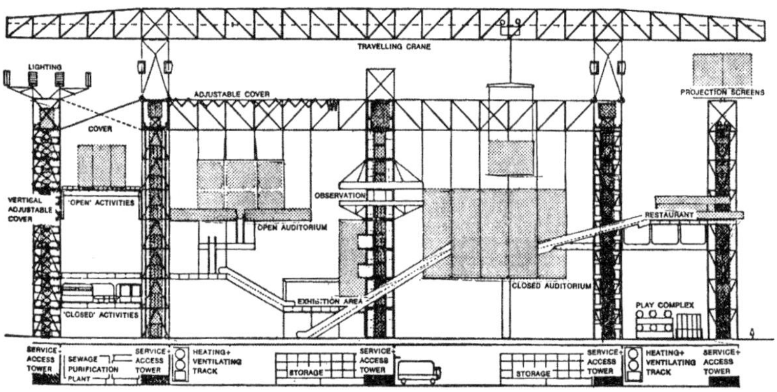

3 Cedric Price: *Fun Palace*, Schnitt, 1964

4 Lacaton & Vassal: Place Leon Aucoc, Bordeaux, 1996

KP _ 03

Wenn, und dies ist immer mehr der Fall, Unvorhersehbarkeit und Ausdifferenzierung zum Status quo jener Gesellschaftsform werden, die Henri Lefebvre die urbane Gesellschaft nennt, dann ist es auch an der Zeit, neu über Handlungsformen nachzudenken und welche Implikationen dies für architektonische Konzeptionen haben könnte. Im folgenden Text möchte ich darlegen, wie Improvisation im Modus zwei als strukturnutzende, situative Überschreitung des Plans, als Anerkennung der Beweglichkeit des situativen urbanen Raums zu deuten ist. Damit verknüpft ist eine kritische Auseinandersetzung mit dem in diesem Zusammenhang zentralen Begriff der Performanz und der Frage, welche Konfigurationen des Konzeptionalisierens von Performanz als geschichtliche Voraussetzung für die Technologie der Improvisation gelten können. Wie funktionieren performative Techniken und welche Raumauffassungen werden im Entwerfen sozialer Räume zukünftig eine Rolle spielen?

3

DIE PERFORMANZ DES RAUMS

Wenn wir Architektur nicht rein objekt-, sondern situations- und kontextbezogen verstehen, kommen die sozialen Dimensionen des architektonischen Denkens und Handelns in den Blick. Mit dieser Fokusverschiebung werden Fragen nach dem Verhältnis zwischen Struktur (Versammlung von Entitäten als Situation), Improvisation (Handlungsform) und Akteuren aufgeworfen. Aus der Reflexion über die Neubestimmung dieser Konstellation emergiert aktuell eine architektonische Strategie, die ich als städtebauliche Wende, als *urbanistic turn* bezeichnen möchte. Diese Strategie erkennt an, dass das Phänomen Stadt in einen prozessualen Kontext gebettet ist, der nicht als Objekt, als abgeschlossenes Produkt interpretiert werden kann, sondern als performative Praktik verstanden werden muss. Was aber heißt performativ und in welchem Verhältnis stehen Performativität und Improvisation? Zunächst bedeutet Improvisation Handeln.[1] Wir sagen, Handeln ist ein performativer Akt, also etwas, das ausgeführt wird. Ausführen heißt im Englischen *to perform*. Weitere Bedeutungen von *to perform* sind: vor- und aufführen.
Umgekehrt: Um objekt- und intentionsüberschreitend wirksam werden zu können, setzt Performanz eine Kunst des Handelns, ein praktisch-reflexives Wissen, einen konstruktiven, intersubjektiven Umgang mit Unordnung voraus: eben Improvisation. Wenn wir hier über Improvisation als Performanz sprechen, verhandeln wir also das „Sich-Zeigen" des Improvisierens in seiner kulturellen, technologischen und gesellschaftlichen Bedeutung als Darstellung, Leistung und Ausführung zugleich.

Gerade weil der Begriff „Performanz" oder ***performance*** heute in unendlich vielen Kontexten auftaucht, ist es wichtig, die Vielschichtigkeit und Komplexität des Begriffs und des Denkmodells, welches damit verknüpft ist, herauszuarbeiten.[2] Der Text versteht sich als eine Kritik alltäglicher Phänomene. Daher wird die alltägliche Realität des konstanten Remix[3] in der Analyse gerade nicht ausgeklammert, sondern spiegelt sich in der Struktur des Textes wider – eine Achterbahnfahrt des plötzlichen Wechsels zwischen Play › und Pause ıı, vor » und zurück « ist dabei unumgänglich.

play: PERFORMANZ

Performanz ist heute der Modus, der alle Bereiche der Produktion kapitalistischer Gesellschaften, seien sie soziokultureller, technologischer oder organisatorischer Art, durchzieht. Performanz prägt damit die aktuellen Produktionsbeziehungen in der Gesellschaft. Wenn wir nach Henri Lefebvre Raum als etwas Produziertes begreifen, so wird Performanz zum praktischen Element dessen, wie dieser Raum „gemacht" wird. Dementsprechend erzeugt jede Art der gesellschaftlichen Organisation einen Lebensraum, der in direktem kausalem Zusammenhang mit den gesellschaftlichen Verhältnissen steht. Damit entfaltet sich eine Dialektik des Raums, die Raum sowohl als Medium gesellschaftlicher Verhältnisse wie auch als Produkt, das als Produziertes auf die Gesellschaft rückwirken kann, interpretiert. Das bedeutet auch, dass Raum nicht objektiv gegeben ist, sondern durch gesellschaftliche Kräfte hergestellt wird. Der produzierte Raum ist somit vor allem von unserer Performanz und der Performanz der von uns eingesetzten Technologie abhängig. Raum und Performanz stellen somit ein Beziehungsgeflecht dar, welches das Alltagsleben durchdringt und weitreichende Auswirkungen auf das Gefüge von Individuum und Gesellschaft hat. Verkürzt dargestellt: Das Individuum wurde in der industriellen Gesellschaft einer absoluten externen Kontrolle und Steuerung ausgesetzt und nach dem Prinzip ***Überwachen und Strafen***[4] diszipliniert. In der postindustriellen Gesellschaft kommt hingegen weitgehend das Performanzprinzip zum Tragen, indem die Steuerung in das Subjekt selbst verlagert wird und die gesellschaftlichen Normen verinnerlicht werden. Michel Foucault hat diese Machtverschiebung vom Disziplinar- hin zum Performanzmodell mit seiner Studie über die ***Geschichte der Gouvernementalität***[5] theoretisch fundiert. Darin beschreibt er, dass die Entfaltung der Macht in der modernen Gesellschaft nie einseitig geschieht, sondern stets durch das Zusammenwirken von Fremd- und Selbstführung gekennzeichnet ist.[6] Damit ist nicht nur der archimedische Punkt fast aller sozialen Problematiken unserer Zeit beschrieben. Auch unser Verhältnis zum Raum und somit unsere Rolle als Subjekte im Raum, konkreter als Nutzer und Akteure, lässt sich darauf zurückführen.

fwd/zoom: DAS GEBÄUDE ALS KYBERNETISCHE LERNMASCHINE: CEDRIC PRICES FUN PALACE

Beispielhaft für diese Entwicklung ist das Entstehen einer neuen Taktik seit den 1960er Jahren, mit deren Hilfe marginalisierte Gruppen oder Individuen ins „Zentrum" streben. Statt über einen langwierigen politischen Kampf eine Mehrheit zu organisieren, versuchen die Marginalisierten nun mittels maximaler performativer Effekte von einem gesellschaftlich betrachtet äußeren Punkt aus direkt ins Zentrum der gesellschaftlichen Debatte

vorzustoßen. Was vorher nur über eine Mehrheitsbeschaffung ging, funktioniert jetzt mit der Taktik der Setzung. Im raumtaktischen Zusammenhang lässt sich der Fun Palace des englischen Architekten Cedric Price als ein zentrales Beispiel aus den 60er Jahren voranstellen. Als 24-Stunden-Mehrzweck-Vergnügungszentrum verbindet der Fun Palace Kommunikationstechnologien und Gebäudekomponenten zu einer performativen Maschine, die sich den Bedürfnissen und Wünschen ihrer Nutzer anpassen soll. Der Fun Palace ist alles in allem eine räumliche Amüsement-Ambulanz, um soziale Aktivität zu inspirieren.[7] Das Interessante daran ist, dass dies in einem Raum geschehen soll, der gleichzeitig Vergnügen bereiten und bilden soll.[8] So gesehen besitzt der Fun Palace ein kulturell-pädagogisches Programm: Er ist eine „kybernetische Lernmaschine"[9], die es den Menschen ermöglicht, sich physisch und mental mit den kulturellen und technologischen Transformationen aktueller gesellschaftlicher Entwicklung abzugleichen. Soziale Techniken der organisatorischen und kulturellen Performance der 1960er Jahre, wie *organizational learning*, *enabling* und *empowering* stehen hier Pate.[10] (Abb. 3, S. 44)
Um den Anforderungen der Veränderbarkeit gerecht zu werden, soll die flexible Struktur des Fun Palace auf der Basis einer Schiffswerft erstellt und, abhängig von sich verändernden Situationen, von einer Kranstruktur in der Dachebene umgebaut werden können. Die zirkulierende Bewegung wird anhand von Stegen, Treppen und Laufbändern ermöglicht. Das Konzept von Architektur als umbautem Raum wird hier abgelöst durch die Vorstellung eines „kontrollierten Raums": Funktionale Steuerung regelt die bauliche Konstellation. Symbolischer Ausdruck weicht einer zeitbasierten Automation: Verschiebbare Sonnenblenden ersetzen die Rolle des Daches, die Raumteilung wird anhand von Schirmen, optischen Barrieren und Dampfzonen organisiert. Spezifische funktionale Anforderungen wie Sanitärbereiche und Küchen sind in standardisierten Modulen auf mechanisch verschiebbaren Decks installiert und sichern so die improvisatorischen Optionen. Hier wird gebauter Raum durch das Konzept der abstrakten Metamaschine ersetzt.
Mary Louise Lobsinger leitet hieraus die Performativität des Fun Palace ab: Nur in der Transaktion zwischen Nutzer und Maschine kann „Bedeutung oder Inhalt zum Ausdruck kommen, und der Ausdruck wäre identisch mit dem Akt der Performanz. In dem performativen Akt, der die Maschine in Gang setzt, würde der visuelle und räumliche Charakter der Architektur aufgehoben zugunsten der Vergänglichkeit reiner, nicht wiederholbarer Kommunikation."[11] Was Lobsinger hier allerdings übersieht, ist, dass nicht die räumliche Qualität aufgehoben wird, sondern durch den Akt der Performanz erst entsteht. Für Price wird Sinn und Bedeutung nicht aus der Architektur gewonnen, sondern aus einer Umdeutung des Raums als *performed space.* Der Fun Palace stellt nicht nur die Rahmenkonstruktion für unsere Aktivitäten im Raum dar, die Architektur ist hier antizipatorisch an den Veränderungen sozialer Konstellationen und kollektiver *performances* beteiligt.
Die angestrebte Fluktuation von Zeit und Raum bedeutet nicht, dass es keine Struktur gibt, im Gegenteil. Nur wird die Struktur als immanente Basis, als Raster für die Variation der Performanz wirksam. Im Falle des Fun Palace stellt eine Bodenfläche dieses Raster bereit, das unterschiedliche Systeme enthält. Türme aus einer Gitterkonstruktion sind auf unterschiedlichen Höhen um die Grundfläche positioniert und durch horizontale oder geneigte *moving corridors* verbunden. Bewegliche Wände, Decken und Ebenen formen Auditorium, Theater und Spielplätze, die teilweise am Tragwerk aufgehängt sind. Darüber operiert ein fahrender Kran, der für die Montage und den Transport von Bauteilen

eingesetzt werden kann. Die Varianz spielt sich demnach vor allem in der Durchdringung von Horizontale und Vertikale ab.
Entscheidend für das Lesen des Bauwerks ist daher nicht mehr der Grundriss, sondern vor allem der Schnitt: eine Neuerung in der architektonischen Konzeption, die Rem Koolhaas später unter dem Stichwort „Programm" (und dessen Durchdringung) für sich in Anspruch nehmen wird. Dieses performative Verständnis von Architektur ist ohne die Neuerung, die Koolhaas nicht nur in Form von Schnitten, sondern auch in diagrammatischen und bildlichen Darstellungen exzessiv nutzt, nicht zu verstehen. In diesem Sinne lässt sich der Fun Palace nicht als isoliertes Objekt lesen. Dann wäre er nichts anderes als ein weiterer Solitär, der mit herkömmlichen Mitteln der Architekturkritik zu beurteilen wäre. Er verkörpert vielmehr ein neues Konzept von Architektur, das ich hier mit dem Begriff des *performed space* umrissen habe. Diese Erkenntnis ist wichtig, um die nächste Erkenntnisebene zu erreichen: Denn der Fun Palace zeigt nicht nur die Möglichkeiten, sondern auch die Grenzen des Performanzmodells auf! Aspekte der Raumproduktion wie auch der Improvisation bleiben unreflektiert. Als Modell der „erzwungenen Improvisation"[12] setzt Price den Fun Palace als räumlichen Platzhalter für Gesellschaft – und scheitert.

fwd: KLEINE GESCHICHTE DES PERFORMANZPRINZIPS

Im Fun Palace manifestiert sich das Performanzprinzip, dessen Aufkommen man geschichtlich in den 1950er/60er Jahren verorten kann. Der Philosoph Herbert Marcuse leitet in *Eros and Civilization* aus der Freudschen Psychoanalyse, in der er eine radikale historische Soziologie sich ausformen sieht,[13] ein Realitätsprinzip ab, das moderne Gesellschaften dominiert. Dieses Prinzip nennt Marcuse in der englischen Originalfassung das *performance principle*.[14] Das Performanzprinzip ist jenes Realitätsprinzip, das fortgeschrittene Industriegesellschaften leitet, deren dominante soziale Ordnungsstruktur aus Arbeit besteht.[15] Die zunehmende Arbeitsteilung führt zu einer Entfremdung des Menschen, die vor allem in der Verneinung des Lustprinzips wurzelt: „Die Menschen leben nicht ihr eigenes Leben, sondern erfüllen schon vorher festgelegte Funktionen."[16] Arbeit wird allumfassend und mit ihr die Formen der Sublimation. Das Prinzip kann deswegen so umfassend wirken, da es wie gewohnt als äußere Norm, aber auch als internalisierte Kraft auftritt: Die soziale Autorität wird in das Gewissen und das Unbewusste des Subjekts aufgenommen „und wirkt als eigener Wunsch, als eigene Moral und Erfüllung"[17]. Umgekehrt impliziert die Dialektik des Performanzprinzips, dass Wünsche und Bedürfnisse mehr und mehr an die kapitalistische Warenproduktion angepasst werden, sodass das Performanzprinzip weit über die Sphäre der Arbeit hinaus- und in die Sphären von Freizeit und privatem Leben hineinragt. In seinem Werk *Some Social Implications of Modern Technology* analysiert Marcuse die Verbreitung von Performanz vor allem als einen Modus sozialer Beziehungen, als eine Technik des Regierens: „The mechanics of conformity spread from the technological to the social order; they govern the performances not only in the factories and shops, but also in the offices, schools, assemblies and, finally, in the realm of relaxation and entertainment."[18]

zoom: KONTROLLGESELLSCHAFT: DAS UMGESTÜLPTE PANOPTIKUM[19]

Nach dieser Lesart wird die Kulturindustrie zwangsläufig zum Supplement der Kontroll- und Verwaltungsmacht. Ein dichtes Netz von Beziehungen schreibt den Individuen ein streng geordnetes Alltagsleben vor, das neben dem Körper auch die Seele integriert. Freizeit wird Arbeit, indem sich die Freizeitler an der Einheit der Produktion ausrichten. Diese Interpretation von Massenkultur stimmt jedoch vor allem für jene spezifische historische Gesellschaftsformation, die Marcuse die industrielle Gesellschaft genannt hat: eine Gesellschaft, in der das Alltagsleben eine Bedürfnisbefriedigung auf Dauer sichert, „wobei der Preis, der für diese Sicherheit zu entrichten war, in der scharfen Dressur der Lebensläufe bestand“[20].

Diese auf Disziplinierung der Individuen basierende industrielle Gesellschaft geht mit dem Aufstieg des Performanzprinzips in eine neue Gesellschaftsformation über, die Gilles Deleuze mit dem Begriff ***Kontrollgesellschaft*** beschrieben und analysiert hat.[21] War die Fabrik vorher selbst Körper und wirkte auf die Körper ein, so wird das Unternehmen jetzt selbst Inhaber einer Seele: „Vom Arbeiter wird die volle seelische Einspannung in die Produktionsabläufe erwartet. Arbeit und Ausbildung verschwinden zugunsten einer schrecklichen permanenten Fortbildung, (...) welcher der Arbeiter-Gymnasiast oder der leitende Angestellte-Student unterworfen sein wird.“[22] Arbeit greift auf das Leben über: Arbeit – Leben = Freizeit. Das „Humankapital“ wird in dieser Perspektive nicht nur in seiner fachlichen Leistungsfähigkeit im engen Sinne gefordert, vielmehr integriert das kontrollgesellschaftliche Arbeitsverhältnis affektive Vermögen wie Begeisterungsfähigkeit, Emotionalität und soziale Kompetenz genauso wie Selbstdarstellungsformen des Lifestyle (Kleidung, Gesprächsführung, Freizeit, Kreativität). Erwartet wird vom Angestellten, dass er dem Kunden und dem Unternehmen gegenüber authentische Gefühle inszeniert und sich auch bei hoher Belastung unter Kontrolle hat. Das Subjekt wird endlose Ressource sowohl für Produktion als auch Konsumtion: Die Frage nach der Identität wird dann durch die Corporate Identity des Unternehmens beantwortet.

Durch diesen Mechanismus entpuppen sich die emanzipatorischen Werte der 60er-Jahre-Kultur als Doktrin des Warenkapitalismus.[23] Widerstand bestätigt ab dem Moment, in dem er die Form der Ware oder Kaufentscheidung annimmt, die Logik einer Kulturindustrie, die jeden miteinbezieht: Pop kann und soll sich jeder leisten. Im Prinzip ist dadurch jede marginale Bewegung kommodifizierbar: „Während Pop früher zumindest die Idee einer anderen Seite, wie falsch sie auch immer gewesen sein mag, aufrecht erhielt, findet das neue gesellschaftliche Kontrollethos in den Fluchtlinien selbst statt.“[24] Vermittels seiner formalen Offenheit ist der Kontrollmodus der Kulturindustrie besonders subtil: Er fordert keine direkte Konformität, sondern Normativität auf der Metaebene – Performanz wird soziale Norm an sich. Gleichzeitig spricht der kulturelle Mainstream in seiner Vereinheitlichung große Massen, große Energien an und öffnet so der Körperpolitik der Jugend basisdemokratische Kanäle.

Aus den hier kurz skizzierten Entwicklungen der Nachkriegsgeschichte liest Deleuze „neue Kontrollformen mit freiheitlichem Aussehen“ ab, die die Disziplinierung ersetzen.[25] „In den Disziplinargesellschaften hörte man nie auf anzufangen (von der Schule in die Kaserne, von der Kaserne in die Fabrik), während man in den Kontrollgesellschaften nie mit etwas fertig wird: Unternehmen, Weiterbildung, Dienstleistung.“[26] Die Kontrollgesellschaft produziert auf diese Weise scheinbar offene Situationen. Sie transformiert fixierte Formen der Disziplin in einen Zustand dauerhafter Modulation, welcher Löhne, Märkte, Zeiteinteilungen, Arbeitsverträge und Menschen gleichermaßen einschließt. Prämienstrukturen alter Fabrikorganisationen sind passé, „das Unternehmen setzt eine viel tiefgreifendere Modulation jedes Lohns durch, in Verhältnissen permanenter Metastabilität“[27] und verlangt so vom Subjekt die situationsspezifische Anpassung.

fwd: NEUER MODUS DER STEUERUNG

Kernpunkt einer organisationalen Performanz ist die neue Art der Steuerung. Die rationale, externe Kontrolle der Arbeitnehmer verschiebt sich hin zu einer endogenen Steuerung. Das impliziert weitreichende Veränderungen in den Organisationsstrukturen von Unternehmen: Ein Wechsel vom Scientific zum Performance Management findet statt. Im Scientific Management, besser bekannt als Taylorismus, herrschen stark hierarchisch gegliederte Produktionsabläufe vor, in denen jede kleine Tätigkeit bis ins Detail vormodelliert ist.[28] Effizienz soll durch die Eliminierung von Individualität und Eigenverantwortung erreicht werden: „a substitution of a science for the individual judgement of the workman“[29]. Ganz anders die Performanz-Strategien: Hier werden zentrale Ordnungsfunktionen durch dezentrales Arbeiten und Entscheiden ersetzt.
Diese Entwicklung stellt einen entscheidenden Paradigmenwechsel in der Regierungstechnik von Organisation dar: Statt einer Befehlsstruktur von außen werden Mitarbeiter ***empowered,*** das heißt ermächtigt, mitzubestimmen. Hier zeigt sich wieder die dialektische Bewegung von Performanz: Zum einen tendiert die Förderung der Fähigkeiten der Mitarbeiter einer Organisation hin zu mehr Partizipation, zum anderen wird die Kontrolle in das Subjekt selbst verlagert. Selbstregulation wird Paradigma der Aktivität in den fortgeschrittenen Kontrollgesellschaften. Das Subjekt misst permanent seine eigene Performanz im Hinblick auf Konkurrenz und Umwelt. Vor diesem Hintergrund entfaltet sich das Bild eines Subjekts, das sich selbst führen muss.

ffwd: DAS AGOGISCHE SUBJEKT

Dieses Rollenmodell nenne ich das ***agogische Subjekt***.[30] Agogik, abgeleitet von dem griechischen Verb ***ágein*** (führen, lenken) bedeutet in der Musik die lebendige Gestaltung eines Musikstücks, im Unterschied zur mechanisch-exakten Wiedergabe etwa einer Spieldose. Der Bezug auf Musik macht zudem deutlich, dass das agogische Subjekt kein Produkt gestaltet, sondern einen Prozess. Zur Konstruktion von Realität wird Zeit in Anspruch genommen. Übertragen auf die Arbeit bedeutet dies, dass sich die mechanischen, disziplinatorischen Arbeitsmodelle hin zur prozessualen Selbstführung verschoben haben. Das agogische Subjekt führt sich selbst oder meint sich selbst zu führen. Im Raum der organisatorischen Performanz wird der Arbeitende selbst zum Gestalter von Arbeit, zum Unternehmer seiner selbst: zur Ich-AG. Lebendige Gestaltung von Arbeit kann aber auch heißen: Vereinnahmung des Lebens durch Arbeit. Das agogische Subjekt steht dann immer an der Schwelle zwischen Autonomie und Überforderung. Steuerungsmodell des agogischen Subjekts wird die Pädagogik: Sie überführt die von Foucault beschriebene Pastoralmacht in die säkulare Welt des lebenslangen Lernens.

play: SEID SUBJEKTE!

Diese neuen Kontrollformen mit emanzipatorischem, freiheitlichem Image weisen eine paradoxe Freisetzung auf: Sie eröffnen auf der einen Seite eine ungekannte Durchlässigkeit und somit auch neue Räume für marginale Positionen innerhalb der Gesellschaft. Auf der anderen Seite wird die permanente Leistungsfähigkeit zum kontrollgesellschaftlichen Imperativ. Resultat ist die performative Aufforderung „Seid Subjekte!" als postindustrieller Ordnungsruf. Performanz wird Norm in einem autoritären Diskurs des „Man muss sich ausdrücken und sich äußern, man muss kommunizieren und kooperieren."[31] So wird Freiheit in der Kontrollgesellschaft zum Ort des Risikos und der Frustration: Alle Lebensbereiche werden als etwas erlebt, das man erlernen muss und für oder gegen das man sich bewusst entscheiden könnte. Allerdings ohne sich über die Konsequenzen im Klaren zu sein. Sich als selbstausgerichtetes Subjekt täglich neu anzubieten, ist heute also weniger ein nomadisches Treiben durch die Bewegungsfelder des Begehrens als vielmehr knallharte performative Arbeit. Parallel zu dieser Entwicklung stehen emanzipatorische und künstlerische Bewegungen, die unter dem Motto „Margins to the Center seit den 1960er Jahren genau jene performative Autonomie des Einzelnen einfordern, die heute so schwer erträglich geworden ist. Der zentripetale Drift im gesellschaftlichen Raum kann an der Schnittstelle von „Selbsttechnologie"[32] und kapitalistischer Handlungslogik als jener blinde Fleck der Postmoderne verortet werden, an dem sich die urbane Gesellschaft ihrer Leistungen als Performanz versichert. Die drei Aspekte der Performanz im Sinne von Darstellung, Leistung und Ausführung fallen hier zusammen. Performativität ist dann nicht mehr automatisch Machtkritik, sondern wird, in der Verbindung von Popkultur und Flexibilisierung, selbst zum Feld der Praktiken neuer Ökonomie. Jetzt schauen wir jeden Morgen in den Spiegel und feuern uns selbst an: „Das schaffst Du schon, das musst Du schaffen!" Um aus dem Hamsterrad mal auszusteigen, lohnt es sich zu analysieren, wie die derzeitige Situation beschaffen und wie sie entstanden ist. Dabei ist es, wie gesagt, entscheidend, den Begriff der Geschichte nicht auszuklammern, so wie es zum Beispiel einige Kritiker der „New Economy" tun.[33] Indem sie die neuen Formen des Kapitalismus als ungeschichtlich disqualifizieren, sehen sie selbst nicht die historischen Entwicklungen, aus denen überhaupt erst so etwas wie die Subjektivierung von Arbeit entstehen konnte. Wie wir gesehen haben, ist die Verquickung von Leben und Arbeiten, von flachen Hierarchien und Patchworkidentität als neue Determinanten aktueller Produktionsbeziehungen keineswegs eine Erscheinung *ex nihilo,* sondern geht auf historisch-gesellschaftliche Auseinandersetzungen seit der Nachkriegszeit zurück – wobei sich der Begriff der Performanz als das Kernelement dieser Konflikte und Entwicklungen herausstellt.
Heute geht es um die Erforschung der individuellen Bewegungsformen innerhalb der gegebenen Eigentumsverhältnisse, denn die Bedingungen des im Kapitaleigentum steckenden Ausbeutungsverhältnisses sind viel komplexer geworden: Einerseits orientieren sich Individuen am Verhaltenstyp des kapitalistischen Unternehmers, indem jeder Einzelne gewissermaßen sein eigenes Planungsbüro zur Wahrnehmung von Lebenschancen managt, so der Soziologe Ulrich Beck.[34] Andererseits, darauf wies Pierre Bourdieu hin, wird nicht nur über die Anhäufung kultureller und sozialer „Produktionsmittel", sondern auch über den immer bewussteren Konsum subversives Potenzial angesammelt, welches die „bislang stillschweigend akzeptierten Zielsetzungen der Herrschenden tiefgreifend

unterminiert“[35]. Damit erschließen sich individuelle „Spielräume“, die nicht vorhersehbar sind. Die Frage der sozialen Raumproduktion ist dann auf Probleme der Aneignung von Raum durch die Nutzer und deren „Eigensinn“ zurückzuführen.

zoom: LACATON & VASSAL – ERMÖGLICHUNGSARCHITEKTUR UND IMPROVISATION

Ein Architekturbüro, das beschlossen hat, affirmativ-kritisch mit der gegenwärtigen Situation umzugehen und sich explizit der Erschließung individueller Spielräume verschrieb, ist Lacaton & Vassal. Anne Lacaton und Jean Philippe Vassal versuchen, das Wesen der Improvisation – Form aus Bewegung – zu verstehen und auf die Architektur zu übertragen. Das 1987 in Bordeaux gegründete Büro hat sich antizyklisch positioniert und in den letzten 15 Jahren mit seiner Haltung entscheidende Impulse gesetzt. Bereits zu einer Zeit, als noch alle auf die Bildarchitektur der Rotterdamer Schule blickten, entwickelten sie ein Konzept, das das Bauen als intelligenten Umgang mit einfachstem Materialaufwand in den Vordergrund stellt. Auf diese Weise etablieren sie eine Ökonomie des Raums als die Kunst, achtsam mit Bestehendem umzugehen. Anhand der differenzierten und konsequenten Analyse erarbeiten sich Lacaton & Vassal die essenziellen Elemente spezifischer architektonischer Situationen, um aus den immanenten Kräften des Prozesses transformative Möglichkeiten abzuleiten. Mit „Sich von der Form befreien – von innen heraus zu bauen“ ist das Grundprinzip ihrer Arbeitsweise sehr gut umschrieben.
Lacaton & Vassal gehen nicht von dem ereignisorientierten Programm der 1980er und 90er aus, das Formen bereitstellen will, um Ereignisse zu erzeugen. Form wird auch nicht als architektonisches Problem der ständigen Ausarbeitung verstanden, Form ist für sie stattdessen „das Aggregat einer architektonischen Analyse einer bestimmten Situation“[36]. Architektur wird dann primär etwas, das aus einer situativen Bewegung hervorgeht: Erst das Leben, die Aneignung, die ermöglichte Improvisation konstituiert die räumliche Qualität. Man könnte bei Lacaton & Vassal von einer „Ermöglichungsarchitektur“, einer Raumproduktion zweiter Ordnung sprechen: Sie produzieren räumliche Strukturen, die wiederum Produktion von Raum ermöglichen. Der räumliche Mehrwert bemisst sich für Lacaton & Vassal nicht allein in zusätzlichen Quadratmetern, sondern in dem hinzugefügten Potenzial an Lebensbewegung, -erfahrung und letztendlich -qualität. Der Bezug auf die Zeit bewirkt eine Leichtigkeit der Architektur, die sich gegen die Idee des Monuments, des Ewigen, aus der Zeit Herausgenommenen stellt. Hier finden wir eine direkte Linie zu Price: Indem Architektur die Zeit als Produktions- und Lebensfaktor eines Gebäudes miteinbezieht, wird sie leichter, eher transformierbar, sogar ihr eigenes Verschwinden wird dann mitgedacht.[37] Lacaton & Vassal gehen wie die Konzeptkunst vor: Sie analysieren das Innere einer Situation und entwickeln daraus ein konzeptuelles Programm, das sich solange transformiert, solange es offen bleibt, bis die Zeit reif ist, formale Bestimmungen zuzulassen. Bestimmend ist das Gefundene: Die Frage richtet sich nach dem Bewusstsein für die Situation eines Ortes. Das kann soweit gehen, dass die Architekten nicht intervenieren, weil sie erkennen, dass die Situation, so wie sie ist, bereits funktioniert, wie beim Place Léon Aucoc in Bordeaux. Veränderungen des bestehenden, feinen Gleichgewichts des Platzes kommen nicht infrage. Lacaton & Vassal belassen es bei einfachen Instandhaltungsarbeiten. Fertig. (Abb. 4, S. 44)

So wie ein Platz zu einem Ready-made werden kann, wird auch Technologie zu einem Instrument der Umdeutung, des Détournement: Gewächshäuser werden zu Wohnmaschinen transformiert. Und weil Gewächshäuser billig sind und gleichzeitig maximale Offenheit erzeugen, verändert sich zugleich der Blick auf die Ökonomie. Paradox wirkt, dass Lacaton & Vassal Ökonomie als Bewegungsmotor so kalkuliert einbeziehen, dass sie sich auf der anderen Seite von ihr befreien: „We never start from the idea that we're going to build inexpensively; we ask ourselves how we're going to be able to offer ourselves everything we want."[38] Die Gebäude sind so billig, dass sie Luxus auch ohne viel Geld ermöglichen: Luxus für alle. Das ist keine sozialromantische Träumerei, im Gegenteil, es ist eine Frage des Ansatzes und der Intensität der Untersuchung: „...our goal is to produce quality houses that are, for the same price, significantly larger than customary dwellings. Our experience with the private houses we've undertaken, our observation of performative buildings such as agricultural, industrial and commercial structures, (...) confirm, that it is possible to build bigger, more open, freer, (...) more comfortable, cheaper."[39]
Quer hierzu steht die Deutung der Technik im performativen Sinne: Indem Lacaton & Vassal sich nicht auf die repräsentative Ebene des Gebäudes, sondern auf die lebendige Ebene des Alltags beziehen, wird die Technik zum performativen Element: als „crossover of its pure performance"[40]. Das Material wird beispielsweise von seiner narrativen Funktion gelöst und in eine performative Logik überführt: Es geht nicht darum, was das Material meint, sondern was es ermöglicht. Performanz ist dann nicht ein Paradigma, dem man sich unterordnet, sondern welches man nutzt und in einem ständigen Lernprozess über den Ort und die Situation zu deuten sucht. Konzeptionell geht es darum, umzudeuten, umzunutzen, Nutzungen zu hinterfragen und nicht von der vorgegebenen Form auszugehen, sondern von der vorgegebenen Situation. Aus dieser Erkenntnis und Beobachtung versuchen sie, ihre Arbeitsweise als spezifische Organisation von Problemsituationen abzuleiten. Jean Philippe Vassal hat diese Arbeitsweise auf eine kurze Formel gebracht: „To use standard but not to think standard."[41] Besser kann man Improvisation nicht umschreiben. Und Anne Lacaton fügt hinzu: „The best thing, it's true, is to profit from the situation!"[42]
Radikal gesagt könnte man im Zusammenhang mit den von Lacaton & Vassal gebauten Wohnhäusern vom Verschwinden der Architektur sprechen. Oder anders herum: Erst hier kommt eine Architektur zum Vorschein, die wirklich zeitgenössisch agiert und organisiert. Das Verschwinden der Architektur meint keine heruntergebrochene Formel für experimentell anmutendes und kostengünstiges Bauen. Eher geht es darum, das formale Denken der Architektur zu hinterfragen. „Se libérer de l'idée de forme" meint also nicht, Form ad acta zu legen, sondern Form aus Bewegung abzuleiten. Das gibt den Blick frei auf die Bedeutsamkeit des menschlichen Alltags und seine aus dem Inneren erzeugten Bewegungen.

fwd: DÉRIVE: GEHEN IN DER STADT – RAUM DER TAKTIK

Wenn das Resümee unserer Auseinandersetzung mit Lacaton & Vassal lautet, dass die Form der Bewegung folgt, dann stellt sich die Frage, welche Konsequenz diese Effekte für den städtischen Raum haben. Die Benutzer der Stadt folgen nicht nur dem Text der Stadt, sie produzieren diesen Text mit. Als Teil alltäglicher Produktion von urbanem Raum sind die Bewegungen in der Stadt jedoch nicht als Text zu kodieren, sie sind vielmehr taktil-aktive Wahrnehmung und körperliche Aneignung: „Sie können nicht lokalisiert werden, denn

sie schaffen erst den Raum."[43] Ihre Überlagerung bildet eine unendliche Menge an Differenzen und performativer Gestaltungen von Räumen.
Die Performativität des Gehens der urbanen Nutzer wird von de Certeau in drei Ebenen unterteilt: erstens die Ebene der topografischen Aneignung, zweitens die räumliche Realisierung des Ortes und drittens die strukturellen Beziehungen zwischen den Positionen. Damit gibt uns de Certeau ein Mittel an die Hand, das situationistische Konzept des Dérive richtig einzuordnen: Anhand seiner performativen Taktiken spielt es mit der Raumaufteilung, die sich in „Bruchstücken von Bewegungsbahnen und in räumlichen Veränderungen formiert"[44]. Die performative Raumproduktion bewegt sich, wandert, driftet und dringt somit in den geplanten Text der Stadt ein und modifiziert ihn von innen. Diese Bewegungen sind Kern einer Transformation des Konzepts „Stadt" zur Tatsache des „Urbanen". Damit ist jedoch nicht gemeint, Tatsache als Performanz, als reine materiale Faktizität oder empirisches Vorhandensein zu bestimmen. Zwar baut Improvisation auf Performanz auf, aber sie geht darüber hinaus, indem sie als Handlungsform vor allem den transitiven Sinn eines relationalen Handelns bezeichnet – in der Ausbildung sowohl eines Selbstverhältnisses wie eines Verhältnisses zum anderen.
Wenn Stadtplanung heute bemüht ist, Pluralität zu denken und zu planen, so sollte sie sich darüber im Klaren sein, dass die Allianz von Stadt und Konzept niemals deckungsgleich werden kann. Das heißt auch, dass die wissenschaftlichen Strategien nie in der Lage sein werden, die performativen Taktiken der praktisch Handelnden zu ersetzen. Taktiken, die heute zu unauffälliger Kreativität und alltäglicher Praxis geworden sind. Das wird besonders dann wichtig, wenn man mit Lefebvre und de Certeau davon ausgeht, dass die „Umgangsweisen mit dem Raum tatsächlich die determinierenden Bedingungen des gesellschaftlichen Lebens bestimmen"[45].
Dennoch müssen wir die *Form des Gehens* als situationistisches Dérive kritisch hinterfragen. Zwar ist das Gehen eine emanzipatorische Praktik, da man sie ohne Arbeit, ohne Geld und ohne alle Macht durchführen kann. Es war anfänglich ein wichtiger Gedanke zu sagen: Das ist mein Teil an der Stadt, den ich sofort in eine Handlung umsetzen kann.[46] Aber es war falsch, daraus eine frei fließende, psychogeografische Raumstruktur abzuleiten (Debord). Denn damit wurde eine an sich politische Aktion wieder auf einen Kunststandpunkt zurückgeführt und entpolitisiert. Die Stadt wurde so zum Atelier, in dem die Situationisten dann herumgestreift sind. Trotz aller Kritik war das Dérive jedoch eine Möglichkeit, den Findungsprozess der eigenen körperlichen Zentralität erfahrbar zu machen und die eigene Ziellosigkeit zum Aufdecken unbewusster Strukturen des Alltags zu benutzen.
De Certeau hat aufgezeigt, wie Banalitäten zu Techniken der Bewegung werden und umgekehrt eine Grammatik des Alltags erzeugen. Alltag wird hier verstanden als immanente Kraft, als Kraft, die weder einem isolierten Körper noch einer isolierten Welt entstammt, sondern den banalen Bewegungen des *gelebten Raums* (Lefebvres „Espace vécu"). Damit verfügt das Urbane immer über Räume und Zeiten, die nicht instrumentalisierbar sind – trotz aller hegemonialer Bestrebungen und Machtstrukturen, die den öffentlichen Raum bedrängen. Eine Vorbedingung des Urbanen ist, dass es nie im Ganzen konditioniert werden kann. Weil es unmöglich ist, den urbanen Raum festzusetzen, erfordert es umgekehrt ständige Bemühungen der performativ-politischen Praxen der Raumproduktion als Improvisation. Deshalb gilt es, das Urbane nicht mehr als zu bewältigendes Provisorium zu begreifen, sondern als performativ produzierten Raum im offenen Feld der Möglichkeit.

play: DER PER-FORMTE RAUM

Beispielhaft haben Cedric Price und Lacaton & Vassal gezeigt, wie Architektur als temporäre „Explikationsmaschine"[47] dieses Wandels gesellschaftlicher Raumproduktion wirken kann. Damit tritt zugleich die gesellschaftspolitische Wirksamkeit, anders ausgedrückt, die Effekte soziokultureller Performanz von Architektur in den Vordergrund: Architekturpraxis kann, als ästhetische Handlungsform, auch Plattform für neue Formen politischer Performanz sein. Der französische Philosoph Jacques Rancière spricht in diesem Zusammenhang von der Schaffung von Bühnen zur Sichtbarmachung neuer politischer Akteure.[48] Wenn solche „Ermöglichungsbühnen" geschaffen werden, spielen nicht nur politische Ziele eine Rolle, sondern auch die Form, in der sie performt werden.[49]
Für Architekten klingt Form verlockend: Die Rede von der Form scheint ein Raumverständnis zu bestätigen, welches Raum als pure Form versteht, als etwas Transparentes und Einsichtiges. Diese Konzeption lässt es möglich erscheinen, dass das Chaos der Welt durch einen intellektuell konzipierten Raum rational zu bändigen sei, so als könne das Gefüge Stadt mithilfe einer Reihe genau festgelegter Operationen „erzeugt" werden. Aber das täuscht. Nach Lefebvre erleben wir im Urbanen nämlich eine nicht einsichtige, okkulte Form: „Der städtische Raum gibt vor, transparent zu sein. Alles hat Symbolwert (...), alles steht zur reinen Form in Beziehung, ist Inhalt dieser Form (...). Aber man (...) stellt fest, dass diese Transparenz täuscht und trügt. Die Stadt, das Urbane, ist auch Mysterium, okkult."[50] Lefebvres Verweis auf die Form wird hier leicht missverstanden. Das liegt an seiner Definition von Form in ihrer Relation zur Bewegung, zur Zeit. Raum wird als Handlungsverlauf, als dynamisches Gebilde interpretiert, das strukturierend auf soziale Beziehungsgeflechte einwirkt und durch diese gleichzeitig mitbestimmt wird. In diesem Prozess wirkt das Alltagsleben systematisch auf die Performanz des Raums zurück. Die Möglichkeiten, Räume performativ zu konstituieren, sind abhängig von den in einer Handlungssituation vorgefundenen symbolischen und materialen Faktoren, vom Habitus der Handelnden, von der in der Struktur angelegten Zugangskontrolle sowie von körperlichen Optionen. Damit setzt eine Fokusverschiebung ein, weg von den Objekten und hin zu dem, was die Objekte ermöglichen. Aus diesem Feld, welches das Urbane konstituiert, erwachsen Komplexität und Unordnung: Improvisation ist dann diejenige urbane Praxis, die, auf der Basis des Performativen, den konstruktiven Umgang mit der Unordnung sucht. Dabei ist es, wie oben bereits angedeutet, entscheidend, die Erscheinungsformen der Performanz nicht als Determinanten, sondern nur als Ausgangspunkte neuer Formen zu interpretieren. Denn wer davon ausgeht, dass Bewegung aus der Form folgt, der kann zum Beispiel als Stadtplaner sagen, dass genug Planung auch die richtige Stadtbewegung hervorruft. Lefebvre meint nun genau das Gegenteil: Für ihn kommt Form aus Bewegung und nicht umgekehrt!
Es geht also ganz einfach darum, das Verständnis von Form umzudrehen. Das ist unspektakulär und gerade deshalb so wirksam. So würde Urbanismus situativ: In der Anerkennung, dass das Machbare, das Reale, das Potenzial der Situation aus der Wechselwirkung der sich gegenseitig beeinflussenden Faktoren geschöpft wird. Wenn wir uns nicht damit aufhalten, die Realität in Formen zu pressen, haben wir Raum dafür, jene Strukturen zu analysieren, die den Verlauf des Transformationsprozesses regeln. Es wirkt wie eine Befreiung: Kohärenz aufdecken, statt Unordnung vermeiden, und so vom Leben selbst

ausgehen. Statt Ruf zur Ordnung und Rückkehr zu einer vorrangigen Subjektperspektive geht es um die Möglichkeit des Subjekts, sich in der Improvisation neu zu konfigurieren. Das bedeutet aber auch: Die Konsistenz des Subjekts bleibt nicht unangetastet!

ffwd: AUSBLICK

Wie kann Improvisation bewusst geschaffen werden? Durch Zuschauen oder durch Agieren? Beides: durch reflexives Handeln innerhalb des Vorgefundenen. Improvisation lässt sich nur gestalten durch die Konfrontation mit den eigenen Lebensweisen und ihrer unregelmäßigen Entwicklung, also ihrer zufälligen, kontingenten Zukunft. Die räumliche Situation selbst ist dann keine bloße Addition ihrer Elemente oder die Aufzählung diverser Umstände, sondern ein eigenes widersprüchliches System. Das bedeutet für Architekten heute auch: Projekte werden aus einer inneren Notwendigkeit heraus initiiert und entwickelt, ohne dass zunächst ein entsprechender Auftrag vorliegen muss. Der Auftrag folgt dem Projekt.
In diesem Augenblick ändern sich die Wertigkeiten von Funktion, Form und Struktur: Sie werden reale oder potenzielle Kräfte im gesellschaftlichen Raum, nutzbar für experimentelle Gestaltung. Ist die Form damit verschwunden? Nein. Form ist nur die aktualisierte Erscheinung der im Prozess befindlichen Transformation. Am wichtigsten bleibt also die Frage, wie wir die spezifischen Grammatiken, Regeln und Formen interpretieren: als beherrschbares, planbares Raster oder als Improvisationsstruktur zum konstruktiven Umgang mit der Un-Ordnung der Stadt?

KP _ 04
Seit den 1950er und 60er Jahren können wir den „Performative Turn" in den gestalterischen Praxen beobachten. Die performative Wende spricht von dem Verlagern der Aufmerksamkeit von Formen und Objekten hin zu Prozessen, Handlungs- und Wirkungszusammenhängen. In den Künsten (Beuys, Vostell, Kaprow, Schneeman) und der Architektur (TeamX, Situationisten, Smithsons, Archigram, Price) bedeutet dies, statt Objekte (als Versammlung von Formen, Funktionen) zu schaffen, Prozesse hervorzubringen. Prozesse, in die nicht nur die Produzenten selbst, sondern auch die Rezipienten aktiv involviert sind.
Vor diesem Hintergrund möchte ich im folgenden Text-Cluster Protagonisten in den Blick nehmen, die sich seit den 50er und 60er Jahren einer Sicht auf Stadt als Performanz anzunähern suchen.
Die Situationisten waren eine lose Gruppe von Künstlern, Aktivisten und Tagedieben. Sie entwickelten eine „Wissenschaft" zur Revolutionierung des Alltags, die darin bestand, vorsätzlich in der Stadt herumzuhängen. In einer vorurteilsfreien Weise suchten sie die Prozesse, die in und als Stadt geschehen, zu einem Erfahrungsraum zu verbinden, aus dem ein neues Verständnis von Stadt entwickelt werden sollte.

4

DIE PERFORMATIVE ERKUNDUNG DER STÄDTE. KRITIK DES SITUATIONISMUS

KRITIK AM SPEKTAKEL

Es ist das Verdienst der Situationisten, sowohl die handlungsorientierte wie auch die psychologische Ebene des Raums für den architektonischen Diskurs fruchtbar gemacht zu haben. So wie der Philosoph Herbert Marcuse die Freudsche Lehre in die Gesellschaftskritik einbezieht, hebt die Situationistische Internationale (S.I.) Ende der 1950er Jahre auf die Psychonanalyse ab und führt so das Subjekt wieder als Faktor des Raums ein. Ein Subjekt, das bedroht scheint durch die kulturindustriellen Entfremdungsformen und Verdinglichkeitsstufen. Der Autor und Mitbegründer der S.I. Guy Debord spricht von der „Gesellschaft des Spektakels", die, indem sie originär-freiheitliche Begierden des Subjekts verdingliche, instrumentalisiere und dem Konsum unterordne, eine Verdrängung dieser revolutionären Begierden ins individuelle wie gesellschaftliche Unbewusste bewirke. Die Marxsche Kritik der kapitalistisch-fetischistischen Formen erreicht durch die Begrifflichkeit des „Spektakels" die Höhe des Konsum- oder Kulturkapitalismus und erhellt die Gestalt des Performanzprinzips: kulturindustrielle Bilderproduktion, Bedürfnispräformierung sowie ein Übermaß an pseudo-individuellen Lebensentwürfen, die sich nach modular-vorgefertigten Lebensstilen zusammenbasteln lassen.
Was also tun? Dem Schein von Performanz als vorgegaukelter Realität, also entfremdeter Lebenssituation, versuchten die Situationisten durch die Bewegung bewusster

„Konstruktion von Situationen" in allen Aspekten des Lebens entgegenzuwirken. Für die Situationisten gilt die Grundformel „Performanz = Spektakel". Durch das Spektakel wird die menschliche Fähigkeit zu kommunizieren dargeboten. Grundsätzlich aber ist das Spektakel ein Produkt unter vielen. Erst durch die Massenkultur des Pop kann das Spektakel in andere industrielle Sektoren diffundieren, nämlich dort, wo Kommunikation zum essenziellen Bestandteil produktiver Kooperation wird. So wird das Spektakel zur *force* des Performanzprinzips: als primäre produktive Kraft, die über ihre eigene Sphäre hinausragt und auf die Poiesis, die schöpferische Tätigkeit, im Totalen einwirkt. Performanz ist dann doppelter Natur: Sie ist zum einen spezifisches Produkt einer spezifischen Industrie, zum anderen Quintessenz des Modus der Produktion in ihrer Umfasstheit. Es sind die produktiven Kräfte der Gesellschaft selbst, die die Performanz oder das Spektakel präsentieren; dies umso mehr, als sie sich mit kommunikativen Kompetenzen und dem generellen Intellekt überlappen. Performanz ist durchdrungen von Möglichkeit, von dem gesamten Horizont dessen, was wir unter bestimmten gegebenen Bedingungen zu können vermögen. Dieses zeigt sich selbst nicht in dem Wert der Waren, also dem, was Gesellschaft bereits produziert hat, sondern als Aggregat dessen, was eine Gesellschaft zukünftig zu leisten im Stande ist.

TRANSFORMATION VON INNEN

Die S.I. sieht im Hinterfragen der Gesellschaft des Spektakels eine Gesellschaftskritik, welche die Konditionen des urbanen Subjekts thematisiert und die eine Art revolutionärer Psychoanalyse zur Grundlage haben muss. Transformation von Gesellschaft soll aus dem Inneren der Subjekte heraus im Freudschen Modus des Erinnerns, Wiederholens und Durcharbeitens den neurotischen Circulus vitiosus immer wiederkehrender Situationen durchbrechen. Debord interpretiert die Spektakelform als Weiterentwicklung der Warenform: deren Fetischcharakter entspringt aus dem eigentümlichen gesellschaftlichen Charakter der Arbeit, welcher Waren produziert. Diese Waren produzierende Arbeit erzeugt eine gesellschaftliche Herrschaftsform durch die Warenform als „sinnlich übersinnliches Ding"[1]. Debord leitet aus diesem Vorgang einen Effekt ab, durch den „die sinnliche Welt durch eine über ihr schwebende Auswahl von Bildern ersetzt wird, welche sich zugleich als das Sinnliche schlechthin hat anerkennen lassen"[2]. Die Bilderwelt beginnt, sich als die totale Welt der Realität zu inszenieren. Der Schein beherrscht das Sein in der allumfassenden Bilderwelt des Spektakels. „Das ganze Leben der Gesellschaften, in welchen die modernen Produktionsbedingungen herrschen, erscheint als eine ungeheure Sammlung von Spektakeln."[3]

Wobei diese Dominanz nur entstehen kann, weil das Spektakel sich der Warenform bedient. Um sich als Tauschwert realisieren zu können, müssen Produkte den Kunden auffallen. Image wird zum Hauptfaktor. Und das Spektakel dreht die Schraube noch eine Drehung weiter: Während die Ware auch Gebrauchsgegenstand war, so ist im Spektakel schon das reine Anschauen der Ware Warenform: „das Spektakel ist das Geld, das man nur anblickt, denn in ihm hat sich schon das Ganze des Gebrauchs gegen das Ganze der abstrakten Vorstellung ausgetauscht"[4].

Das bedeutet jedoch nicht, dass es das Bedürfnis nach Gebrauch nicht mehr gibt; dieses Bedürfnis wird jetzt vielmehr durch das Spektakel als Pseudogebrauch des Lebens befriedigt. Das heißt, nicht nur das Verhältnis zur Ware ist sichtbar, sondern man sieht nichts anderes mehr. Die Welt, die man sieht, ist in der Gesellschaft des Spektakels die Welt der Ware.[5] Erlebte Realität wird zu einer verdoppelten Realität, einer Realität der Referenz: Alles was unmittelbar erlebt wurde, ist einer Vorstellung gewichen.[6]

Massenkommunikationsmittel und Kulturindustrie werden als Oberfläche des Spektakels, als fetischistischer Schein spektakulärer Beziehungen interpretiert. Analog dem Marcuseschen Mechanismus des Performanzprinzips versteht die S.I. das Spektakel als Maschinerie, die die wirklichen, lebensgestalterischen Begierden zugunsten von Pseudo-Befriedigungen ins Feld des Unterbewussten zurückdrängt. Begierden werden hier nicht allein als triebtheoretisch, sondern als Anlagen gefasst, die den Mensch im Laufe historischer, gesellschaftlicher wie moralisch-zivilisatorischer Prozesse sowohl formen als auch ihn zu formender Praxis antreiben.

Radikale Begierden sind dann diejenigen Begierden, die zur Überwindung der entfremdeten Arbeit wie auch der Selbstentfremdung der tätigen Subjekte beitragen sollen. In ihrer Bezugnahme auf Freud machen die Situationisten deutlich, dass sie die gesellschaftliche Transformation nicht allein als geistig ideelle interpretieren, sondern sich auch und vor allem mit der leiblich-physiologischen Organisation des Menschen befassen wollen. Es geht ihnen somit um eine Bewusstseinsarbeit, die das individuelle wie gesellschaftliche Unbewusste und Vorbewusste ernst nimmt und sich deshalb auf das Alltagsleben und seine Potenziale fokussiert.

DIALEKTIK DER KULTUR

Wie auch Herbert Marcuse[7] verortet die S.I. die Kultur in einer Dialektik von Freiheit und Zwang: „Wir müssen uns der Kultur bemächtigen, um sie für unsere Zwecke zu benutzen, und nicht mehr von außen eine Opposition betreiben, die ausschließlich auf der zukünftigen Entwicklung unserer Probleme beruht."[8] Über den Weg der Kultur transformieren die Situationisten kritische Theorie in immanente revolutionäre Praxis und suchen die Trennung von Arbeit und Freizeit als Modus der Entfremdung zu überwinden. Eine Praxis, die eine nicht-entfremdete Kommunikation zwischen den Menschen ermöglicht und sich den individuellen Wünschen und Bedürfnissen widmet.

Der industrielle Prozess, bei dem das arbeitende Subjekt zum Mittel der Produktion wird, greift im performativen Spektakel in libidinös-verinnerlichter Form auf nahezu alle Lebensbereiche über. Die Gesellschaft des Spektakels instrumentalisiert den Menschen nicht nur in seiner Arbeitszeit, sondern auch und vor allem in seiner Freizeit. Freizeit als disponible Zeit der freien Entfaltung wird von der spektakulären Freizeit als Konsumzeit vereinnahmt. Jedoch bedeutet die Verdrängung durch das Spektakel nicht, dass keine radikalen Bedürfnisse mehr existieren, das Gegenteil ist der Fall: Sie geben vielmehr das reale Potenzial dafür ab, die bestehenden Gesellschaftsformen zu transformieren. Das kann nur erreicht werden, wenn die Subjekte ihre Praxen als nicht hintergehbare Situationen herbeiführen. Einen solchen Prozess strategisch zu fördern, war das Anliegen der S.I. Es ging ihnen darum, das Alltagsleben als vernachlässigten Ort des Sozialen nicht nur in den Fokus zu rücken, sondern vor allem zu reaktivieren. In einer Aufhebung der Trennung von Kunst und Gesellschaft soll das Alltagsleben revolutioniert und individuell wie gesellschaftlich neu gelebt werden können. Der Moment der Situation hat für die

Situationisten dialektischen Charakter: Als subjektiver Moment der Entscheidung, des Ereignisses, der Wahl ist er gleichzeitig Moment der Produktion wie auch Veränderung gesellschaftlicher Verhältnisse – mit Marx gesprochen, „als Situation (...) die jede Umkehr unmöglich macht"[9]. In diesem Zuge wird das performative Konzept des Spektakels als ein kultureller Mechanismus kritisiert, der die revolutionäre Aneignung und Verwirklichung der ökonomischen wie kulturellen Möglichkeiten des Individuums als Subjekt seines eigenen Lebensentwurfes verhindert.

Wenn das Spektakel als kapitalistischer Vergesellschaftungsmodus das Subjekt als ökonomisch instrumentalisiertes Mittel isoliert, dann ist es als gesellschaftliche Macht zu interpretieren, welche die Bedürfnislage des Subjekts nahezu vollständig durchdringt und sich ihm als die absolute Realität präsentiert. Wie aber geht das vor sich? Das Kapital inszeniert sich in einer bestimmten Form: der der Theatervorstellung, bei der seine Produzenten zugleich auch seine Zuschauer sind. Grundlage der Gesellschaft des Spektakels ist, laut Debord, die alles vereinnahmende Selbstherrschaft der zu einem „Status unverantwortlicher Souveränität gelangten Warenwirtschaft und die Gesamtheit der neuen Regierungstechniken, die mit dieser Herrschaft einhergehen"[10]. Debord will damit sagen, dass Politik, Medien, Warenwelt, Kunst nicht einfach performativ werden, sondern dass die aufgeteilten gesellschaftlichen Sphären selbst Inszenierungen des Spektakels sind. Die spektakulär-fetischistischen Prozesse des Kapitals erzeugen einen performativen Schein und so die totalitäre Entfremdung: Die subjektiven Möglichkeiten der Persönlichkeitsentfaltung werden unterminiert, die selbstbestimmte, freie Entwicklung von Fähigkeiten und Bedürfnissen wird unmöglich gemacht. Dennoch ist die experimentelle Form des revolutionären Spiels nicht nur eine des Kampfes, sondern auch eine der Frage nach der performativen Darstellung: „Kampf für ein der Begierde angemessenes Leben und konkrete Darstellung eines solchen Lebens."[11] Die Freudschen Kategorien anwendend schreibt Debord: „Wo wirtschaftliches Es war, muss Ich werden."[12]

Emanzipation ist nicht bloß Prozess der Bewusstwerdung der ökonomischen Ausbeutungsverhältnisse, sondern zugleich Verwirklichung der verdrängten Begierden. Nach den Erlebnissen des Scheiterns der Klassenkämpfe sollen nun über den Umweg der Kultur neue effektive Kampfformen gefunden werden, um eine emanzipatorische Zukunft zu ermöglichen: Eine revolutionäre Bewegung kann „Entfremdung nicht mehr in entfremdeten Formen bekämpfen"[13]. Damit ist auch die Frage nach der Organisation von Bewegungen neu gestellt: Es geht nicht nur darum, die Produktionsverhältnisse zu verändern, das wäre noch im industriellen Modus gedacht, sondern darum, neue menschliche Beziehungen zwischen den Menschen herzustellen, also im Modus des Urbanen zu verfahren. Dabei wirken sowohl Raum als auch Zeit performativ modulierend: „Revolutionär ist eine Bewegung, die die Organisation dieser Raum-Zeit sowie die künftigen Entscheidungsformen ihrer permanenten Neuorganisation radikal umgestaltet"[14] und nicht nur Herrschaftsformen wie zum Beispiel die Rechtsform des Eigentums kritisiert. Es handelt sich also nicht um die Hypostasierung des Informellen, sondern um die Neubestimmung der formalen Frage: Formen zu finden, die die emanzipatorisch vorwärtstreibenden Widersprüche nicht verdecken, sondern vielmehr zulassen und verstärken, um so eine Kritik zu ermöglichen, die „sich global gegen alle Aspekte des entfremdeten gesellschaftlichen Lebens richtet"[15].

RAUMORDNUNG DER STADT

Das Spektakel greift nicht nur auf das Mentale der Menschen zu. Es zeigt sich, und auch dies ist eine entscheidende Entdeckung des Situationismus, in der Raumordnung der Stadt. Die kapitalistische Produktion hat, so Debord, in der Homogenität des Industriellen „den Raum vereinheitlicht". Es entfaltet sich ein gesellschaftlicher Raum, „den keine äußeren Gesellschaften mehr begrenzen"[16]. Gleichzeitig erscheint im Übergang zum Urbanen auch eine Tendenz zur totalen Ausdifferenzierung und Trennung der Menschen. Versinnbildlicht wird dies für die S.I. durch die Strategien des funktional-rationalistischen Urbanismus: „Der Urbanismus ist diese Inbesitznahme der natürlichen und menschlichen Umgebung durch den Kapitalismus, der, indem er sich logisch zur absoluten Herrschaft entwickelt, jetzt das Ganze des Raums als sein eigenes Dekor umarbeiten kann und muss."[17] Der Urbanismus schafft Zentren der Kapitalverwertung, der Verwaltung und des Konsums, während der öffentliche Raum der Straße als Ort der Begegnung marginalisiert wird. „Indem der Urbanismus das Auto in den Vordergrund stellt", verstärkt er die Streuung der Stadt.
Gleichzeitig bemächtig sich die politische Ökonomie des Urbanen der automatisierten Individuen in Konsumtempeln und Freizeitzentren und sucht dort künstliche Gemeinschaften zu erzeugen: „Sowohl die Betriebe als auch die Kulturzentren, die Feriendörfer und die großen Wohnsiedlungen sind speziell für diese Pseudogemeinschaft organisiert."[18] Die neuen Städte werden als „Laboratorien dieser erdrückenden Gesellschaft" erkannt. Mit der parkhausgerechten Planung des Urbanismus „setzt sich ein klarer, fröhlicher, eintöniger und allen Gesellschaftsklassen gemeinsamer Lebensstil durch"[19].
Dagegen wollen die Situationisten einen phänomenologischen Ansatz des nicht-intentionalen Umherschweifens (Dérive) setzen. Die performative Kartografie der Begierden durch körperliche Bewegung als Dérive im urbanen Raum soll eine neue Aneignung der Straße und die Erforschung ihrer durch den Urbanismus verursachten Marginalisierung ermöglichen. Hierin liegt ein wesentliches politisches Moment der S.I.: Sie sieht als eine der ersten Bewegungen, dass das Urbane in seiner Ausdifferenzierung und Bewegung der einzige Raum der Emanzipation sein kann. Gleichzeitig ist sie sich bewusst, dass die Techniken des Urbanismus selbst sowohl Phänomen wie auch Funktion der Performativität verdecken, instrumentalisieren und damit das authentische Zusammenkommen von Menschen behindern. Die Aufstände der afroamerikanischen Bevölkerung in der Bürgerrechtsbewegung im Stadtteil Watts von Los Angeles von 1965 werden von der S.I. genau in diesem Zusammenhang gedeutet: nicht allein als gegen Rassismus und Pauperismus gerichtete Revolte, sondern auch als Rebellion gegen die Waren produzierende Hierarchie eines neuen Kapitalismus und für die Freiheit der Straße. Protestiert wird nicht gegen einen Mangel an Produkten, sondern gegen deren Überfluss und die Besetzung des Raums durch die Warenform: „Besonders die Beteiligung zahlreicher Weißer an der Plünderung beweist, dass die Watts-Geschichte in ihrem tiefsten Sinn tatsächlich eine Revolte gegen die Ware und die erste, dürftige Antwort auf den Warenüberfluss gewesen ist."[20]

Zoom: DÉRIVE

Die Phänomenologie zeigte, dass Wahrnehmung sich im Zusammenschluss des Wahrnehmenden und des Wahrgenommenen entfaltet. Die Situationisten nehmen diese Erkenntnis

auf: Wer sich mit der formalen Zuweisung von Subjekt und Objekt aufhält, verliert den Blick aufs Wesentliche, die Ausdehnung des Ich auf die Objekte im Handlungsverlauf selbst – und erfinden und praktizieren das Dérive. Dieses Herumhängen muss ziellos sein, um das Metaziel zu erreichen: den Zugang zur phänomenologischen Erfahrung von Interferenzen, Gemengelage, Oszillationen zwischen Akteuren und Aktanten in Handlungen als Stadt-Landschaft. Dieser Versuch, ein alltägliches, kompaktes Zusammensein mit dem Ding Stadt zu erzeugen, kann ganz im Sinne Merleau-Pontys verstanden werden, der etwa zeitgleich in seiner Konzeption auf eine „naive Vertrautheit mit der Welt“ und ihrer „Evidenz“ verweist.[21] Merleau-Ponty empfiehlt dabei die sonderbare Ermächtigungsstrategie selbstgewählter Entfremdung: Dem Selbst, auf das man „zurückkommt, muss ein Selbst vorausgehen, das entfremdet oder ekstatisch im Sein lebt“[22]. Es scheint paradox: Um den Entfremdungstendenzen der Spektakelgesellschaft zu entfliehen, entwerfen die Situationisten eine Form der Meditation der naiven Selbstentfremdung. Ihr affirmatives Herumhängen ist keine Verweigerung im Sinne des späteren Punk, sondern der Versuch, Zugang zur Stadt zu bekommen und zwar in einem Perzeptionszustand, der das Selbst als leere Form entdeckt, „die zur Fülle der Welt tauglich ist“[23]. Ihre Psychogeografie kann als genau der Versuch gelesen werden, die zirkulierende, relationale Verortung der Stadt als Kollektiv zu erforschen und in der „Konstruktion von Situationen“ der Frage nach der Konstituiertheit von Assoziationen praktisch nachzugehen. (Abb. 5, S. 65)
Der situationistische Ansatz des Dérive stellt somit eine neue „praktische“ Möglichkeit dar, über die performative Dimension von Raum zu reflektieren. Die Überlagerungstechnik findet hier im Psychologischen, im Zusammendenken von Körper und Geist, statt: es geht um eine kollektive Erkundung bisher ungenutzter Möglichkeiten der bestehenden Städte. Ein Netz psychografischer Verknüpfungen legt sich im experimentellen Spiel über die Stadt. Debord zufolge ist das „Konzept des Umherschweifens (…) untrennbar verbunden mit der Erkundung von Wirkungen psychogeographischer Natur und der Behauptung eines konstruktiven Spielverhaltens, was es in jeder Hinsicht den klassischen Begriffen der Reise und des Spaziergangs entgegenstellt“[24]. Die Stadt wird zu einer Versuchsanordnung für die Subversion situativer Beziehungen, als deren zentrales Element sich die performative Aneignung des Raums zeigt. Diese Aneignung ist als Paradigma einer Konstruktion von Situation immer subjektiv bestimmt. In diesem Zusammenhang ist Subjektivität nicht isoliert zu interpretieren, sondern für das Öffentliche, das Politische nutzbar zu machen. Dérive ist kollektives Umherschweifen in der Stadt als experimentelles Forschen, gleichermaßen forciert und beschleunigt in der Bewegung wie systematisch und ziellos in seiner Orientierung. Dérive verortet sich im Zwischenraum von einerseits Hingabe an eine Szenerie, indem man sich ohne festen Kurs dem Spiel der Umgebung aussetzt, und andererseits der bewussten Entwicklung eines Verhaltens, das sich der Außenwelt performativ zuwendet; ein Verhalten, das den Raum situativ ortet, identifiziert, schnell Entscheidungen trifft und sich neu orientiert, um zu anderen Räumen zu gelangen. Das Sich-treiben-Lassen ist also keineswegs völlig unkontrolliert, sondern strebt eine Praxis an, die durchaus performativ erlernbar ist: als Methode der „Beherrschung der psychogeographischen Variationen durch die Kenntnis und Berechnung ihrer Möglichkeiten“[25].
Aus dem Dérive erwächst ein dynamisches, in Gegensätzen operierendes Zeit-Raumkontinuum. Der Rückgriff auf aleatorische Elemente ist nicht passiv gedacht, sondern wird als aktiver, durchaus auch theoriegeleiteter Prozess verstanden. Psychogeografie ist für die

Situationisten deshalb „die Erforschung der genauen Gesetze und exakten Wirkungen des geographischen Milieus, das, bewusst eingerichtet oder nicht, direkt auf das emotionale Verhalten des Individuums einwirkt“[26].

KONSTRUKTION VON SITUATIONEN

Zentral in dieser Konzeption steht der Gedanke der Konstruktion von Situationen. Für Debord bedeutet dies die konkrete Konstruktion „kurzfristiger Lebensumgebungen und ihre Umgestaltung in eine höhere Qualität der Leidenschaft“[27]. Die performative Erzeugung von Raum als Situation wirkt als ***feedback loop*** zurück, um „von ihren Konstrukteuren erlebt zu werden“[28] und: „Es gibt keine Freiheit im Gebrauch der Zeit ohne den Besitz der modernen Instrumente zur Konstruktion des alltäglichen Lebens.“[29] Situation ist der modulierende Raum für Experimentalformen der Performanz: „Die Konstruktion von Situationen fängt jenseits des modernen Zusammensturzes des Begriffs Spektakel an. Wie sehr das Prinzip des Spektakels selbst – und zwar die Nichteinmischung – mit der Entfremdung der Alten Welt verbunden ist, ist leicht ersichtlich.“[30] Die entfremdende Rolle des Publikum-Seins soll zurückgedrängt, passive Rollen immer geringer werden. Parallel dazu soll die Teilnahme derer zunehmen, die, so wird betont, „nicht Schauspieler, sondern in einem neuen Sinn des Wortes ‚Lebemänner‘ genannt werden können“[31]. Die Entfremdung der kapitalistischen Ökonomie wird aufgehoben und das Spiel soll aus seiner Randexistenz in die Mitte der Gesellschaft geholt werden. Wenn also das Spektakel die Handlungen der Menschen verdinglicht, geht es jetzt darum, eine Gegenstrategie zu entwickeln. Insofern steht die Konstruktion von Situationen für den Versuch, de-fetischisierende Praxisformen zu erforschen. Das heißt, um erst einmal in die Lage zu kommen, allgemein gültige und normativ festgefahrene Praxisformen und Sichtweisen zu unterlaufen, muss das Handeln formal geöffnet werden. Die Konstruktion von Situationen privilegiert das Handeln im Offenen, legt gleichwohl aber Wert darauf, strategisch und theoriegeleitet zu agieren: Aus der Öffnung für Unvorhersehbarkeit und Unbestimmtheit speist sich die Hoffnung auf eine prinzipielle Möglichkeit performativer Subjektwerdung der Handelnden – mithin als Aufschein von Wirklichkeit. Die so konstruierte Situation ist eine Art selbstproduzierter Schutzraum für das Experiment der Erprobung einer Handlungsform, in der eigenes Handeln dem Handelnden nicht mehr als fremdgeleitet gegenübertritt.

SPIEL

Um diese Volte gegen die Selbstentfremdung zum Funktionieren zu bringen, ist ein bestimmter Modus des Handelns nötig, das Spiel. Spielen wird von der S.I. als reale Möglichkeit wieder eingeführt: „die Arbeit der Situationisten besteht aber gerade darin, die zukünftigen Möglichkeiten des Spiels vorzubereiten“[32]. Spiel ist jedoch nicht mit einem Modus zu verwechseln, den wir heute als „Spaßgesellschaft“ bezeichnen würden. Im Gegenteil wendet sich die S.I. „gegen alle rückläufigen Formen des Spiels, die die Rückkehr zu einer infantilen, immer mit einer reaktionären Politik verbundenen Entwicklungsstufe darstellen“[33]. Entscheidend für die Situationisten ist, dass das in ihren Augen kapitalistische Moment des Agonalen aus dem Spiel verschwindet: „Das Wettkampfelement muss

einer wirklich kollektiveren Auffassung des Spiels – der gemeinsamen Schaffung der gewählten Spielbedingungen – weichen."[34]
Die experimentellen Formen des revolutionären Spiels zielen ab auf die Erkundung neuer Lebensstile wie auch auf deren Darstellung, als dessen Konzeptionalisierung eine Ontologie des Rituals postuliert wird: „Die proletarischen Revolutionen werden Feste sein oder sie werden nicht sein, denn das von ihnen angekündigte Leben wird selbst unter dem Zeichen des Festes geschaffen werden."[35] Performanz wird zur poetischen Kraft eines neuen Politischen. Damit geht auch ein neues Raumverständnis einher, das sich davon abwendet, das Urbane als Bühne von Waren und Macht zu interpretieren. Mit der performativen Wende der Situationisten emergiert das Konzept von Stadt als Handlung, als Prozess, das nur im und als Feld der Psychogeografie erfahrbar ist. Die Epistemologie einer Performanz des alltäglichen Lebens und Raums gestattet uns nicht nur die Wirkungen der geografischen Umwelt zu verstehen, sondern auch in einer performativen Dimension uns anzueignen.

VERFALL DES POLITISCHEN RAUMS – UNZULÄNGLICHKEITEN DER UTOPIE

Was aber haben die Situationisten bewirkt? Auf gesellschaftspolitischer Ebene driftet der Utopismus seit den 1960er Jahren kontinuierlich in den Mainstream ab. Ab den 70er Jahren übernehmen die neuen sozialen Bewegungen die Funktion des Transmissionsriemens: Von einer gesellschaftlichen Gesamtkritik bleiben zersplitterte Einzelinteressen und Slogans. Aus der Öffnung des Alltagslebens wird die negative Flexibilisierung am Arbeitsplatz oder besser noch: die Selbstverwirklichung als Selbstausbeutung in Form ewiger Praktika und freier Produzentenschaft – urbanes Prekariat. Man könnte sagen, Situationismus wird Ideologie im Sinne von Marx: Ersatz für wirkliche Veränderung. Veränderung verschiebt sich auf die Ebene des rein Imaginären. Die Kritik der Gesellschaft des Spektakels blieb wirkungslos, weil sie die Gesellschaft auf der Ebene ihres Scheins analysierte und nicht die Methode der Gesellschaftsform selbst. Anders gesagt: Sie kritisierte nur die Form der Gesellschaft, nicht deren geschichtlich-sozialen Hintergrund. Situationismus hat das Kapital anhand der Warenform kritisiert, nicht jedoch anhand der Produktionsprozesse, anhand der politischen Ökonomie. Marx wurde zu Pop umgestülpt, das Wirkliche auf der Grundlage des Scheins, des Spektakels untersucht. Das liegt natürlich an dem Sujet selbst: Indem er sich auf die Oberfläche des Spektakels einerseits und das Faktische des Phänomens Stadt andererseits bezog, blieb dem Situationismus das dahinter Liegende als Struktur notwendig verborgen. So stagnierte die S.I. auf der Ebene der Zirkulation, ging nie zur Produktion selbst über. Weil sie aus dem Spektakel eine Totalität machte, war die S.I. unfähig, „zwischen Ebenen der Gesellschaft zu differenzieren"[36]. Gilles Dauvé hat aufgezeigt, dass die S.I. einem Warenfetischismus folgt, indem Ware als ihre eigene Bewegung erscheint. Es bleibt im Dunkeln, wer die Ware produziert, wo sie herkommt, welchen widersprüchlichen Prozess die Produktion durchläuft. Erst eine Kritik der politischen Ökonomie, welche die S.I. nicht unternahm, hätte es ermöglicht zu erkennen, wie der Produzent nicht nur sein Produkt, sondern seine Tätigkeit über sich und gegen sich stehen sieht.[37]
Dennoch bleiben die Techniken des Dérive und des ***détournement*** für heutige Untersuchungen der Stadt unerlässlich. Fraglich bleibt, wie diese Techniken in kritische Projekte

zur zeitgenössischen Stadt gewendet werden können. Aktuell neue Bewegungen, die sich am Topos Stadt festmachen, werden zeigen müssen, inwieweit dasjenige, was als Unabgegoltenes des Situationismus in der Geschichte offen bleibt, in eine neue Form der Verhandlung darüber geführt werden kann, wie Raumaneignung und -produktion der Stadt heute aussehen könnte und wie wir im Zusammenhang damit das „Politische" des sozialen Raums verstehen.

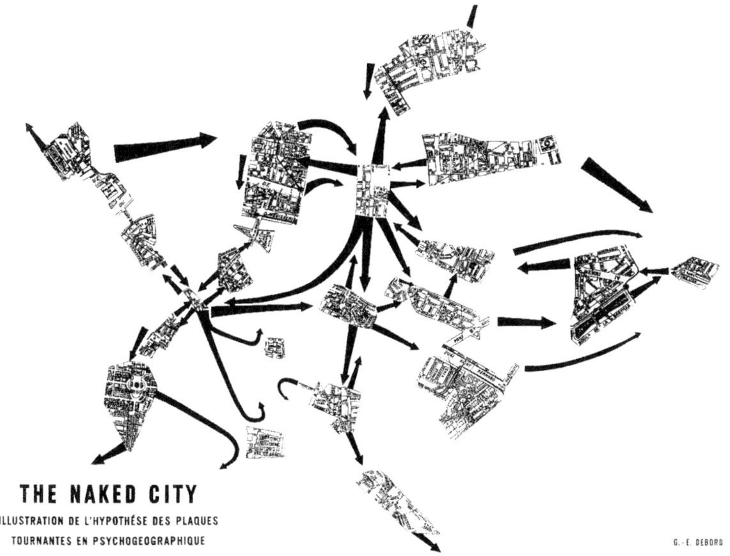

5 Guy Debord, Asger Jorn: Situationistische Psychogeografie, Naked City, 1957

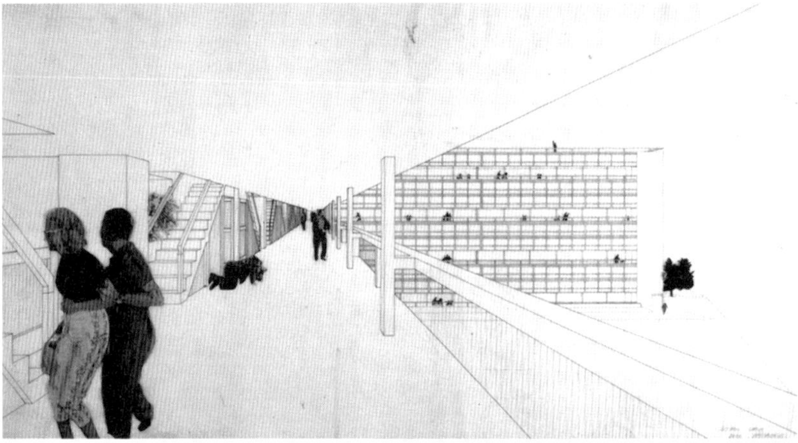

6 Alison und Peter Smithson: Golden Lane Housing, 1952/53

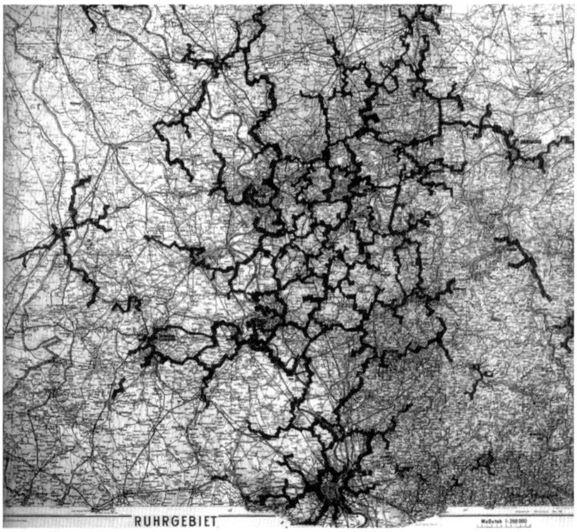

7 Constant: *New Babylon/Ruhrgebiet*, 1963

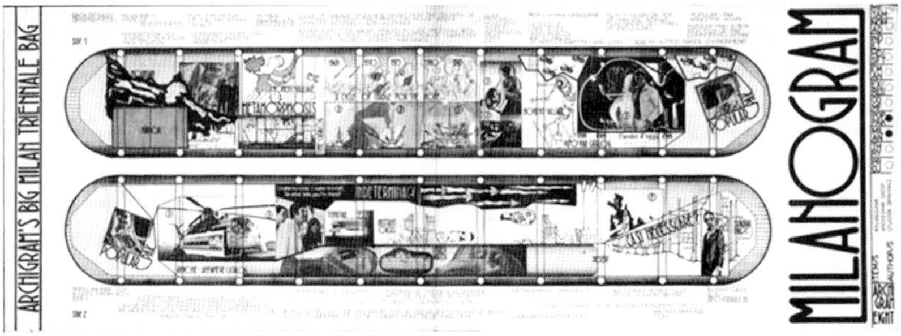

8 Archigram, Magazine No. 8, 1968

KP _ 05

Im Folgenden geht es um die unterschiedlichen Herangehens- und Umgangsweisen einer performativen Sicht auf Stadt, die ich im Werk vierer Akteure oder Akteurkonstellationen in jeweils unterschiedlichem Umfang untersuche. Ausgehend von der Künstlergruppe „COBRA" über das Architektenpaar Alison und Peter Smithson, den aus „COBRA" hervorgegangenen Künstler Constant und schließlich die Combo Archigram entfaltet sich ein Panorama eines Arbeitens, das aus der Auseinandersetzung mit der tiefen Krise des funktionalistischen Städtebaus hervorgeht. Im Städtebau des frühen 20. Jahrhunderts hatten die funktionalistischen Beschreibungsmodelle von Stadt dominiert. Erst mit den Krisen der Nachkriegszeit (Wohnungsnot, Segregation, Verödung des öffentlichen Raums, sowohl in den innerstädtischen Lagen wie in den Großwohnsiedlungen außerhalb der Städte) lernt die Architektur den Alltag und seine performativen Potenziale in den Blick zu nehmen und die lineare Bewegung einer rationalen Planungsweise infrage zu stellen. Darin deutet sich eine Verschiebung mit grundsätzlichen Konsequenzen an: Die stadttheoretische Krise wird in eine soziologische umformuliert. Die machine à habiter *Corbusiers wird obsolet: „life is more than a well-oiled participation in the production process", heißt es lapidar in Constants Artikel „Unitary Urbanism" aus dem Jahr 1960.[1] Doch wie sehen die Gegenvorschläge aus? Und zu welcher Stadtbeschreibung führt dies?*

5

STADT ALS HANDLUNG. ARCHITEKTUREN DER PERFORMANZ

PERFORMATIVE TURN

In den 1950er und 60er Jahren emergieren Inhalte und Praktiken einer Architektur, die versucht, über das rein Technologische des Bauens hinauszugehen. Die Protagonisten des neuen Urbanen Denkens – Namen wie Buckminster Fuller, Constant, Smithsons, Archigram, Superstudio, die Situationisten stehen hierfür – suchen Raum vor allem unter Einbezug der soziokulturellen Performanz zu interpretieren. Ausgangspunkt ist die Krise der Stadt selbst: „The crisis in urbanism is worsening. The construction of neighborhoods, ancient and modern, is in obvious disagreement with established forms of behavior and even more so with the new forms of life that we are seeking. The result is a dismal and sterile ambiance in our surroundings. In the older neighborhoods, the streets have degenerated into freeways, leisure activities are commercialized and denatured by tourism. Social relations become impossible there", schreibt Constant in *Another City for Another Life* 1958.[2]
Als Antwort auf das Versagen des funktionalen Städtebaus soll die Stadt nun umfassender gedacht werden, und zwar als Komplex, der die Strukturen seines Erhalts selbst organisiert und produziert. Als Antwort auf die massive Verstädterung und deren soziale Fragestellungen reagiert die Architekten-Avantgarde mit großmaßstäblichen Megastrukturen und Wegwerf-*plug-ins*. Yona Friedman entwirft Raumstrukturen, mit denen ganze

Städte umspannt werden, Buckminster Fuller will mit gigantischen Kuppeln Manhattan klimatechnisch überdachen, Cedric Price verdichtet die Stadt im Fun Palace als regulierte Klimazone, Archigram schicken mit der Instant City gar ein ganzes Raumschiff durch die suburbanen Vororte, um dort das Erlebnis Stadt hineinzutragen.

Entscheidend für die Megastruktur sind zwei kybernetische Gedanken. Erstens die Konzeption des Netzes als Zirkulation von Verbindungen zwischen System und Umwelt. Und zweitens die Scheidung von Hardware (städtische Infrastruktur wie Energie- und Wasserversorgung sowie Transport) und Software. Damit wird Software zu einer neuen städtebaulichen Erfindung: dem Programm. Das Programm kann je nach Nutzungsanforderungen in die Konstruktion der Trägerstruktur implementiert werden. In der Differenzierung von Trägerstruktur, Modul und Programm liegt der technologische Kniff, strukturell kohärent und funktionsfähig zu bleiben, während die Form sich der Unbestimmtheit öffnet: Architektur wird wandelbar, Fortschritt zur Fortschrift. Das urbane Programm, als elementarer Prozess der Information, entfaltet sich sozusagen als generalisierte Schrift, die in ihrer Materialität Re-Iteration (wiederholtes Tun) und Rekurrenz (Wiederholung gleicher sprachlicher Formen in einem Text), also Differenz als Differenz erzeugt – und damit einen Sinn im Urbanen erst möglich macht.

Dieser totale Ansatz wird nun zur völligen Überbauung des Urbanen überdreht. Der daraus resultierende utopische Charakter dieser Neuschrift des Urbanraums korreliert mit verstärkt künstlerischen Ansätzen, die in diese Raumkonzeption hineingetragen werden. Die Künstlergruppe „COBRA“ und Constant sind Beispiele für eine Hinwendung zur kulturell-künstlerischen Deutung der Stadt, die von einer Neuschreibung vielmehr zu einer metaphorischen Überschreibung des Bestehenden überleitet. Manfredo Nicoletti, ein Kollege von Friedman in der Gruppe „GEAM“ (Groupe d'Études d'Architecture Mobile) gibt eine eindrückliche Beschreibung dieser Phase: „Never – perhaps – in the history of architecture has such a large availability of ideas and practical means corresponded to such a tremendous change of creating. It is appalling to witness, in this moment how problematic the encounter between the possible and the concrete has become. We are actually facing a paradoxical reality that has all features of a utopia.“[3]

Die Bewegung baut sich ihre Raumschiffe selbst und macht diese öffentlich: Die einstige Wohnmaschine Corbusiers wird, als Generator zur Herstellung von Zukunft, zur Urban-Maschine transformiert und hochskaliert. In dieser Strategie liegt das utopische Moment allen Experimentierens: Dass die Ereignisse, die das Experiment zu erzeugen sucht, nur in einer sozusagen „vergangenen Zukunft“ artikuliert werden können. Die Performativität dieser Architektur besteht also auch darin, dass sie ihre Bedeutung erst aus dem erhält, was sie gewesen sein wird. Daraus ließe sich ableiten, dass diese utopische Architektur nie ein „Gewesen-Sein“ besessen hat. Indiz dafür ist, dass sie eigentlich nie wirklich Bedeutung erlangt hat. Diese Schlussfolgerung aber wäre zu kurz gegriffen. Ihr „Gewesen-Sein“ liegt vielmehr in den Schnittstellen begriffen, die diese Bewegung für das heutige Denken von Urbanität bereitstellt. Deshalb ist es aktuell wichtig, Aspekte dieser Bewegung in ihrer Konzeption freizulegen, um sich aus dem Unabgegoltenen dessen eigene Handlungsweisen zu erschließen.

Kernmoment der Bewegung ist, den Ort des strategischen Denkens im Sinne der Mutation und der körperlichen Aneignung von Stadt als die komplexe Schnittstelle zwischen utopischen Elementen in der Architektur und dem Metakomplex der Performanz zu lesen.

Mutation meint hier, dass diese Architekturen lebendig werden in dem Sinne, dass die Ereignisse, die ihnen in ihrem differenziellen Produziert-Werden zustoßen, im Moment ihrer Emergenz erst einmal nichts bedeuten. Wie oben bereits angerissen, entsteht ihre Bedeutung aus der Bewegung der Architekturen selbst, aus der interpretativen Zukunft. Dieser performative Ansatz eröffnet Stadt als radikalen Experimentalraum: Dieser ist nicht von vornherein gezielt überblickbar oder selektiv zu handhaben, mithin nicht externalisierbar. Seine Logik gehorcht dem Spiel des Möglichen, das nur dann in Kraft tritt, wenn man es spielt. Spielt man es, ist seine Struktur prinzipiell unabschließbar, jeder Schluss ist wiederum Setzung. Da sich der Sinn aus dem Machen ergibt, ist die konstitutive Nachträglichkeit mit dem Charakter der Spur verknüpft. Daraus erwachsen neue Darstellungsformen, neue diagrammatische Ansätze, die Prozesse der Stadt als Performanz zu verbildlichen. Das heißt jedoch nicht, dass das experimentelle Denken von Architektur Repräsentation negiert, vielmehr sucht es Spuren in einen Repräsentationsraum zu legen, Spuren, die das erhellen, was zum Experimentieren wichtig ist.
Damit dreht sich die Zeit architektonischen Entwerfens um: Sie ist nicht mehr der teleologisch-lineare Verlauf hin zum Objekt, sondern ein reversibler Prozess, der sich als Performanz entfaltet. Hier soll 1.) offenbart werden, wie Architektur selbst denkt, 2.) gezeigt werden, wie das, was wir als Architektur bezeichnen im Moment der Produktion, der differenziellen Ausrichtung ihres Wissens und dessen Grenzen sich ereignet, und 3.) deutlich gemacht werden, was passiert, wenn Architektur „im Machen begriffen" ist. Kultur und Technik bestehen dann darin, Zugang zur eigenen Emergenz zu erhalten.
Als zentrale Begriffe können hier gelten: Schwelle, Transformation, Landschaft, Natur, Kommunikation, Information. All diese Begriffe sind einem Denken der Mobilität, des Wandels und des übergreifenden Verständnisses einer sich bewegenden Öffentlichkeit verpflichtet. Auch der private Raum wird im Kontext seiner Umgebung definiert. Relationalität bedeutet dann, dass jeder Punkt, jede Linie eine Fläche um sich herum erzeugt und in dieser Dimension gedacht und gelesen werden muss. Der Mensch ist Subjekt seiner eigenen Negativität. Aus der seismografischen Ausdifferenzierung von und dem gestalterischen Spiel mit der soziokulturellen Umgebung entfaltet sich der transformatorische Ort der Initiation, der Ambivalenz und der Identität: „zu fühlen, man ist Jemand und hat einen Ort"[4].

AUTHENTIZITÄT UND PERFORMANZ: KINDER IN DER STADT/„COBRA"

1948 formiert sich in Amsterdam die Künstlergruppe „COBRA". Unter den Gründungsmitgliedern befindet sich, neben Asger Jorn und Christian Dotremants, auch Constant Nieuwenhuys. Die neue Künstler-Allianz identifiziert das kindliche Spiel als Modell für gesellschaftliche Revolution. Die Arbeit von „COBRA" soll sich der Revitalisierung unbewusster kreativer Potenziale widmen, die, so die Künstler, in jedem präsent, jedoch durch die offiziellen Bilder von Kreativität, durch den Kunstbetrieb, unterdrückt seien. Künstler hätten seit jeher mit den dominanten Mechanismen sozialer Kontrollen kollaboriert, selbst wenn sie sich als Avantgarde versucht hätten zu maskieren. Die Taktik von „COBRA" ist es, den experimentellen, unschuldigen Geist spielender Kinder gegen eine solche Vereinnahmung zu setzen. Wünsche sollen sich direkt als Wünsche artikulieren, Raues muss rau bleiben. Die einzige Aufgabe des Künstlers besteht dann in der Versuchung, dasjenige, welches bereits an die Oberfläche kommt, ästhetisch zu transformieren. Selbst in der

klassischen Malkunst ausgebildet, versuchen die Mitglieder von „COBRA“ alle Kompositionstechniken zu brechen. Unkontrollierte Skizzen, gesteuert allein durch die Konsistenz des Materials, produzieren Bilder mit den elementaren Qualitäten von Kinderzeichnungen. In *Cobra,* dem von der Gruppe publizierten Magazin, stehen folglich auch Kinderzeichnungen neben eigenen Arbeiten.
Der Gedankengang ist einfach: Wenn man der Repression durch Gesetze entgehen will, ist es am besten, die grafischen Taktiken derer zu übernehmen, die die Gesetze noch gar nicht kennen. Das Motto lautet: Keine Befreiung, ohne von den Kindern zu lernen. „Das Kind kennt kein Gesetz außer der spontanen Erfahrung des Lebens. Es fühlt kein Bedürfnis etwas anderes auszudrücken“[5], sagt Constant in seinem Manifest für „COBRA“, publiziert in der ersten Ausgabe der Zeitschrift *Reflex.* Das freie Engagement in der Welt exemplifiziert alle „COBRA“-spezifischen Termini: vital, direkt, unmittelbar, energetisch, spontan und experimentell. Was wie ein frivoles, unkontrolliertes Spiel aussieht, wird für „COBRA“ zur Grundlage der realen Transformation von Gesellschaft. Constant: „Die Kreidezeichnungen auf den Gehwegen und Wänden zeigen sehr klar, dass Menschen geboren werden, um sich zu manifestieren; der Kampf gegen eine Macht, die sie in die Zwangjacke (...) steckt und sie von ihrem vitalsten Bedürfnis abhält, ist in vollem Gange. Ein Gemälde ist nicht eine Komposition von Farben und Tieren, sondern ein Tier, eine Nacht, ein Schrei, ein Mensch oder alles dieser Dinge zusammen.“[6] Arbeit wird zur Form eher experimenteller denn ästhetischer Praktiken.

PETER UND ALISON SMITHSON: CLUSTER CITY

Auch Peter und Alison Smithson orientieren sich in ihren frühen Arbeiten der 1950er Jahre am Rollenmodell des Kindes. In Zusammenarbeit mit dem Fotografen Nigel Henderson untersuchen sie Muster von auf der Straße spielenden Kindern. Aus den hierbei gewonnenen Erkenntnissen leiten sie den Vorschlag einer freieren Organisation von Stadt ab. 1953 mündet das Ergebnis der Forschungen in den Entwurf des Projekts „Golden Lane Housing“. Die hier präsentierte urbane Form der vernetzten, in Clustern organisierten Stadt soll die traditionellen Hierarchien urbaner Ordnung unterlaufen. Der Entwurf kopiert die kreativen Spiele der Kinder nicht eins zu eins, sondern übersetzt sie in ein Muster kontinuierlicher Mobilität. Die Form der Metakritik der Stadt ermöglicht es Alison und Peter Smithson, aus dem konkreten Projekt „Golden Lane Housing“ ihre umfassende Idee der *patterns of association* abzuleiten. Es eröffnet sich ein modales Denken, das Variationsparameter wie Haus, Straße, Viertel, City als in einem Rückkopplungsverhältnis miteinander verschaltet interpretiert. „Eine Stadt ist per Definition ein spezifisches *pattern* der Gemeinschaft, ein Muster, Modell oder eine Gestalt, einzigartig für jede Person, jeden Ort, jeden Zeitpunkt. Um dieses *pattern* zu erreichen, muss Architektur Formen von Prinzipien entwerfen, die dem evolutionären Organismus Einheit und Konsistenz verleiht.“[7]
Hinter der Vorgehensweise der Smithsons steht der Gedanke einer grundsätzlichen Kritik am „funktionalen“ Städtebau. Auf dem IX. CIAM-Kongress in Aix-en-Provence, 1953, üben Peter und Alison Smithson harsche Kritik an der Doktrin der „funktionellen Stadt“, die ihnen als zu „diagrammatisch, formalistisch und legalistisch“[8] erscheint. Sie stellen dieser Konzeption eine städtebauliche Neuorientierung gegenüber, die eine „urbane, mannigfaltige Stadt“[9] einfordert. Ihre Kritik ist geleitet von der Beobachtung einer zunehmenden

Anonymisierung von Gesellschaft. Performativ-spontane Begegnungen der Menschen nehmen ab und werden durch Datenzirkulation ersetzt. Der Stadtraum verliert Emphase und verödet zunehmend. Überproduktion und Überversorgung wirken auf den Raum zurück; „wir werden von unseren körperlichen Bedürfnissen nicht länger in die alten Muster der Gemeinsamkeit gezwungen"[10]. Trotz der romantizistischen Färbung ihrer Postulate erweisen sich die Smithsons als Analytiker einer auseinanderdriftenden Gesellschaft, deren Behausungspraktiken an atmosphärengenerierender Qualität verlieren. Gerade in Bezug auf den Alltag wird ein Blick auf jene Koexistenzform frei, die im funktionalistischen Urbanismus als Nebenprodukt ohne Beachtung blieb. Sie fordern deshalb eine Koexistenzform auf einer neuen qualitativen Stufe: nicht Architektur als bloße Anordnung im Raum, sondern als Architektur der relationalen Verknüpfungen, die die Menschen befähigt, „mit anderen gleicher Art verbunden zu werden, um so größere und doch gleichermaßen verständliche Elemente zu bilden, die in bestehende Dörfer und Städte eingebracht werden können (...)"[11] Für die Smithsons ist die architektonische Form „eine aktive Kraft, sie erschafft die Gemeinde, sie ist das sichtbar gemachte Leben"[12]. (Abb. 6, S. 66)
Ihre Rolle als Kritiker des Massenwohnungsbaus liegt für sie nicht in der Reformation, sondern in der neuen Formgebung: Es geht ihnen um Architektur, „die aus dem Geflecht des Lebens selbst gemacht ist"[13]. Die Smithsons machen deutlich, dass sie gelungene Architektur nicht als „Zufall oder gelungene Gestaltung" begreifen, sondern als Ordnung, die durch „bedeutungsvolle Organisation" geschaffen wird. Grundlage ihres Ansatzes ist eine „Philosophie der Schwelle", wie sie es nennen, eine ökologische Annäherung an die Frage des sozialen Wohnens. Die formale Gestaltung des Wohnungsbaus soll sowohl einer Gemeinschaft adäquat als auch in der Lage sein, die Gesetze und Verhaltensregeln einer Gemeinschaft „zu beeinflussen und zu erweitern"[14].
Gemeinschaft ist ein Schlüsselbegriff für die Smithsons. In ihrer Publikation *Urban Structuring*[15] analysieren die Smithsons dörfliche Community-Strukturen und machen diese mit eingängigen Diagrammen anschaulich. Diese Analysen bilden die Grundlage für die zeitgenössischen Projekte, die im strukturellen und räumlichen Aufbau auf diese Siedlungen Bezug nehmen und die versuchen, die Qualitäten des Ruralen auf allgemeine Situationen neuer urbaner Communities zu übertragen. Das strukturelle Augenmerk wird vor allem auf die Zuordnung von Weg und Gebäude, die Herstellung von Dichte durch Ansammlung von Gruppen (Clustern) und die Umfriedung der Grundstücke gerichtet. Mit Cluster ist ein strukturiertes, selbstreferenzielles und prozessorientiertes Gebilde beschrieben, das aus sich selbst heraus eine Ordnung etabliert. Für die Stadt im Sinne der Smithsons bedeutet das: überlagerte Wegesysteme mit zugeordneten Knotenpunkten und Gebäudegruppierungen.
Dieser performative Ansatz ist kein Nicht-Funktionalismus, wie Peter Smithson betont: „We are still functionalists, but today the word functional does not merely mean mechanical, as it did thirty years ago."[16] Der Parameter Funktion wird nur anders interpretiert, und zwar von den Nutzungen und der Verteilung bzw. Versammlung der Nutzungen – zwischen Mono-, Misch- und Gemeinschaftsfunktion – und deren Untersuchung her: „Wir müssen versuchen festzustellen, auf welche Weise die grundlegende Bedeutung mit der Umgebung stattfinden sollte, wieviele Häuser zusammenstehen sollten, welche Gemeinschaftseinrichtungen sie teilen sollten (das Pendant zum Dorfbrunnen); und wir müssen unaufhörlich die Willkür der bestehenden Lösungen in Frage stellen."[17]

Dabei spielt der Außenraum als Ort der Dichte von soziokultureller Performanz eine vorgeordnete Rolle: „Wenn es (...) unausweichlich ist, wegen des Drucks der großen Dichte, dann muss ein Außenraum direkt am Gebäude geschaffen werden. Gerade in der Stadt wird dieser Außenraum lebenswichtig."[18] Strukturell stellt „Golden Lane" eine urbane Form dar, die mit unterschiedlichen städtebaulichen Maßstäben verknüpfbar ist. Stadt „wird Ganzheit aus der gebauten Form und den Menschen, die sie nutzen"[19]. Grundkonzept ist das Muster der performativen Bewegung in der Straße, sowohl im Innen- wie Außenraum: „nothing is lost and elevation is gained". *Streets-in-the-air* versprechen Zugang zum öffentlichen Raum, möchten soziale Einheit sichern. Die vertikale Schichtung von Stadt wird ins Horizontale transformiert: „the flat block disappears and vertical living becomes reality"[20]. Im „Golden Lane" Projekt planen sie weite *decks,* innen liegende Straßen zwischen den Wohneinheiten, die Kindern Platz wie auch Raum für spontane Begegnung geben sollen. Das Konzept des isolierten Mietshauses wird ersetzt durch Bewegung und Öffnung. Straßen werden als zusammenhängendes Netzwerk konzipiert. Den einzelnen Wohnungen werden Außenräume in Form von Gärten zugeordnet, die direkt von den Decks abgehen. Die Smithsons wünschen sich, dass die Bewohner hier partizipatorisch „an der Straßenarchitektur mitwirken". Die Schwellen, die Verbindungsräume (*thoroughfares*) haben mehrfach kodierte Funktion: Sie können sowohl als Durchgang als auch als Zugang zu den Gebäuden dienen und gleichzeitig Läden beinhalten, also Platzfunktion übernehmen. Die Ebene der Cluster wird auf die vorhandene Stadtstruktur projiziert. Es entfaltet sich eine Meta-Stadt: eine Überlagerung, die eine der historischen Stadt analogen Dichte und Komplexität zu erzeugen in der Lage ist.

ORGANIZISMUS UND SERIENBAU

Die Smithsons stehen für ein Denken von Urbanität als organisches Gewebe. In dem 1958 publizierten Ideogramm (neben einer Netzzeichnung steht der auf den in dieser Zeit hippen Cool-Jazz-Musiker bezogene Satz: *Play Brubeck*) wird diese Denkweise plastisch: Es zeigt ihre Auffassung, dass das „Netz der menschlichen Beziehungen einer Konstellation gleicht, mit unterschiedlichen Werten von unterschiedlichen Teilen in einem immens komplizierten Netz, das das System durchkreuzt"[21]. Gerade durch die strukturelle Gleichsetzung von Beziehung und Stadtraum, von Bewegung und Urbanität gelangen die Smithsons zu einer Netzwerkkonzeption von Stadt. So ist auch der Vorschlag, das innerstädtische Gefüge als Verbund von Clustern zu reorganisieren, organizistisch begründet. Der Begriff Cluster entstammt der Biologie und beschreibt die Anhäufung von Zellen und deren Verknüpfung untereinander. Das organizistische Formdenken ermöglicht für die Architekten geradezu den Brückenschlag zum seriellen Denken des „Performance Design": Kettenbildung, Serienbau und die Verwendung von Modulen, Kapseln und Apparaten sprechen für ein enges Verhältnis der Stadtbefreier zur industriellen Fertigung von Bauteilen. Das Cluster wird für die Smithsons zur Basis der urbanen Großform, wie für Constant der Sektor und für Archigram das *plug-in*: nicht als Zimmer oder als Apartment, sondern als „quasi makromolekulare Einheit"[22]. Die Gebäudestruktur von „Golden Lane Housing" ist ein eindrucksvolles Beispiel hierfür: Ein Gestell als Stahlbeton-Kastenrahmen ist *plug-in*-Struktur für die Wohnzellen: „Into this rack are built the dwellings; standardised factory fabricated, with the minimum of site work."[23]

METAEBENE DES PERFORMATIVEN: CONSTANT

Das Konzept der solitären architektonischen Intervention weicht neuen, dezentralen Netzstrukturen, koordinierenden Knotenpunkten, die als Navigationsfolie wirken und relational gedacht sind. Um diese zu strukturieren und zu informieren, verlangen Architekten wie die Smithsons, Archigram, Constant und Superstudio ein übergeordnetes Verständnis von Architektur als diskursiver Prozess. Sie wehren sich dagegen, das Phänomen Stadt auf die Allgemeinheiten der Fortbewegung und des Zeichenflusses zu reduzieren. Sie fordern ein Wissen um die Qualitäten des Ortes und um die Motivationen der Beteiligten, um in einer intensiven Recherchearbeit diejenigen ***Kriterien*** herauszuarbeiten, die es dem prozessualen Projekt ermöglichen, über einen reinen Formalismus hinauszugehen. Bei dieser Erforschung der Bedingungen, welche die strategische Kapazität des jeweiligen Projektes ausmachen können, wird eine Ebene angestrebt, die sich auch unabhängig von der Architektur selbst positioniert. Ziel ist ein holistisches Konzept: Es geht um den Punkt der Kritik, von welchem aus die Gesamtschau stattfinden und das Ausloten der Kommunikationsstrukturen beginnen kann. Ein Changieren zwischen den Ebenen der Realisierung und der Metaebene des performativen Gesamtkonzepts eines generierenden Prozesses wird im Zusammenhang einer situativen Praxis wichtig. Durch den spielerischen Umgang mit den und die modale Transposition der Techniken der Architektur samt der ihnen innewohnenden Strategien suchen die neuen Architekten ein Instrumentarium für eine Architektur zu schaffen, die sich auf der Handlungsebene artikuliert und gleichzeitig auf einer Metaebene agiert. Peter Sloterdijk beschreibt diese urbanistische Utopie als Versuch, „die faktischen Städte durch buchstäblich metaphorische, das heißt emporgehobene und daraufgesetzte Meta-Städte [zu] überschreiben“[24]. Das Experiment besteht darin, zeitliches Nacheinander in ein räumliches Übereinander zu transponieren. Performanz heißt hier, dass ein prozessualer Umgang mit den Materialien Situationen in den Vordergrund stellt und damit auf die Produziertheit des Produktes, also auf seinen Modus des Im-Entstehen-begriffen-Seins ebenso verweist wie auf das Verhältnis, welches wir zur Materialität haben.
Materialität und Dichte des städtischen Raums werden als unverzichtbar für das Gelingen urbaner Gemeinschaft gesehen: „Die zunehmend traumatisierten Bewohner der Stadt müssen die Gestaltung ihrer Räume selbst in die Hand nehmen, um die Schönheit des Lebens wiederzuentdecken“[25], fordert der niederländische Künstler und Architekt Constant 1960. Sein zwischen 1956 und 1974 als utopischer Lebensentwurf unter dem Namen „New Babylon“ entwickeltes Projekt ist „kein Projekt der Stadtplanung, sondern eine Art des Denkens, des Imaginierens, eine Blickweise auf die Dinge und das Leben. (...) Es ist eine Art Gesellschaftsmuster, das den Gedanken permanenter Veränderungen und Transformationen miteinbezieht.“[26] „New Babylon“, das existenzialistische Gegenstück zum Pop von „Plug-in-City“, ist eine Stadt, in der Gesellschaft als Ganzes über ihre Raumproduktion redefiniert und Funktion zum Spiel hin überschritten wird: „The world of plenty is New Babylon, the world in which man no longer toils, but plays.“[27] Metropole entfaltet sich als Welt, als plastische Vergesellschaftungsform, mithin als soziale Plastik, die, aufgeteilt in ein Konglomerat von ***Sektoren*** – so nennt Constant seine „Stadtteile“ –, auf Stützen und Pfeilern oberhalb der Erde sich komplex verzahnt, ineinander schiebt und ein undurchschaubares Geflecht von Ebenen und Passagen, Verspannungen und Streben bildet – eine globale Stadt jenseits nationalstaatlicher Grenzen.

Auf der oberen Ebene emergiert eine Konstruktions-Landschaft, die eine neue Form des Wohnens als urbane Praxis offeriert. Die via Automatisierung von Produktion und Arbeit befreiten urbanen Akteure können nun neue Modelle von Sesshaftigkeit oder Nomadentum ausprobieren und durch ihre Bewegungen, im Entdecken neuer Bedürfnisse und Möglichkeiten, den Stadtbegriff selbst radikal verändern – als Konstruktion einer abstrakten Metaebene, die über den alten europäischen Städten wächst. In seinem Manifest für den *Unitären Urbanismus* macht Constant deutlich, dass es ihm nicht um fixierte Modellbildung, sondern um die Praxis des Alltäglichen geht. „I would prefer to define Unitary Urbanism as a very complex, very changeable, constant activity, a deliberate intervention in the praxis of everyday life and the daily environment; an intervention aimed at bringing our lives to harmony with our real needs and with the new possibilities that will arise and that will in turn transform these needs."[28]

Dass hierbei Orientierung zugunsten von Desorientierung aufgegeben wird, ist eine Methode zur Intensivierung des Raums: „The opportunities of disorientation will increase the potential for exploration and so promote a highly intensive use of the space. As a result of this identification, space and time will be placed in a new dynamic relationship."[29]

Was zunächst wie ein Kunstprojekt anmutet, entpuppt sich schnell als ein Konvolut an architektonischen Aussagen und Methoden, mit Detailplanungen, technischen Zeichnungen, Grundrissen und genauen Beschreibungen der Megastruktur selbst. Der konstruktive Charakter ist jedoch kein Selbstzweck: „Our conception of urbanism is not limited to construction and its functions", sagt Constant, „but rather takes in all of the uses that can be found, or even imagined, for it. It is obvious that these uses must change along with the underlying social conditions and that our conception of urbanism is therefore first and foremost a dynamic one. We also reject the placement of buildings in static surroundings – which passes at present for new architecture. On the contrary, we believe that all static, unchanging elements must be avoided and that the variable or changing character of architectural elements is the precondition for a flexible relationship with the events that will take place within them."[30]

Es geht Constant nicht darum, Stadt abzuschaffen. Er weiß, dass Stadt der zentrale Ort kollektiver Transformation ist, weil sie Begegnung erzeugt: „collective endeavors can never take place in the country but only in the city, for it is not silence and solitude that the young are after, but encounters with others in a social environment"[31]. Constant will deshalb, das was an der Stadt zentral ist, auf die nächste Ebene bringen. Die Dringlichkeit der Aufgabe stellt sich durch die Tatsache, dass die Stadt im Begriff ist, ihre wichtigste Eigenschaft, die der performativen Vergemeinschaftung, zu verlieren: „the city is losing its most important function: that of a meeting place. It is highly significant that the police try to justify their measures against ‚against' happenings on the public thoroughfares by arguing that such manifestations impede traffic. This is an implicit acknowledge that high-speed traffic is king of the road."[32]

Wie geht Constant vor? Inspiration für seinen Ansatz bildet die von den Situationisten entwickelte Psychogeografie als „Bezeichnung der gesamten Phänomene" des Urbanen. Psychogeografie ist eine Form der „Erforschung der genauen Gesetze und exakten Wirkungen des geografischen Milieus, das, bewusst eingerichtet oder nicht, direkt auf das emotionale Verhalten des Individuums einwirkt"[33] (siehe „Die performative Erkundung der Städte"). Die Unbestimmtheit des Adjektivs „psychogeografisch" war angestrebt, galt es doch, mit den Ergebnissen der Forschung einen ***feedback loop*** einzurichten, der feststellen kann, welche Wirkung die Ergebnisse „auf jede Situation oder jedes Verhalten, die zum selben Entdeckungsgeist zu gehören scheinen" haben. Die aus dieser Forschung entstandenen Materialien dienten somit vor allem der epistemologischen Produktionsweise einer „besonders ergreifenden Darstellung einer Summe von Möglichkeiten"[34]. Die hieraus entwickelten Karten „Guide Psychogeographique de Paris" und „Naked City" waren *cut-up*-Produkte eines Ausschneidens und Neu-Versammelns von Samples aus herkömmlichen Paris-Karten. Teile der Stadt wurden auf eine bestimmte Atmosphäre hin untersucht, isoliert und neu zusammengestellt: nicht nach physikalischen, sondern nach psychologischen Relationen. In einer späteren Fassung wurden den Karten zusätzlich Texte und Vektoren hinzugefügt, Orte wurden zu Text und Text zu Ort. Ein Navigieren durch den Text näherte sich dem Navigieren durch die versteckten Resonanzen der Stadt an.

Diese Konzeption nimmt Constant auf und entwickelt sie weiter. In seinen ersten Zeichnungen von „New Babylon" breiten sich Sektionen als großangelegte Struktur, als eine Art überregionaler Stadtlandschaft aus. (Abb. 7, S. 66) Jede Sektion hat ihre eigene Dichte, Kohärenz und Atmosphäre; Linien der Verkehrszirkulation sind in psychogeografischen Vektoren angedeutet. Diese psychogeografische Karte wird 1959 in den *Groep Sectoren* auf die plastische Ebene gehoben. Damit verschiebt sich die Repräsentationsweise des Modells: Es ist nicht mehr ein maßstabsgetreues Abbild einer zu verwirklichenden Architektur, sondern psychogeografische Darstellung als „Darstellung einer Summe von Möglichkeiten". Die Materialität und die Anordnung der Plexiglasschichten heben den Unterschied zwischen Modell und Karte auf, überlagern sich als dreidimensionales Dérive.

Ähnlich wie die Smithsons geht auch Constant von dem Argument aus, dass man die Muster der Assoziationen von Menschen und Funktionen nicht vorhersehen kann. Soziale Gruppierungen sind eher ein Produkt der losen räumlichen Organisation denn fixierter Muster. Die Architektur hat also Strukturen bereitzustellen, die offen sind für unerwartete und wechselnde Relationen.

„Golden Lane Housing" war begründet in der Musterbewegung der urbanen Form, „connected when necessary to work and to those ground elements that are necessary at each level of association (...) Our hierarchy of associations is woven into a modulated continuum representing the true complexity of human association."[35] Diese Strategie war eine Variation des Konzepts der strukturellen Interpretation von Stadt: Das räumliche System wird als „a framework like drains, to which everyone connects up"[36] verstanden. Während jedoch die Smithsons vom konkreten Haus und seinem Verhältnis zur Straße ausgingen, basiert Constants Ansatz auf der „Auflösung" oder der „Explosion" des Hauses. Das Konzept des Rearrangierens erreicht hier einen neuen Level der Freiheit, restriktive Institutionen wie die Familie (als Proto-Nutzer des Hauses) brechen auseinander. Constant macht den entscheidenden Schritt, der bereits in den *patterns of associations* angelegt ist. Sahen die Smithsons noch die Funktion im Vordergrund, die auf den Sozialraum bezogen sein musste, so ist für Constant der Sozialraum selbst die Schnittstelle, die es zu bearbeiten gilt, der neuralgische Punkt, an dem alles anzusetzen hat. So schreibt er 1960 in *Unitary Urbanism*: „The cultural significance of social space makes it necessary to isolate functions from the purely utilitarian functions, (...) to which social space has been sacrificed in todays industrial cities."[37] Darin liegt auch der Grund, in „New Babylon" Verkehr und Sozialraum strikt zu trennen, und zwar nicht horizontal, sondern vertikal. Der

Wohn- und Sozialraum wird sozusagen über die Verkehrsebene gehoben: Letztere hat die gesamte „Erdgeschossfläche" der Stadt zur Verfügung, während sich über ihr das freie soziale Leben verschaltet, wie es will. „As I was under no obligation to adapt my city to given socio-economic conditions, an obligation that has wrecked the plans of many modern urbanists, I have reversed the roles and painted my city against the background of a society based on freedom."[38]

TRANSFORMATION DER ORTE/KATEGORIEN

Die Operation zwischen den Ebenen wird als ein sich selbst informierendes, lernendes System gedacht, welches mittels seiner Kommunikationsbereitschaft offen bleibt. Die Bedingungen einer solchen Transformation der Orte bleiben immer die Performanz und die soziale Proxemik, also die Verortung der Menschen im Raum und zueinander.

Der *flow*, die Bewegung der Körper in einem geschmeidigen Raum des Öffentlichen, bietet die Dichotomie von Ort und Nicht-Ort, Sichtbarkeit und Verschwinden, Kommunikation und Isolation. Dabei wird Öffentlichkeit nicht primär räumlich, sondern als soziales Phänomen dargestellt und als solches konstituiert. Es geht dann, im architektonischen Sinne, um das Verhalten der Menschen zum gebauten Objekt und zueinander, inner- oder außerhalb des Objektes: „we know that the future constructions we envisage will need to be extremely subtle in order to respond to a dynamic conception of life, which means creating our own surroundings in direct relation to incessantly changing ways of behavior"[39]. So sind das Gebäude oder der Platz oder die Stadt als Gruppe von Objekten Schnittstelle einer mehrdimensionalen Fläche sozialer Relationen, Aktionen und Verhaltensweisen, „to create a behavioral pattern of their own, and ultimately to create a new way of life"[40].

In diesen Knotenpunkten spielen die Faktoren Darstellung, Mimesis und Identität eine wichtige Rolle. Der Bezug auf die Situation, auf das Ursprüngliche und die Körperlichkeit der performativen Begegnung birgt das Versprechen einer sekundären Existenz als Stadtkultur, als spielerische Architektur des vermeintlich Authentischen, mithin die anthropologische Bestimmung eines neuen Menschentyps, des *homo ludens*: „But his outlines of the new world to come are important in that at last he deliberately turns away from the utilitarian world in which creativeness was only an escape and a protest, and that he becomes the interpreter of the new man, homo ludens."[41]

Stapelung bedeutet nicht mehr hierarchisch-feudale Bewegung nach oben, sondern wird vielmehr horizontal operationalisiert: als Metaebene zum real existierenden, unbrauchbaren urbanen Raum. Baulücke, Sanierung und Blockrand sind Begriffe der Vergangenheit, wenn es darum geht, die Stadt als Universelles neu zu denken: als vertikale Schichtenbildung, die das historische strukturell hinter sich lässt. Das Subjekt befreit sich von den hierarchischen Raumstrukturen der „europäischen Stadt". Die Neubeschreibung von Raum durch die Situationistische Internationale als „psychografische Geografie" orientiert sich nicht an Grundstücksflächen, sondern an der expressiven, soziokulturellen Performanz der umherschweifenden Flaneure, die alle auch Künstler sind. Aus ihren Aktionen, Happenings und Installationen entsteht performativ das Werk des Urbanen. Als urbane Form gleicht sie jener „sozialen Plastik", die Beuys als metapolitische Utopie postulierte. So herrscht auch in der Stelzenwelt von Constants „New Babylon" die freie Zirkulation der

Bürger. „Unregierbarkeit gilt – die Ära des Materialismus ist abgeschlossen: Die Neubabylonier sind Fluxus-Existentialisten, die in einer Welt nach der entfremdeten Arbeit leben.“[42] Der urbane Raum wird als gewebeartige Freifläche gedacht, in der Beziehungen frei eingegangen oder nicht eingegangen werden, Konfrontation stattfindet oder nicht stattfindet: Der urbane Raum wird von einer Kartografie des Psychografischen überschrieben, die Stadt als atmosphärisches Milieu eines gigantischen Meta-Spielplatzes für alle interpretiert: Eine „Atmosphärenjukebox“, wie es der Architekturkritiker Mark Wigley in der Rückschau beschreibt, „die nur von einer völlig revolutionierten Gesellschaft gespielt werden kann“[43].

ARCHIGRAM: PLUG-IN-CITY

Eine Verbindung technologischer und soziokultureller Performanz sucht die Gruppe Archigram. Sie entsteht um 1961 als loser Zusammenschluss, tritt aber formell von 1968 bis 1976 als Archigram Architects auf. Ihr Anliegen ist es, die Probleme der Urbanisation anhand gigantischer Megastrukturen zu bewältigen. Von 1961 bis 1970 erschaffen sie eine Vorstellungswelt aus Architektur-Collagen und Comic-Strips: „Walking City“, „Drive-In-Housing“, „Cushicle“, „Suitaloon“ oder „Plug-in-and-control-Kapseln“ sprechen von einer Utopie metabolistischer Überschäumung der Welt, die sich die Mechanismen der Konsum- und Massenmediengesellschaft affirmativ anzueignen sucht. (Abb. 8, S. 66)
Im Gegensatz zu den Smithsons, die auf eine konkrete bauliche Realisierung aus sind und Constant, dem es um das konkrete Werk geht, zielen Archigram von Beginn an vor allem auf die Zirkulation medialer Träger. 1961 bringen David Greene, Peter Cook und Michael Webb die erste Ausgabe ihres Magazins ***Archigram*** in einer Auflage von 300 Exemplaren heraus, zum Stückpreis von neun Pence. Ein Low-Budget-Produkt, das gezielt die neue Bildsprache des Pop bedient. Dennis Crompton beschreibt es so: „[It was] the very beginning of things. It was just two sheets. The first sheet was produced on an office duplicating machine; one of those things where you write or cut a stencil and then sort-of wind it around.“[44] Frei von ökonomischen Zwängen entwickelt die Gruppe neue hybride Darstellungsformen zum Thema Stadt. War für die Situationisten der Akt des Umherschweifens als Handlung wichtig, so legen Archigram den Schwerpunkt auf die Sichtbarmachung von Performanz. Die Methode, der Lebendigkeit von Stadt als Handlung näherzukommen, besteht für sie darin, Comics, typografische Experimente, konstruktive Zeichnung und Text collagenhaft zu überlagern und damit die Deutungsarbeit der Relationalität auf den Betrachter zu übertragen. 1963 organisieren Archigram ihre erste Ausstellung im Londoner ICA: „Living City“. Mit neuartigen Mappings versuchen sie die Performanz von Stadt als Happening phänomenologisch in Szene zu setzen. „Plug-in-City“ ist 1964 der erste Entwurf, der sich, ausgehend von den Mappingarbeiten und in Hinwendung zur Kybernetik, als Megastruktur entfaltet. Gehalten von der Struktur der Diagonalstreben staffeln sich Sequenzen von Wohntürmen, Bürostrukturen, Performance-Waben und Informationssilos. Ein kybernetisches Stilmittel darf nicht fehlen: Die Einheiten sind durch kommunizierende Röhren miteinander verbunden. Von „Price Fun Palace“ entlehnt sind die Kräne, anhand derer die einzelnen Module verschieb- und austauschbar werden.
Die hierarchische Form der traditionellen Stadt wird durchbrochen und der Raum als alltägliches Umfeld interpretiert, das persönliche Wahlmöglichkeiten schafft. Popkultur und

deren optimistische Vereinnahmung der neuen Technologien ist Konzept: Architektur soll konsumierbar sein wie jedes andere gesellschaftliche Produkt auch. „Unser Orakel ist ein Space-Comic, seine Wirklichkeit liegt in der Gestik, der Aufmachung und der selbstverständlichen Verwendung von Dingformen, die zu unserem Jahrzehnt gehören: der Kapsel, der Rakete, dem Radarschirm, dem Vergnügungspark, der Einwegpackung und dem ganzen Ex und Hopp“[45], erklärte Peter Cook in einer seltsamen Vermischung von Fortschrittsglauben, Anti-Ökologie und Utopismus das architektonische Programm der Gruppe. „Eine der großen Schwächen unserer gegenwärtigen Architektur ist, dass sie sich unfähig erweist, das sich schnell bewegende Objekt als Teil der Stadtästhetik zu erkennen.“ Peter Cook verweist deshalb auf die Rakete, an der „Geschwindigkeit (...) eine der wichtigsten Aussagen ist“. Deren positive Kraft liege, wie in den Entwürfen der Futuristen und der Weltraumstadt, darin, „daß hier alles zum Äußersten getrieben wird“[46]. Cook bezieht sich in seiner Positionierung auch auf die Praxis des Kollegen Cedric Price: „Er [Price] ist wahrscheinlich der einzige Architekt in England, der wirklich Raumstrukturen, Pop-Up-Hüllen, Wegwerfgebäude baut – und damit schon einen Zipfel von Zukunft in der Hand hält.“[47]
Die Dominanz der Bilder- und Kommunikationsnetzwerke innerhalb des Urbanen führt dazu, die Frage des Gebäudes als Gebautes zu vernachlässigen. Vielmehr wird das Gebäude als performatives *gadget* interpretiert, als Apparat oder Gerät. Die Konsumgesellschaft bietet den Hintergrund für die urbanen Maschinen und Wohnkonzepte von Archigram. Dabei stehen Themen wie die permanente Transformation und der geplante Wertverlust wie zum Beispiel in Peter Cooks „Plug-in-City“ in direktem Zusammenhang mit den städtebaulichen Analysen der Kybernetiker. Die Hauptreferenz für das „Drive-in-Housing“ bildet das Auto: Jede Einheit kann durch die Beweglichkeit und Austauschbarkeit der Module als Einzelfertigung produziert werden. Der Konsument wird aktiver Teil der Produktion. Kommunikationsmittel des Alltags werden umfunktioniert: Michael Webbs „Rent-a-Wall“ besteht aus *mail-order* Komponenten, deren grafische Präsentation die Werbeanzeigen von Do-it-yourself-Magazinen wie *Popular Mechanics* nachahmen. Ein Projekt, das den ikonischen *shift* markiert, der die Angelegenheiten des Konsumenten denen der Produktion beifügt.
Ob „Plug-in-City“ oder „Walk-in-City“ – alle Arbeiten von Archigram setzen sich auf britisch-ironische Art dafür ein, der Architektur in der Massenkultur einen Ort zu geben. Die Gruppe unternimmt damit den waghalsigen Versuch, den Gedanken hoffähig zu machen, dass die Avantgarde der Architektur alltagstauglich sein könnte. Hierin besteht jedoch weniger das für uns heute Interessante. Wichtig ist vielmehr das Wie: die Verfremdung des Entfremdungsmechanismus selbst. Indem Archigram ein von der Popkultur inspiriertes Zeichnen übernehmen, erfinden sie sozusagen eine neue Bildsprache als Darstellungsform für die Architektur: *Mapping*. Jenseits repräsentationaler Abbildzwänge verweist die hybride Collagentechnik darauf, wie Stadt gemacht und erhandelt wird – als Perfomanz.
Sein Ende findet Archigram zu Beginn der 70er Jahre: Der affirmative Umgang mit Konsum und Pop, Technizismus und Geschwindigkeit versickert ebenso wie der naive Zukunftsglaube in der Ölkrise und der Erkenntnis der Endlichkeit des Traumes von den unbegrenzten Möglichkeiten.

VERLUST DER UTOPIE

Was in den 1950er und vor allem 60er Jahren als Aufbruch begann, wird in den 70ern von einem architekturtheoretischen Pragmatismus abgelöst. Die utopistischen Vorstellungen der vorangegangenen Jahre erscheinen aus der neuen Perspektive zum einen als seltsame Melange von Pseudo-Wissenschaftlichkeit, die sich vorurteilslos an die Fakten zu halten glaubte, und sich zum anderen in Philantropie, dem Liberalismus des „größeren Guten"[48] ausbreitete. Performance Design und systemanalytische Stadtplanung werden als Disziplin kritisiert, die, so Colin Rowe und Fred Koetter in „Collage City"[49], „als Wissenschaft verkleidet – einfach Management ist". Eine Architektur, die rational bestimmbar die „Überwindung der Geschichte versprach und als soziales Allheilmittel"[50] propagiert worden sei. Auf der anderen Seite wird die performative Gegenkultur als naiv-idealistische Vorstellung verurteilt, die sich auf unspezifische Allgemeinplätze wie „Leben" oder „Gemeinschaft" berufe. Für die neuen Pragmatiker erscheint offensichtlich, „dass die Alternative ‚Die Wissenschaft soll die Stadt bauen' und ‚Die Leute sollen die Stadt bauen' zutiefst neurotisch ist"[51].
Megastrukturen kommen aus der Mode. Das Scheitern vieler suburbaner Wohnungsbauten, wie die Sprengung der Pruit-Igoe-Überbauung in St. Louis 1972 oder der Abriss des Northaird Point in London ruft zahlreiche Kritiker auf den Plan. So fällt auch der Soziologe Richard Sennett ein vernichtendes Urteil über die großräumigen Entwürfe der Architektur. Lever House in New York, Brunswick Centre in London und La Défense in Paris gelten ihm als Paradebeispiele für eine falsche Organisation des Raums. Indem „der Raum zum Funktionselement der Bewegung gemacht wird"[52], komme eine Zerstörung des öffentlichen Raums in Gang. Die Beziehung von Raum und Bewegung werde dem Modus des Autoverkehrs angeglichen, das Straßenniveau der Megastrukturen sterbe ab, urbaner Raum sei schließlich kein Ort mehr, den sich die Bürger aneignen könnten. Alles, so Sennett, sei dazu angetan, den Raum vor zufälligen Passanten und Spaziergängern abzuschließen. Die Botschaft eines Gebäudes wie des Brunswick Centre sei damit doppelt kodiert. Auf der einen Seite spreche die feingliedrige Glasfassade von der Eliminierung des Unterschieds zwischen Innen und Außen: dem Signum organisationaler Performanz. Auf der anderen Seite sei die Aussage der öffentlichen Promenade, der Anlage des ganzen Komplexes und der Rampe, „dass das ‚Innen' des Brunswick Centre durch eine mächtige Barriere vom ‚Außen' geschieden ist"[53].
Auch ökonomisch sind Megastrukturen nicht mehr durchsetzbar. Die Realisierung der Gebäude war, wie durch das Department of Housing and Urban Development (HUD) in den USA oder den sozialen Wohnungsbau in England, an staatliche Subventionen gekoppelt. Die Ölkrise Anfang der 70er Jahre minderte jedoch die Baukapazität der öffentlichen Hand. „As part of this economic drive that effected all western countries, the construction of new schools, hospitals, universities and public housing was cut back. The blow to the profession was savage."
Die einstige Zukunftsbranche Architektur geriet in Misskredit, wurde verantwortlich gemacht für die zahlreichen ökonomischen, stadträumlichen und ökologischen Probleme: „architects were blamed for the shortcomings of all the new construction techniques"[54]. Ein pragmatisches Denken löste die Utopie ab, das sowohl dem naiven Idealismus als auch der rationellen Denkweise den Rücken zu kehren trachtete. Trend sei nun, so der

Architekturtheoretiker Colin Rowe, die Dinge zu sehen „wie sie sind (...) brauchbar, wirklich und wohlvertraut“[55]. Aus dieser Haltung entwickelt sich auf der einen Seite das Revival der Klassik, des Neokonservativen Bauens: „By the end of the 1980s a strongly conservatist heritage culture had already consolidated its position as the dominant ethos of local planning and development control in Britain.“[56] Und auf der anderen Seite ein Postmodernismus, der alle authentischen Differenzen zwischen historischen Architekturperioden auflöst und deren Schichten in Form einer seismografischen Handlung komprimiert. Urbane Umwelt wird bestimmt von dem, was der amerikanische Comedian George Burns als Losung ausgab: „The most important thing is honesty. Once you can fake that, you've got it made.“ Und für Constant blieb von „New Babylon“ die Einsicht: „So weit konnte ich gehen. Das Projekt existiert. Es ist in einem Museum sicher weggeschlossen und wartet dort auf bessere Zeiten, wenn es wieder das Interesse von zukünftigen Stadtplanern weckt.“[57]

KP _ 06
Für den Historiker und Jesuit Michel de Certeau ist die Praxis des Historikers immer an bestimmte soziale Räume geknüpft. Für uns ist nun auch der Umkehrschluss entscheidend, den de Certeau zieht: Ein Ort ist erst ein Raum, wenn er mit Praxis gekoppelt wird – Raum wird damit genuin performativ bestimmt. Als Geflecht von beweglichen Elementen entsteht Raum aus der Gemengelage von Richtungsvektoren, Geschwindigkeitsgrößen und der Variabilität der Zeit.
Dieser abstrakten Sichtweise konnte de Certeau durchaus Konkretion verleihen. Der Kern seiner geschichtlichen Untersuchungen bestand darin, den Detailreichtum lokaler Alltagspraktiken mit längerfristigen historischen Anschlüssen zu verbinden. Damit gelang es de Certeau, die Alltagspraktiken, also das, was für Philosophen erst einmal uninteressant erscheint, in ein neues Licht zu rücken und theoretisch anschlussfähig zu machen. So wird auch der politische Aspekt der Rede von der Performanz der Stadt *deutlich. Denn wir richten unseren Blick, mit de Certeau gesprochen, auf „die Aktivitäten von Verbrauchern, die angeblich zur Passivität und Anpassung verurteilt sind"[1].*

6

TAKTIKEN STRATEGISCH MACHEN. STADT VOM GEBRAUCH HER DENKEN

Michel de Certeaus kulturwissenschaftlich geprägtes Werk ist Bestandteil einer historischen Praxis, in der sich immer nur die Spuren der Geschichte zeigen. Historiografische Operation besteht für de Certeau aus der Verbindung eines sozialen Ortes wissenschaftlicher Praktiken und der performativen Praxis des Schreibens eines Textes. Und hier entfaltet sich de Certeaus wichtige Erkenntnis: Die Geschichtsschreibung tendiert dazu, ihren Spurcharakter zu leugnen und damit ihre Verbindung zu einem Ort und bestimmten wissenschaftlichen Praktiken zu verdecken. Die Praxis des Historikers ist jedoch immer an bestimmte soziale Räume geknüpft. „Ganz ähnlich wie ein Auto, das aus einer Fabrik kommt, ist die historische Studie in viel stärkerem Maß an den Komplex einer spezifischen und kollektiven Produktion gebunden, als dass sie Ergebnis einer persönlichen Philosophie oder Wiederbelebung einer vergangenen ‚Realität' ist. Sie ist das *Produkt* eines Ortes."[2] Und umgekehrt wird Raum nach de Certeau „als Akt einer Präsenz (oder einer Zeit) gesetzt und durch die Transformationen verändert, die sich aus den aufeinanderfolgenden Kontexten ergeben (...) Insgesamt ist der Raum ein Ort, mit dem man etwas macht." Wer aber macht hier was?
In Bezug auf das Thema Stadt könnte eine solche Aufgabenstellung lauten: die Aktivitäten der Nutzer von Stadt in bestimmten, spezifischen urbanen Situationen zu untersuchen – wobei klar ist, dass diese Phänomene „alltäglich" sind, also als bekannt vorausgesetzt

werden können. Aber warum sollten wir sie dann untersuchen? Mit Hegel ließe sich anführen: „Das Bekannte überhaupt ist darum, weil es bekannt ist, nicht erkannt. Es ist die gewöhnlichste Selbsttäuschung wie Täuschung anderer, beim Erkennen etwas als bekannt vorauszusetzen und es sich ebenso gefallen zu lassen; mit allem Hin- und Herreden kommt solches Wissen, ohne zu wissen wie ihm geschieht, nicht von der Stelle."[3] Es ist der Stadttheoretiker Henri Lefebvre, der diese Problematik im Anschluss an Hegel wieder aufnimmt. Er prognostiziert, dass die entscheidenden Veränderungen von Stadt sich im Alltäglichen abspielen, für das Alltägliche jedoch fehle noch jedwedes kritische Bewusstsein. In seiner *Kritik des Alltagslebens* konstatiert Lefebvre: „Viele Menschen, ja die Menschen im Allgemeinen wissen nicht wirklich, wie sie leben oder sie wissen es nur ungenügend."[4]

Diese Diagnose scheint erstaunlich: Wie kann uns das Bekannte unbekannt sein? Vielleicht lässt sich zum einen anführen, dass die Theorie das Alltägliche bisher vernachlässigt hat, gerade weil sie es voraussetzt und als nicht weiter erwähnenswert, als *common sense* abbucht. Zum anderen ist es aber so, dass es sich bei dem Alltäglichen um eine ephemere Angelegenheit handelt, die, wie de Certeau sagt, nicht nur fundamental, sondern auch „flüchtig" ist und es daher darum gehen muss, dieses „überhaupt erst einmal darstellbar zu machen"[5]. Wege zu einer Analyse des Alltags wären nach de Certeau also dann aufgezeigt, wenn die „Alltagspraktiken oder alltäglichen Handlungsweisen nicht mehr als sich im Dunkeln verlierende Grundlage der gesellschaftlichen Tätigkeit angesehen würde und wenn es in einem Zusammenspiel von theoretischen Fragen, Methoden, Kategorien und Sichtweisen, welche in diese Finsternis eindringen, gelingen würde, das Dunkel zu artikulieren"[6].

Kurz: Mit der Rede von der Performanz der Stadt wollen wir uns der Alltäglichkeit urbaner Praktiken zuwenden. Bedeutet dies, sich auf individuelle, in sich abgeschlossene Einzelakteure und auf rational-intentionale Handlungen zurückzuziehen? Nein. Auch wenn wir es bei unserer Untersuchung mit Akteuren als Raumproduzenten zu tun haben, die etwas praktizieren, etwas ausüben, so ist doch die Untersuchung nicht als Rückgriff auf die Form des Subjekts zu verstehen. Eine subjektzentrierte Konzeption des Alltags, das macht de Certeau deutlich, wäre vielmehr infrage zu stellen: Eine solche Herangehensweise nimmt den Rückgriff auf einen gesellschaftlichen Atomismus in Kauf, der das Subjekt als elementare Einheit gesellschaftlicher Verhältnisse voraussetzt. Dies ist eine Annahme, die nach de Certeau zurückzuweisen ist. Gerade wenn es uns um Praktiken, also Aneignung und Produktion von Raum als Handlungsweisen geht, kann ein auf das Individuum zentrierter Ansatz nicht funktionieren. In einem solchen Ansatz fielen die Parameter Form, Struktur und Funktion als rein formale Elemente hinter sich selbst zurück. Um der Art und Weise näherzukommen, in der die Akteure agieren, ist also der Parameter des Vektors einzuführen. Individualität wäre dann als Ort zu beschreiben, „an dem eine inkohärente und oft widersprüchliche Vielzahl von Größen aufeinandertrifft"[7]. Denn: Es handelt sich bei der Produktion von Raum nicht um isolierte Praktiken vereinzelter Individuen, sondern um Aneignungsprozesse, die sich in sozialer Interaktion und aus unterschiedlichsten Wechselwirkungen, Anerkennungsansprüchen und dergleichen herausbilden.[8] Es macht also wenig Sinn, zu versuchen, Subjekte, Urheber oder Träger als isolierte Einheiten zu betrachten. Vielmehr ginge es darum, Situationen zu beobachten oder zu kreieren, an denen bestimmte Handlungsweisen zur Entfaltung kommen. Ziel der Untersuchung kann demnach nicht sein, Wahrnehmungen, Ideen oder Gefühle von Akteuren als Phänomene zu offenbaren, sondern Handlungsweisen und vor allem die dahinterstehende „operationale Logik" und damit Politik und Interessenlagen des Raums sichtbar zu machen. Nur auf diese Weise ließen sich im weiteren Schritt Kombinationsweisen von Handlungsweisen herausarbeiten, die zur Bildung neuer urbaner Situationen führen können. Ein handlungsorientierter Deutungsansatz von Stadt ist jedoch nicht adäquat, wenn er sich allein auf die rationale Idee von Handlung beschränkt, denn damit geraten die nicht-rationalen, unbestimmten und unvorhersehbaren Anteile der alltäglichen Praxen aus dem Blick. Es sind aber gerade diese, die mit den sozialräumlichen Fragestellungen in engstem Zusammenhang stehen.

Wie lässt sich die Rede von der Stadt als Performanz begründen? Warum ist es sinnvoll, im Kontext der Stadt auf Gebrauch, Nutzung und Aneignung abzuheben? Momentan lässt sich in der Stadt ein zunehmender Widerspruch zwischen Planungs- und Verwaltungsvorgängen einerseits und den direkten Aneignungsmodi der Stadtnutzer andererseits erkennen. Dieser Tatbestand ist besonders dann von kritischer Relevanz, wenn man wie de Certeau davon ausgeht, dass die Umgangsweisen mit und Produktion oder Umfunktion von Raum „tatsächlich die Bedingungen des gesellschaftlichen Lebens determinieren"[9]. Das hat auch politische Implikationen: Wenn wir die Handlungen von Verbrauchern, von Konsumenten untersuchen, bewegen wir uns im Feld der „Beherrschten", wie de Certeau sie nennt, die nicht über Strategie verfügen, sondern sich anhand von Taktiken orientieren und bewegen. Die Poetiken, die Produktionen, die diese Taktiken hervorbringen, sind deshalb unsichtbar, weil sie keinen Platz in einem rationalisierten Planungsverständnis haben. Sie verbergen sich sozusagen hinter den von den „Systemen der (televisuellen, urbanen, kommerziellen etc.) Produktion definierten und besetzten Bereichen"[10].

So zielt unsere Untersuchung, mit Hegel gesprochen, auf ein sichtbares Unsichtbares ab, weil sie die Phänomene der Stadt untersucht, die Stadt zwar „ausmachen", aber unter Ausbreitung der Systeme verschwinden. Unsichtbar heißt auch: Die „Verbraucher" von Stadt können nicht auf das strategische Level kommen – sie haben keinen Ort, um zu artikulieren, was sie eigentlich machen. Als Gegenpol zur rationalisierten, *controlling*-basierten, von oben durchdachten Produktion stellt der Konsum von Stadt eine listenreich verstreute Umgangsweise dar, die, so de Certeau, keine eigenen Produkte vorweisen kann, sondern nur Produkte gebraucht, „die von einer herrschenden ökonomischen Ordnung aufgezwungen werden"[11]. Daraus ist jedoch, und dies ist der entscheidende Punkt von de Certeau, nicht abzuleiten, dass die Konsumenten in Passivität verharren. Die Verbreitung unterschiedlichster Objekte oder Vorstellungen sagt nichts darüber aus, was diejenigen, die sie gebrauchen, damit machen bzw. davon halten. Die kreative Aneignung kultureller Güter beschreibt, wie Konsumenten Gegenständen erst im Gebrauch Bedeutungen zuweisen. Das heißt auch, dass Nutzung von primär kulturellen Produkten in einer anderen Weise als von „Produzenten" vorgesehen geschieht. Der Begriff „Gebrauch" schließt dann Umfunktionieren, Umdeuten, „falsch" Gebrauchen und das „Ins-Werk-Setzen" der funktionalen Systemik gegenläufiger Praktiken mit ein. Aneignung meint hier also die spezifische Modalität performativer Praktiken als mögliche „Manipulation an aufgezwungenen Räumen und die auf bestimmte Situationen bezogenen Taktiken"[12]. In diesem Sinne sind sowohl die Funktionen, also die Inhalte, als auch das Funktionieren – das Prinzip, das die Praktiken organisiert – aufschlussreich, weil sie das Resultat sowohl von Verschiebungen wie von Verdichtungen sind: Sie sind Improvisationen, die aus den Materialien und Konstellationen gebildet werden, die in den jeweiligen urbanen Situationen zur Hand sind. Sie artikulieren sich aus Fehlstellen und suchen sich ihre eigenen Wege, Strukturen zu erstellen, ohne auf diskursive Formenkanons angewiesen zu sein.

VOM GEBRAUCH

Mit Verweis auf den späten Wittgenstein betont de Certeau die Grenzziehung und den Modellcharakter seines Ansatzes. Er möchte die in den Praxen des Alltags enthaltenen, komplexen Logiken verfolgen, weil er dort wichtige Ressourcen und Wissensbestände vermutet. Er bezieht sich in seiner Argumentation auf Wittgensteins Kritik des Expertentums, deren Kern es war, „die Wörter von ihrer metaphysischen wieder auf ihre alltägliche Verwendung" zurückzuführen[13]. Wittgensteins Anliegen war es, die bezeichnende Aktivität der Alltagssprache zu erforschen, statt sich mit ihrer metaphysischen Form aufzuhalten. Das dahinter stehende Diktum besagt, dass man nicht davon ausgehen kann, dass es etwas Äußerbares gibt, das die Kompetenz des Gebrauchs der Sprache überschreitet. Die Wendung Wittgensteins sucht Sprache nicht von einer Form, einer metaphysischen Idee her zu erklären, sondern vom Inneren der Bewegung der Sprache, das „die Grenzen dessen nachzeichnet, was ethisch oder mystisch über sie hinausgeht"[14]. Ausschließlich von innen her lässt sich ein unsagbares Äußeres erkennen. Auf die Alltagspraxen der Stadt übertragen, hieße dies: Nur aus der immanenten Bewegung der Praktiken lässt sich überhaupt etwas über ihre Äußerungen, über ihr Einschreiben in die Stadt, über ihre performative Kompetenz aussagen.

Für Stadtforschung heute bedeutet dies: Wenn sie in ihrer Analyse Fehlstellen aufzeigt, Fragestellungen aufwirft, so bezeichnet sie damit keine Probleme, die auf Formen oder Urideen zurückzuführen sind und mit einem Repertoire an Formen „gelöst" werden können. Vielmehr kennzeichnen diese Fehlstellen die Löcher, die das System der Stadt unterminieren, sie sprechen von etwas, das sich zeigt, ohne gesagt, ohne 1:1 repräsentiert werden zu können. Genau deshalb bedarf Stadtforschung hybrider, diagrammatischer Darstellungsformen, Notationen (siehe „Diagramm und Notation"), die vielmehr auf die Praktiken und deren Dynamik und Logik abheben und die für jedes Untersuchungsprojekt neu zu kreieren, zu kombinieren sind.

Die Fragestellungen, die sich hieraus ergeben, sind wesentlich, können jedoch nicht an einem „eigenen Ort"[15] behandelt werden. Wittgenstein sagt in diesem Kontext bezogen auf die Sprache: Die Sprache kann nicht zum Gegenstand des Diskurses gemacht werden. „Wir können den Gebrauch der Wörter nicht übersehen."[16] Das heißt, wenn wir die Stadt lesen wollen, müssen wir ihren Gebrauch verstehen. Wittgenstein sagt: „Die Bedeutung eines Wortes ist sein Gebrauch in der Sprache."[17] So lässt sich in unserem Fall für die Stadt sagen, dass ihre Bedeutung in ihrem Gebrauch liegt. Es ist die Realität der Alltagspraxen, welche die heterogene Geschichtlichkeit der Stadt ausmacht und bestimmt, die performative Faktizität, die uns „in Gestalt des Alltäglichen überragt"[18]. Der Diskurs über die Stadt verliert, wenn er zu Alltagspraxen auf Distanz geht und sich in einen Rationalraum der Vernunft zurückzieht, um den Sinn der Praktiken zu deklarieren, seinen eigentlichen Gegenstand aus den Augen. Ein Stadtdiskurs, wie zum Beispiel der Funktionalismus, ist dann zum Scheitern verurteilt, wenn er einen eigenen Ort privilegiert, von dem aus er die

Realität als Tatsache Stadt steuern will. Damit hebt er sich vom Gegebenen, vom produzierten Raum ab und bleibt in einer allgemeinen Sprach- und Formregelung hängen. Mit Wittgenstein ließen sich hier zwei Schwerpunkte aufstellen: Planung zwar als Disziplin vorauszusetzen und anzuerkennen, aber ihre Professionalisierung dann zu bekämpfen, wenn sie beginnt, sich auf einen positivistischen technischen Diskurs einer Spezialwissenschaft zurückzuziehen und sich selbst damit nur noch die Option lässt, die ihr immanenten Formen und Typen zu produzieren – aber nicht mehr in der Lage ist, sich den fundamentalen Stadtgebrauch anzueignen. Auf der anderen Seite ist Vorsicht gegenüber einer Methodenpolizei geboten, die bei jedem und allem Regeln zur „Verbesserung" der Stadt aufstellen will, und durch den Unsinn ihrer Aussagen bezogen auf die Wirklichkeit alltäglicher urbaner Erfahrung die Autorität ihrer Diskurse einbüßt.

PERFORMANZ

Neben der Bezugnahme auf Wittgenstein versucht de Certeau, den Gebrauch mit dem Verfahren der Sprachphilosophie methodologisch einzuordnen. Der Bezug wird dabei durch eine Transposition von Sprachwissenschaft auf Stadtuntersuchung hergestellt. Dies begründet de Certeau damit, dass Sprachtheorie auf die gesamte Kultur ausgeweitet werden kann, indem man sich auf „die Ähnlichkeiten zwischen den Prozeduren (der performativen Äußerung) bezieht, die Eingriffe sowohl in den Bereich der Sprache als auch in das Netz der gesellschaftlichen Praktiken zum Ausdruck bringen"[19]. Linguistik wird so erweitert auf eine Vielfalt von Aktivitäten und Erfahrungen, die Handlungen mit dem Denken verknüpfen.

Mit dem Verweis auf die Sprachtheorie erhält man erstens nicht nur Informationen darüber, was in den alltäglichen Praxen strategisch „passiert", sondern, als Taktiken und Vorgehensweisen, auch Informationen über das, was über die Diskurse hinausgeht, da in den Praktiken „mehr enthalten ist als in den Diskursen"[20]. Zweitens erhält man Aufschluss über die Ressource Stadt. Die alltäglichen Vorgehensweisen weisen sozusagen eine Reserve von Differenzierungen und Verknüpfungsmöglichkeiten auf, die sich aus ihrer historischen Erfahrung speisen und in der Performativität, also dem Ausüben der Praxis selbst, gespeichert werden und nirgendwo sonst. Zum Dritten sind die Praktiken nicht nur Denotationen, sondern vor allem Explikationen, also Ausdrücke von „logischen Komplexitäten, von denen die gelehrten Formalisierungen keine Ahnung haben"[21]. Linguistik unterscheidet methodisch zwischen Performanz und Kompetenz: Das eine ist der Sprechakt selbst (Performanz) und das andere die Kenntnis der Sprache (Kompetenz). Ersteres ist jedoch nicht auf Letzteres reduzierbar. Zwar vollzieht sich der Sprechakt innerhalb eines Sprachsystems, aber er erfordert auch eine „Aneignung oder Wiederaneignung der Sprache (*langue*) durch den Sprecher; er begründet eine von Raum und Zeit abhängige Präsenz; und er führt einen Vertrag mit dem Anderen in einem Netz von Orten und Beziehungen"[22]. Es ließe sich versuchen, die vier Merkmale sprachlicher Performanz – Vollzug, Aneignung, Präsenz und relationale Verschaltung – in einem Netz von Orten auf performative Raumpraktiken wie Gehen, Kochen, U-Bahn-Fahren, Einkaufen etc. zu übertragen. So kann man zeigen, wie die alltäglichen Akteure vorgegebene Formen, Funktionen, Strukturen umfrisieren und uminterpretieren und dadurch neue hervorrufen. Die Untersuchung will also „Operationstypen oder Aktivitätsformen"[23] eruieren, die den

6

Konsum von Stadt als Raumproduktion im strukturellen Feld einer Ökonomie bezeichnen und in diesen „Aneignungspraktiken die Indikatoren der Kreativität aufspüren“[24]. Diese entfalten sich gerade dort, wo die Performanz des Produzierens keine „eigene“ Sprache gefunden hat, sondern vielmehr eine eigene Artikulation, die sich nicht allein vom System der Sprache her deuten lässt und uns neue Formen der Darstellung bzw. der Analyse abringt. Dabei gehen wir davon aus, dass es sich hier nicht um eine Marginalie handelt: Gerade im Umgang mit polyzentrischen Stadtregionen, klein- und großmaßstäblichen Polarisierungsprozessen oder sich funktionalen wie formellen Zuweisungen verweigernden urbanen Entwicklungen stellen wir fest, dass vorherrschende Denkmodelle und Planungsinstrumente zunehmend infrage gestellt werden. Das heißt: Die Marginalie tritt inzwischen massenhaft hervor, ohne lesbar zu sein. Sie stellt eine unmerkliche, nicht entzifferbare und nicht symbolisierte Aktivität dar, die einen universellen Grad erreicht hat: „diese Marginalität ist zur schweigenden Mehrheit geworden“[25], die sich performativ zeigt und nur auf der Ebene der Performanz zu entziffern ist.
Wenn Stadtuntersuchung Operationstypen oder Aktivitätsformen als Praxen des Alltags identifiziert, benennt und katalogisiert, dann erhält sie nicht nur Einsicht in dasjenige, was als Raumproduktion, wie de Certeau sagt, bereits universell geworden ist. Es heißt auch, dass das Performative der Stadt in einen neuen Raum des Wissens gehoben, sozusagen als Wissensproduktion explizit gemacht oder auch: den Praktiken und Praktikern auf gewisse Art und Weise eine Stimme gegeben wird. Das politische Element dessen liegt darin, dass offenbar wird, wie Verhandlung über Wissen von Sprach- oder Handlungsweisen, die „von gesellschaftlichen Situationen und Kräfteverhältnissen abhängig“[26] sind, immer vektorial eingebettet ist. Unterschiedliche gesellschaftliche Dispositive erzeugen unterschiedliche Wirkungen. Genau aus dieser Tatsache folgt die Notwendigkeit, die Umgangsweisen der Verbraucher der Stadt mit dem System Stadt zu differenzieren, Spielräume zu identifizieren, die das System quasi als Resträume zulässt, Spielräume, die sich die Nutzer selbst schaffen, und schließlich ermöglichende Konstruktionen, die die Konjunkturen der Spielräume der Nutzer befördern.

STRATEGIE VERSUS TAKTIK

Genau aus diesen Überlegungen heraus führt de Certeau die Ebene der kriegswissenschaftlichen Analyse ein, die Unterscheidung zwischen ***Taktik*** und ***Strategie***. Gerade wenn – und dies ist aktuell immer häufiger der Fall – gefragt wird: „Wem gehört die Stadt?“, ist auch die Frage der Kultur im Hinblick auf die politische Frage zu klären. Denn ebenso wie das Recht, sagt de Certeau, „bringt die Kultur Konflikte hervor und legitimiert, verschiebt oder kontrolliert das Recht“[27]. Wie die Stadt, die aus ihren Praktiken hervorgeht, ist auch die Kultur durchzogen von Konfliktlinien. Gerade wenn also Stadt aus den kulturellen Praktiken heraus analysiert wird, kommt das Spannungsfeld in den Blick, in das Kultur „symbolische Gleichgewichte, ausgleichende Verträge und mehr oder weniger dauerhafte Kompromisse einbringt“[28]. Genau hier ist die Schnittstelle des Umgangs mit dem konflikthaften Feld des Urbanen und dem militärischen Programm zu verorten. Wie Foucault gezeigt hat, wird Macht aus Praktiken hergestellt, sie existiert nicht an sich, sondern entsteht immer performativ-operativ. Das heißt, in die Performanzen der Stadt sind nicht nur das Recht des Stärkeren eingeschrieben, sondern auch die alltäglichen Praxen, die

Gebrauchs-Taktiken: „die Findigkeit des Schwachen, Nutzen aus dem Starken zu ziehen“, was zu einer „Politisierung der Alltagspraktiken“[29] führt.
Als ***Strategie*** bezeichnet de Certeau eine Berechnung von Kräfteverhältnissen, die in dem Augenblick möglich wird, in dem ein mit Macht und Willenskraft ausgestattetes Subjekt – ein Eigentümer, ein Unternehmen, eine Stadt, eine wissenschaftliche Institution – von einer „Umgebung“ abgelöst werden kann. Sie setzt einen Ort voraus, der als etwas Eigenes umschreibbar ist, und der somit als Basis für die Organisierung seiner Beziehungen zu einer bestimmten Außenwelt dient. Politische, ökonomische oder wissenschaftliche Rationalität konnte sich nur auf der Grundlage dieses strategischen Modells bilden.
Demgegenüber definiert de Certeau ***Taktik*** als Kalkül, das nicht mit etwas Eigenem rechnen kann und somit auch nicht mit einer Grenze, die das andere als eine sichtbare Totalität abtrennt. „Die Taktik hat nur den Ort des Anderen (...) Sie verfügt über keine Basis, wo sie ihre Gewinne kapitalisieren, ihre Expansionen vorbereiten und sich Unabhängigkeit gegenüber Umständen bewahren kann. Das Eigene ist ein Sieg des Ortes über die Zeit. Gerade weil sie keinen Ort hat, bleibt die Taktik von der Zeit abhängig.“[30] Man kann sagen, dass Taktik immer darauf angewiesen ist, ein zeitliches Bewusstsein, eine Aufmerksamkeit rhythmischer Konjunkturen zu bewahren, um ihren Vorteil aus den Situationen heraus zu generieren. Taktik ist auf die Kunst angewiesen, das Bewegliche im Ordnen nicht zu verfestigen, denn dann würde sie ihr ***Momentum*** verlieren; gleichzeitig muss sie versuchen, das Bewegliche in der Bewegung bleibend zu ordnen, zu strukturieren und aus Situationen heraus wieder Anschlussmöglichkeiten zu schaffen, also günstige Gelegenheiten zu kreieren. Während Homogenität und Harmonie der Raum des Strategischen ist, nutzt Taktik Heterogenität und Dissonanz, mehr noch: Sie macht diese nutzbar. Der Taktiker braucht den anderen, braucht die Kräfte, die ihm fremd sind und fremd bleiben.
Dieser konstruktive Umgang mit Unordnung lässt sich auch als Improvisation[31] bezeichnen, die technologisch geworden ist: Die Kunst, in günstigen Augenblicken heterogene Elemente zu mehr oder weniger kohärenten Bewegungen zu (re)kombinieren. Diese Syntheseleistung ist nicht auf einen Rationalraum der Vernunft reduzierbar, der als „strategischer Raum“ seinen eigenen Ort hat und außerhalb der Zeit liegt. Vielmehr erwächst die Synthese aus den Entscheidungen und Handlungen selbst, liegt also in der operativen Logik, der Form, des Stils, der Art und Weise, wie etwas gemacht wird. Taktiken erhalten ihre Bedeutung aus den alltäglichen Konflikten, aus dem Feld urbaner Praxen und ihrer heterogenen Bewegungen, während Strategien „ihr Verhältnis zu der Macht, die sie unterstützt, und durch einen eigenen Ort oder durch eine Institution schützt, unter objektiven Kalkülen verstecken“[32].

FUNKTION UND UMFUNKTION

Die Raumproduzenten bahnen sich als Taktiker ihren eigenen Weg durch das Diagramm funktionalistischer Rationalität des Systems Stadt. „In dem technokratisch ausgebauten, vollgeschriebenen und funktionalisierten Raum, in dem sie sich bewegen, bilden ihre Bahnen unvorhersehbare Sätze, zum Teil unlesbare Querverbindungen. Auch wenn sie dem Vokabular der gängigen Sprachen (...) unterworfen bleiben, verweisen sie auf Finten mit anderen Interessen und Wünschen, die von den Systemen, in denen sie sich entwickeln, weder bestimmt noch eingefangen werden können.“[33] Das heißt jedoch nicht, dass funktionale Statistiken bei der Analyse nicht helfen. Im Gegenteil: Ausgehend von Kategorien und Taxonomien können mit ihnen die Form der Materialien der Alltagspraktiken ebenso wie die verwendeten Elemente erfasst werden. Was der Statistik jedoch entgeht, ist die Form der Performanz selbst: Sie sieht weder, wie sich die Praxis als Produktionsweise, als Verfahren (*l'art de faire*) entfaltet, noch was sich aus den Praktiken, aus dem „handwerklichen Einfallsreichtum und aus der Diskursivität ergibt, welche all diese vorgegebenen und sich ihrem Hintergrund anpassenden Elemente kombinieren“[34].

Wir sagten: Alltagspraxen werden als Produktion des Urbanen universell. Damit wird ein Problem der Stadtuntersuchung deutlich: Der Forscher, der sich von der Alltagspraxis der Stadt ergreifen lässt, der taktisch wird, verliert seinen eigenen Ort. „Der analysierende Diskurs und das analysierte ‚Objekt' haben denselben Status: Beide werden von der praktischen Tätigkeit, mit der sie befasst sind, organisiert.“[35] Eine Funktion des Dérive, der offenen Bewegung ins Feld, ist, sich der Universalität der Praxis und der Totalität des Urbanen anzuvertrauen. Dieses Vertrauen erwirbt seine Berechtigung jedoch gerade dadurch, dass es in der Praxis, mit der sich die Untersuchung befasst, operative Logiken gibt, die auf die Untersuchung selbst organisierend zurückwirken. Die Form des Dérive hätte dann meditative Wirkung: Ihr Aspekt bestünde darin, bei sich selbst fremd, also ein „Wilder inmitten der gewöhnlichen Kultur“[36] zu sein, der, weil er gleichzeitig nicht seiner eigenen Sprache äußerlich sein kann, fortwährend an die Grenzen des Alltäglichen stößt.

Bedeutet das, sich auf den Gebrauch der Stadt einzulassen, Funktion auszublenden, zu negieren? Nein. Vielmehr geht es um eine verschobene Perspektive auf die Funktion, eine Art umgekehrten Funktionalismus: In ihm sind Diskurs und Analysegegenstand „gleichmäßig auf verschiedene Funktionen verteilt“[37], die fragmentarisch bleiben und nicht totalisierbar sind. Sie sind in die Stadt eingeschrieben und entfalten sich als urbane Textur, in der Diskurs und untersuchtes Objekt gegenseitig als Instanz angerufen werden können. Ein relationales, topologisches Feld an unterschiedlichen Plätzen entsteht, in dem sich die Plätze und Punkte wechselseitig aufeinander beziehen.

Eines wird deutlich: Mit der Betonung der Performanz nimmt die Bedeutung der urbanen Vorgehens- und Umgangsweisen zu. Das hieße, die operative Logik der alltäglichen Praktiken beschreiben zu wollen, ***ohne*** sie von einem distanzierten Ort der Erkenntnis zu überschauen oder sie als ein Ensemble zu verstehen, in das man integriert und in dem eine bestimmte, situationsspezifische, lokale Poiesis am Werk ist. Die Untersuchung und ihre Analyse wäre eine Einsicht in das Verfahren, das Arbeiten der Praktiken selbst. Auf die Streuung und Unordnung bezogen heißt das: Der Ansatz einer Bewältigung von Unordnung durch rationalisierende Konzeptionen kann nicht „funktionieren“. Dennoch, wir sagten es bereits, bleibt der Begriff der Funktion als Verweis auf die Nutzung, den Gebrauch, entscheidend.

Es gilt, den Parameter der Funktion in die Unordnung zu integrieren, mit ihm im Feld der Streuung und Fragmentierung zu arbeiten, also auch in einer Art des offenen Arbeitens Unordnung zu reproduzieren und damit auch immer die eigenen Systeme zu gefährden. Wir insistieren, offen zu arbeiten und diese Offenheit zu untersuchen anhand des fortlaufenden Präzisierens von und des Annäherns an den Umgang mit der Stadt sowie an die Anwendungsbereiche der Praktiken; wir bestehen darauf, deren Formen und Strukturen zu beschreiben, um daraus die alltäglichen Funktionsweisen zu „erkennen“, „die von pragmatischen Regeln beherrscht werden, welche ihrerseits von den Lebensformen abhängig sind.“[38]

Um die Regelwerke von Handlungsweisen zu explizieren, brauchen wir den Funktionsbegriff gar nicht zurückzuweisen. Es reicht, wenn wir ihn durch Gebrauch umfunktionieren. Den Funktionsbegriff umzunutzen, könnte zum Beispiel heißen, diejenigen spezifischen alltäglichen Praktiken, die man sozusagen ***pars pro toto*** für die Untersuchung ausgewählt hat, strukturell auf ihre grundlegenden Serien von Funktionen zu reduzieren. Funktion wäre in diesem Zusammenhang zu bestimmen als Handlungsanteil einer Person oder mehrerer Personen, die aus der Perspektive ihrer Bedeutung in einem spezifischen urbanen Situationskontext gedeutet wird. Dabei ist keineswegs vorher deutlich, ob sich diese Funktionen in einem homogenen Feld abspielen und dadurch Kohärenz gewinnen, oder ob dies durch Strukturen geschieht, die sozusagen als herausgelöste Einheiten, als über die Situation hinweg stabil bezeichnet werden können.
Insgesamt geht es jedoch um die Analyse von Taktiken, deren Modulationskapazität, deren Reservoir an Variationen nicht allein auf die Kapazität von Subjekten zurückzuführen ist, sondern an strukturelle Einheiten gekoppelt ist, die aus Handlungsweisen stammen, die wiederum mit möglicherweise konflikthaften urbanen Situationen verknüpft sind. Das Interessante des urbanen Moments besteht also in dem Zusammenspiel von Form und Struktur am Parameter der Funktion und des Umfunktionierens im Gebrauch als Teil vektorial bestimmter Situationen: Aus der funktionalen Untersuchung anhand struktureller, elementarer Elemente in vektorialen Feldern von Situationen ergeben sich Hinweise auf „die Formbestimmtheit der alltäglichen Praktiken“[39]. Es kann in diesem Kontext immer gefragt werden, wo die Stabilität der Situation erzeugt wird: in der Struktur, der Funktion, der Form oder dem Vektor.
Indem man also die spezifische Modalität der urbanen Performanz, der Äußerungspraktiken untersucht, stößt man weniger darauf, wie Räume sind, sondern wie sie hergestellt werden. In diesem Kontext wird die Nutzung des Raums als Funktion nicht mehr nur als erleidende Anpassung des Subjekts an gesellschaftliche Verhältnisse (oder das System) verstanden. Vielmehr kann von einem Verständnis des Subjekts als „produktiv realitätsverarbeitend“ gesprochen werden.[40] Das Raum produzierende Subjekt fungiert nicht als Behälter, in den Forminhalte eingefüllt werden, sondern wird verstanden als Akteur, der sich aktiv mit seiner (sozialen, ökonomischen, kulturellen) Umwelt auseinandersetzt.[41] Mit dem Aneignungsbegriff gesprochen: Das Subjekt eignet sich, im Zusammenspiel von gesellschaftlich bestimmten Strukturen und der Artikulation eigener Motive, soziale Wirklichkeit an. Diese Motive, darauf hat de Certeau eindrücklich verwiesen, beinhalten den Gebrauch als alltägliches Element von Kultur.[42] Es handelt sich bei Aneignung also um Prozesse, die sich in sozialer Interaktion und aus unterschiedlichsten Wechselwirkungen, Anerkennungsansprüchen und dergleichen herausbilden.[43]

RESSOURCE STADT. ÖKONOMIEN DES ANDEREN

Fassen wir zusammen: Die zunehmende ***Fragmentarisierung***[44] und ***Spaltung***[45] der Stadt, ihre ***Verinselung***[46], die Auflösung in unterschiedlichste Szenen und Sozialisationsmilieus, die Arbeitsteilung, soziale Latenzen in Kleingruppen usw. können von der konjunktiven Logik der Planung her weder verstanden noch bespielt werden. Die Praktiken der Aneignung sind in sich selbst längst auf einem Disjunktionslevel, von dem die Planung nichts weiß. Insofern entspricht die Praktik des Gebrauchs von Stadt in Wirklichkeit einer Rückkehr

soziopolitischer Ethik in ein ökonomisches System. Eine Taktik des Umfunktionierens findet statt, das sich am Rande der Verwertungslogiken der Ökonomie etabliert, seine eigenen, zum Teil informellen Ökonomien erfindet, in die sich auch das Schenken und die Rest- bzw. Umnutzung von Abfällen integriert und das sich auf niedrigschwelligem ökonomischen Niveau bewegt. Ein Migrant aus Afrika führt mit seinen minimalen strukturellen und ökonomischen Mitteln und seiner Verbindung zum komplexen Netzwerk seiner Community eine neue Form, einen neuen Stil in die Funktion „Wohnen" ein, in das System, das ihm eine genormte Sozialwohnung in einem segregierten Stadtteil bietet. Ein türkischer Taxiservice, der sich ein Häuschen auf dem Parkplatz von IKEA einrichtet, führt einen neuen Stil in die Funktion „Verkehr" ein, indem er informell die Leute anspricht, ob sie sich billiger und schneller die erworbenen Möbelstücke nach Hause bringen lassen wollen.
Solche Vorgänge finden in keiner Statistik Platz, sie sind keine Gegebenheiten, die auf ein Produkt zu reduzieren wären, sondern Beispiel eines Repertoires der Stadt, anhand dessen die Produktion des Raums vonstattengeht. Sie können jedoch prinzipiell Grundlage einer Berechnung sein, denn auch über informelle Praktiken lassen sich Daten und Statistiken erheben, wenn auch nur für einen spezifischen Fall. Als Einzelfall können sie aber auch als Ressource urbaner Performanz gelten und als solche in Fall-Kataloge eingeordnet werden. Wichtig bleibt, dass der Gebrauch nicht um seiner selbst willen analysiert, sondern im Rahmen der Funktion von Stadt ausgesucht und untersucht wird. In diesem Sinn wird auch Forschung selbst umfunktioniert, was den Vorteil bringt, dass uns Anwendungskontexte, die sonst eine Beobachtung stören, diesmal hilfreich sind. So können wir davon profitieren, dass die Anwendungskontexte die Performanz in ihr Verhältnis zu den spezifischen Situationen stellen. Das hilft uns zum einen, Situationen zu finden, die für uns im Kontext der Frage: „Wie funktioniert eine Stadt?" interessant sind und zum anderen die Merkmale zu identifizieren, die die Performanz deutlich machen und diese Merkmale in den Bezug zur Performanz zu stellen.

NICHT-ORT. PROBLEMATIKEN DES UNTERSUCHUNGSAUFBAUS

Das oben skizzierte Verfahren birgt jedoch einige Fallstricke. So müssen wir damit rechnen, dass sowohl die Praktiken, die wir untersuchen, als auch die neuen Formen und Instrumente, die wir finden müssen, um die Praktiken wahrzunehmen, immer wieder aufs Neue uns selbst und unsere Logiken durcheinander bringen und lähmen können. Und: Wenn sich die theoretische Untersuchung im Alltag verliert, gibt sie jenen privilegierten Ort auf, von dem aus sie Wahrheiten postulieren kann. Aber sie gewinnt dafür sozusagen eine „andere Wahrheit": die des tatsächlich sich abspielenden Performativen, das sich allerdings nicht an einen Ort bindet, sondern vielmehr an Orten Räume produziert. Mit einer Untersuchung der Performanz der Stadt würde somit die Kluft zwischen dem entgrenzten utopischen Gemurmel der Experimentallabore der Wissenschaft und dem Erfindungsreichtum alltäglicher praktischer Tätigkeiten zwar nicht geschlossen, aber doch zumindest verkleinert. Dies auch deshalb, weil die Wissensproduktion des Alltags bisher nur wenige Möglichkeiten zur Artikulation auf wissenschaftlicher und damit auch politisch-institutioneller Ebene gefunden hat.
De Certeaus These, dass dies ontologisch nicht möglich sei, weil sich diese Ebenen schon allein durch ihre Typendifferenz, also Taktik versus Strategie, nicht kreuzten, wäre zumindest infrage zu stellen.

TAKTIKEN STRATEGISCH MACHEN

Indem die Regeln die Praktiken organisieren, bilden sie auch ein Gedächtnis des Ortes. Dieses Gedächtnis zu analysieren, ist genau jene Tätigkeit, die beim Klassifizieren und Erstellen des Katalogs als Meta-Speicher – ein Speicher der in den urbanen Situationen enthaltenen Speicher – einzusetzen ist. Der Speicher bildet ein Reservoir von Handlungsmodellen, also Performanzmustern, die während bestimmter Situationen zum Einsatz kommen können. Der Katalog der Untersuchung scheint genau die Funktion des Bereitstellens von Optionen deshalb erfüllen zu können, weil er von denjenigen „alltäglichen Auseinandersetzungen befreit ist, in denen es untersagt ist, sein Spiel offenzulegen und deren Einsätze, Regeln und Spielzüge von zu großer Komplexität sind“[47]. Das hieße nach de Certeau, dass die „Explikation immer umgekehrt proportional zum praktischen Engagement“[48] stünde. Aktuelles Arbeiten an und mit Stadt wäre jedoch auf eine gegenläufige Bewegung zu richten: Auf eine Praxis, die versucht die Explikationsmaschine anzuwerfen und in die eigene Umgehensweise mit architektonisch-städtebaulichen Fragen zu integrieren.[49]

Dies führt uns zu der These, dass die Dichotomie zwischen Strategie (die Starken mit Übersicht) und Taktik (die Schwachen ohne Übersicht) so nicht mehr aufrechtzuerhalten ist. Vielmehr geht es heute darum, Taktiken strategisch zu machen. Wobei auch auf die oben angesprochene Problematik reagiert werden kann, indem man sich selbst einen architektonischen „Nicht-Ort“ generiert und die Recherche als Konzeption zum gleichwertigen architektonischen Produkt erhebt. Dies ist der Ort, an dem ***nach außen hin*** die organisationalen Explikationen ablaufen können, ohne mit den strategischen Abläufen der Architektur und Planung zu kollidieren. Innerhalb einer kritischen städtebaulichen Praxis könnten dann die Verschaltungen zwischen den Ebenen Taktik und Strategie ganz anders und immer wieder neu und asymmetrisch verlaufen.

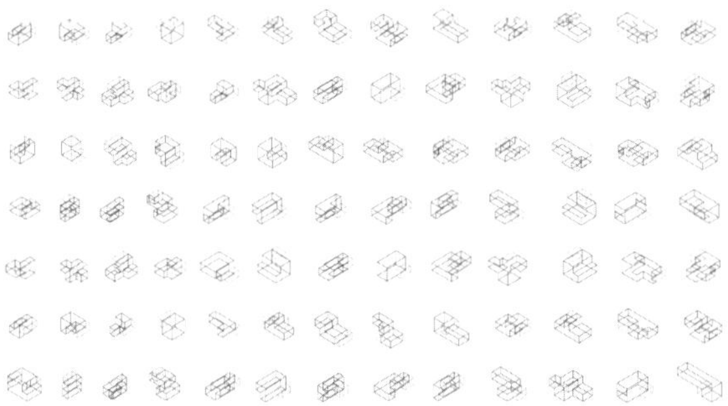

9 Kniess & Terrain: Ville Urbaine, Module, 2006

10a Bernd Kniess: Galerienhaus ads 1a, Umbau 2002

10b Bernd Kniess: Galerienhaus ads 1a, Umbau 2002

KP _ 07
Bernd Kniess ist einer der wichtigsten Denker der neueren Architektur. Er studierte Architektur in Darmstadt und Berlin, war Mitbegründer von b&k+ und arbeitet seit 2001 mit seinem eigenen Büro in unterschiedlichsten Kontexten. Kniess setzt sich intensiv mit der Frage nach der zeitgenössischen Stadt und deren Konstitution und Transformation auseinander, um daraus Schlüsse für die Konzeption eigener Praxis abzuleiten. Zurzeit wirkt er als Professor an der HafenCity Universität Hamburg und leitet dort das Studio für Urban Design. Sein trans-idiomatischer Ansatz bezieht die situativen und modularen Techniken der 60er Jahre ebenso mit ein wie die Regelwerke des Baurechts, Konzeptionen der bildenden Kunst, der Geografie und des neuen Theaters.

7

PERFORMATIVE PRODUKTION VON RAUM. BERND KNIESS

Wir haben in den vorhergehenden Kapiteln Momente des *performative turn* der 60er-Jahre-Architektur und deren Verschiebung von Formen und Objekten hin zu Prozessen, Handlungs- und Wirkungszusammenhängen beschrieben. Während sich die Akteure vermehrt auf den Alltag als Raum kultureller Raumproduktion beziehen, beobachten wir, wie Performanz als kritisches Konzept reformuliert wird: als Instrument zur Überbrückung der kontingenten und kreativen Dimensionen von sozialer, kultureller und artistischer Handlung. Der Fokus auf Performanz kann sowohl politische Geste (mit der Betonung auf Transgression und Widerstand) sein als auch ironische Distanz oder die basale Erscheinung von Authentizität. Zu Untersuchungszwecken eignet sich Performanz als Modell für die kulturelle Pragmatik sozialer Handlungen, Institutionen und politischen Lebens, um so zwischen „raum-zeitlich situiertem Vollzug" und „einer hinter diesem Vollzug lokalisierbaren Ebene einer zeitlosen, idealen Struktur" symbolischer Praktiken zu vermitteln. Im Fokus des Interesses stehen dann weniger die Objekte als Form, sondern Formen, die Objekte ermöglichen.
Im Kontext der Arbeit von Bernd Kniess wird sichtbar, wie der Einbezug des Performativen nicht darauf hinauslaufen muss, kulturwissenschaftliche Inhalte nur zur Legitimation im Prinzip solitärer Konzepte oder autonomer Formenspiele zu verwenden, wie es beispielsweise bei Greg Lynn zu beobachten ist. Kniess geht es im Gegenteil darum, das Prinzip von Raum als Totalität zu verstehen und in das Entwurfsprogramm als solches

einzubeziehen. Anders gesagt: Die Frage nach der Performanz wird für Kniess erst in der Dialektik mit dem Raum als sinnvoll angesehen – und zwar mit einer ganz spezifischen Auffassung von Raum als etwas, das in Bewegung, in Öffentlichkeit, in sozialer Kommunität hergestellt wird. In diesem Zusammenhang wird Henri Lefebvres Definition von Raum als Produziertes wichtig. Lefebvre meint damit, dass jede Art der gesellschaftlichen Organisation einen Lebensraum erzeugt, der in direktem kausalem Zusammenhang mit den gesellschaftlichen Verhältnissen steht, die ihr eigen sind. Gesellschaft materialisiert sich dabei nicht nur in gebauter Umwelt, „indem sie einen Raum gemäß ihrer eigenen Natur produziert, sondern reproduziert sich auf diese Weise auch selbst“[1]. Es entfaltet sich eine Dialektik des Raums, die Raum sowohl als Medium gesellschaftlicher Verhältnisse wie auch als Produkt, das als Produziertes Gesellschaft verändern kann, interpretiert. Produktion ist als Soziales immer mit spezifischen geschichtlichen Konditionen verknüpft. Heute gilt, dass die Produktionsweisen performativ geworden sind.
Architektur wird von Kniess als Praxisfeld von Performanz und Raum gedacht. Er nimmt dabei die Frage des Raums als Produziertes in den Blick, sucht zu verstehen, wie und auf welche Weise Stadt heute zum Synonym für Gesellschaft geworden ist, so wie es Henri Lefebvre in *Die Revolution der Städte* beschreibt und welche Konsequenzen dies für eine zeitgenössische Architekturpraxis hat.
Architektur wird von Bernd Kniess als Terrain verstanden, dass durch die Verschränkung unterschiedlichster gesellschaftlicher Felder geprägt ist und sich über dieses Verständnis prinzipiellen Öffnungscharakter aneignet: Architektur ist ein Feld, in dem Handlung, Technologie, Ökonomie, Organisation und kulturelle Konzeptionen ineinandergreifen. Wenn Kniess über die soziale Produktion von Raum nachdenkt, so stellt er im selben Atemzug Überlegungen zu der politischen Wirksamkeit von Architektur an. Es ist also von Belang, die Effekte soziokultureller Performanz – die Bewegung, das Sich-Zeigen des Körpers in Gemeinschaft, das Aneignen, das Gebrauchen von Raum – zur Architektur hinzuzudenken und Übersetzungsarbeit zu leisten.

PERFORMANZ UND WITTGENSTEIN/LEBENSWELT UND ERFAHRUNG

Um die Frage des Verhältnisses von Körperlichkeit und Raumdenken näher zu fassen, möchten wir kurz auf Wittgensteins Denken Bezug nehmen. Hier finden wir eine Hinwendung zum Körperlichen, zu jener Kategorie dessen, was der Fall, aber nicht logisch beschreibbar ist. Ist Wittgenstein im *Tractatus logico-philosophicus* der Auffassung, wovon man nicht reden könne, von dem solle man schweigen, so ist dies im logischen, nicht einem ethischen Sinne gemeint. Wittgenstein spricht hier aus einer Perspektive, die der Logik der Philosophie keine Berührung mit der allgemeinen Lebenswelt zuspricht. Lebenswelt ist als gegeben hinzunehmen. „Wir fühlen, dass selbst, wenn alle möglichen wissenschaftlichen Fragen beantwortet sind, unsere Lebensprobleme noch gar nicht berührt worden sind.“[2] Seine Folgerung daraus ist, dass keine Fragen mehr bleiben.
Diese Einstellung ändert sich im Laufe der Entwicklung seines philosophischen Denkens: Vor allem die Aufgabe, ein Haus für seine Schwester Grete zu entwerfen, ist der Zeitpunkt, an dem ihm die Fragen nach der Körperlichkeit der Wahrnehmung immer dringender werden. Ist im *Tractatus* noch der Sinn der Welt außerhalb dieser lokalisiert, so

beginnt Wittgenstein nun, diesen auch innerhalb der Erfahrung zu verorten. Der Terminus *Gebrauch* als Beschreibung dessen, woran sich Sprache zu orientieren habe, wird einer ontogenetischen Analyse unterzogen. Dabei steht *Gebrauch* nicht als gegebener Begriff, sondern als Beschreibung eines komplexen Bedeutungszusammenhangs.

KÖRPERLICHKEIT

Dieser Zusammenhang ergibt sich aus der Körperlichkeit und ihren habituellen Codes und der ihr immanenten Intentionalität. „Ich will wissen, was hinter mir vorgeht und drehe mich um. Wäre ich daran verhindert, würde nicht die Vorstellung bleiben, dass sich der Raum um mich herum ausdehnt? Gewiss. Und dass ich die Gegenstände, die jetzt hinter mir sind, dadurch zu sehen kriege, dass ich mich umdrehe. Also ist es die Möglichkeit des Mich-Umdrehens, die mir zu jener Raumvorstellung verhilft. Der resultierende Raum um mich ist also ein gemischter Sehraum und Muskelgefühlsraum." Hätte ich nicht „das Gefühl der Fähigkeit mich umzudrehen, wäre meine Raumvorstellung eine wesentlich andere"[3]. Indem das Subjekt die Struktur des Raums mittels ***Bewegung*** (zum Beispiel das Mich-Umdrehen) aufzunehmen in der Lage ist, kann es dem Raum entsprechend handeln und denken. Das Subjekt geht mit der Erwartung des Raums einen Vertrag, eine solidarische Bindung ein. Dabei ist nicht nur die Bewegung selbst, sondern auch deren Antizipation von Bedeutung. Wir handeln aus der Erwartung des Raums heraus und entwickeln daraus unsere Optionen. Denn ohne das Wissen um die Fähigkeit des Bewegens, des Sich-Umdrehens, wäre unsere „Raumvorstellung eine wesentlich andere".[4]
Dabei wird klar, dass meine Beobachtung der räumlichen Umwelt nicht allein von der visuellen Wahrnehmung geprägt ist, sondern dass dort Emotionen mit hineinragen, die, wie Wittgenstein sagt, „in meinem Körper lokalisiert sind"[5]. Visuelle Wahrnehmung ist dann nicht ausschließlich Sache des Sehsinns: Sie verbindet sich mit Körperbewegungen und der Propriozeption, dem auf sich selbst gerichteten taktilen Sinn. Sehen ist von der Synästhetik beeinflusst, kann nicht allein auf den visuellen Sinn reduziert werden: „Aber auch im normalen Sehen ist es klar, dass die Ausnahmestellung meines Körpers im Gesichtsraum nur von anderen Gefühlen herrührt, die in meinem Körper lokalisiert sind und nicht von etwas/rein/Visuellem."[6] Der Körper, der für Wittgenstein vorher noch etwas strikt Privates war, das sich nicht für Analysen eignete, wird für ihn zum entscheidenden Bezugspunkt in der Beschreibung des Verstehens der Welt.

PERFORMATIVE RAUMPRODUKTION

Wenn wir Architektur als gebaute Umwelt interpretieren, gehört sie in die Normalität des Alltags. Das Wahrnehmen, das Erfahren von Architektur ist ein körperlicher Akt. Wenn ich mich in Architektur bewege, bin ich selbst im Raum dieser Welt und produziere diesen mit. Der eigene Körper, in der Begegnung mit anderen, ist Teil dieser Raumproduktion: „‚Ich' bedeutet offenbar meinen Körper, denn ich bin in diesem Zimmer; und ‚ich' ist wesentlich etwas, was an einem Ort ist und an einem Ort desselben Raums, in dem auch die anderen Körper sind."[7] Meine Raumvorstellung ist das, was ich von diesem Umgebungsraum in mir aufnehme, und umgekehrt wird meine Raumvorstellung durch die taktile Erfahrung geprägt. Raumerfahrung ist mit mir, mit meinem Ich verknüpft, regt meinen Körper, meine

Muskeln und Gefühle an. Meine Bewegungen und Stellungen im Raum konstituieren so meinen Wahrnehmungsraum performativ, aus dem Handeln heraus, mit.
Auf der phänomenologischen Ebene konnten wir mit Wittgenstein die Performativität von Raumaneignung andeuten. Auch auf der geschichtlichen Ebene haben wir die Produktion von Raum als performativ eingeordnet. Was bedeutet es nun konkret für den Architekten, wenn der Raum als Bewegtes, als Körperliches, als sozial Produziertes vorgestellt wird? Welche Entwurfs- und Darstellungstechniken sind für ihn dann adäquat?

GENERATIVE DIAGRAMMATIK

Eine erste Ebene der Analyse betrifft die Frage der Darstellung: Für Kniess sind Diagramm und Piktogramm essenzielle Tools der Vermittlung von Prozessen. Denn Diagramme wie auch Piktogramme haben die Eigenschaft, in einer einzigen grafischen Konfiguration verschiedene Modi von Information zu organisieren und präsent zu halten. Diese Eigenschaft kann als performative Eigenschaft bezeichnet werden. Obwohl sie auf der Metaebene agieren, denn sie arbeiten als abstraktes logisches Instrument, können sie in der Lage sein, die komplexe Dynamik und Information systemischer Zusammenhänge darzustellen. Auch aus dieser Perspektive wirken Dia- und Piktogramm performativ: Sie organisieren nicht nur, sondern produzieren anhand bildhafter Darstellung komplexer Phänomene Realitätserfahrungen und Ereignispotenzialitäten, machen Aspekte eines Problems oder einer Situation sichtbar.
Der Unterschied zu einer Entwurfszeichnung ist klar: Was uns im Dia-/Piktogramm nahegebracht wird, ist kein Plan, sondern ein zu organisierendes, zu bewegendes System, das sich jederzeit verändern kann. Es ist deshalb kein direktes Modell für ein Gebäude, sondern eine Art typologische Organisationskonfiguration. Interessant für Kniess ist in diesem Zusammenhang vor allem das performative Potenzial, das die Methode zur Behandlung mehrdimensionaler Problemsituationen verspricht. Dabei geht es nicht darum, Unvorhersehbarkeit in einer Künstlergenialität zu mythologisieren, sondern qua Angebot minimaler Strukturen Improvisation als konstruktiven Umgang mit Situationen zu ermöglichen und dadurch Offenheit mit einer Rationalisierung des Entwurfsprozesses zu verschalten.
Dia-/Piktogramm sind Mittel zur Generierung von Resultaten auf der Metaebene, sprich zur Hervorbringung von Ergebnissen zweiter Ordnung. In diesem Prozess ist es Kniess ein Anliegen, den offenen, generativen Entwurfsprozess nicht allein als Mittel zum Zweck zu interpretieren. Für ihn muss das Gebäude selbst performativ werden: neue soziale Realität als Teil der gebauten Form. Es geht also nicht allein um die Ordnung einer sich immer mehr flexibilisierenden, inkommensurabel verhaltenden Umwelt einer Informationsgesellschaft, stattdessen soll die Performativität kultureller Produktion in das Dia-/Piktogramm als Form selbst eingehen. (Abb. 9, S. 92)

ARCHITEKT ALS MEDIATOR

So versteht sich der Architekt Kniess weder als Generator fester Formen, die aus einem Rationalraum heraus in die Stadtlandschaft implementiert werden, noch geht es ihm um ein Revival ideologischer Postulate der naiven Homotope der 60er Jahre. Vielmehr sieht er sich in der Vermittlerrolle zwischen subtiler, subjektiv-körperlicher Aneignung des Raums als alltäglicher Praxis und der gesellschaftlichen Produktion von Raum in einer

Totalität des Urbanen. Dabei wird Performativität als geschichtliche Bedingung immer mitgedacht: Partizipation ist die unhintergehbare Dimension aktueller Gestaltung. Die Rolle des urbanen Mediators beschränkt sich nicht auf den formalen Entwurf, sondern bezieht soziale, künstlerische und politische Dimensionen in die Praxis mit ein. Dafür stehen sowohl Kniess' kuratorische Arbeit für die Ausstellung „Processing Uncertainty", sein Engagement im Kölner Loch e.V., die Mitarbeit an einer umfassenden Neubestimmung des Designbegriffs im Rahmen der IFG Ulm, die Forschung „play! Mit Kindern im Stadtraum" sowie seit 2008 der Aufbau des Studiengangs Urban Design an der HafenCity Universität Hamburg.

BAUEN IN DER STADT/REGELWERKE

Was bedeutet das für den konkreten Entwurfsprozess eines Gebäudes? Wie werden die unterschiedlichen Ebenen Referenz und Input, Transformation des Inputs in Materialisierung und der gebaute Raum als Gebrauchtes konkret zusammengedacht?
Bauen in der Stadt passiert nicht immer auf dem Boden, sondern auch auf mehr oder weniger oberflächenbündigen Gebäuden. Möglich sind dann Bausysteme, die nicht allein mit Fundament und Last, sondern mit Reibung oder Kontakt arbeiten. Das schmale Apartmentgebäude mit Laden im Erdgeschoss von b&k+ ist kein Objekt, sondern Volumen, ein Volumen, das durch die Bedingungen des Grundstücks definiert ist. Es ist 2,56 Meter breit und hat keine Außenwände, stattdessen ruhen die Geschossflächen auf den Geschossen der Nachbarbauten. Stadt als Baugrund wird zur Landschaft. Architektur wird Besiedlungsform n-ter Ordnung: nicht in einen neutralen Raum hinein, sondern als Re- oder Konteraktivierung präkonfigurierter Massen und Texturen. Produktion und Produziertes überlagern sich im Stadtraum: Der alterierte Baugrund verändert die Topografien der Gebäude, wie auch die Gebäude Baugrund neu konfigurieren und mitproduzieren. Im *cut-, copy-and-paste*-Verfahren werden Programmteile ein- und ausgelagert. Die Konstruktion verliert ihre Hermetik. Juristische und ökonomische Ordnungen werden teils unterlaufen, teils rekonstituiert.
Öffentliche und private Codierungen durchdringen einander an den fransenden Rändern der physischen und sozialen Konstruktionen, die sich im Zentrum ausbreiten. Lokale Baukörper entstehen, die Nutzung nicht vorgeben, sondern diese schlicht ermöglichen und transformieren. Globale Raumprogramme werden obsolet. Die neuen Formen verorten sich lokal und fragmentarisch. Das heißt aber nicht, dass sie ohne Gemeinschaft auskommen: Sie sind erzeugt durch die Überlagerung unterschiedlichster performativer *communities* und erzeugen diese mit.

NEUER MODULARISMUS

Anhand der vorhergehenden Überlegungen könnten wir die konkrete Vorgehensweise der Lesbarmachung lokal vorhandener Information (Kontext) in dialektischer Verknüpfung mit global vorhandener Information (Regelwerk) als Kniess' zentrale Vorgehensweise aufzeigen. Sich inhaltlich auszurichten, bedeutet für ihn jedoch nicht, formale Kriterien außer Acht zu lassen. Im Gegenteil: Formale Strukturelemente bilden als Werkzeug den Schlüssel zur Konkretisierung der Projekte.

Das ist vor allem als geschichtliche Arbeit zu verstehen. Kniess interpretiert seine Arbeit nicht *ex nihilo*, sondern greift die strukturellen Elemente der Architekturhistorie auf und transformiert sie in das aktuelle Geschehen. Ihm geht es nicht um ein Eureka als Hypostasierung des genialen Entwurfs, sondern um ein *re-design* als kritisch-affirmative Anerkennung im rearrangierenden Umgang mit Bestehendem. Als Beispiel können hier die improvisatorisch gedachten, formal offen gehaltenen Modul- und *plug-in*-Angebote der Architektur der 60er Jahre gelten. Für Kniess muss sich diese Struktursprache an den Qualitäten und Kriterien eines neuen Nutzungsumfeldes abarbeiten. Erst in der Analyse der soziospatialen Faktoren kann die offene Architektur jenes Kontinuum aktivieren, welches zu einer realen Option für die Nutzer wird. Sie muss die neuen Zeitstrukturen lesen, die neuen Rhythmen analysieren, um selbst wieder Tempo und Maß übereinanderlagern zu können. Die Flüssigkeit des Raums kann nur unter Einbeziehung der körperlichen Erinnerungsnetze, der vagen Gedanken, der improvisatorischen Fähigkeiten und Bedürfnisse generiert werden. Es geht weder um das Ende des Subjektes noch um eine Vereinnahmung im Institutionellen, sondern um eine, wie der Historiker Bart Lootsma sie fordert, neue Solidarität[8], um neue Modelle der Intersubjektivität. Diese erwachsen nicht aus dem Formalismus, sondern aus der spezifischen Qualität der Netzwerke. (siehe auch das Projekt *Galerienhaus ads 1a* in Köln, Abb. 10a u. 10b, S. 92)

REALITÄT BAUEN

Kniess denkt den Raum also komplex. Die Frage einer Produktion von Raum als performative Handlung zeigt, dass es ihm weder darum zu tun ist, aus einem Innen ein Außen zu bestimmen, welches als objektive Realität, als objektiv zu Erforschendes vorhanden wäre, noch darum, in einem Neutralraum rationaler Vernunft Entwürfe zu formulieren, die dann in die Realität zu implementieren wären. Hier steht er in einer Linie mit dem Philosophen Slavoj Žižek, für den klar ist, dass unsere Suche nach Lösungen – also genau das, von dem wir glauben, es trenne uns von einem Außen der Realität – „bereits der innerste Bestandteil der Realität"[9] unseres alltäglichen Lebens selbst ist. Die Tatsache, dass wir die Totalität des Raums, der Realität, des Urbanen nie vollständig durchdringen können, ist weder Grund für den Rückzug in eine kleinmaschige Rationalität noch für den larmoyant-postmodernen Zynismus eines *anything goes*. Vielmehr führt sie uns zur Improvisation selbst, „als Zeichen dafür, dass die Realität selbst unvollständig, offen ist, eine Aktualisierung des zugrunde liegenden virtuellen Prozesses des Werdens"[10]. So eröffnet sich die Arbeit von Bernd Kniess in der vieldimensionalen, dialektischen Verschränkung von Raumproduktion, Performanz und Improvisation. Diese Offenheit stellt höchste Anforderungen an das Büro: Permanente Transformation wird Bedingung eigener Selbstreflexion.

KP _ 08

„Shrink to fit" (stf) wurde von den vier Architekturbüros Behles & Jochimsen, Tobias Engelschall – Oda Pälmke, Jessen + Vollenweider und Kühn Malvezzi initiiert. Projektweise entwickeln die Akteure an verschiedenen Orten Konzepte für die jeweiligen urbanen Situationen. Im August 2004 lud mich die Forschungsgruppe zu einer Sommerschule in Magdeburg ein. Der folgende Beitrag ist eine Art Remix des Vortrags, den ich bei diesem Workshop hielt und der die spezifische Arbeitsweise von stf in den Kontext einer urbanistischen Wende zu stellen sucht. Die stakkatohafte Form des Textes kann als manifestartige „Anleitung zur Praxis" gelesen werden.

8

NEUE HANDLUNGS-RÄUME UND SPIEL-FELDER. SHRINK TO FIT

IMPROVISATION ALS MENTALES MODELL EINER STÄDTEBAULICHEN WENDE

ORTE LESEN

Der phänomenologische Ruf: „Zu den Sachen!" beinhaltete das Abarbeiten eines bekannten Widerspruchs: Je näher wir an etwas heranzoomen, desto komplexer und schwerer darstellbar ist dieses Etwas. Dies gilt natürlich auch für das Phänomen Stadt – sie ist zu keiner Zeit ein abgeschlossenes Produkt, das sich beliebig heranzoomen ließe. Wollen Architekten heute Architektur konzipieren, ist deshalb ein neues *Lesen* der Orte notwendig. Nicht nur deren Zeichensysteme gilt es zu entziffern, wie es einst Roland Barthes forderte,[1] vielmehr ist Lesen hier im Sinne praktischer Aneignung, als erhandelte Erfahrung zu verstehen (siehe „Urbane Deutungshorizonte"). Die scheinbar zusammenhangslosen Bewegungen von Stadt, hinsichtlich ihrer fortwährenden Produktion, können so im Modus der *Improvisation* wieder als das sichtbar gemacht werden, was sie eigentlich sind: polyrhythmische Produktionen von Raum.[2]

Diese komplexe Struktur ist, und das ist das Wesen von Prozessen, nur *in der* und *als* geschichtliche Zeit lesbar. Gerade heute – in einer Phase des Wenig-bauen-Könnens – kann deshalb die geschichtliche Zeit genutzt werden, um erneut über ein mentales Modell von Architektur und Stadt nachzudenken, das gleichzeitig kontextuell und

prozessorientiert ist. Mit der Abwendung von der Fokussierung auf das architektonische Objekt und der Hinwendung auf den weiteren Bezugsrahmen von Architektur, nämlich als Stadt, könnte, so unsere Vermutung, eine ***städtebauliche Wende*** formuliert werden. Dieser jüngste ***turn*** – als Transformationsprozess verstanden – stellt dem Lesen eines Raums – im Sinne eines Aldo Rossi, der sein Vertrauen in die Möglichkeit einer Lehre von Architektur damit begründete, „dass die Welt der Formen ebenso logisch und präzise zu bestimmen ist wie jeder andere Aspekt des architektonischen Phänomens“[3] – ein Nicht-lesen-Können gegenüber.
Das Denken in Prozessen impliziert jedoch nicht, dass auf das gebaute Objekt kein Bezug mehr genommen wird. Im Gegenteil: Es wird über das Objekt hinaus gedacht. Hinter dem Lesen liegt ein Interesse verborgen, den Ort zu transformieren und gleichzeitig nicht hinter sich selbst zurückzugehen. Parallel dazu muss ich aber wissen, dass mir das Lesen verstellt bleibt. Das heißt, dass Bedeutungszuschreibungen immer provisorischer Natur sind, was jedoch nichts über die Dauer ihrer Wirkung aussagen muss. Der Schluss, der hieraus für die Gestaltung zu ziehen ist, lautet: Mittel für die Transformation können nur die Instrumente der Intervention sein – aber trotzdem bescheiden.

SCHNELL SCHALTEN

Es geht um eine Technik, die weder auf Standards verzichtet noch die Kontingenz städtischer Prozesse ignoriert. Eine Technik also, die auch um die Operationen Anbau, Aufbau, Abriss weiß. Das sind drei verschiedene Regler, die zunächst einmal simpel erscheinen. Um komplex handeln zu können, ist es notwendig, zunächst zu simplifizieren – um dann ortspezifisch und zeitspezifisch in Echtzeit agieren zu können, sprich den Regler zu drehen. Das verstehe ich unter Improvisation: Urteilskraft in *real time* und kein *anything goes*. Ich muss schnell schalten, deshalb muss ich mich vorher informieren, muss Kataloge machen, sammeln, lesen.
Für mich gilt das grundsätzlich, unwichtig, ob es sich um Architektur oder eine andere Disziplin handelt. Ich schätze dieses Verfahren als strukturierten Versuch, unterschiedliche Modi zu erzeugen, neue Sprachkataloge, neue Bildkataloge, um darüber zu einem anderen Blick auf die Stadt zu kommen. Es geht um das Verbinden der drei Operationen mit dem improvisatorischen Potenzial: Entscheidend ist die Beobachtung, welches Potenzial einem Ort, einer Situation, einem Prozess innewohnt. Um dieses erkennen zu können, muss ich zum einen den Ort selbst lesen und zum anderen das lesen, was uns unser kulturelles Gedächtnis ermöglicht.[4] Hierbei sind Typologien ein Werkzeug, nicht Selbstzweck!
So beobachten wir bei Oswald Mathias Ungers aufgrund der Idealisierung eines argumentativen Rahmens einen Letztbegründungsanspruch, von dem ich aber annehme, dass er heute nicht mehr existiert. Und das ist genau die Stelle, an der neu anzusetzen ist: den Letztbegründungsanspruch aufgeben, ohne aber auf das Objekt zu verzichten. Es geht aber nicht mehr um das Objekt als Form, sondern um das Potenzial, das in der Materialität des Objekts begründet liegt. Diese Materialität lässt sich nicht auf empirische Fakten reduzieren, sondern ist die Performativität der relationalen Anordnung der Elemente, die sich wieder neu arrangieren, zusammenfügen lassen.
Aus dieser Sicht wird Improvisation als mentales Modell relevant, das sich aus der Praxis selbst speist. Auf eine Kurzformel gebracht, bedeutet dies, in Abwandlung eines Zitats von Jean-Philippe Vasall: Standards nutzen, Standards produzieren und nicht-standardisiert denken.

HANDELN

Die Situationisten haben, ebenso wie die Künstlergruppe „COBRA" oder auch die Smithsons vor allen Dingen auf die Ursprünglichkeit des kindlichen Spiels rekurriert (siehe „Stadt als Handlung"). Die Idee damals: So wie Kinder sind, so wollen wir sein. Dahinter stand eine Suche nach Authentizität, die für die Zeit der 60er Jahre vielleicht adäquat war, aber heute naiv anmutet: Ich kann nicht das Kind-Sein als Letztbegründungsanspruch für meine Unwissenheit oder Unmittelbarkeit gebrauchen, denn damit begebe ich mich in eine rückwärtsgewandte Haltung.
Es gilt, dies zu überschreiten und nicht in die Vergangenheit zurückzufallen, sondern im Jetzt die Vergangenheit als Möglichkeit für Zukünftiges nutzbar zu machen. Und eben dies hat das bekannteste Mitglied von „COBRA", Constant, später getan, indem er begonnen hat, seine Handlung in Konstruktion zu betten (siehe „Stadt als Handlung"). Diese Handlung ist zum einen künstlerische Handlung und zum anderen ein Handlungsangebot eines neuen Lesens von Stadt. Das ist die Überführung von Konstruktion und Handlung in einen Raum, der Handlung als Konstruktion akzeptiert.

PROVISORIUM

Wenn wir auf die Selbstbezüglichkeit verzichten, ist dies also kein Zurücktreten hinter die Moderne, sondern wir tragen allein der Veränderung der aktuellen Lage Rechnung. Gab es für die Innovativen von Superstudio oder den Smithsons noch die große Erzählung der Emanzipation, so ist die universalistische Logik der klassischen Emanzipation heute ad acta gelegt. Diese Überwindung ist jedoch genau die Bedingung für eine Emanzipation im Plural.
Es ist Zeit, die Inhalte der Emanzipation freizulegen und auf neue Weise zu reartikulieren. So wird Universalismus als *gap* qua Entleerung zum positiven Grund als Horizont: „Es ist der Unterschied zwischen Grund und Horizont, der, wie ich denke, uns in die Lage versetzt, die Veränderungen im ontologischen Status emanzipatorischer Diskurse und allgemein Metanarrative im Übergang von der Moderne zur Postmoderne zu verstehen. (...) Ein Horizont ist dann ein leerer Ort, ein Punkt, an dem Gesellschaft ihre eigentliche Grundlosigkeit symbolisiert, in dem konkrete argumentative Praktiken vor einem Hintergrund radikaler Freiheit, radikaler Kontingenz operieren."[5]
Dies ist der springende Punkt: Eine Praxis der Improvisation, die das Provisorium nicht als zu Bewältigendes begreift, sondern als Status quo. Entspräche dies nicht einer Hegelschen *List der Vernunft,* die die Möglichkeit jeglicher universalistischer Effekte zunichtemacht? Was geschieht, wenn soziale Akteure nur noch partikularistische Ziele verfolgen? Demgegenüber steht eine Form des Verhältnisses zwischen Universalismus und Partikularismus, die sich aus Bewegungen konstituiert, die innerhalb des Systems von Alternativen erscheint, die gleichzeitig von ihnen produziert werden.

SPIEL-KARTEN

Die Künstlergruppe der Situationistischen Internationale hat Wunderbares geleistet, weil sie gezeigt hat, dass jeder individuell seine Subsysteme und seine Inseln in der Stadt konstruiert. Diese persönliche Kartografie nenne ich *body-script.* Ein Körper ist dabei Teil einer umfassenden und gleichzeitig spezifischen Raumproduktion. Karten dienen nicht allein der Orientierung, sondern auch dem symbolischen Gehalt zwecks Erzeugung von Kohärenz. Umgekehrt können Karten Symbolmodelle zum Lesen von Stadt zur Hilfe nehmen und selbst produzieren. Eine Kreuzung wird dann beispielsweise erst einmal als Kreuzung identifiziert und nicht unbedingt als „Friedrichstraße Ecke Kochstraße". Symbolmodelle wären dann definiert als Idealtypen von Gegenständen, die sich zur Interpretation der Bedeutung eines Gegenstandes anwenden lassen.

ERWEITERTE SYMBOLTAKTIKEN

In diesem Kontext wird der Begriff des Symbols wichtig. Aldo Rossi sagte über die Bedeutung des Symbolischen in der Architektur: „Damit meine ich nicht die Vorstellung der Funktionalisten, dass Form Funktion folgt und also gewissermaßen deren sichtbares Symbol ist, ich denke vielmehr an die Revolutionsarchitekten, und an die russischen Konstruktivisten, auch Architekten einer Revolution, dass gerade bei ihnen das Bedürfnis besteht, der Architektur Zeichencharakter zu geben, scheint darauf hinzuweisen, dass in solchen entscheidenden Augenblicken der Geschichte die Architektur Symbol für den Aufbruch in eine neue Zeit sein will und damit unmittelbar auch ein sie konstituierendes Element sein will."[6] Und sie will es nicht nur, sie ist es auch. Diese Argumentation schließt direkt an die Transformationsstheorie[7] des Erziehungswissenschaftlers Jack Mezirow an, die auf die Funktion von Symbolmodellen rekurriert. Mezirow entwickelt die These, dass das, was wir uns aneignen, Symbolmodelle, Vorstellungen und Erwartungshaltungen sind. Das Symbol spannt den Zwischenraum der Vermittlung zwischen Signifikant und Signifikat auf. „Der Bedeutungsgehalt eines Symbols betrifft weniger die Vorstellungen von der Wirklichkeit als vielmehr die eigentliche Wahrnehmung der Wirklichkeit selbst."[8] Es entfaltet sich hier jener Deutungshorizont, der in den Symbolen ist: Symbole vermitteln die Bildung von Erfahrung und den objektiven Wirklichkeitssinn selbst.
Das ist genau der Typologiebegriff, mit dem die Architekturgruppe „shrink to fit" operiert: Der Typus ist ein Symbolmodell, ein Impuls, um so aus dem kulturellen Gedächtnis herauszugreifen und handeln zu können.
Die Symbolmodelle bieten mehrere Deutungsfunktionen. Eine davon besteht darin, uns Schemata zur Einordnung in Bezug auf Eigenschaften wie Richtung, Dimension und Abfolge zur Verfügung zu stellen. Schemata also, die es uns ermöglichen, Unterscheidungen hinsichtlich Raum, Richtung, Struktur sowie der zeitlichen Eingrenzung eines Ereignisses vorzunehmen. Eine zweite Funktion des Symbolmodells besteht darin, uns in die Lage zu versetzen, Werturteile abzugeben. Das heißt, dass wir zum einen unsere Urteilskraft am Symbolmodell abarbeiten und zum anderen das Symbolmodell als Horizont für die Urteilsbildung heranziehen.
Die dritte Funktion schließlich dient dazu, Kategorisierungen zu ermöglichen. Der Linguist George P. Lakoff[9] fasst so die gängigsten Vorstellungen, mit denen wir vertraut sind: Vorstellungen der Dinge, etwa „Stuhl", „Haus", „Hund", „Treppe" oder Ereignisse: „Spiel", „Kampf" oder auch Zustände wie „Träumen", „Lesen" oder „Handeln". Diese Symbolmodelle geben uns den Link zwischen übergeordneten Kategorien und speziellen Arten von Ereignissen, Zuständen, Dingen. Erst anhand von Symbolmodellen haben wir Zugriff auf

Prozesse. Dies vor allem deshalb, weil es sich um eine Metaverbindung handelt. Das Verarbeiten der Symbolmodelle findet als Prozess statt: als Scharfstellen, als Wahrnehmen des Umfelds, als Überlagerung und Verschiebung der Startpunkte.
Das unterstützt uns dabei, über die Hilflosigkeit gegenüber einer offenen Situation hinauszukommen. So gesehen stellen dann städtische Prozesse wie Schrumpfung oder Gentrifizierung nicht nur einen zeitgenössischen, sondern einen grundlegenden Fakt als zu re-arrangierendes Material dar. Das eine setzt wiederum anderes frei. Daraus folgt eine permanente Transformation, die für uns jedoch, um auf das Anfangsthema zurückzukommen, sehr schwer lesbar ist. Deshalb brauchen wir diese Symbole nicht als abgeschlossenen Deutungs-, sondern als Hilfshorizont.
Lakoff erklärt die symbol-immanente Dynamik wie folgt: „Angeborene und sehr allgemeine imaginative Fähigkeiten kennzeichnen abstrakte Vorstellungen, indem sie diese mit image-schematischen Symbolmodellen und konkreten Grundniveauvorstellungen verknüpfen. Durch diese imaginativen Prozesse werden kognitive Modelle erstellt."[10] Damit wird klar – und das ist jetzt das Entscheidende –, dass Erfahrung mehr eine Handlung als ein Gedanke ist. Diese erhandelte Erfahrung ist die Grundfigur. Wir erfahren symbolische Eigenschaften und bilden uns die Welt, indem wir danach handeln.
Das ist genau das, was auch hinter der städtebaulichen Wende steht: mit Modellen Handlungsräume zu eröffnen, die dann improvisatorisch benutzt werden können. Improvisatorisch deshalb, weil kein Letztbegründungsanspruch besteht auf das, was letztlich erhandelt werden soll. Man kann also sagen, dass Improvisation für die Architektur auch eine Interventionsform darstellt. Laut Transformationstheorie stellt bewusste Wahrnehmung keinen inneren Zustand dar, sondern ist vielmehr Form des Handelns, durch den die Eigenschaften der Symbolmodelle als Objekte der Erfahrung aktualisiert werden. Das bedeutet konkret für die Architektur: Es ist sinnvoll, die Typologiearbeit der 60er Jahre in einen neuen Modus der zeitbasierten Handlung einzufügen.

COHERENT STATE

Aus der aktuellen Praxis wird immer klarer, dass die direkte, umfassende Steuerung als Planungsinstrument der Architekten nicht mehr funktioniert. Ungers konstatiert zu Recht: „Geblieben ist ein unüberschaubarer, kaum noch steuerbarer Apparat, der zu immer größeren Auswüchsen und Auflösungen tendiert."[11] Wir können Stadt nicht mehr nach dem alten mentalen Modell lenken oder steuern. Es muss uns also darum gehen, uns in die Bewegung der Stadt hineinzubegeben. Anders gesagt: Aus der Nicht-Steuerbarkeit heraus stellt sich die Frage nach dem adäquaten Handeln. Nur noch dasjenige Handeln ist gefragt, das *in der Lage* ist, diejenigen Improvisationen zu erzeugen, die adäquat sind. Wobei die Adäquatheit aus der Situation selbst heraus zu bestimmen ist.
Wie aber wird heute Kohärenz erzeugt? Wie schafft man Kohärenz in diesem sich ständig transformierenden urbanen Feld? Interventionen zu erzeugen, kann doch nicht heißen, einfach irgendwo eine Szenografie im Stadtraum herzustellen. Es besteht vielmehr der Wunsch, etwas zu machen, das lesbar ist und einen Impuls setzt, eine Kohärenz erzeugt, die sich weiterentwickeln kann. Ich möchte hierfür den Begriff des ***coherent state*** einführen. Wir können dann von dem Versuch der Erzeugung eines ***coherent state*** durch das Mittel der Improvisation sprechen. Improvisation erzeugt Handlungen, die in zweierlei

Hinsicht adäquat sind. Adäquat sind sie zum einen dem situativen Kontext, zum anderen den Subjekten der produzierenden Gruppe und den folgenden Handlungen gegenüber. Es ist dies jedoch auch über die Produktion hinaus auszudehnen. Denn wenn wir Rossi und die Deutung der Stadt als Artefakt,[12] als Erscheinung, als tatsächliches Dasein des Produzierten ernst nehmen, dann reicht Produktion allein hier nicht weit genug. Es muss um Performanz gehen. Das tatsächliche Dasein im Raum ist etwas Performatives: Es spricht uns als Produziertes, Dargestelltes und Erhandeltes an. Dies wäre, wie gesagt, nicht auf rein empirische Faktizität zu verkürzen. Aus dem Dokumentieren, Lesen und Interpretieren der Situation und der in ihr stattfindenden Handlungen erwächst vielmehr in der Zeit eine Raumtypologie, die eine generative Handlungsgrammatik hervorruft. Und das ist genau das, was „shrink to fit" macht: generative Handlungsgrammatik an eigens produzierten Katalogen entwickeln.

Auf diese Weise wird Jean-Nicolas-Louis Durand als Referenz für generative Praxis wieder fruchtbar gemacht. Der französische Architekt und Theoretiker Durand war nicht nur eine wichtige Figur des Neoklassizismus. Er entwickelte eine aus heutiger Sicht strukturalistische Methode, einfache modulare Elemente zu unterschiedlichen Typenbauten zu kombinieren. Durand lieferte durch seine Analysen sozusagen spezifische, aber allgemeine Ideen, aus denen sich besondere Ideen ableiten lassen sollten. Geometrische Eigenschaften von Grund- und Aufrissen unterschiedlicher Gebäude wurden in ihren geometrischen Eigenschaften katalogisiert, ihre zugrunde liegenden Entwurfsverfahren sowie die Schemata, nach denen sie organisiert sind, aufgezeigt. Generativ wurde die Typologie dadurch, dass sich aus den Grundregeln eine unendliche Zahl von situationsspezifischen Variationen ableiten ließen. Das Neuartige daran lag also weniger in der Konstruktionstechnik, sondern in dem Modus, in dem gedacht und organisiert wurde: Baugeschichte war für Durand vor allem im Bezug auf die Gewinnung von Verfahrensregeln interessant.[13]

Das heißt übertragen auf den zeitgenössischen Ansatz der performativen Stadt: Die Regeln entstehen aus dem Verfahren heraus – die Performanz des Verfahrens ist nicht nur an Strukturen gebunden, sondern produziert diese auch mit.

Es geht um eine Typologie, die es ermöglicht, den Raum adäquat zu bespielen und gleichzeitig mitzuproduzieren. Die Handlungsgrammatik der Improvisation ist eine besondere, weil sie generativ agiert. Sie erstellt aus dem Grad der Adäquatheit ihre eigene Kohärenz. Wir können in diesem Zusammenhang deshalb von Handlungsgrammatik sprechen, weil anhand dieses Begriffes die Position der Improvisation zwischen den Improvisationsteilnehmern und dem zu bespielenden Raum als ein Ereignis in der Zeit beschrieben werden kann. Die Kohärenz liegt in diesem Kontext weder in allein äußerlichen Prozessen oder performativen Regelwerken noch allein im Improvisationssubjekt. Vielmehr birgt die Improvisationssituation ein inneres Produktionssystem, das in der Weise strukturiert ist, dass es kohärente, adäquate Produkte hervorbringt. Über dieses Verfahren zu reden, es offenzulegen, macht den Unterschied.

Dies ruft auch ein verändertes Selbstverständnis des Architekten hervor. So verstand sich Ungers noch als autonomer Künstler, der nicht über den generativen Prozess spricht und sich dadurch selbst mythologisiert. Ungers geht es nicht um einen Prozess ins Zukünftige, sondern um den rückwärts gewandten Bezug zur platonischen Welt der Ideen. Entwerfen heißt hier, eine Verbindung zu „Urformen" zu schaffen, denen eine platonische Ordnung zu entlocken sei. Ein zeitgemäßer Ansatz jedoch hat auf die Attitüde des Künstlers zu verzichten. Es ist heute spannender – und dafür steht „shrink to fit" –, in multipler Autorenschaft Kunstwerke zu entwickeln. Nur so kann eine Stadt selbst wieder Kunst-Werk werden. Damit meinen wir jedoch nicht den Versuch, Städten bzw. Orten Identitäten zu geben. Im Feld der Improvisation ist ein strenger Begriff von Identität nicht haltbar. Vielmehr handelt es sich um Ähnlichkeiten, Gemeinsamkeiten in der Praxis. Diese sind nicht deckungsgleich, sondern ein Netz relationaler, korrelierender Ähnlichkeiten und Affinitäten. Damit wird auch die Frage der Subjektkonstitution relevant: Im Laufe von Lebenszeit und der Akkumulation von Improvisationsprojekten innerhalb unterschiedlicher Kontexte wirkt die Kohärenz auf das Individuum zurück und erzeugt einen roten Faden jenseits rein gesellschaftlich bestimmter Regelwerke.

Kohärenz kommt aufgrund der situativen, zeitlich begrenzten Beschaffenheit des Produktionssystems zustande. Dieses System ist jedoch nicht selbstreferentiell, sondern offen für Interventionen und Reversibilität. Hier liegt ein anderer Permanenzbegriff vor als bei Rossi. Man weiß, es besteht nichts mehr, aber man weiß auch, dass es sich unheimlich langsam verändert. Kohärenz ist nicht a priori gegeben, sondern erwächst aus der Bewegung der Handlung selbst. Nicht allein das Regelwerk macht die Kohärenz aus, sondern die interaktive Praxis der Subjekte, die Regeln erzeugende Produktion.

Interessant ist: Kohärenz wird meist mit einer Abgleichung von Handlung an ein Außen assoziiert. Wie oben gezeigt, ist Improvisation jedoch auch den Teilnehmenden einer Situation gegenüber kohärent. Das bedeutet, dass die Lebensweise der Individuen in die Handlung mit hineinspielt. Das ist ein großes Plus der Arbeit von „shrink to fit", dass die Lebensweise eine große Rolle spielt für die Verhandlung über das, was passieren soll. Das heißt aber auch, dass wir selbst die Transformation unseres Lebens konstant bearbeiten müssen.

Die Meisterschaft der Improvisation nimmt zu und gleichzeitig deren Organisation: Man lernt Improvisation zu organisieren, neue Strukturen zu schaffen, sich umfassendere, differenziertere Handlungsoptionen anzueignen. Dennoch stehen alle neuen Situationen in engem Zusammenhang mit der Vergangenheit, als Projektion und Möglichkeit von Kohärenz und Authentizität. So erzeugt Improvisation Stabilität erst in der Zeit. Stabilität und Kohärenz der Improvisation bedeuten aber nicht, wie oben gezeigt, dass es sich hier um ein schlüssiges, widerspruchsfreies System von Dispositionen, Ordnungen und Regeln handelt. Denn gerade weil Improvisation auf Veränderung angewiesen ist, ist sie auch für Destabilisierung anfällig. Durch die Fähigkeit, auf Veränderungen zu reagieren und sie selbst mitzuerzeugen, kann Improvisation besser als statische Systeme mit Komplexität umgehen.

„In der Verwebung von Produzierendem und Produziertem unter Einfluss der Interaktion der am Produktionsprozess teilnehmenden Körper entsteht ein komplexes dynamisches, improvisatorisches Feld. Wobei wir in Betracht ziehen müssen, dass die Bedingungen des Produktionsfeldes und dessen ständige, mitunter plötzliche Modifikation aus der Feldstruktur selbst generiert werden. Die Struktur des Feldes ist somit immer an die Positionen der Körper im sozialen Raum gekoppelt."[14]

Man könnte sagen: Improvisation hat keinen Ort, sondern produziert Raum: Sie ist immer nur taktisch. Kann man deshalb nichts Strategisches damit machen? Doch. Improvisation als Technologie bedeutet, die Dissemination, die unscharfe Streuung und das Wuchern der improvisatorischen Strukturen zu scannen und einzubeziehen und als konstituierend die Ordnung urbaner Situationen zu betrachten. Anders gesagt: Gefundene und konstruierte Regeln und Phänomene funktionieren nur im Verweis auf die Relation jeweiliger Situationen und Lebensformen. Die materialen, sozialen und affektiven Strukturen sind also von einer Prozessualität her zu deuten, die mehr Bedeutungen, Verbindungen und Unterscheidungen beinhaltet als ein rein objektbezogener Diskurs: „Improvisation ist immer aktueller als der Diskurs über sie."[15]

BAUEN

Womit nach alledem immer noch nichts über das Bauen selbst ausgesagt wäre. Vielleicht nur soviel: Es entfaltet sich hier ein Begriff des Bauens, der sich nicht auf die Realisierung, sondern auf das Reale des Handlungsalltags selbst stützt und deshalb mit der Komplexität des Verhältnisses und des Bewusstseins verknüpft ist. Anders gesagt: Das gelungene Bauen wäre dasjenige, dass das Parasitäre, das Provisorische nicht zum Scheitern bringt. Das hat wichtige Folgen für die Frage der Ethik. Die Unmöglichkeit, das andere zu erreichen, wird ersetzt durch ein: „Wir machen es anders." Die reale Praxis ist in der Lage, das Realitätsprinzip zu überschreiten und im Modus der partizipativ-situativen Improvisation Raum für Unmögliches zu schaffen. Eine Anregung, Stadt in ihrer heutigen Realität zu lesen und weiterzuschreiben. Allein diese Situation zu erzeugen, schafft den Raum eines anderen Möglichen im Gegebenen. Dabei geht es nicht um ein Er-Handeln von Zukunft, sondern um Ontologie – es handelt sich um eine Frage des Seins als Transformation innerer Haltung. Der Erfolg einer Intervention hängt von dem inneren Ort ab, aus dem heraus die Intervenierenden handeln.
Wichtig bleibt: Die Ökonomie, die hinter diesem Konzept steht, ist nicht die eines Mangels, sondern eine des effektiven, performativen und glücklichen Maximierens des Realen.
Die augenblickliche Situation der Architekten impliziert also nicht, weniger zu machen, sondern das Machen so auszurichten, dass mit dem Machen anhand des situativ Gegebenen der Horizont des Möglichen maximal ausgeschöpft wird.

KP _ 09
Die in den vorherigen Texten immer wieder aufscheinende Frage „Wie und warum improvisieren wir?" wird hier im Kontext Architektur vertieft. Auch die daran gekoppelte spezifische Organisationsweise, sich projektorientiert zu verschalten, wird untersucht. Diese Konzeption wird mit dem Begriff der sozialen Latenz *und der Organisationsform der* Impro-Combo *gefasst, für die Improvisation wiederum zum wesentlichen Werkzeug und* mind set *wird.*

9

IMPROVISATION BRAUCHT METHODE. SIEBEN TAKES

Die Integration von Kunst und Leben, auf welcher die Kultur fußt, kann nicht mit den traditionellen Mitteln erreicht werden. Zuerst muß ein radikaler Wechsel in unserer Existenz und unserem Denken stattfinden. Die Konstruktion von neuen Situationen ist der Schlüssel zu einer Erneuerung unserer Umwelt.
Nieuwenhuys Constant, „Integratie? ... van wat?" In: *Forum.* 1959

TAKE 1

In den letzten Jahren hat sich eine Vielfalt von Architektur-Netzwerken herausgebildet, die sich nicht auf einen definitiven Nenner reduzieren lassen. Nur eines haben sie offenkundig gemeinsam: ihre Situation, die sich jenseits definitiver Planbarkeit und Kontrolle entfaltet. Unsicherheiten innerhalb der ökonomischen und gesellschaftlichen Rahmenbedingungen bewirken eine sich ständig verändernde Auftragslage. Herkömmliche Steuerungsmechanismen werden obsolet. Diese Situation stellt die Frage nach Architektur neu – nicht unbedingt in den Produktionsprozessen selbst, denn die werden noch von den alten Modi des Bauens und Planens durchdrungen. Eher geht es um Aufgabe und Funktion zukünftiger Architektur. Daraus folgt: Will sich Architektur wirklich neu positionieren, heißt es Abschied nehmen von Diskussionen, die sich auf das Formale beschränken. Ziel einer neuen Position von Architektur wäre dann Darstellung und gleichzeitige Gestaltung jenes

Prozesses, der sich bereits in den Praktiken des Alltäglichen vollzieht, jedoch noch nicht in die Modi institutioneller Funktionen eingegangen ist.

Beispiel Wettbewerb. Aufgrund der zahlreichen Bewerbungen bei europaweiten Ausschreibungen wird mit Losverfahren gearbeitet. - *Schnitt* - In einem Loft sitzen sechs junge Architekten, die sich auf unterschiedliche Art und Weise über Wasser halten: mit einem Anbau für die Familie, einer Assistenz an einer Uni oder Taxi fahren. Gleichzeitig arbeiten sie auf einer inhaltlichen Ebene mit Künstlern aus anderen Sparten zusammen, geben Zeitschriften heraus, konzipieren zum Amüsement der In-Gemeinde witzige Fake-Wettbewerbe, gründen einen Buchladen. - *Schnitt* - Jeder der sechs hat sich beworben. - *Schnitt* - Einen trifft das Glück, sein Los ist gezogen worden. Sofort wird eine Gruppe gebildet, die sich mit dem Entwurf auseinandersetzt. Sollte der Fall eintreten, wirklich den Wettbewerb zu gewinnen, einen Auftrag zu erhalten, vielleicht sogar inklusive Bauleitung, wird ein Büro gegründet. Dieses wird sich bemühen, sofort ein Bild der Homogenität und Hierarchie zu erzeugen, alle kennen es: das des sogenannten „Ansprechpartners". Homogenität und Hierarchie existieren aber nicht „in Wirklichkeit". Der Auftraggeber jedoch besteht genau auf diesem Bild, um „Planungssicherheit" zu erlangen. Ist der Bau abgeschlossen und kein Folgeprojekt an Land gezogen, zerfällt das Büro wieder, ohne sich aufzulösen: Alle sitzen noch im selben Loft, bauen einen Pavillon um oder unterrichten. - *Abspann* -

Um die Chancen und Gefahren einer solchen Entwicklung geht es uns. Dabei möchten wir darlegen, dass die neuen Organisations- und Handlungsformen nicht auf die Architektur beschränkt sind, sondern sich als Teil eines gesamtgesellschaftlichen Phänomens lesen lassen. Daraus erwächst die Notwendigkeit, Architektur nicht mehr als etwas Abgeschlossenes zu betrachten, sondern mit einer neuen Theorie des Handelns zu verknüpfen. Die gesamtgesellschaftliche Relevanz heutiger Arbeitsprozesse kann so für die Architekturdebatte fruchtbar gemacht werden, so hoffen wir. Vermittels einer Theorie des Handelns gilt es ein Bewusstsein zu kreieren, nicht nur für die momentane Situation, sondern vor allem auch für die daraus sich ergebenden Strategien und Modi des Operierens. Wird Theorie in diesem Sinne als praktisch begriffen, und dies soll hier erfolgen, so wird sie unmittelbar politisch relevant. Denn praktische Theorie des Handelns ist dann nicht Politik vorbereitendes Nachdenken für eine irgendwann stattfindende Zukunft, sondern Werkzeug einer aktiven Verortung in der veränderten Topologie des Sozialen. Dies in dem Wissen, dass die sich ständig ändernde Situation nicht allein reaktiv bespielt werden kann. Sie erfordert aktives Antizipieren von Optionen, die noch nicht oder nicht *in brauchbarer Form* sichtbar sind.

TAKE 2. WAS IST ANDERS?

Das Hauptanliegen besteht für uns darin, die bestehenden Praktiken daraufhin zu untersuchen, welche Formen von praktischer Vernunft sie selbst herausbilden und anwenden. Welche Strategien werden erzeugt, um mit der Situation, wie sie nun einmal ist, umzugehen und diese gleichzeitig produktiv zu nutzen? In diesen Situationen spiegeln sich unterschiedliche Bedürfnisse: Einerseits sind ja viele ganz froh, nicht jeden Tag mit denselben Leuten im Büro zu sitzen. Andererseits ist es auch befriedigend, wenigstens ein- oder zweimal in der Woche um acht aufzustehen, ins Büro oder in die Uni zu gehen und den Teilzeitjob zu erledigen. Für viele gibt es daher kein einheitliches Vernunftsprinzip: Viele Anschauungen und Möglichkeiten zwischen Festlegung und freiem Agieren überlagern sich. Es ist, als ob man ständig am Mischpult sitzt, in Echtzeit Remixes seiner eigenen Handlungsoptionen erstellt und diese ständig mit variierenden Gegenpolen abgleicht: Lebenspartner, Teilzeit im Büro, Zeitschrift, Galerie usw.

Eigene Rationalitätsformen schreiben sich in die Praktiken ein. Praktiken werden nicht mehr an etwas Absolutem (Religion, Ideologie, Machtverhältnisse) gemessen. Für den Akteur im sozialen Raum gilt es, jeden Moment aufs Neue Entscheidungen zu treffen und gleichzeitig den Wunsch nach Beständigkeit zu befriedigen. Die Bedürfnisse der Akteure selbst zeigen, dass der relationale Charakter der Rationalität innerhalb der Praktiken kein neutrales oder beliebiges Wissen erzeugt. Dieses ***gelebte*** Wissen trägt zur aktiven Erzeugung und Organisation eigener Biografie bei. Innerhalb der Entscheidungsmodalitäten ist die Kohärenz der eigenen Biografie genau jener rote Faden, der uns durch das Labyrinth der Unordnung lenkt. Diese Kohärenz ist eine völlig andere, als sie es noch für Generationen vor uns war. Dennoch ragen noch Ideologien von alter Kohärenz in die heutige Situation herein. In der Architektur ist dies besonders offensichtlich: Von Teams bleibt oft nur ein Name übrig (siehe zum Beispiel OMA/Koolhaas). Oder anders gesagt: Ein Büro darf nicht als Gruppe an der Uni unterrichten, weil es aus verwaltungstechnischen Gründen nicht möglich ist. Gelebte Praxis ist dann noch nicht gesellschaftlich rezipier- oder institutionell realisierbar. Innerhalb dieses Prozesses werden nicht einfach bestehende gesellschaftliche Asymmetrien reproduziert oder ideologisch verschleiert. Vielmehr ist die bereits gelebte Recodierung des sozialen Raums der Praktiken noch nicht im institutionell-gesellschaftlichen Raum angekommen. Dies führt zu mannigfaltigen Überlagerungen und Antagonismen, die zu ständigen Sprachkrisen und Missverständnissen, Machtkämpfen und Desorganisation führen. Der ***missing link*** liegt also gerade darin, dass viele das, was sie eigentlich praktizieren, nämlich konstruktiv mit Unordnung umgehen, unter einem Mantel der Scheinhomogenität oder Scheinordnung (auch vor sich selbst) zu verbergen suchen. Es wird im neuen Modus gearbeitet, aber noch im alten theoretisiert. Einer neuen Theorie des Handelns muss es deshalb darum zu tun sein, Praxis nicht als Unbeschreibbares, Irrationales zu sehen, sondern als geistiges und körperliches Verfahren der Erkenntnisgewinnung.

Was bringt eine solche Theorie noch? Sie zeigt, dass die Repräsentationen des Sozialen alles andere als natürlich und gegeben und deshalb durchaus der Reflexion wert sind. Diese Ansichtsweise enthält einen negativen Ansatz und einen positiven. Ziel ist es zum einen, alte Denkschemata, die den Praktiken nicht gerecht werden und uns damit dazu zwingen, Scheinhomogenitäten aufrechtzuerhalten, zu verneinen. Der positive Ansatz bemüht sich hingegen darum, die Kräfteverhältnisse, Interessen und Strategien aufzuzeigen, die bereits in den Praktiken vorhanden sind. Diese Vektoren ragen – wie ein blinder Fleck – in das Bewusstsein der Architektur hinein und sind gerade aufgrund ihrer Unsichtbarkeit besonders anfällig für indirekte Steuerungsmechanismen der Neuen Ökonomie. Die Mechanismen der Neuen Ökonomie, denen oft vereinfachend das Prädikat neo-liberal angeheftet wird, führen statt zu Kooperation – was das Anliegen der meisten jungen Architektengruppen ist – zu vermehrter Konkurrenz. Wer es an Initiative, Anpassungsfähigkeit, Mobilität und Flexibilität fehlen lässt, wird als unfähig aussortiert. Denn im Modus der Neuen Ökonomie wird Selbstverantwortung in der Ausrichtung des

9

eigenen Lebens allein an betriebswirtschaftlichen Effizienzkriterien gemessen. Ziel einer neuen Handlungstheorie ist es, sich gegen diese neo-darwinistischen Tendenzen abzugrenzen. Es gilt zu zeigen, dass auch in der neuen Topologie des Sozialen Lebenszeit nicht auf Arbeitszeit reduziert und das Subjekt nicht auf den Ablauf von Produktionsprozessen reduziert werden muss.

Authentisch können wir nur werden, wenn sich ein Bewusstsein dafür entwickelt, dass die Situationen nicht als gegeben hingenommen, sondern als veränderbar gedacht werden. Dies in dem Wissen, dass gesellschaftliches Risiko nicht natürlich vorhanden ist, sondern dass es gesellschaftlich mit erzeugt wird. Das heißt, die Gesellschaft ist vom Markt nicht zu trennen. Sie erzeugt ihn mit, genauso wie Strategien des Marktes in die Gesellschaft hineinragen. Wir können deshalb nicht von Deregulierung des Sozialen sprechen, sondern nur von einer veränderten Organisation des Sozialen. Ein Architekturnetzwerk ist nicht kein Büro, es ist nur ein anderes als vor 30 Jahren. Statt ein Nullsummenspiel anzubieten, das besagt, dass mehr Organisation gleich weniger Möglichkeit, mehr Staat weniger Markt, mehr Unordnung weniger Effizienz sei, geht es uns um eine andere Herangehensweise. Wir möchten von einer veränderten Topologie des Sozialen ausgehen, von einer veränderten Situation, die wir ständig selbst mitgestalten. Eine Reduktion des Verhältnisses von Markt und Gesellschaft, Auftragslage und Gruppenkonstellation auf das Statistische greift hier nicht nur zu kurz. Sie entpolitisiert die Durchdringung von Ökonomie und sozialem Raum und verharmlost damit sowohl Gefahren als auch Chancen politisch-strategischer Optionen. Innerhalb des heute unser ganzes Leben durchziehenden Handlungsfeldes von Politik und Ökonomie nehmen die Planungskapazitäten nicht ab. Sie verschieben sich nur von formellen zu informellen Formen. Es etablieren sich neue Handlungsmuster und Modelle subpolitischer Art, die unterhalb dessen operieren, was traditionell als politischer Raum bezeichnet wird.[1] Dass sich etwa viele Aktionen junger Architekten – wie zum Beispiel Vernissagen, Buchvorstellungen, Interventionen, Exkursionen, Vorträge, Clubevents – fast im Privaten, zumindest im Teilöffentlichen abspielen, kann hier als Beispiel gelten. Um die veränderte Topologie des Sozialen zu entschlüsseln, müssen wir den Code des sozialen Raums neu befragen. Und zwar nicht allein als Instrument, um den Raum zu lesen oder zu interpretieren: eher als ein Werkzeug des Lebens im Raum, im Verstehen des Raums – wobei verstehen hier weder als etwas Hermeneutisches noch Nicht-Hermeneutisches, sondern als etwas permanent Unabgeschlossenes zu lesen ist. Dieser Code ist jedoch nicht als eine Praxis misszuverstehen, sondern als Korrelat eines Meta-Wissens aufzufassen, welches nicht fragmentierbar ist. Dieses Wissen bringt seine Grammatik, sein System mit einer Totalität der Rahmenbedingungen zusammen. Es geht auf die Umgebung ein und bestimmt diese gleichzeitig mit: ein situiertes Wissen, das sich mit dem Nicht-Wissen, dem Irrtum, dem Missverstehen verbündet, mit dem alltäglichen Leben. Dieses Wissen ist zugleich sicher und unsicher, bestimmt und unbestimmt und existiert nur aus der Praxis selbst heraus. Diese Praxis ist in ihrem Raum gleichzeitiger Kritik und Affirmation weder auf ein Nicht-Wissen noch auf absolute, naive Spontaneität zu reduzieren. Ihr Produkt ist der Raum des sozialen Handelns in der Zeit; und aus dieser Handlungs-Raum-Zeit-Achse erwächst die eigene Biografie der intersubjektiv sich verschaltenden Akteure.

TAKE 3. WIEDERENTDECKUNG DER ZEIT

Aus dieser Perspektive heraus ist es schlüssig, Henri Lefebvres Definition von Raum als Produziertem neu zu denken. Es gilt einen ***shift*** zu erzeugen von der Beschreibung des Raums als *Raum der Produktion* hin zu der Beschreibung des Raums als *Produktion von Raum.* Es gibt dann weder Dinge im Raum oder einen leeren Raum, sondern ein Interstitium, ein Zwischen, welches sich im intersubjektiven Austausch und Transfer neu produziert: Der Raum der Improvisation. Das bedeutet weiterhin, dass Marx' Auffassung zum Verhältnis von Produktion und Produkt neu zu bestimmen ist. Im Vordergrund steht nicht mehr das Produkt, sondern das Verfahren des Produzierens. „In der Verwebung von Produzierendem und Produziertem unter Einfluss der Interaktion der am Produktionsprozess teilnehmenden Körper entsteht ein komplexes dynamisches, improvisatorisches Feld. Wobei wir in Betracht ziehen müssen, daß die Bedingungen des Produktionsfeldes und dessen ständige, mitunter plötzliche Modifikation aus der Feldstruktur selbst generiert werden. Die Struktur des Feldes ist somit immer an die Positionen der Körper im sozialen Raum gekoppelt. Eine hybride, multimaßstäbliche Architektur des Intersubjektiven entsteht, deren Referenzsystem sich aus dem Spiel zwischen Körperwahrnehmung und konstruktiven Entwurf ableitet. Das Experimentieren wird zum unverzichtbaren Bestandteil der Produktion und das Verfahren der Arbeit bildet den eigentlichen Horizont des Diskurses."[2]

Das heißt aber nicht, dass es keine Produkte mehr gibt oder dass das Produkt nicht mehr wichtig sei, im Gegenteil. Vielmehr ist ein Paradigmenwechsel im Definieren von Produkten und deren Raum gefragt. Und das impliziert, was Improvisation im eigentlichen Sinne bedeutet: Befreiung vom Werk als Objekt hin zu einem Produkt der Zeitlichkeit. Oder wie es Lefebvre ausdrückt: „Gefragt ist eine klare Unterscheidung zwischen einer imaginierten Wissenschaft des Raumes auf der einen und realem Wissen über die Produktion von Raum auf der anderen Seite. Solch ein Wissen, im Kontrast zu der Fragmentierung, Interpretation und Repräsentation einer ‚sogenannten' Wissenschaft des Raumes, wird vor allem Eines wieder entdecken: die Zeit (und zu allererst die Zeit der Produktion) in und durch Raum."[3]

Henri Lefebvre sieht die neue Topologie des Sozialen eng mit dem Phänomen des Urbanen verknüpft. Das urbane Phänomen stellt sich für ihn als Manifest der Bewegung dar. Deshalb kann das Urbane weder als geschlossenes System definiert noch in Fragmenten analysiert werden. Urbane Praxis, so Lefebvre, ist eher ein Prozess, der die Freiheit beinhaltet, Differenzen zu produzieren. Raum ist dann nicht ein Gegebenes an sich, sondern etwas, das in der Zeit und in der sozialen Bewegung produziert wird. Damit ist, wie oben gesagt, nicht eine industrielle Produktion im Sinne von Marx gemeint. Industrielle Produktion ist für Lefebvre Kreativität der ersten Ordnung, genauso wie agrikulturelle Ausbeutung. Kreativität zweiter Ordnung, Poiesis, ist eine heterogene Neuordnung von Kultur innerhalb des urbanen Gewebes. Dies besagt jedoch nicht, dass wir urbane Praxis als Diskurs zweiter Ordnung, als Metasprache, Exegese oder Kommentar auf die industrielle Produktion oder dergleichen bezeichnen dürfen; denn die Kreativität der zweiten Ordnung und die sekundäre Natur des Urbanen manifestieren sich in einer improvisatorischen *Praxis* und sind daher irreduzibel. Ihre Aktivität dient allein der Multiplikation und der Syntropie.

Für Lefebvre ist daher klar, dass die Stadt und das Urbane nicht aus den Zeichen der Stadt rekombiniert werden können. Erstens legen die Phänomene keinen Blick darauf frei, wie sich die Rhythmen der Stadt verbinden, überlagern, auseinanderbewegen und wieder begegnen. Zweitens eröffnet uns das schriftliche Aufzeichnen der Rhythmen des alltäglichen Lebens (sei es in Buchschrift oder neuen Formen der Schriftlichkeit wie Tonaufnahme oder Video) keinen Zugang zu der Immanenz des Prozesses. Deshalb fragt Lefebvre nach einer bestimmten Praxis, „die, in Form von Simultanität und Begegnung, in sich die zerstreuten, dissoziierten, separaten Bewegungen des Sozialen vereint"[4]. Von dieser Praxis können wir heute sagen, dass sie als Praxis der Improvisation zu definieren ist, die gleichzeitig im Modus des Trivialen und des Hochkomplexen agiert.[5]
Wenn das Urbane nicht durch die Elemente seiner Kondition determinierbar und auch nicht auf Modelle naturwissenschaftlicher Provenienz zu reduzieren ist, wäre, so Lefebvre, eine Analyse der urbanen Rhythmen ein Ansatz neuer architektonischer Praxis. Lefebvre glaubt sogar sagen zu können, dass diese spezifische Form der ***Rhythmanalysis*** die Psychoanalyse verdrängen wird, da sie, weil näher an einer Pädagogik der Aneignung, effektiver agiert. Welches sind die Rhythmen, in denen sich die regelhaften Improvisationen der sozialen Praxis bewegen? Wie strukturieren sie sich? Lassen sie sich gliedern in solche Rhythmen, die offensichtlich zu spezifizieren sind, und solche, die sich im Hintergrund bewegen? Wie kann eine Rhythmologie (Lefebvre) aussehen, die sich dem Körper und seinen internen und externen Beziehungen im ***everyday life*** widmet und seine Sphäre der rhythmischen Zellen auslotet? Wenn ein Rhythmus kein Ort ist, sondern Orte nur einnimmt, wo befindet sich Rhythmus dann?
Diese Fragen sprechen eindeutig für einen Paradigmenwechsel in der Metaphorik, Herangehensweise und Perspektive in der Architektur: Gefragt wird nach der ***zeitbasierten*** und ***performativen*** Verschaltung unterschiedlichster Akteure im Raum.[6]

TAKE 4. REMIX LEFEBVRE

Lefebvre unterteilt den Raum in ein triadisches Netz von erstens „Räumen spatieller Praxis", die sich aus der Wahrnehmung des Individuums innerhalb seiner gesellschaftlichen Bewegung entfalten, zweitens „Repräsentationen von Raum", die die Konstruktion von Raum als Erdachtes beinhalten sowie drittens „repräsentativen Räumen", die sich aus dem alltäglich Gelebten speisen. Daraus ergibt sich die Grundaufteilung der Räume in wahrgenommene, erdachte und gelebte Räume, wobei diese nicht isoliert, sondern nur im Zusammenhang miteinander gedacht werden können. Wenn wir nun ein Reglersystem annehmen, welches die Intensität und Dynamik dieser Raumdefinitionen steuert, so können wir sagen, dass je nach Epoche die Filter und Modulatoren der unterschiedlichen Räume verschieden stark hoch- oder heruntergefahren werden. Das heißt, dass die Rollen der spezifischen Räume zu verschiedenen Zeiten unterschiedlich sind. Dabei kommt es jedoch zu Überlappungen. Als Beispiel kann die Dominanz der „Repräsentationen von Raum" (erdachte Räume) in der Phase der Industrialisierung gelten, die von einer kartesianischen, operationellen Anschauung durchdrungen war. Gleichzeitig aber existierten agrikulturelle Bereiche weiter, sie nahmen nur in ihrer sozio-spatiellen Bedeutung ab. Eine ähnliche Verschiebung der Gewichtung von Raumproduktion können wir heute konstatieren. Es scheint, dass die alltäglich gelebten Improvisationen, Diversifikationen und Patchwork-Identitäten immer mehr den sozialen Raum bestimmen, ohne dass sich jedoch bereits eine gesellschaftlich konsensuierte Position daraus entwickelt hätte. Wir befinden uns an einem Übergang der Rollenvertauschung: Repräsentative Räume (gelebte Räume) werden ausschlaggebend für produktive Aktivität. Innerhalb der gelebten Räume verzahnen sich die improvisierenden Akteure in neuen Formen von Gemeinschaft, der sozial lockeren *Impro-Combo*.

TAKE 5. OFFENE HEIMATEN IM EVERYDAY LIFE

Die neuen Gruppen, Combos, sind als eine differenzierte Form der Gemeinschaftsbildung zu lesen. Neben den Modellen von zum einen ***nation building*** als geplanter, rationalisierter Gemeinschaft der Moderne im Modus der spatiellen Kategorisierung – Wohnort wird zur Database, man wird zu dem, wo man wohnt – und zum anderen Post-Soziabilität als Versammlung von Humanaktivitäten auf eine reduzierte Plattform virtueller Generierung – Internet, Datascreen – bildet sich ein neues Alternativmodell: eine Soziabilität „light". Gruppen kommen zusammen für einen Anlass, ein Projekt, und zerfallen wieder oder existieren als Potenzialität weiter. Man bleibt in Kontakt, behält das Label, und wenn sich ein neues Projekt ergibt: *let's play!* Dieses ***community building*** ist frei gewählt und hängt meist mit inhaltlichen Überzeugungen und emotionalen Bindungen wie Freundschaft und gemeinsamen Erfahrungen zusammen. Während diese *Impro-Combos* organisatorisch sehr flexibel und offen agieren, definieren sie sich über ihre kulturelle und/oder politische Aussage. Diese Gruppen sind, obgleich sie auch *face-to-face* arbeiten, extrem auf Internetkommunikation angewiesen, um temporäre Projekt-Auszeiten kommunikativ zu überbrücken. Als Kontrapunkt zum Niedergang des Familienbezugs haben sich in den modernen Städten immer mehr Clubs, Lounges und weitere Orte kommunikativer Sozialisierung etabliert, die als Heimatersatz fungieren: Freundschaft ist eine motivierende Kraft des Urbanen geworden.
Gleichzeitig ist die Produktion dieser Gemeinschaft durchdrungen von den Modi der Gemeinschaftsform des *everyday life*. Dabei ist nicht der Romantizismus eines Michel de Certeau gemeint, der den urbanen Stadtbewegungen eine taktisch-taktile Kohärenz a priori unterstellt. Im Gegenteil, die Proximität ist immer neuen Unvorhersehbarkeiten ausgesetzt und gleichzeitig weniger abwechslungsreich, als Vertreter einer absoluten *multiplicity* der Stadt meinen. Das alltägliche Leben beinhaltet dennoch ein Surplus, das die Termini Tiefe und Entfernung ersetzt durch Rhythmus. Die emergierenden Rhythmen falten die Zeit und den Raum in verschiedenste Gestalten und Mischungen. Dabei ist das alltägliche Leben fest mit allen Humanaktivitäten verbunden und geht gleichzeitig über deren Konflikte und Differenzen hinaus: Es umfasst die Totalität einer Ontologie des Werdens. Innerhalb dieser Ontologie ist es die Improvisation, die das polyharmonische, polyrhythmische Zusammenspiel unterschiedlichster, die Wirklichkeit bestimmender Materialien steuert und unter Berücksichtigung der der Wirklichkeit inhärenten Vektoren die Wirklichkeit mitbestimmt. Die Gemeinschaft des Alltäglichen ist gleichzeitig trivial und komplex, banal und mondän. Sie kann weder klassifiziert noch als identitätsbildend bezeichnet werden. Als ein Verbund von Menschen, die eine „Ko-Zugehörigkeit ohne repräsentative Bedingungen von Zugehörigkeit"[7] verbindet, bildet Gemeinschaft des Alltäglichen genau jenen offenen Heimatbegriff heraus, der auch für die *Impro-Combos* der Architektur normativen Charakter besitzt.

TAKE 6. NETZWERKELN

Die neuen Combos schaffen einen transdisziplinären Raum, der zwischen den Modi der kollektiv verwalteten Welt und der individuellen Subjektivität vermittelt. Spezifische Kooperationsstrukturen emergieren abseits des Verständnisses des Architekten als autonomes Subjekt. Multiple Autorenschaften erzeugen Allianzen, die jedoch keinem herkömmlichen Kollektivgedanken verpflichtet sind. Vielmehr organisieren sich diese Netzwerke in immer neuen und oft parallel verfolgten improvisatorischen Konstellationen. So vereinen die Akteure in einer Person die unterschiedlichsten Identitäten. Sie treten allein oder in Gruppen, als Architekten, Stadtplaner, bildende Künstler, Musiker, Performer, Kuratoren oder Produzenten auf. Mithilfe eigens gebildeter Plattformen und künstlerischer Distributionskanäle entwickeln sich Bewegungen der gegenseitigen künstlerischen Unterstützung und Kooperation.
Dies registrieren wir nicht im Modus eines naiven Vitalismus, sondern im Modus der Hoffnung auf eine neue Politisierung des Raums.[8] Bei aller Möglichkeitsphilosophie: Die *Impro-Combo* sieht sich mit unreflektiertem Marktpopulismus auf der einen sowie Vulgärpragmatismus auf der anderen Seite konfrontiert. Ohne kritische Reflexion der Wirksamkeiten des Marktes findet sich der junge Improvisator in der Rolle des mobilen Praktikanten wieder, der von Praktikum zu Praktikum nomadisiert, im festen Glauben, unbezahlte Arbeit erhebe ihn bereits zum politisch korrekten Nonkonformisten. Dabei übersieht er oder sie, dass in dieser indirekten Steuerung genau die Kräfte am Werk sind, die Strukturen wie ***benchmarking, target costing*** oder ***activity based costing*** der Neuen Ökonomie erst möglich machen. Diese Tagträumer gilt es in den Realraum zurückzuholen. Ohne angewandte Vektorkunde, sprich Analyse und Kritik von Interessen des Marktes und politischer Ökonomie und gleichzeitigem Versuch von ***Realisierung*** neuer Architektur wird es kaum gehen. Denn: Das Dahinschwinden eines emphatisch-öffentlichen Raums liegt auch in der eklatanten Folgenlosigkeit all dessen, was sich in ihm noch ereignet.

TAKE 7. AUSBLICK

Der soziale Raum wird antagonistisch durchdrungen von Netzwerken und Beziehungen, die ständig im Begriff sind, sich auszudifferenzieren. Im Widerspruch zu diesen Entwicklungen streben die Akteure im Raum jedoch nach einer Homogenität, die es erlaubt, zum einen strategisch, systematisch und logisch zu agieren und zum anderen reduktive, also vereinfachende Repräsentationen anzubieten. Gleichzeitig wird diese Homogenität angegriffen von Ausdifferenzierungen, Störungen, unkontrollierbaren Bewegungen. Das bedeutet, der logische Raum von Tausch und Tauschwert wird durchsetzt von nonlinearen Erschütterungen, Subsystemen usw. Es erwächst ein Provisorium, welches nicht mehr als Zustand des Zu-Bewältigenden gedacht und gelesen werden kann. Das Provisorium ist der Status quo an sich. Daraus folgt, dass im alltäglichen Leben fortwährend Unordnungen, Ambiguitäten und Potenzialitäten zu einer neuen kulturellen Lebensweise des konstanten Improvisierens zusammenfließen: zu einer Lebensweise, die gleichzeitig kontinuierlich und diskontinuierlich ist. Was vormals als Nebenprodukt gedacht war, die Improvisation, wird zum Hauptprodukt gesellschaftlicher Gegenwart. Aus diesem

Paradigmenwechsel erwächst die Aufgabe, Improvisation als Handlungsmodell neu lesbar zu machen und in einen gesellschaftlich relevanten Kontext zu stellen.
Die radikale Komplexität der neuen Topologie des Sozialen ist irreduzibel. Sie steht in der Normativität einer absoluten Improvisation, welche den Verzicht auf die bloße Reproduktion bewährter Typologien und stereotyper Musterlösungen impliziert. Aus dieser Normativität erwächst Improvisation als ein Handlungskonzept, welches seine Lösungen und Hindernisse im Prozessieren von und der Auseinandersetzung mit der Situation selbst erstellt. Der daraus resultierende Zustand der „permanenten Krisis“[9] ist nicht dramatisch, sondern spielerisch, nicht selbstreferenziell, sondern von dauernden Interventionen durchdrungen. Improvisation wäre dann die Fähigkeit, reversible Standpunkte zu erzeugen (*reverse competence*), ohne opportunistisch zu sein. Begleitet wird dieses Verfahren von einer Metaphilosophie, die eine Transition von Philosophie zu einer metaphilosophischen Anschauung, die gleichzeitig komplex und alltäglich agiert, bewältigt hat.
Metaphilosophie der Improvisation wäre dann der neue Kontext, in dem Theorien und Konzepte als Zeicheneinheiten von ihrem philosophischen Kontext gelöst und in ein differenzielles Feld des Praktischen gestellt werden.

11 Raumlabor: Stick on City, 2008

12 Raumlabor: Giardini Treasure Map, Venedig, Oktober 2006

KP _ 10
Die Praxis der „jungen Architektenbewegung", deren neue Organisations- und Handlungsformen sich nicht nur auf die Architektur beschränken, sondern sich auch als Teil der gesamtgesellschaftlichen Veränderung verstehen, bietet ein unerschöpfliches Reservoir an konkreten „Erfahrungsprotokollen". Die Theorie ihrer spezifischen Wirksamkeit ist jedoch zum großen Teil noch zu erarbeiten. Der vorliegende Text ist als ein solcher Ansatz zu verstehen. Dabei ist der Gesamtkomplex des Abarbeitens an und des Umgangs mit der Lage als umfassender Situation zentral und zuvorderst von der Frage des Seins bestimmt. Erst durch die Einfassung des Horizonts der Lage in einen „aleatorischen Materialismus" lassen sich widersprüchliche Handlungslogiken ontologisch begründen.
Der Text ist eine stark erweiterte und überarbeitete Fassung eines Katalogbeitrags zur Ausstellung „find the gap" in der Aedes Galerie Berlin im Jahr 2005.

10

DIE LAGE, DIE LAGE, DIE LAGE

Nach einer alten Weisheit bestimmen darüber, wie Architektur stattfindet, immer drei Faktoren: die Lage, die Lage und – die Lage. Primär gemeint ist hier natürlich das Topologische. Für die Architekturpraxis leitet sich „daraus der übliche Nachmittagsausflug ab, an dem man fleißig mit der Digitalkamera alles aufnimmt, was wichtig erscheint". (Raumlabor) Um die Arbeitsweise der jungen Architekten, um die es hier geht, zu beschreiben, möchte ich mich auch des Lagebegriffs, jedoch in seinem ***strategischen*** Sinn, bedienen: Mit Lage ist dann eine spezifische historische Situation, ein besonderer Lebensumstand, in seiner Umfasstheit gemeint.

DIE LAGE

Sich mit der Lage auseinandersetzen bedeutet zuvorderst: Nicht die generelle Natur der Dinge, sondern das, was im Spezifischen begründet liegt, ist interessant. Es geht um die Einzigartigkeit dessen, was jeweilig der Fall ist. So können wir sagen, dass die aktuellen Architektur-Gruppen nicht die Architektur als Generelles infrage stellen: Das Generelle, das Allgemeine interessiert sie gar nicht. Es geht ihnen beim Entwerfen vielmehr um Filterungsprozesse, die „nicht auf Wissenschaftlichkeit und Allgemeingültigkeit (...), sondern auf eine subjektive Ideenentwicklung (...) ausgerichtet sind". (Raumlabor, Abb. 11 und 12, S. 116) „Prozesse, die an einem Ort ablaufen" , werden zur Lagebestimmung wichtig. Aus den „sicht- wie unsichtbaren Stimmungsqualitäten eines Ortes ***entwickelt***

sich eine spürbare Architektur, die Kommunikation provoziert und als sozialer Katalysator agiert". (Baupiloten)
Was bedeutet es aber, *in* der Lage zu denken und zu handeln? Es impliziert eine Praxis, die die aktive, situationsspezifische und konstruktive Bespielung von Komplexität und Unordnung ermöglicht. Diese Praxis beinhaltet den Einbezug aller konkreten Umstände und den spielerischen Umgang sowohl mit als auch die reflektierte Aneignung von Raum. KARO: „Die vorgefundene Realität ist Ressource und Ausganspunkt für ergebnisoffene Prozesse, zumeist im Kontext von urbanen Transformationen." *In* der Lage zu denken bedeutet weiterhin, keinen externen Rationalraum der kritischen Vernunft anzunehmen, sondern den gelebten Lebensraum als Raum des Emergierens von Problemen und Lösungen im Handeln selbst zu interpretieren – „to emphasize an understanding regarding the culture of space that inhabits a potential disgression from architecture and urbanism into the notion of practice itself". (Miessen) Es erwächst ein neues Selbstverständnis des Architekten: Er ist nicht mehr der von außen schauende Problemlöser, sondern ist selbst Teil des Lebensraums, den er bespielt und mit produziert. „Stadt geschieht im Kopf, bei denjenigen, die hier leben, arbeiten, entscheiden–überall, aber nicht auf dem Reissbrett." (Bb22)

DOPPELTE BEWEGUNG

In den Begriffen der Kategorie der Lage zu denken, bedeutet nicht, über die Lage nachzudenken, so wie man über ein konkretes Ensemble von Daten nachdenkt. Wenn junge Architekten über unkonventionelle künstlerische, performative Strategien reflektieren, so tun sie dies nicht, um die Lage zu überrumpeln. Umgekehrt entscheidet die Lage aber auch nicht abschließend über den Prozess, auch wenn sie das Problem neuer Strategien stellt. Vielmehr ist eine doppelte Bewegung im Spiel. Weder ist es die Lage allein noch die aktive Handlung, die über das Gelingen entscheiden. Es entfaltet sich eine Dialektik des Konflikts, die nicht auf der Ebene der Harmonie von Erfahrung und auch nicht auf der Ebene der Koordination von Handlungen lösbar ist. Vielmehr bleibt die Möglichkeit der Übersetzung, der Transformation und Transposition: Die Grenzen des Prozesses bilden und verändern sich in dem Prozess selbst. Es geht um „Formen, die (...) aus einer projektimmanenten Logik heraus nachvollzogen und in ihrem spezifischen kulturellen Kontext verstanden werden können". (Behles und Jochimsen) Alternatives Handeln ist dann nicht Widerstand, sondern Transformation. Bb22 bringen es mit ihrem stadtSALON auf den Punkt: „Dies ist kein Gegenmodell zum Herrschaftsmodell, sondern Vorbildmodell für Veränderung."

THE GAP

Bei der Analyse der opponierenden und heterogenen Kräfte, welche die Lage enthält und arrangiert, stoßen wir auf einen besonderen Raum: den leeren Raum. Eine Lücke, *gap*, die leer ist, um bespielt zu werden, leer, um ausgefüllt und produziert zu werden durch die Handlung spezifischer Akteure. Wenn wir nach *gaps* Ausschau halten, suchen wir nicht nach einer Position, von der aus sich Gesellschaft als Ganzes begründen lässt, nach dem Motto: „So wird's gemacht!" Stattdessen wird es möglich, selbst einen Punkt zu machen und zu sagen: „So mache ich es!“ Daraus aber eine völlig subjektivierte, als amorphes Patchwork sich gestaltende Gesellschaft abzuleiten, wäre zu kurz gedacht. Wir können hier von ***contingent foundations*** sprechen – von partiellen politischen Gründungsversuchen jenseits postmoderner Beliebigkeit. Mit dem Begriff der intensiven Latenz lässt sich dies fassen: Etwas Gemeinsames entsteht, ohne sich auf einen allgemeingültigen Grund zu beziehen. Der universelle Grund wird für die Praxis nicht herangezogen, während er, in einer anderen Ebene, als unhintergehbare Dimension des Sozialen erhalten bleibt.

INTENSIVE LATENZ

Es bleibt die Frage: In welcher Form sind die positiven Kräfte erhältlich? Ich habe für diese Form den Begriff der *Impro-Combo* eingeführt. Die *Impro-Combo* ist eine lose Gruppe, die nicht von einer Verpflichtung aufs Kollektiv lebt, sondern von der ***intensiven Latenz***: Jederzeit ist ein Zusammenschluss möglich, jedoch immer projektbezogen. Team 444 machen deutlich: „Wir argumentieren gegen das herkömmliche Verständnis des Büros als einzig funktionierende Produktionsstätte für Architektur. Wir favorisieren das Arbeiten in Projekten.“ Intensive Latenz heißt für Lena Kleinheinz von Magma (Sub-Combo von Raumlabor): „Unsere Relation zum Raumlabor ist konstant ambivalent. Zu Zeiten ist Raumlabor für uns wenig mehr als ein Arbeitsraum mit Türblättern auf Holzböcken und Computernetzwerk. Andererseits können wir in der Gruppe schnell und unkompliziert Positionen anderer kennenlernen und im Gegenzug eigene Ideen einbringen.“ Gefragt ist ein „Verschalten nach Bedarf“, so Team 444, um „gemeinsam mit Partnern neuen Möglichkeiten Raum und Wirklichkeit zu verschaffen“.

VERTRAUEN

So verstehen sich zum Beispiel osa als „eine neue Art von Netzwerkgemeinschaft, die sich in alter Freundschaft und erprobter Teamarbeit“ verbunden fühlen. Sie begreifen sich als „recht lose und stets temporäre Gruppe“ ohne Ideologie. In diesem Kontext ist jedoch zu bedenken, dass in informellen Netzwerken, in denen sich Leben und Arbeiten überschneiden, Freundschaft nicht nur Freundschaft ist, sondern auch Steuerungsinstrument. Das ist normal, enthält jedoch eine wichtige Bedingung: Vertrauen. Was aber ist Vertrauen? Als soziales Kapital ist Vertrauen schlicht Vertrauen in die Mitmenschen, in das soziale Umfeld. Der Akteur kann nur dann risikobereit sein, wenn er im Falle des Scheiterns auf ein bestimmtes Maß an Solidarität vertrauen kann. Flexibilität wird nur dann angenommen, wenn man sich darauf verlassen kann, dass einem offenen Lebensstil mit Respekt begegnet wird. Davon sind wir oberflächlich gesehen weit entfernt: Die Gesellschaft muss nicht nur das Schrumpfen, sie muss auch den Umgang mit scheiternden Unternehmungen neu lernen. Dennoch, in den Mikrobewegungen und Kriechströmen derer, die aktiv den neuen Raum bespielen, zeichnet sich bereits die Lösung selbst ab.
Der Systemtheoretiker Niklas Luhmann definiert Vertrauen als eine Reduktion von Komplexität, die in ihrer reinsten Form nur im Inneren der Mafia anzutreffen sei. Sprechen wir also ruhig wie Team 444 von der „positiven Mafia: gegenseitiger Respekt – gegenseitiges Interesse – gegenseitiges Fördern“.

RISIKEN UND NEBENWIRKUNGEN

Dabei ist klar, dass in der Nutzung der Strategien des Pop und des Konsumismus (und damit des Performativen, der Partizipation und der Flexibilität) Risiken begründet liegen. Wenn nun gerufen wird: „Die Baupiloten ermutigen die zukünftigen NutzerInnen an der Konzeption ihrer Bauten zu partizipieren" oder bei osa die Rede ist von „der nicht nur symbolischen Aktivierung des passiven Rezipienten zum aktiven Partizipienten und konsumierenden User" könnte grenzenlose Naivität unterstellt werden. Oder wenn Plattformnachwuchsarchitekten von einem informellen Netzwerk sprechen, das Raum für „Eigeninitiative und Engagement einer nachwachsenden Generation kreativ und interdisziplinär denkender Planer bietet" oder Komplizen „zukunftsträchtige Themen mit gesellschaftlicher Relevanz" auf *sportification* herunterbrechen, könnte man suggerieren, dass hier genau dem Modell des neoliberalen Subjekts Spalier gestanden wird. Dann bliebe die Frage offen, ob die Anleitung zur Partizipation, Flexibilität und Offenheit nicht in der Konstituierung von Wärmemetaphern dessen stecken bleibt, was indirekt zur Ausbeutung und Entfremdung der Menschen beiträgt.
Diese Argumentation greift jedoch zu kurz. Sie vergisst, dass Lebenshaltung (als Form) heute sowohl an den Geist der Zeit anschließbar ist wie auch an die vielfältigen Einsprüche gegen denselben. Es ist richtig: Der Kommerz hat die Sehnsüchte nach Selbstverwirklichung verallgemeinert und instrumentalisiert. Das klappt aber nie vollständig – es bleibt immer ein Rest, ein Überschuss zurück. Und in diesem Überschuss, in dieser *gap* suchen die jungen Architekten nach dem authentischen Wir. Wie wollen wir, jenseits des Hamsterrads, sinnvolle Existenz, sinnvolle Räume gestalten? Dahinter steht das Anliegen, die Maxime der Moderne, den Gegensatz zwischen Sein und Begründen zu überwinden. Wenn wir annehmen, dass der Realraum nicht mehr irgendwo „da draußen" ist und wir uns in einem Rational-Raum der Vernunft, „da drinnen", auf ihn gebührend vorbereiten, also wenn wir annehmen, dass die Lösungen im Realraum der Lebenspraxis selbst entstehen, wird die Argumentation frisch: Unsere Suche nach Lösungen ist dann bereits der innerste Bestandteil der Realität selbst.
In diesem Augenblick ändern sich die Wertigkeiten aller Elemente der Lage: Sie werden reale oder potenzielle Kräfte in ihrem Anliegen der Praxis und ihre Beziehungen werden zu Vektoren im gesellschaftlichen Raum, also Felder von Kräftebeziehungen, nutzbar „für experimentelle Gestaltung und Transformation". (osa)

WHAT'S NEW?

Es ist dann die Aufgabe der jungen Architekten, Gestalt zu einem Material zu fügen, das bereits in der Situation gegeben ist. Inhalt dieser Gestaltung ist jedoch nicht Fixierung, sondern Transition und Transformation. Objekt ist dann die konkrete Formulierung eines Problems der konkreten Praxis der Formierung der Zusammenarbeit. Diese Zusammenarbeit ist weder rein auf eine übergeordnete Organisation noch auf Vereinzelung bezogen. Weder dient ihr eine Gesellschaft als Ganzes als Feld noch wird die autistische Rolle des Star-Architekten angestrebt. Entscheidend ist und bleibt die Lage. Dies ist gemeint, wenn Miessen und Cupers konstatieren: „Rather than defining our work within the format of an office, we continue to pursue both site-specific and academic projects generated by the multiple dimensions of the city." Raum wird dann Produzierendes und Produziertes in

einem kontinuierlichen Prozess, der als Generator für Wissen, für Struktur, Funktion und Form fungiert. Architektonisches Arbeiten heißt dann auch: Forschen.
Wenn schoper.schoper betonen, dass sie „nicht das Neue um des Neuen willen" suchen, treffen sie den Punkt. Gesten der Rebellion sind heute dazu verdammt, Zitate früherer Aufsässigkeit zu sein. Wenn also die neuen Köpfe an alternativen Wegen arbeiten, sind sie sich über eins im Klaren: dass es nicht den einen Ort der Macht gibt, den man zu überrennen hat, damit die Welt besser wird. Stattdessen erleben sie eine Welt der Kleinteiligkeit und der losen Fäden, in der auch das pathetische Dagegensein mitunter zur exzentrischen Art des Mittuns wird. Die junge Architektenschaft lässt sich dadurch aber nicht zu zynischem Phlegma hinreißen oder von herbeigeschworenem Utopieverlust lähmen, sondern tut was sie kann: Bei allem Nachdenken über die Grenzen des Engagements entscheidet sie sich nicht für die Grenze, sondern für das Engagement. Umgang mit Leben ist dann nicht Planen außerhalb von, sondern Improvisieren im Leben: Es erwächst ein Rollenmodell von Architekt, der aus der Lücke heraus operiert, aber immer tätig ist, liest, ausgeht, performt und ***socialized.*** Er macht sein Ding, spielt halb mit, halb verweigert er sich, nach Bedarf sich einklinkend in den Groove des Marktes, dessen Beats er freilich virtuos beherrscht. Im *live-remix* als Lebensweise durchdringen sich so Kunstszene, Theoriecommunity, Popaufklärung und soziale Bewegungen. Nicht ohne Verwirrung zu stiften: „wir arbeiten auf mehreren ebenen gleichzeitig, was immer wieder zu wahrnehmungsirritationen aufseiten der bauherren/auftraggeber, der nutzer und der medien führt." (Raumlabor)
Das In-der-Lage-Sein, Situationen von innen zu erzeugen, schafft so den Raum für einen Materialismus des Remix, einen Raum eines anderen Möglichen im Gegebenen. Dabei geht es nicht um ein Antizipieren von Zukunft, sondern um eine Veränderung der inneren Haltung: Der Erfolg einer Intervention hängt von dem inneren Ort ab, aus dem heraus die Intervenierenden handeln.

ÜBERSCHREITUNG DES ZUFALLS

Wir sagten: Die Lage ist nicht planbar, sondern entsteht im Moment. Das ist jedoch kein Grund zur Sorge: „da günstige Bedingungen unvermeidlich erscheinen werden, (...) ist es offensichtlich, daß jede bewußte Initiative, die dazu neigt, diese Bedingung einzunehmen und zu planen, nicht nur nutzlos ist, sondern sogar [auch] schädlich."[1] Darauf gehen Bb22 ein: „Deshalb war der Plan kein Plan, sondern eine Sammlung großer und kleiner Ideen." Und schoper.schoper betonen: „Wir richten den Blick auf das erzählerische Potenzial von Nicht-Architektur, auf den architektonischen Unfall oder Zufall." Bb22 machen aus dem Quartiersbüro im Frankfurter Bahnhofsviertel ein „Anbahnungsinstitut für den Zufall", einen Ort, „an dem aus dem Aufeinandertreffen vieler Interessen konkrete Projekte entstehen. (...) Wichtig ist, dass dem Zufall und der Gelegenheit viele Chancen gegeben werden." Was heißt das aber, dem Zufall eine Chance geben? Macht man es sich damit nicht zu einfach? Werden langjährig erarbeitete Ordnungstraditionen und -werte einfach über den Haufen geworfen? Es verhält sich komplizierter.
Eine mögliche Interpretation wäre, den Kern dieser architektonischen Arbeitsweise in Anlehnung an den französischen Philosophen Louis Althusser als einen Materialismus der ***Aleatorik***[2] zu lesen. Das Attribut aleatorisch bedeutet hier mehr als nur den Verweis auf die bloße Unvorhersehbarkeit des Entstehens einer Situation. In den Worten Althussers:

„A materialism of the encounter, hence of the aleatory and of contingency, which is completely opposed (...) to the various registered materialisms, including the materialism commonly attributed to Marx, Engels and Lenin, which, like every materialism in the rationalist tradition is a materialism of necessity and teleology, that is to say, a transformed and disguised form of idealism."[3]
Aleatorischer Materialismus unterscheidet sich vom dialektischen Materialismus also dadurch, dass sein Ansatz nicht teleologisch geprägt ist, sondern von einer völlig offenen Struktur ausgeht. Dies geschieht durch ein Analyseverfahren, in dem Begriffe wie Notwendigkeit, Zielgerichtetheit und reine Funktionalität zugunsten des Ereignisses, das unerwartet eintreten kann, und das als solches strukturbestimmend ist, aufgegeben werden. Das bedeutet, dass die inneren und äußeren Grenzen eines Prozesses sich als Grenzen der eigenen Kraft im Verhältnis zu entgegenwirkenden Kräften verstehen lassen. Dies mündet zwangsläufig in eine Offenheit, die sich der Unvorhersehbarkeit von aktueller Praxis öffnet. Praxis beginnt aus dem Nichts, aus der Lücke: the *gap*. Wer von dort beginnt, kann alles sein: „ultimately start from nothing, and be nothing to start with. Once again, nothingness – or, rather, the aleatory void."[4] Der Raum ist formal leer, aber strukturell voll – um durch diejenigen Kräfte konstituiert zu werden, die fähig sind, sich in der Aufgabe, die durch die Lage gestellt wird, zu bewegen.
Wie aber erkennen wir eine solche Lücke? Wir sind es gewohnt, Typologien von Dingen (z.B. Gebäuden) herzustellen. Was aber nun in den Fokus rückt, sind Typologien von Situationen. Althusser unterscheidet in diesem Zusammenhang die Form der Korrespondenz, der Nicht-Korrespondenz und der verzögerten Korrespondenz von Situationen. Korrespondenz ist eine begrenzte, sozusagen die günstigste Form: Glück und Konjunktur, verstanden als eine Gelegenheit, in der eine materiale Konstellation bereit ist, eine Form zu empfangen, fallen in eins mit der politischen Tugend, die darin besteht, zu entscheiden, welche Form der aleatorisch-materialen Konstellation gegeben werden kann – und zwar ohne dass man im Vorhinein Formen annimmt und projiziert. Im Falle der Nicht-Korrespondenz kann zwar Glück eine Rolle spielen (man bekommt einen Auftrag etc.), aber die zugehörige Tugend fehlt: Die Form kann keine nachhaltige Wirkung über einen längeren Zeitraum entfalten. In der verzögerten Korrespondenz schließlich kann Tugend über einen Zeitraum entwickelt werden. In einem längeren Prozess erwirbt sich das Individuum die Tugend: „he will then be able to recapture this sheer fortuna by his virtù, transform the fortune of an instant into political duration via virtù. As we can see, everything revolves around the encounter and non-encounter, the correspondence and non-correspondence of fortuna and virtù."[5] In der Lage sein zu können, wird also nicht nur von den faktischen Bedingungen einer Situation beeinflusst, sondern auch und vor allem von der extremen Präzision der Bestimmung der Formen des „encounter between conjuncture and the exceptional individual, as well as the political practise"[6] . In der Gestaltung des relationalen Aufeinandertreffens von Konjunktur und Tugend äußert sich die Befähigung, sich als in der Lage seiend zu konstituieren und damit das Prinzip des Ortes zu bestimmen, von dem aus die Lage sich ausdehnen kann. Althusser formuliert und konzipiert dies nicht als erkenntnistheoretische, sondern vor allem politische Fragestellung – als Widerspruch in der Wirklichkeit, der nicht durch das Denken, sondern nur durch Wirklichkeit transformiert werden kann. Diese Wandlung entfaltet sich unvorhersehbar als konkrete Form des politischen Begegnens. Nur dessen Bedingungen sind es, die feststehen.

Aus der aleatorischen Begegnung emergiert der Raum für politische Praxis. Dieser Raum besteht nicht aus Dingen, sondern aus Performanzen, das heißt Handlungs-, Produktions- bzw. Organisationsweisen. Gemeint ist eine bestimmte politische Art, die Diskrepanz zwischen Vorhersehbarem und Unvorhersehbarem als Handlung zu organisieren. In dieser Handlungsweise liegt die Fähigkeit begriffen, Ort und Material als formlos zu fassen, um diesen Form geben zu können. Das bedeutet gerade nicht, informell zu denken, denn die Form spielt eine eminent wichtige Rolle. Das Verfahren impliziert nur einen anderen Blick: den auf die Performanz, des In-die-Welt-Kommens von Handlung als Neu-Versammlung von Konstellationen. Die Verfahrensweise besteht darin, Situationen in Einzelteile zu zerlegen, um sie mittels Tugend neu zusammenfügen zu können und ihnen mit ein wenig Glück dauerhafte Strukturen zu verleihen. Man könnte deshalb auch sagen, dass hier Form strukturell interpretiert wird.

Konjunktur ist dann nicht einfach die Summe von Elementen oder Aufzählung von Umständen, sondern ihr widersprüchliches Zusammenspiel, aus dem die politische Forderung als praktische Aufgabe erwächst. Damit tritt ein radikaler Wechsel in der Bedeutung aller Elemente einer Konjunktur ein: Sie werden zu potenziellen Kräften, also Vektoren, einer geschichtlichen Inititative, und ihre Relationen werden zu Relationen der Kräfte. Die Theorie dessen jedoch stellt, als abstrakte Form, nur den Index oder den Effekt konkreter politischer Praxis dar. In der Konjunktur zu denken bedeutet, das Konzept des singulären, aleatorischen Falls anzunehmen. Es impliziert weiterhin, die Determinationen von Situationen ernst zu nehmen. Aber nicht als Form, sondern als zu Formendes, als Struktur. Wie macht man das? Indem man einen Index, einen Katalog aller Umstände herstellt, Strukturen inventarisiert, vergleicht und nach neuen Verschaltmöglichkeiten sucht. In der Begrifflichkeit der Konjunktur zu denken, ist also nicht, über Konjunktur zu denken, so wie man über eine konkrete Anzahl von Daten nachdenkt. Konjunktur zu denken, heißt vielmehr, sich der Frage, die ein bestimmter Fall stellt, anheim zu geben.

Die Bedeutungen drehen sich hier. In unserem Beispiel wollen die jungen Architekten nicht neue Aufträge generieren und verfolgen deshalb eine bestimmte Praxis. Es verhält sich umgekehrt: Es ist die Konjunktur selbst, als Wandel der Stadt, die objektiv-negativ-affirmativ die Frage einer neuen Architekturpraxis stellt. Die neuen *Impro-Combos* registrieren eigentlich nur in objektiver Weise die Frage, die sich durch den geschichtlichen Fall stellt. Dies geschieht jedoch nicht einfach durch theoretische Vergleiche, sondern durch die Konfrontation mit den existierenden Kräften und ihrer Beziehung als ungleichmäßige Entwicklung – mithin ihrer aleatorischen Zukunft.

Nicht universelle Geschichte, nicht Politik im Generellen ist hier avisiert, sondern ein spezifisches Objekt – von dem man vielleicht nicht einmal mehr sagen kann, es sei ein Objekt – und zwar die Formulierung einer bestimmten politischen Fragestellung. Es geht also nicht um die universelle Natur der Dinge, sondern die Wahrheit im spezifischen Ding als Fall. Und dieses Ding ist auch der Grund, die Aufgabe und Frage. In unserem Fall ist es die politische Fragestellung der konkreten Praxis in der Formation zeitgenössischer Stadt. Um Stadt zu konstituieren, braucht es die Kreation von materialen und damit sozialen Zonen der Zirkulation, des Austausches, in dem sich der Prozess der Produktion und Reproduktion vollziehen kann. Die Konstitution dieser urbanen Form der Stadt wird von Konflikten berührt, von Klassenauseinandersetzungen und Kämpfen um neue Produktionsmodi. Die Konstitution der Stadt ist jedoch die eine Sache – die faktischen und relativ

unbestimmten Bedingungen ihrer Verwirklichung als Performanz eine ganz andere. Wenn also durch soziale Konflikte neue Formen im Entstehen begriffen sind, so besteht das Ziel nicht darin, bestehende Formen zu besetzen, sondern das Arrangement bestehender Elemente (Strukturen) zu verändern.
Welche Handlungsweise ist es aber, die es ermöglicht, den Zufall als Material zu gebrauchen? Wie kommt die Vermittlung zwischen Determiniertheit und Zufall zustande? Durch Improvisation, denn Handeln innerhalb des Aleatorischen ist Improvisation. Die „Möglichkeit des Erscheinens einer Lösung, eines günstigen Augenblicks ist nicht vorher sichtbar (...) In dem Nicht wird das Noch-Nicht auf das zu Entstehende hin sich bilden."[7] Improvisation wird dann ontologisches Konzept: Eine Frage des Seins in der Anerkennung dessen, was ist. Behles & Jochimsen: „Wir akzeptieren den Raum." Gestalten lässt sich dies durch die reale Konfrontation mit den eigenen Lebensweisen und ihrer Beziehung der unregelmäßigen Entwicklung, also ihrer aleatorischen, kontingenten Zukunft. Die Lage selbst ist dann ihr eigenes widersprüchliches System, das das praktische Problem wie auch seine historische Lösung indiziert und sich ipso facto zu einer praktischen Aufgabe transformiert. Raumlabor: „Projekte werden aus einer inneren Notwendigkeit heraus losgetreten und entwickelt, ohne dass zunächst ein entsprechender Auftrag vorliegen muss. Der Auftrag folgt dem Projekt."

SITUATION

Vor uns entfaltet sich eine Lage als permanent variierender Zustand, der sich nicht mehr durch ein Ordnungssystem, sondern nur noch durch konstruktive Improvisation bewältigen lässt. Das beinhaltet aber auch, dass die Praktiken Konzepte und Organisationsformen konstruieren, deren innere Logik auf der Operation inkompatibler Logiken basiert. Die Rede von ***produktiver Misere*** (schoper.schoper), vom ***Prinzip Umkehrung*** (Raumlabor) oder von ***bewusster Irritation*** (osa) ist Beweis einer Umstrukturierung des Denkens und Handelns. In diesem Fall hätten wir es mit einer ontologischen Hypothese zu tun und nicht mit einem logischen Erfordernis. Dieses ontologische Erfordernis ist die Formulierung einer Dimension des Grundes, eines ***fluid ground.*** „Das aktive Nomadisieren im Provisorium setzt dann spontanes Agieren und Reagieren als Norm wiederkehrender Paradoxie das Handeln als Kunst: Improvisation."[8]
Um den wahren Charakter der Formulierung eines spezifischen Problems aufzuzeigen, ist es deshalb erforderlich, einen Schritt nach vorn zu machen: jene Konzeption hinter sich zu lassen, die sich vor allem auf das Theoretische beruft, und diese einzutauschen für eine Konzeption, die die Praxis selbst ins Spiel bringt. Dies ist vor allen Dingen ein politischer Schritt. Denn der neuen architektonischen Praxis ist es vor allem um die Gestaltung von Beziehungen zu tun. Beziehungen sind eine politische Angelegenheit und eine zutiefst praktische. Die Praxis dreht sich selbst um die politischen Praktiken. Das bedeutet, dass die Modi des Arbeitens wiederum von der Modalität und der Frage danach, was Arbeit an sich bedeuten kann und soll, berührt werden.
Dabei spielen die Gesetzmäßigkeiten der historischen Architekturpraxis eine Rolle des Strategienspenders. Das Wissen steht immer im Kontext der Formulierung eines konkreten Problems. Die theoretischen Elemente von Typologie (Aldo Rossi) oder Kontext (Colin Rowe) sind als Funktion immer in Bezug auf die zentrale Problematik des Falls arrangiert.

Behles & Jochimsen: „Im Prinzip schließt sich unsere Arbeit an Ungers an“, und: „für uns bleibt Form das Medium der Architektur als Kommunikation zwischen Betrachter und Bauwerk“[9]. Das bedeutet jedoch nicht, prozess- und statistikorientierte Arbeitsweisen abzulehnen: Für Raumlabor ist das Arbeiten „eher Prozess als Produkt“.[10] Der Gegensatz zwischen Prozess und Form wird ganz einfach aufgegeben, ohne sich durch eine postmoderne Formlosigkeit zu betäuben. Christiane Sauer zum Beispiel lenkt die Frage um: Welche Form und wie? Ihr geht es um das Atmosphärische von Materialien[11] jenseits von dogmatischen Grammatiken.

SUBJEKT DER ARCHITEKTUR

„Die“ Architektur – das heißt die architektonische Produktionsweise – weist kein ihr innewohnendes Wesen auf, das sich im Verlauf der Zeit kontinuierlich entfaltet und dabei die Schranken des Vorherigen durchbricht; stattdessen wird Architektur hier als das nicht voraussagbare Ergebnis einer durch das Aufeinandertreffen heterogener Kräfte, Vektoren bewirkten Artikulation diskreter Elemente erklärt, deren Verhältnis in der Folge andauernder Variation unterliegt; als Ergebnis mit abwesender Ur-Sache also. Architektur ist dann in einem bestimmten Raum unter bestimmten komplexen Konditionen entstanden. Ebenso wird ihr Verschwinden in einer anderen Struktur, das heißt die Neuformierung ihrer Elemente, das Ergebnis einer Neuartikulation sein, sei es in der Form eines Bruchs oder einer Permutation. Nach dieser bedeutet die Formel „Find the Gap“ nicht, dass in der Lücke ein neuer und als Maschine besser funktionierender Rationalraum das Objekt des Begehrens sein könne, sondern dass die kommende Praxis das Ereignis aus den Auseinandersetzungen innerhalb der Matrix der Architekturpraxen hervorhebt. Das „Off“ stellt sich so in einer kollektiven Entscheidung her, in der weder der Adressant noch Adressat symbolisch und institutionell repräsentiert werden. Vielmehr enthält die Formel nur einen unbestimmten, immer neu zu schreibenden Auftrag, der als solcher zwischen beiden zirkuliert und eine bisher unbekannte Figur und Form der Gemeinschaftlichkeit und der gesellschaftlichen Solidarität herausfordert. Die junge Architektenschaft steht deshalb nicht im Off, so wie es der Titel der *ARCH+* 166 und 167 suggerieren mag – über diese Suggestion waren einige Partizipanten verstimmt[12] –, sondern das Off wird als Material-Raum für taktische Ausweichmanöver genutzt, und zwar je nach Lage. In dieser improvisatorischen Lesart basiert die Veränderung der Welt nicht auf einer immer schon präformierten Dynamik: Das Ziel der Veränderung besteht nicht in der Schaffung eines neuen Architekturkanons, als eine wiederum „spezielle“ und „abgesondert“ existierende „Maschine“. Damit geht einher, dass sie „kein Subjekt“ hat: keinen im Vorhinein angebbaren und im Nachhinein repräsentierbaren Träger mit feststehenden Intentionen und Interessen „als singuläre Philosophie eines Materialismus der Begegnung“, der politisch gedacht wird und, als solcher, nichts Gegebenes voraussetzt.[13] Mit dieser Bestimmung ist der Abstand angezeigt, der die improvisatorische Praxis von vorhergehenden Praxen trennt. Die Tatsache, dass wir die Realität nie ganz erfassen können, ist kein Makel, sondern Zeichen für die Kontingenz des Realen: Improvisation als Aktualisierung, als Transformation.Wenn wir also Architektur im Feld der Improvisations-Kohärenz beschreiben, ist ein strenger Begriff von Identität nicht mehr haltbar. Vielmehr handelt es sich um Ähnlichkeiten, Gemeinsamkeiten in der Praxis von Subjekten. Diese sind jedoch nicht als deckungsgleiche Identitäten

von Praxen beschreibbar, sondern als relationale Anordnung korrelierender Ähnlichkeiten und Affinitäten. Im Laufe von Lebenszeit und der Akkumulation von Improvisationsprojekten innerhalb unterschiedlicher Kontexte wirkt die Kohärenz auf das Individuum zurück und erzeugt einen roten Faden jenseits rein gesellschaftlich bestimmter Regelwerke. Die Meisterschaft der Improvisation nimmt zu und gleichzeitig deren Organisation: Man lernt, Improvisation zu organisieren, neue Strukturen zu schaffen, sich umfassendere, differenziertere Handlungsoptionen anzueignen. Dennoch stehen alle neuen Situationen in engem Zusammenhang mit der Vergangenheit, als Projektion und Möglichkeit von Kohärenz und Authentizität. So erzeugt Improvisation Stabilität erst in der Zeit. Stabilität und Kohärenz der Improvisation bedeuten aber nicht, wie oben gezeigt, dass es sich hier um ein schlüssiges, widerspruchsfreies System von Dispositionen, Ordnungen und Regeln handelt. Denn gerade weil Improvisation auf Veränderung angewiesen ist, ist sie auch für Destabilisierung anfällig. Mit der Fähigkeit, auf Veränderungen zu reagieren und sie selbst mit zu erzeugen, kann Improvisation besser als statische Systeme mit Komplexität umgehen. Dem liegt die Argumentation zugrunde, dass Improvisation als Ort des Widerstands ein ihr selbst widerständiges Element enthält. Dieses nicht-widerständige Element könnte dann Improvisation daran hindern, sich in sich selbst abzuschließen. In der Beziehung zwischen Subjekt und Improvisation gibt es dann etwas, das weder dem Subjekt noch der Improvisation gehört. Dieses Etwas ist jedoch kein Ding, sondern ein Raum – *gap* – der Leer-Ort, von dem aus die jungen Architekten ihre Haltung gewinnen.
Allerdings: Wenn ich in diesem Kontext von „den jungen Architekten" als Protagonisten einer Generation spreche, möchte ich vermeiden, den Kollektivsingular für so absolut zu nehmen, wie dies aktuell oft der Fall ist. Je mehr sich die Gesellschaft angleicht, und kulturell alle Teil der gleichen Pop- und Massenkultur geworden sind, je mehr scheint der Gebrauch des Begriffs „Generation" ein Bedürfnis nach Identifikation zu befriedigen. Und: In Zeiten der Überdeterminierung und Fragmentierung wird die Sehnsucht nach Differenz, nach klaren Fronten durchaus nachvollziehbar. Dennoch sollte überdacht werden, dass das Konzept, Architektur, Politik oder dergleichen unter dem Aspekt der Generation zu betrachten, problematisch bleibt. Mit der Rede von „meiner Generation" sind wir schnell bei der Hand, skizzieren damit ein scheinbar folgenloses, aber bedeutsames Ungefähr, eine ebenso auftrumpfende wie flüchtige Geste – zielend auf das Versprechen einer Zugehörigkeit, die nichts kostet. Generation als Kriterium bedeutet dann ganz schlicht undifferenzierte Vereinfachung und Ersatzhandlung für Distinktion. Aber dennoch: Der Begriff birgt einen wahren Kern. Bezogen auf ihre aleatorisch-geschichtliche Materialität *hat* die Lage des Gesellschaftlichen sich geändert und diejenigen, die heute in einer bestimmten Lebensphase sind, haben lebensgeschichtlich mit ganz lagespezifischen Problemen zu tun und reagieren auf diese in ausdifferenzierter Art und Weise. Das bedeutet auch: Für sie haben Prozesse und Entwicklungen Handlungsformen, die bereits aus einer früheren Epoche stammen mögen, eine aktuell andere Relevanz.

SCHWINGUNG

Lassen wir uns einen Moment Zeit, um innezuhalten: Wir sehen klar, dass sich die Modalität des Objekts geändert hat. Wir haben es nicht länger mit der puren Objektivität typologischer, symbolischer oder morphologischer Gesetzmäßigkeiten à la Rossi oder

Ungers zu tun. Nicht, dass sie verschwunden wären, ganz im Gegenteil, sie werden nur in unzähligen Variationen invoziert, sodass sie beginnen, sich selbst zu erklären. Die Wahrheiten, die so produziert werden, werden jedoch allein unter dem Stimulus der Lage hervorgerufen. Und kaum, dass sie produziert werden, sind sie bereits unter Modifikation in ihrer Modalität durch ihre eigene Intervention in die Lage, wie sich auch die Lage durch die Intervention modifiziert. Das Ergebnis ist etwas, das wir als Schwingung des Status der Lösungen bezeichnen können: Die Lösungen werden von ihrer eigenen Produktion unterminiert – von der improvisatorischen Praxis selbst. Um diese Verschiebung zu übersetzen, können wir davon sprechen, dass sie ihren Raum ändern. Der theoretische Raum wird nicht aufgegeben, sondern konstanten Auseinandersetzungen mit der realen Praxis ausgesetzt. Der theoretische Raum hat kein Subjekt, während der praktisch-gesellschaftliche Raum über Akteure verfügt. War bei Marx dieses gesellschaftliche Subjekt noch als Klasse definiert, so hat sich diese Kategorie heute überholt.[14] Es ist im Gegenteil die Rede von einer totalen Subjektivierung. So sagt der Soziologe Alain Ehrenberg: „Weil das von einer republikanischen Bürgerschaft als Lösung versprochene Gesellschaftsmodell der Herrschaftsverhältnisse zwischen Klassen dabei ist, zusammenzubrechen, ja, das Bild der Klassengesellschaft als solches seine Kraft verliert, beginnt die persönliche Erschöpfung den Platz der Emanzipation und das Erscheinen der Individuen den ihrer Ununterscheidbarkeit einzunehmen."[15] Die Unterwerfung des Subjekts unter das Projekt des Neoliberalismus lässt seine Identität nicht unberührt: Die Akteure fragmentieren, die Forderungen zerstreuen sich über das soziale Feld. Die in sich widersprüchliche Folge dessen zeigt sich auf der einen Seite in der besseren Integrierbarkeit der Akteure in das System und auf der anderen Seite als Multiplikation der Bruchstellen und Inkompatibilitäten mit dem System. Dies erzeugt eine ambivalente Situation, die durch die Vervielfachung neuer politischer und sozialer Identitäten gekennzeichnet ist. Von der absoluten Vereinzelung der Subjekte zu sprechen, hieße aber, die intensive Latenz zu ignorieren: Sie ist es, die uns von Beziehungen von dispersen, immer wechselnden Konstellationen von Akteuren im gesellschaftlichen Raum sprechen lässt. Rein partikularistische Strategien, die unfähig zu spontan-latenten Koalitionen sind, befinden sich in ständiger Gefahr, in Segregationismus und Selbst-Apartheid zu münden. Umgekehrt löst das Erbe des Aufklärungsrationalismus à la Habermas die Spannung zugunsten eines Universalismus auf, der qua Konsens alle Partikularismen transzendiert. Das Konzept der intensiven Latenz negiert Universalität nicht, sondern verschiebt ihren Ort. Per Invertierung ihres Status wird Universalität zum Namen einer unmöglichen Gründung: zu einem leeren oder negativen Raum – *gap*.

10

Leer bedeutet jedoch nicht, dass die *gap* nicht bereits okkupiert sei: Machtstrukturen sind auch hier am Werk. Sie sind jedoch nicht repräsentierbar. Henri Lefebvre spricht in diesem Zusammenhang von Raumqualitäten: Die Zeit der Repräsentationen von Raum sind vorbei, und zwar genau deshalb, weil der Raum der Lage nicht repräsentiert werden kann. Daraus folgt: Der alltäglich gelebte Raum wird für uns heute entscheidend, denn er kommt ohne Repräsentation aus: In ihm entwirft sich derjenige topologische Raum, der den Ort bezeichnet, der gleichzeitig Handlung produziert und aus dem Handlung produziert wird – als Element der Transformation eben dieses Raums.

13 Ton Matton: Skizzenserie, Straße, 2008

14 Ton Matton: Zwartsluis, 2008

KP _ 11
Wenn die Ausrichtung der Planungs- und Gestaltungsprozesse von Architektur und Stadtplanung auf die physische Objekt-Form von Stadt immer weniger Erfolg verspricht, bedeutet dies nicht, Form zu negieren, sondern antizipatorisch mit den Kontingenzen urbaner Situationen umzugehen. Form heißt dann: Prozesse als offene Rahmungen zu strukturieren – als Metaform. Als praktische Arbeit an der Metaform bringe ich den niederländischen Architekten und Stadtplaner Ton Matton ins Spiel. Matton lebt seit zehn Jahren in einem Dorf bei Schwerin. Hier entwickelte er seine Ökologie der Autarkie, die vom Einzelobjekt bis hin zu kompletten Planungen sozialer Landschaften reicht.

GESTALTUNG UND INTERESSE.
VERS LES MÉTAFORMES

Städte können geschichtlich als diejenige Errungenschaft gelten, die es den Menschen ermöglicht hat und ermöglicht, die Zunahme von Verdichtung und Komplexität menschlicher Gemeinschaft räumlich zu organisieren. Die Formen der Organisation ändern sich im Laufe der Zeit mit den Städten und ihren Nutzern. Das impliziert: Bauliche Form ist, als Ästhetik, keine an sich gegebene Ordnung eines „Schönen-Wahren-Guten", sondern Teil eines politischen, öffentlichen Diskurses. Und umgekehrt ist Politik an die verräumlichte Organisation als Stadt gebunden. Wenn Stadt als organisierter und zu organisierender Raum ein Ort des Politischen ist, wird die Frage virulent, welche Kräfte in ihr wirken. Der Begriff des Interesses und der Umgang mit ihm rücken dann in den Blick.
Wir sagen: Das Urbane ist ein Prozess, kein Objekt. Ineinandergreifende Interessen, Verhaltensweisen und Handlungen können als Rohmaterialien dieses Prozesses angesehen werden. Gerade weil diese spezifische Gemengelage einer ständigen Transformation unterliegt, ist das Beobachten, Identifizieren und Darstellen, also das Gestalten von Prozessperspektiven als relationale Anordnung von Akteuren, Handlungen und Gruppierungen, von äußerster Wichtigkeit. Deshalb ist es sinnvoll, Prozessperspektiven vor allem auf ihre Minimalstrukturen, Variablen und Interessenlagen hin zu untersuchen. Dabei ist entscheidend, die Zeitbezogenheit dieser Perspektiven nicht aus dem Blick zu verlieren. Um die Wichtigkeit der Interessen und ihre Materialität in Situationsgefügen deutlich zu machen, möchte ich sie mit Vektoren benennen. Vektor ist hier nicht als mathematische

Größe gedacht, sondern als Energie, die eine bestimmte Gerichtetheit aufweist, Handlungsfelder beeinflusst und umgekehrt auch durch Handlungen beeinflusst wird. Das Besondere an Interessen ist, dass sie oft nicht auf den ersten Blick erkennbar sind, von Interessengruppen verschleiert werden und sich auch in der Zeit entwickeln. Interessen sind die ***tacit***, die „stillen" Steuerungsanteile der Interaktion.

Wie aber können wir Interesse definieren? Interesse ist etymologisch betrachtet ein räumlicher Begriff, es stammt vom lateinischen ***inter esse*** ab, was soviel bedeutet wie Zwischen- oder auch Inmitten-Sein. In der Psychologie gilt Interesse als „Bezeichnung für die Tendenz, bestimmte Gegenstände, Ereignisse, Sachverhalte usw. der Umwelt besonders zu beachten und ihnen gegenüber gesteigerte emotionale Anteilnahme zu zeigen, weil sie einen subjektiven Wert darstellen. Interessen werden erworben, sind relativ konstant und können Motive des Handelns werden."[1] Die Philosophie unterscheidet zwischen subjektiven und objektiven Interessen. Als subjektives Interesse gelten Bedürfnisse, Antriebe nach etwas, das Menschen zu erringen wünschen oder zu haben glauben. Als objektives Interesse werden die Bedürfnisse bezeichnet, die man tatsächlich besitzt – unabhängig davon, ob man sich ihrer bewusst ist oder nicht. In beiden Bedeutungen kann man sagen, dass Interesse in unterschiedlichen Maßstäben funktioniert. Sowohl Individuen, Gruppen, Institutionen wie auch Staaten können Interessen haben. Gegenstand des Diskurses ist dann vor allem die Frage nach der Relation zwischen den Maßstäben: Wie gestaltet sich das Verhältnis der Interessen von Individuum, Gruppe, Institutionen und Staat?

Für die alten Griechen konnten Interessen und Konflikte nur auf dem starken Fundament des Grundkonsenses einer Bürgerschaft existieren. Die Polis basierte auf einem klaren Mehrheitsprinzip. Eine Stimme Mehrheit genügte, um Entscheidungen herbeizuführen. Diese riskante Weise, kollektiv zu entscheiden, funktionierte deshalb, weil über die Grundform der Bürgerschaft Einvernehmen bestand. Somit war die Polis vor dem Zerfall in Interessengruppen gefeit. Man war in erster Linie Stadt-Bürger. Wer das Wort erhob, konnte sich nicht auf partikulare Interessen zurückziehen, sondern war in der Pflicht, sich auf das Gemeinwohl zu berufen. Grundkriterium war dann jenes der Zugehörigkeit zur Bürgerschaft.

URTEILEN UND INTERESSE

Es war Immanuel Kant, der erkannte, dass sich hinter der Frage des Interesses nicht nur eine ethische, sondern auch eine ästhetische Dimension verbirgt. Interesse und der Raum des Diskurses von Interessen sind nicht nur zu regulieren, sondern auch zu gestalten. Kant nannte diesen Diskurs-Raum ***sensus communis***: „Unter dem sensus communis aber muss man die Idee eines gemeinschaftlichen Sinnes, d. i. eines Beurteilungsvermögens verstehen, welches in seiner Reflexion auf die Vorstellungsart jedes andern in Gedanken (a priori) Rücksicht nimmt, um gleichsam an die gesamte Menschenvernunft sein Urteil zu halten (…)"[2]. Der Gemeinsinn fordert uns auf, unser Urteil in Bezug zur Öffentlichkeit zu denken. Die urteilende Hinwendung zum Anderen, zur Öffentlichkeit, beinhaltet die Erweiterbarkeit des Urteils. In dieser Öffentlichkeit, in der Anerkennung des Anderen, des Differenten, liegt die Möglichkeit zur Transformation und des Neubeginns. Hannah Arendt zeigt uns hier die Bedeutung von Ästhetik und Politik, sie erkannte den Anfang und dessen Gestaltung als „das Wesen allen und speziell des politischen Handelns"[3]. Es gilt daher, den Begriff des Interesses zu erweitern: vom Eigennutz hin zum Engagement, als Emphase im Öffentlichen. Darin ist auch die Frage danach enthalten, wer an dem Diskurs teilnimmt.

Jede urteilende Handlung, besonders im politischen Sinn, ist von irgendeinem Interesse bestimmt. Jedes Tun ist notwendig von einem Begehren begleitet, das in der Handlung mitschwingt. Interesse ist dann zu deuten als *Dabeisein*, *Teilnehmen*. Dieses Teilnehmen geschieht immer in der Annahme, dass sich das Spiel für uns in irgendeiner Art und Weise lohnt.

Hegel fragt nach den Bedingungen von Interesse als Form. Wie Kant sieht er das Interesse – im Gegensatz zum Bedürfnis – als Artikulation von Wünschen, die sich in einem öffentlichen Zusammenhang realisiert. Im Gegensatz zu Kant aber sieht er Bedürfnisse nicht als gegebenes Material, das moralischen Prüfungen unterzogen wird. Vielmehr denkt er das Bedürfnis prozessual, als selbst einem Verlauf der Gestaltung, der intersubjektiven Entwicklung ausgesetzt. Bedürfnis ist für Hegel mithin plastisches Potenzial, das Spielraum für Transformation offen lässt. Diese Intersubjektivität wird bei Hegel durch den Vorgang der Bildung möglich. Ausgehend von einem noch nicht näher definierten Bedürfnis entwickelt sich ein Prozess der Transformation, der unser Leben mit und unsere Deutung von Welt verändert, ein Prozess, der Bedingungen und Verhältnisse der Teilnahme am Öffentlichen aufscheinen lässt oder, mit Hegel gesprochen, zur Durcharbeitung bringt. „Durcharbeitung" im Konnex von „Bildung" nennt Hegel in der *Rechtsphilosophie* die Transformation „natürlicher" Bedürfnisse in Interessen, die in intersubjektivem, öffentlichem Austausch zu artikulieren sind. Gemeint ist eine „Befreiung", die das Erlangen und Gestalten der Artikulation eines besonderen Wunsches in allgemeingültigen Termini durch die Form seiner Momente (§157) ermöglicht, um so ein Interesse bekunden zu können. „Diese Befreiung ist im Subjekt die harte Arbeit gegen die bloße Subjektivität des Benehmens, (…) Durch diese Arbeit der Bildung ist es aber, daß der subjektive Wille selbst in sich die Objektivität gewinnt, in der er seinerseits allein würdig und fähig ist, die Wirklichkeit der Idee zu sein." (§187) Der Austausch der Interessen wird in der Sphäre der Sittlichkeit als der „zur vorhandenen Welt und zur Natur des Selbstbewußtseins gewordene Begriff der Freiheit" (§142) zu einem sozialen Raum, der als eine „zweite Natur" (§151) zu bestimmen wäre. Der Moment der Befreiung durch Transformation kann an den Moment der Krise gekoppelt sein und zwar dann, wenn Alltagspraxis nicht mehr funktioniert, weil die normativen Vorgaben der regierenden Organe nicht mehr deckungsgleich mit der Rationalität der verallgemeinerbaren Prinzipien sind. In diesem Moment der Krise erscheint die „Gestaltung in der Geschichte" (§138) als Neuformung sozialer Prinzipien.

Heute lässt sich der transformatorische Ort des Urbanen nicht mehr in den Kategorien Bedürfnis versus Interesse, privat versus öffentlich usw. definieren. Vor uns entfaltet sich das Urbane vielmehr als die seismografische Ausdifferenzierung und das gestalterische Spiel mit der soziokulturellen Umgebung. Es geht dabei weder um das Hier des Jetzt noch um das materialistische Feld allein, sondern um die Bewegung zwischen diesen; das Interesse kehrt, in aufgehobener Form als *inter esse* zurück. Das Zwischensein, das Zugegensein stellt Bezüge her, bezeugt zugleich Verbindung und Differenz der Menschen.[4] Die Erzeugung und Simultanität von Differenz ist, so der französische Soziologe und Raumtheoretiker Henri Lefebvre[5], das Hauptcharakteristikum des Urbanen. Differenz macht die Attraktivität, die Energie, die Spannung der Stadt aus. Gleichzeitig ist klar, dass diese Differenz, gerade in Bezug auf unterschiedlichste Interessen, nicht ohne Konflikte zu haben ist. Das bedeutet auch, dass sich Gestalter, die im Kontext der Stadt tätig sind, also zum Beispiel Architekten und Stadtplaner, auch in ihrem eigenen *inter esse*, ihrem Inmitten- und Zwischen-der-Stadtgesellschaft-Sein, immer wieder neu damit auseinandersetzen müssen, was Gestaltung in diesem Kontext eigentlich meint und meinen kann.

TON MATTON – FREE RANGE OFFICE

Was aber ist Gestaltung heute? Die Überforderung des Interesses hin zum Bedürfnis? Ist sie ein Rückschrauben des Interesses auf Bedürfnisse nach dem Prinzip *form follows function*? Ist sie subjektive Autonomie? Es zeigt sich, dass wir gerade vor dem Hintergrund des Interesses einen Gestaltungsbegriff brauchen, der die Frage des *Wie* und des *Weshalb* einer Produktion von Form selbst zum Thema hat.
Es wird deutlich: Genau wie die Artikulation von Interessen ist auch Gestaltung in Verhandlungen über einen spezifischen gesellschaftlichen Raum eingebettet. Damit ist sie an gesellschaftliche Interessenkonflikte gebunden. Will Gestaltung transformatorisch wirken, kann sie jedoch nicht von dem gesamten Raum ausgehen, sondern muss auf induktiv gestalterische Interventionen setzen, um so die Gesellschaft von innen heraus zu verändern. Als Beispiel hierfür möchte ich die interventionistische Architekturpraxis des niederländischen Architekten Ton Matton anführen. (Abb. 13 und 14, S. 128)
Matton ist vor der niederländischen Suburbia-Wohnungspolitik nach Mecklenburg-Vorpommern geflüchtet. Eine ehemalige Grundschule in Wendorf bildet jetzt das Basislager für seine Aktivitäten. In der kleindörflichen Struktur hält Matton ein großes Areal bereit, bestehend aus Gästeateliers und seinem Workshop, aber auch Tieren und Pflanzenanbau. „The fact, that I live in Wendorf doesn't mean that I can't be reached. I live in Central Europe. I have a satellite Internet, a Lada Niva four-wheel drive, and a mobile phone, like everyone else in the Global Village.“[6]
Von Wendorf aus arbeitet Matton in unterschiedlichen Konstellationen an minimalen Interventionen, an Irritationen der Alltäglichkeit. Matton ist Architekt, arbeitet aber an der permanenten Erweiterung des Begriffs von Architektur, setzt sich intensiv experimentell mit der Problematik von Planung und Raumordnung auseinander. Eine wesentliche Strategie des Experiments von Ton Matton ist es, gängige Funktionsgemengelagen zu drehen, kontextuell zu verschieben oder ad absurdum zu führen und so ein neues Nachdenken über den gesellschaftlichen Raum und seine Gestaltung zu erzeugen.
Planung wird dann genau anders herum gedacht: Was passiert, wenn Interventionen im Kleinen Reflexionen über die Totalität auslösen, ohne zu vernachlässigen, dass eigene Interventionen immer einen Teil der Totalität darstellen? Man kann nicht verhindern, dass man Raum produziert – jedes Experiment ist Teil der Schaffung von Stadt als Werk.[7]
Für ein aktuelles Projekt transferiert Matton ein komplettes Haus von Mecklenburg-Vorpommern – wo, so Wolfgang Schönfelder vom Verband Berlin-Brandenburgischer Wohnungsunternehmen, jeder Abriss eine Aufwertung ist – nach Almere in Holland, wo man sich Abriss nur als Wertverlust vorstellen kann. Es wird klar: Solch ein Transfer passiert nicht einfach so, sondern wird von einem Agenten bewerkstelligt, der sich auf den Transfer von Deutungen spezialisiert hat. Was in Mecklenburg-Vorpommern nichts wert

ist, ist in Holland sehr viel wert. Aber es geht hier nicht nur um die Ökonomie, vielmehr wird die Ökonomie als alltägliches, uns nahes und verständliches Funktionsscharnier benutzt, um in der Verschiebung Irritation auszulösen.
Solch einen Sprung können wir als kreativen *leap* oder aber auch, in der Diktion von Hannah Arendt, als Wunder bezeichnen. Ein Individuum glaubt an dieses Wunder und verschiebt durch eine Handlung einen Wert. Damit jedoch auch andere diesem Beispiel folgen oder zumindest den Werttransfer reflektieren können, muss die Verschiebung gezeigt werden, sie muss öffentlich werden. Dieses Öffentlich-Machen ist keineswegs frei von Missverständnissen, das bringen die Uneindeutigkeit der Situation und ihr erhöhter Interpretationsspielraum mit sich. Aber es kann passieren, dass nach diesem öffentlich gemachten, behaupteten Sprung andere dem Beispiel folgen, bis schließlich die Mehrheit der Meinung ist, dass dieser vorher verschwundene Gegenstand dauerhaft ist. Als sensible Form ist ein solcher Kategorienwechsel nicht nur in sich selbst kreativ – er zeigt auf der Metaebene auch, dass Wert gemacht und damit Gegenstand konfliktvoller Verhandlungen und Auseinandersetzungen ist.
Das gilt auch für Ton Matton selbst. Wenn er als Rotterdamer von einer hippen Stadt plötzlich nach Mecklenburg zieht, bedeutet das einen kreativen Sprung. Rotterdamer Kollegen und Freunde beginnen sich zumindest einmal zu fragen, was er da soll und welches Interesse Ton verfolgt. Könnte Mecklenburg-Vorpommern nicht vielleicht doch eine Alternative zu den beengten Niederlanden darstellen? Plötzlich ist ein Nutzen entstanden (sonst wäre Ton ja nicht da), aber es ist noch nicht richtig klar, welcher Nutzen, welche Nutzung das sein könnte. In und mit diesem noch kontingenten Interpretationsspielraum arbeitet Ton Matton, er improvisiert mit und in ihm. Aber nicht nur das; er hat diesen Raum geradezu miterzeugt. Raumproduktion, die ja ein allgegenwärtiges Phänomen darstellt, wird in diesem Moment exemplarisch und gerade durch ihre Problematisierung sichtbar. Denn was ist das? Inmitten der für Städter beinahe unsichtbaren, weil unlesbaren Siedlungen und Nicht-Siedlungen mecklenburgischer Prägung steht eine Schule, in der nichts ist, wie es sonst ist.
Die Stadt ist für Matton als Prozess nur insofern Objekt, als dass sie *gemacht* worden ist. Ihr gegenwärtiges Sein ist ihr *Gemachtwerden.* Sie tritt aus dem Gemacht-worden-Sein heraus in die Zukunft einer *zu Werdenden*, deren strukturelle Regeln immer wieder neu zu entziffern und in Gemeinschaft zu verhandeln sind. Dieses Konzept entzieht der Welt nicht die Geschichte. Es versucht, genau aus dem Grund der aktiven Teilhabe am Prozess, die Geschichte nicht nur mit Formen, sondern auch mit Inhalten zu verknüpfen. In diesem Kontext erhält auch das Ästhetische, das sinnlich Erfahrbare seine aktuelle, politische Wichtigkeit. In Ton Mattons Experimenten zur Klimamaschine wird gezeigt, wie der urbane Raum den ruralen Raum überschreibt. Umgekehrt werden Praktiken des Ruralen in urbane Taktiken integriert. Es wird gezeigt, in welcher Weise das Rurale für Urbanität wichtig wird. Sein Projekt der Klimamaschine ist auch eine Zeitmaschine, sie zeigt die Kontingenz von Geschichte. Wenn Ton Matton ein Möbelstück zur Produktion von Eiern in kleiner Stückzahl entwirft und produziert, so thematisiert er genau diese Dialektik. In kleinen Stückzahlen wird es eher um einen direkten Tausch mit dem Nachbarn gehen, der wiederum etwas anderes Brauchbares dafür bietet.

DEUTUNG

Ton Matton macht etwas Kleines, aber sehr Bedeutungsvolles: Er hinterfragt die Deutungsmechanismen von Stadt und damit eben jene Mechanismen, die auch für die Herausbildung von Interessen von vorgeordneter Relevanz sind. Für ihn ist klar: Das Lesen der Stadt gibt die Realität der Stadt nicht so wieder, wie es sie aufgegriffen hat, sondern eröffnet eine weitere Kategorie des Objekts, die weder das Reale noch das Rationelle ist, sondern das ***Funktionelle***; es geht hierbei um den spezifisch menschlichen Prozess der Deutung. Der Gegenstand des Prozesses der Deutung von Stadt ist ein umfassender und daher schwer zu umschreibender. Vielleicht könnte man sagen, dass es sich um eine ästhetische Lebens- oder Alltagswissenschaft handelt, der es darum zu tun ist, die Bewegung des Urbanen im Gefüge von lebensweltlichen, psychischen, sozialen und politischen Faktoren gleichzeitig situativ zu bestimmen und für das Handeln im Unbestimmten zu öffnen.

VERS LES MÉTAFORMES

Fassen wir zusammen: Raum ist weder Objekt noch Behälter von Objekten. Ist die Stadt ebenfalls kein Objekt? Doch. Aber sie ist Objekt als Werk, sie ist Produziertes nicht als Objekt-Produkt, sondern Prozess-Produkt. Stadt ist also kein Objekt wie ein Tisch oder ein Stuhl. Sie ist es vielmehr im Sinne einer Organisationsform, einer Struktur von Handlungen, von Interaktionen, die sich in der Zeit manifestieren, die Ordnungen und Unordnungen erzeugen. Wenn wir sagen, dass Stadt eine objekthafte Realität hat, so dürfen wir nicht die Funktion der Mediation, der Vermittlung von Unterschiedlichem vergessen. Objektheit der Stadt ist dann mehr einer kulturellen Realität zuzuordnen. Kultur stammt von dem lateinischen ***cultura***: Sorge um etwas. Für die Metropole sorgen, heißt auch, Gestaltung ins politische Feld zu führen. Will ich aber politisch sein und mich an der Konstitution und Steuerung[8] urbaner Vektorfelder aktiv beteiligen, dann gehört es dazu, ein kritisches Selbstverhältnis als Sorge um sich zu etablieren. Erst dann kann ich mich an der Polis beteiligen. Die Auseinandersetzung mit sich selbst und politisches Handeln sind miteinander verknüpft.

Was tun? Eine Möglichkeit besteht darin, Metaformen zu entwickeln. Metaformen sind a) Rahmungen von Organisations- bzw. Prozessverläufen, verweisen b) auf Funktion und Struktur der Form, sind c) teleologisch nicht determiniert – der Zielkorridor des Prozesses ist offen. Metaformen sind dann vollständig, wenn ihre funktionale wie formale Erweiterung strukturell bereits in ihr selbst angelegt ist. Metaformen sind also formal leer, funktional unterbestimmt, jedoch strukturell voll. Sie entsprechen in diesem Sinne der leeren Form des synthetischen Urteils bei Kant: Kant unterscheidet analytische und synthetische Urteile auch als Erläuterungsurteile.[9] Die synthetische Leistung der menschlichen Erkenntnis besteht somit genau in der Erweiterung, für die sie aus dem gegebenen Begriff hinausgehen muss. Kant versteht die reinen Begriffe deshalb als leere Formen.[10] Das ist wichtig: Reine Begriffe kann man dann nicht einfach eins zu eins ***benutzen*** oder im Sinne eines ***konsistenten*** Denkens anwenden. Reine Begriffe als leere Formen zwingen zur Reflexion, denn würde man sich beim Denken nur auf bereits gegebene Begriffe und deren Bedeutung beschränken, würde, so Kant, dadurch zwar gedacht, aber durch das

Denken nichts erkannt.[11] Es ist also das logische Denken in sich selbst zu überschreiten, Logik von der Verkürzung auf rein immanente Denkbewegungen zu lösen. Eine mögliche Realität von Erkenntnis im Sinne Kants wird erst aus der tätigen Bezugnahme des Begriffs auf die Wirklichkeit hervorgebracht. Sie kann weder vom leeren Begriff selbst noch von einer reinen Anschauung her entstehen. Wichtig für die Architektur ist: Metaformen sind nicht mit der Konzeption des Typus von Aldo Rossi zu verwechseln. Rossi bestimmt den Typus als „reine Idee", von der reale Formen abgeleitet werden, aber der Typus wird auf Objektformen und nicht auf Prozess- oder Organisationsformen bezogen interpretiert. Metaformen sind also Formen, die uns zum Hermeneuten unserer selbst und unseres Handelns machen. Es ginge darum, Gedanken zu kommunizieren, zu transkribieren und wieder zu analysieren, anschlussfähig zu machen. Die Frage nach der Form des Lebens ist von grundsätzlicherer Natur als die Frage nach ästhetischer Gestaltung. Oder umgekehrt: Es gälte, den Begriff architektonischer Gestaltung dahin zu erweitern, Fragen des Lebens, Denkens, Erfahrens und Handelns zueinander in grundsätzliche Beziehung zu setzen. Das Konzept des Urbanen als leere Metaform ließe sich so verstehen, dass uns die leere Form zur Erweiterung dessen, was sie ist und sein könnte, einlädt. Wir können selbst Bedeutungen, Relationen und Setzungen machen und dadurch an dem Prozess des Bedeutens mitwirken. Reflexion von und Deutungsarbeit an der urbanen Form wäre dann Teil des Raumproduzierens als urbane Praxis, die sich gleichzeitig reflexiv und handelnd äußert. Im Hinblick auf die Deutungsmuster und die damit verknüpften Interessenbildungen sind Metaformen heute essenziell. In seiner totalen Widersprüchlichkeit und Komplexität zeigt sich das Urbane als Form. Aber nicht im Sinne einer Form erster Ordnung, also einer Idee oder Gestalt, sondern im Sinne einer Metaform, in der Differenz und Heterogenität urbaner Raumproduktionsprozesse aufgehen.

Die neuen Formen urbaner Differenz wären somit als Aufgabe und Potenzial, aber nicht als Unordnung zu verstehen. Es wird darum gehen, welche Strategien helfen, sichtbare wie unsichtbare Differenzen in Anerkennung der Interessen und der daraus entstehenden Konfliktfelder konstruktiv und kooperativ zu bespielen. Konzepte, die auf dem Ausschluss des Anderen basieren, können heute nur scheitern. Wichtig wird die Erprobung neuer Lösungsansätze der gezielten Gleichzeitigkeit und Überlagerung. Gegensätze werden gerade nicht negiert, sondern in ihren Komplementäreigenschaften studiert und aus ihrem Gebrauch heraus verstanden. Dabei dienen reale urbane Verhältnisse als Maßstab für eine Architektur, die sich eben gerade nicht allein auf die Realisierung von Objekten oder „schönen" Formen stützt, sondern in der Lage ist, Metaformen zu entwickeln und zu gestalten. Dies ist eben genau kein subjektivistischer Ästhetizismus, sondern sieht Ästhetik als Teil politischer Organisation der Stadtgesellschaft. Denn Vielfalt der Interessen und Kooperation stehen in einem Spannungsverhältnis und nirgendwo zeigt sich dieses Spannungsfeld so deutlich wie in der Stadt.

Stadtgesellschaft sieht sich aktuell vor vier Herausforderungen gestellt, wie der Philosoph Julian Nida-Rümelin[12] aufzeigt: die Erosion politischer Gestaltungskraft, die Erosion städtischer Bürgerschaft, den entfesselten Marktradikalismus und das Versiegen utopischer wie normativer Potenziale. Genau deshalb wird, nach Jahren der schönen und expressiven Bilder, ein politisches Bewusstsein der Planer wieder relevant. Denn in der Zukunft wird es für die Stadt um Gestaltung und Anerkennung von Differenz gehen und um kulturelle wie normative Rahmungen für offene Stadtprozesse – Metaformen.

TEIL 2

IMPROVISATION UND RAUM

KP _ 12
Dieser Text ist die Weiterentwicklung eines Vortrags, den ich auf Einladung des Designers Ruedi Baur im Rahmen des Kolloquiums „Orientierung/Desorientierung" von Design2context an der Kunsthochschule Zürich halten durfte. In diesem Essay werden die wesentlichen Punkte einer Theorie dargestellt, in deren Zentrum die Arbeit an und Definition von der Verknüpfung von Improvisation und Raumverständnis stehen.
Wir können sagen: Raum ermöglicht die Orientierung mit und im Koexistierenden. Wenn wir gleichzeitig davon ausgehen, dass Raum als performativ produzierte Anordnung zu verstehen ist und mithin als Ergebnis bestimmter und aktiver Orientierungstätigkeit, wie selbstverständlich sie auch immer erscheinen mag, so wird es nun wichtig, diese Tätigkeit genauer in den Blick zu nehmen.

12

IMPROVISATION ALS (DES-)ORIENTIERUNG

Orientierung stammt vom lateinischen ***oriens***, Osten, Morgen, ab. Es steht als substantiviertes Partizip Präsens von ***oriri***, was so viel bedeutet wie „sich erheben", „aufgehen", „entstehen", „geboren werden". Wenn hier die Entstehung von Neuem, das Geborenwerden mitgedacht wird, so ist zu bemerken, dass in ***oriens*** bereits die Frage von Orientierung bzw. Desorientierung enthalten ist. Es kommt dann auf die Weite an, auf den Deutungshorizont. Dieser ist zum einen ontologischer Tatbestand, wird aber gleichzeitig zum Ort der Transformation eines den Rahmen setzenden intersubjektiven Austauschs. Oder: Gerade weil Orientierung sich nur provisorisch definieren lässt, ergibt es einen Sinn, ihren Sinn offenzuhalten.
Orientierung kann nur als innerhalb von Zeit befindlich gedacht werden. Deshalb kann, was Orientierung ist oder nicht ist, nur in einem laufend sich erneuernden Verfahren bestimmt werden. Orientierung hat zu tun mit Situationen, mit Dingen, mit denen man es unmittelbar „zu tun" hat, demjenigen, was für das Handeln gegenwärtig von Belang ist. Orientierung ist an Performativität gekoppelt: Die Performanz der Situation spricht davon, dass sich Orientierung als Disziplin nicht a priori definieren lässt, sondern aus der Praxis heraus zu verstehen ist. Der Begriff der „Situation" ist dann deshalb wichtig, weil er die Parameter der Orientierung wie Funktion, Struktur und Form in sich aufnimmt und performativ macht – handlungsbezogen. Situation wäre dann weniger aus technischer als aus ontologischer Perspektive zu verstehen. Die Situation als Seins-Moment vereint in sich und vermittelt zwischen der zunehmenden Heterogenität seiner Elemente und Ensembles.

Indem die Situationselemente performativ werden, bilden sie die Kapazität aus, Potenziale zu bündeln und zu aktivieren. Die Situation ist dann sowohl kritisches Vehikel als auch wichtiges Kriterium für die Basis gegenwärtiger Praxis.
Wenn Orientierung aus Situation besteht und somit als performativ produziert zu lesen ist, kommt der Organisation von Situationen eine vorgeordnete Bedeutung zu. Dann gälte es, dem Gestaltungsbegriff unter Einbezug organisationaler sowie künstlerisch-performativer Verfahren und Denkweisen entscheidende Erweiterungen zuzuführen. Das sei weder als Ästhetizismus gemeint, noch stünde dieses Konzept im luftleeren Raum. Es wäre eher als eine Ausweitung gestalterischen Denkens, als Strategie für die Disziplin selbst gedacht.

GESTALTUNG UND METAPHER – KANTS ORIENTIERUNG DER ORIENTIERUNG

Die Schwelle zwischen Orientierung und Desorientierung ist immer neu auszuhandeln. Durch das Setzen von Rahmen, von Metaebenen, wird die Orientierung im Handeln ermöglicht, als dialektische Bewegung des objektiv Messbaren und der subjektiven Bewegung der Setzung sowie der Synthese.
Die Setzung im Verstand funktioniert durch das Schema. Das Schema ist ein Verfahren, das besondere Bilder nach einer allgemeinen Regel „herstellt". Wir haben ein allgemeines Schema eines Dreiecks, aber kein einzelnes Bild kann wirklich diesem Schema entsprechen. Das braucht es auch gar nicht, denn es gibt uns nur einen Orientierungshinweis. Wenn sich der Verstand in der Verbindung von Denken und Anschauen zur Einbildungskraft qualifiziert, entwickelt sich daraus eine Art geregelter Schematismus, der uns Muster liefert und aus der Erfahrung neue Orientierungs- bzw. Desorientierungsprozesse gewinnt. Der Schematismus existiert nicht an sich, sondern generiert sich im Laufe der Erfahrung. Das impliziert auch: Der ermöglichende Orientierungsrahmen darf nicht überdeterminiert sein, um der Zeit die Möglichkeit der Entwicklung zu geben. Rahmen ist diejenige strukturelle Substanz, die im Kontext des Rahmens – der Form – und des Schemas – der Struktur – als zeitliche Bewegungsbestimmung verstanden wird, „als Beharrlichkeit des Realen in der Zeit (...), welches also bleibt, indem alles andere wechselt"[1].
Steht dann die Substanz außerhalb des Seins? Nein, denn Sein ist als Zeit zu denken und als solche auch das Beharren zeitlicher Natur. Nur hier ist Transformation möglich. Die Zeit als Prozess wirkt in der Form des Mediums zwischen synthetischem Urteil und Neuerung. Dabei hat die Kategorie bewegenden Charakter. Indem die Kategorie im Zusammenspiel mit der Anschauung in die Einbildungskraft – dem produktiven Vermögen von Denken und Anschauen in der Verbindung objektiver Bilder und spontaner Bewegung des Verstandes – eingeht, wird sie zu Bewegung und Bewegendem. Dabei fällt der Kategorie die Aufgabe der Produktion von Form zu. Die synthetische Bewegung in der situativen, das heißt improvisatorischen Aneignung von Raum ist als aktiver Prozess des Verstehens und Deutens zu begreifen. Die Bewegung des Lesens von Raum ist die Bewegung der Handlung des Subjekts in der Auseinandersetzung mit dem urbanen Sein, das es gleichzeitig als sozialen Raum mitproduziert. Orientierung ist dann auch eine Frage des Maßstabs und der Fähigkeit, Maßstäbe zu wechseln.
Unter diesem Gesichtspunkt eröffnet sich eine paradoxe Perspektive: Komplexität und Mehrdeutigkeit tragen zur Orientierung sogar bei, denn sie regen die Differenzierung

von Wahrnehmung an und lassen eine Heterogenität des Möglichen zu. Empfindung wird entscheidend: zu fühlen, wo es hingeht. Wer nur der Form nach bestimmt und erkennt, verliert sich in der Abstraktion unrealer Möglichkeit. Erst durch die Empfindung wird Möglichkeit zur Wirklichkeit.

„1. Was mit den formalen Bedingungen der Erfahrung, also der Anschauung und den Begriffen nach übereinkommt, ist möglich.
2. Was mit den materialen Bedingungen der Erfahrung, den Empfindungen, zusammenhängt, ist wirklich.
3. Dessen Zusammenwirken mit dem Wirklichen nach allgemeinen Bedingungen der Erfahrung bestimmt ist, ist (existiert) notwendig.“[2]

Orientieren heißt, nicht nur einen Unterschied zu machen, sondern auch ein Gefühl für den Unterschied zu bekommen: „das Gefühl eines Unterschiedes an meinem eigenen Subjekt.“[3] Um welchen Unterschied handelt es sich hier? Den „der rechten und linken Hand“.
Immanuel Kant nennt die Erfahrung und Einordnung dieses Unterschieds „ein Gefühl: weil diese zwei Seiten äußerlich in der Anschauung keinen merklichen Unterschied zeigen. Ohne dieses Vermögen (...) würde ich nicht wissen, ob ich Westen dem Südpunkte des Horizonts zur Rechten oder zur Linken setzen und so den Kreis durch Norden und Osten bis wieder zu Süden vollenden sollte.“[4]
Unsere Fähigkeit, einen Unterschied zu „machen“ und zu „fühlen“, ist zwar in uns angelegt, will aber geübt sein, „um ein durch öftere Ausübung gewohntes Unterscheidungsvermögen“[5] hervorzurufen.
Denn es ist hier auch eine körperliche Vernunft im Gange, die sich auf der Metaebene des Orientierens mit unseren Sinnen verschaltet. „Sich im Denken überhaupt orientieren heißt also: sich bei der Unzulänglichkeit der objectiven Principien der Vernunft, im Fürwahrhalten nach einem subjectiven Prinzip derselben bestimmen.“[6] Orientieren heißt – nicht nur im Denken –, dass damit eine Voraussetzung für jegliches Fürwahrhalten, Meinen und Wissen gegeben ist, eben weil jenes nur unter der Voraussetzung einer eigenen Haltung, sprich Position und Horizont, möglich ist. Im Sich-Orientieren erscheint das „Bedürfnis für Einsicht“[7].
Welche Taktik wendet Kant bei seinen Überlegungen an? Er gestaltet. Wie? Indem er Bilder produziert, Metaphern, um Prozesse darstellbar zu machen. Wovon geht Kant dabei aus? Der Begriff der „Orientierung“ als Ausrichtung nach Osten ist in sich selbst Metapher für eine geografische Handhabe. Dem Französischen entlehnt, steht der Begriff noch in der ersten Hälfte des 18. Jahrhunderts für kartografische Markierungen. Der Bedarf („das Bedürfnis“) der Aufklärung an neuen Bildern subjektiver Reflexivität wirkt jedoch an der Erweiterung des Begriffs der „Orientierung“. So notierte der Schriftsteller und Gelehrte Georg Christoph Lichtenberg in seinen ***Sudelbüchern*** 1773: Komödie und Satire „vermehren die Anzahl fester Punkte, aus denen wir uns in allen Vorfällen des Lebens geschwinder orientieren können“[8].
Wie geht Kant bei der Erweiterung des Begriffs vor? Er sucht nach bildlichen Vorstellungen, die aus dem Gebrauch heraus verstanden werden und so den Begriffen Sinn und Bedeutung verschaffen. Kant stellt klar: „Wir mögen unsre Begriffe noch so hoch anlegen und dabei noch so sehr von der Sinnlichkeit abstrahieren, so hängen ihnen doch noch immer bildliche Vorstellungen an, deren eigentliche Bestimmung es ist, sie, die sonst nicht

von der Erfahrung abgeleitet sind, zum Erfahrungsgebrauche tauglich zu machen."[9] Wenn Begriffe durch Bilder alltagstauglich gemacht werden, so muss man auch umgekehrt vorgehen können: indem man durch Bilder Begriffe aus dem alltäglichen Gebrauch ableitet. Also von Bildern abstrahiert, Schemata erkennt und die „Beimischung des Bildes weglässt"[10]. Orientierung, also zum Beispiel das Gefühl für rechts und links, ist ein solches Bild. Kant dreht hier an der doppelten Schraube und benutzt sein Bild von der Orientierung zur Orientierung im Denken selbst. Die Krise der Vernunft, auf Bilder aus der Gebrauchswelt angewiesen zu sein, wird zur Ressource umgedacht. „Auf solche Weise ist selbst die allgemeine Logik zustande gekommen; und manche heuristische Methode zu denken liegt in dem Erfahrungsgebrauche unseres Verstandes und der Vernunft vielleicht noch verborgen, welche, wenn wir sie behutsam aus jener Erfahrung herauszuziehen verständen, die Philosophie wohl mit mancher nützlichen Maxime selbst im abstracten Denken bereichern könnte."[11] In der Gestaltung von Bildern und deren Umdeutung via Metaphern erzeugt Kant Spielräume für die Erweiterung und Verschiebung der Interpretation von Situationen, um so dem Wandel der Situationen Rechnung zu tragen. Damit wendet er die Orientierung auf sich selbst an und erweitert gleichzeitig den Begriff: „So bleibt jener reine Verstandesbegriff übrig, dessen Umfang nun erweitert ist und eine Regel des Denkens überhaupt enthält."[12]

ZIELOFFENHEIT

Im Rückgriff auf Kant kann Orientierung als aktiver Prozess beschrieben werden, als Versuch der Setzung von Rahmen, Mustern sowie des Auffindens von Materialien und ihrer Deutung. Wir orientieren uns in der Welt auf die Art und Weise, wie wir ihr begegnen, wie wir in ihr sind. Damit emanzipiert sich das Subjekt zu einem selbst Erfahrenden, das selbst sich zu orientieren oder desorientieren in der Lage ist, indem es Erfahrung in Zusammenhänge setzt: In einem Prozess des Erlebens bringe ich die erfahrenen Daten, das Empfundene, das Wahrgenommene, durch die Arbeit der Synthese, also der Deutung zur eigenen Bewegung. Das kann sowohl dadurch geschehen, dass ich das Erfahrene auf die Sprache meines Verstandes bringe als auch dadurch, dass ich es in eine körperliche Vernunft[13] integriere. Wie aber geschieht das? Welche Voraussetzungen brauche ich dafür? Inwieweit kann und soll Steuerung via Gestalten die Routinen ändern?

Im Wechselspiel von Orientierung und Desorientierung sind wir damit beschäftigt, uns gleichzeitig durch Situationen hindurchzubewegen und diese mitzusteuern. Um dabei den Möglichkeitshorizont weit zu halten, können Ziele offen sein und sich im Laufe des Prozesses verändern. Auch das Erreichen eines Ziels ruft wieder neue Fragen der Orientierung hervor. Wir haben gesagt, dass Orientierung in der Zeit ist, sie also nicht gleich bleibt, sondern sich innerhalb des Verlaufs justiert, dass sie in sich bleibt, um auf provisorische Weise funktionieren zu können. Genau dieses Provisorium ist kein zu behebender Zustand der Orientierung, sondern gehört zu ihm. Am Anfang steht die Zieloffenheit, der Nebel, die Weite. Daraus entwickeln sich Interesse und Neugier und anschließend die produktive Aneignung von Orientierung im Zusammenspiel mit der Welt.

Der italienische Regisseur und Dichter Pier Paolo Pasolini zeigt uns in seinen Filmen dieses Spiel: Oft geht es dabei um den Eintritt in Städte, die man nicht kennt, in denen die Orientierung eine intersubjektive Angelegenheit ist. Via andere Personen, via Kommunikation wird das Orientierungsreservoir aufgefüllt, beginnt sich ein Schema zu formen. Hier ist es auch die Disziplin, die der Transformation zum Durchbruch verhilft: durch das konstante Üben und Ausloten, bis zu welchem Grad man gehen kann. Wenn ich auf eine Situation eingehe, ohne das Ziel vorher zu kennen, vertraue ich mich der Bewegung der Kategorie an und benutze die Synthese als offenen Ausgangspunkt. Dabei ist ein Scheitern oder das Begehen von Fehlern immer an dem Schema abzugleichen, was bedeutet, dass auch das Schema sich ändern kann. Orientierung wird dann zur Improvisation.

Improvisation impliziert, dass es nicht ein Ziel gibt, das es zu erreichen gilt, sondern einen Zielekorridor, ein Zielfeld, das sich im Laufe des Prozesses wandeln kann. Improvisation ist damit eine Organisationsform, die nicht notwendigerweise einen Versuch zur Erreichung eines bestimmten Ziels darstellt. Die oftmals aufgestellte Behauptung, ein Zielkonsens müsse vor dem Handeln erreicht werden, dient nicht selten nur dazu, die Tatsache zu verdunkeln, dass ein Konsens erstellt wird, noch bevor überhaupt etwas Konkretes vorliegt. Improvisation denkt genau andersherum: Die Tatsache, dass eine zu organisierende Situation durchaus noch offen sein kann, ermöglicht, Konkretes genau durch diese Offenheit zu finden. Der Gestaltungsprozess wird dann nicht teleologisch gedacht, sondern produziert lediglich Ereignisse, die durch die Urteilskraft so interpretiert werden. Situationen sind dann entscheidungsinterpretiert und nicht entscheidungsgeleitet, Verhalten und Handlungen dementsprechend zielinterpretiert und nicht zielgeleitet. Ordnungen entpuppen sich dann als bloße Vorwände, um Vergangenheit plausibel zu machen.

Orientierung spielt sich ab in der Spannung zwischen Funktion, Phänomenalität und Verwirrung. Hierin besteht ihr Grundkonflikt. Orientierung dient der Intelligibilität des Handelns. Kann diese Intelligibilität immer erreicht werden? Ist sie nicht mit der Zufälligkeit der Momente verknüpft, aus denen sich Tendenzen herausschälen? Wenn Nutzung und Gebrauch überhöht werden, geraten soziale Beziehungen aus dem Blick. Das Erlebnis kann nicht vorgeschrieben werden. Daraus werfen sich für den Gestalter folgende Fragen auf: Wie kann Desorientierung inszeniert werden? Kann Improvisation erlernt werden? Inwieweit werden Funktion und Dysfunktion ausbalanciert? Was ist Dysfunktion und wann findet sie statt?

So kann auch genau das, was man gemeinhin als nützlich zum Bespielen einer Situation erachtet, dysfunktional werden. Wenn man zum Beispiel die Übersicht über eine Situation hat, kann man alles sehen, aber unter Umständen auch über das Entscheidende hinwegsehen. Nehmen wir das Beispiel des Tunnels: Die Sicherheitsvorkehrungen in Tunnels werden immer umfangreicher, Unfälle nehmen jedoch nicht ab. Warum? Die Nutzer verlieren den Sinn für Unvorhergesehenes, sie wiegen sich in Sicherheit und verlieren die Konzentration. Dies wiederum ruft Unfälle hervor. Routine erzeugt Schläfrigkeit. Die Überdeterminiertheit der Situation, die angebliche Sicherheit, führt zur Unachtsamkeit. Das bringt uns noch einmal zum Status der Orientierung zurück: Sie ist keine Fertigkeit, sondern eine Seinsweise, möglicherweise die Seinsweise der Achtsamkeit. Denn Orientierung ist kein epistemisches, sondern ein Gebrauchswissen, das nicht theoretisch gelehrt werden kann. Es ist direkt mit der Handlung und deren relationalen Datennetzen verknüpft. Das Wissen über meine Lage, meine Situation, besteht aus einem Feld von Anhaltspunkten, Strukturmatrizes. Man kann deshalb eher von einem Wissen sprechen, dass man sich erübt, wie das Spielen eines Instruments. Die praktische Fertigkeit besteht genau deshalb nicht nur aus Handlung, sondern auch aus der Haltung der Achtsamkeit.

Das wirft die Frage auf: Wie sicher darf eine Situation gestaltet sein, ohne kontraproduktiv zu wirken? Wie lässt sich Des-Routine herstellen? Eine Möglichkeit besteht sicher darin, Varianzen zu erhöhen und damit Aufmerksamkeit zu provozieren. Wahrnehmung transformiert sich durch Erfahrung! Das bedeutet, der Prozess kann nicht statisch gedacht werden. Nicht vordergründige Klarheit ist dann gefragt, sondern eine Totalität, die die Unschärfe miteinbezieht. Anders gesagt: Desorientierung ist zu kultivieren. Die Rolle des Designers könnte dann bestimmt werden als der Ort, an dem Werkzeuge aufgezeigt werden, die zwischen Form und Programm, also Funktion, vermitteln. Ruedi Baur dreht die Schraube noch eins weiter: Jedes Zeichen ist ein Misserfolg. Aber: Wann ist Organisation noch überschaubar? Wie können wir Situationen so organisieren, dass sie „improvisierbar" bleiben?

BEWUSSTSEIN DES IMPROVISIERENS

Jeder, der improvisieren will, muss sich über Rahmungen klar werden, über die Gestaltung von Prozessen. Gerade weil er aus der Handlung Strukturen generiert, muss er über die Situation als Totalität Bescheid wissen, für globale Tendenzen und Wirkungsgefüge ein Bewusstsein haben. Der Improvisierende kann gar nicht agieren, wenn er nicht das strukturelle Gerüst und die Möglichkeiten kennt, die darin stecken. Selbst wenn sich der Improvisierende in bestimmten Situationen für Optionen entscheidet, tut er dies im Bewusstsein, dass es auch andere Optionen gegeben hätte. Das Erstaunliche ist, dass ihn dieses Bewusstsein nicht entscheidungsunfähig macht. Gerade darin liegt das Wesen der Haltung von Improvisation.
Aber wie macht man das?
Durch das improvisatorische Üben des Metalernens in Organisation.

LERNENDE ORGANISATION

Wir sagen, dass Improvisation das konstante organisierte Lernen beinhaltet. Es ist ein duales System: Wann immer Improvisation zweiter Ordnung[14] stattfindet, muss zum einen schon eine Kompetenz zur Behandlung der Situation erlernt worden sein. Zum anderen trägt die Improvisation zum Lernen dieser Kompetenzen bei, das heißt, die Organisation einer *Impro-Combo* zweiter Ordnung muss bereits über einen gewissen Grad an Ressourcen der Improvisationsfähigkeit verfügen. Als Ressourcen lassen sich folgende Kategorien ableiten:

1. Das *Material* liegt als generelle Kategorie einer Umwelt vor.
2. Als *kognitive Ressourcen* lassen sich die mentalen Modelle und Schemata der Improvisationsteilnehmer beschreiben. Diese Modelle mögen explizit oder unausgesprochen sein und können sowohl innerhalb der Improvisation als auch außerhalb erlangt worden sein. Die Kategorie kognitiver Ressourcen ist nicht nur für die Handlungen selbst, sondern auch für deren Unterstützung wichtig, gerade wenn Konzepte in Echtzeit entwickelt werden.
3. *Affektive Ressourcen* werden häufig unterschätzt. Sie sorgen für die Gestimmtheit in der Gruppe, für emotionale Kohärenz. Neuere Verhaltenstheorien von Gruppen zeigen, dass affektive Ressourcen dafür sorgen, dass Gruppendynamik nicht destruktiv wird.

4. Wichtig sind auch die ***sozialen Ressourcen***, die sich aus der Sozialstruktur einer *Impro-Combo* zusammensetzen. Diese Strukturen können über formelle wie auch informelle Beziehungen hinaus explizite und unausgesprochene Regeln sowie informelle Patterns der Interaktion beinhalten, zum Beispiel die Aufgabenverteilung.

Aus der Minimalstruktur dieser Ressourcen können bestimmte Organisationsformen des Improvisierens und des Lernens in der Improvisation differenziert und abgestimmt werden. Wer neu in eine Improvisation einsteigt, muss sich kohärente Prägungen und Fähigkeiten angeeignet haben. Weiterhin ist Voraussetzung, dass dieser Habitus (Pierre Bourdieu) lernfähig, also veränderbar, differenzierbar ist. Der Habitus muss offen sein, also einen bestimmten Grad an Dozilität aufweisen. Als komplexer Prozess bedarf Improvisation deshalb zeitintensiver Formen des Lernens. Denn Improvisation funktioniert als Technologie lebender Systeme, nicht als Mechanik. Das heißt, Lernen wird improvisatorisch organisiert, Gelerntes wird verarbeitet; Lernen kann man die Improvisation nur in der Improvisation selbst.

IMPROVISATIONSSCHEMA: IMPROVISATION IST NICHT ALLES

Um der Organisation des Lernens und der Lernverarbeitung innerhalb der Improvisation näher zu kommen, ließe sich der Begriff des ***Schemas***, so wie ihn der Philosoph Hans Lenk entwickelt hat, zu Hilfe nehmen. Nach Lenk lassen sich diejenigen vom Subjekt vorgenommenen Konstruktionsbildungen beschreiben, „die von umfassender Bedeutung für alle über das flüchtige Einzelerlebnis hinausgehenden Verknüpfungen, Verbindungen, Vereinheitlichungen und Verallgemeinerungen sind“[15]. Wie eine Matrix der Orientierung trägt das Schema „den Charakter eines Dispositionsnetzes“[16]. Das Konzept des Schemas könnte dazu beitragen, zu verstehen, wie Improvisation als dispositionelles Handlungs- und Kognitionsnetz organisiert ist, das Erfahrungen in Echtzeit verarbeitet, für aktiv-reaktive Interaktionen fruchtbar macht und dabei den Horizont der Improteilnehmer selbst modifiziert. Das bedeutet weiterhin, dass Improvisation nicht alles ist: In der Improvisation kann nur dasjenige weiterverarbeitet werden, für das man bereits Ankopplungselemente besitzt. Wie zuvor gezeigt, kann Improvisation dabei auf die kognitiven Ressourcen der Teilnehmer zurückgreifen. Intentionalität und Kohärenz der Improvisation können jedoch auch durch formalisierende Maßnahmen außerhalb der Improvisation stimuliert werden, durch die Konzeption von Minimalstrukturen als Schema der Improvisationsvorgabe. Dies kann als eine Art Minimallandkarte verstanden werden, die es der *Impro-Combo* ermöglicht, Leerläufe und Missverständnisse, Inkohärenzen zu vermeiden und einen gemeinsamen Zielkorridor zu bestimmen. Wenn wir uns ein Reglersystem vorstellen, so können wir sagen, die Regler für Interaktion und Kommunikation müssen umso mehr hochgefahren werden, je niedriger der Pegel der Struktur ist.
Improvisation kann darüber hinaus Mikrostrukturen auch so benutzen, dass das Ändern der Grundstrukturen der Performance möglich wird. Zudem können verdeckte, emergente Handlungsoptionen aufgedeckt werden. Das heißt, es wird im Handeln aufgezeigt, welche Praktiken die Struktur unterstützt, ohne dass dies vorher explizit sichtbar war.

DESIGN: ORIENTIERUNG IN ORGANISATION

Der Prozess des Gestaltens von Prozessen erzeugt mögliche Situationsszenarien. Um Orientierung zu ermöglichen, müssen diese im Verlauf des Organisierens ernst genommen und in Auseinandersetzung geklärt werden. In diesem Zusammenhang wäre es falsch zu sagen, die Organisation bearbeitet etwas außerhalb Stehendes. Handelnde sind in der Improvisation immer Teil des zu Bearbeitenden.

Deshalb können auch Differenzen zwischen Organisation und Umwelt nicht als stabil angesehen werden. Diese Differenzen verlagern sich, kommen und verschwinden in der Zeit. Es sind genau diese kaum merklichen *tacit*-Verschiebungen, die wir oft nicht ernst nehmen. Stattdessen wird behauptet, Organisationsprozesse würden aus etwas, das außerhalb von ihnen liegt, erst etwas Vernünftiges machen. So erscheint Organisation als ein externer Rationalraum der Vernunft, was Organisationen daran hindert, Situationen wirklich als ihre eigenen zu erkennen. Wenn das Design von Situationen kreativ tätig ist, wirkt es auf Improvisation hin. Es erzeugt und verstärkt also Komplexität und Mehrdeutigkeit, anstatt sie zu reduzieren, genau um das Spiel von Orientierung und Desorientierung anzuregen.

Das Designen von Prozessen ist ein spezifischer Prozess in sich selbst. Design als Improvisation ist Handeln, das Strukturen als Rohmaterialien produziert, die während und nach dem Handeln interpretiert werden können. Der Sinn dieser Strukturen liegt darin, dass sie helfen, den Prozess nicht teleologisch zu gestalten. Designprozesse sind Handlungsverläufe, die durch Urteilskraft sinnvoll „gemacht" werden. Das ist das Wesen von Raumproduktion als kreativem Prozess. Man kann also umgekehrt sagen: Wann immer eine Sinngebung der Handlung nicht vorgeschaltet, sondern parallel- oder nachgeschaltet wird, ist Improvisation als Organisation im Gange. Es geht dann also nicht darum, Objekte zu identifizieren, sondern anzuerkennen, dass Handlungen interpretiert werden. Eine Interpretation ist ein ***Reflexionsmapping***, das man dem Handeln zuordnet.

Es lässt sich also umgekehrt sagen: Wenn Menschen improvisieren, handeln sie gestaltend. Durch ihre Handlungen erzeugen sie Strukturen, legen Spuren von Ordnungshaftigkeit und ermöglichen die Zuordnung von Variablen. Handlung beginnt so, die Erkenntnis zu definieren: Ordnung wird eher produziert denn entdeckt. Improvisation funktioniert wie eine Setzung: In der Improvisation setzen Menschen Dinge in die Welt, die sie dann wahrnehmen und über die sie sich auseinandersetzen. Setzung von Realität ist dasjenige, das durch das Wort „Design" beschrieben ist. Gesellschaftliche Konstruktion von Wirklichkeit ist auch für Hannah Arendt dasjenige, was Handlung von Herstellung unterscheidet. Im Gestalten von Situationen als Konstruktion von Wirklichkeit finden Ästhetik und Politik zusammen: „Kultur und Politik (...) gehören zusammen, weil es hier nicht um Erkenntnis oder Wahrheit geht, sondern um Urteil und Entscheidung, den vernünftigen Meinungsaustausch über die Sphäre des öffentlichen Lebens und die gemeinsame Welt, ferner um die Entscheidung darüber, welche Handlungsweise in der Welt zu wählen ist, und auch darüber, wie diese Welt künftig auszusehen hat, welche Arten von Dingen in ihr erscheinen sollen."[17]

POLITIK DES RAUMS

Um mit komplexen Situationen proaktiv umzugehen, uns „orientieren“ zu können, müssen wir deutlich machen: Notwendigkeiten sind nicht an sich gegeben, sondern sind als Post-Sinngebungen bestreitbar. Ordnungen, als Strukturen, Formen, Funktionen, erweisen sich, gerade weil sie heute in ein situatives, politisches Vektorfeld eingebettet sind, als verhandelbar. Dasjenige, das bereits existiert, kann niemals alle möglichen Räume füllen. Es geht also nicht nur darum, zu fragen, welches Spiel wir spielen, welche Regeln wir benutzen, sondern auch um die Herausforderung, Spiele zu erfinden und Regeln neu aufzustellen.

Im Rahmen dessen geht es ebenfalls um eine organisationale Vektoranalyse. Dies deshalb, weil wir Raum nicht nur als Produziertes begreifen, sondern zugleich danach fragen, wie sich diese Produktion organisiert und performativ herstellt. Die Vektoranalyse ist eine Analyse des Feldes sowohl taktischer als auch strategischer Beziehungen von Individuen oder Organisationen, die auf die Raumproduktion zielen und dabei auf ganz unterschiedliche Verfahren oder Techniken zurückgreifen, welche mit der Zeit, dem sozialen Raum und der kulturellen Rahmung variieren, indem sie sich entwickeln.

Wenn wir die gesellschaftsgeschichtliche Entwicklung seit dem 18. Jahrhundert betrachten, können wir von einer tendenziellen Bewegung über Disziplin (direkte Steuerung) und Performanz (indirekte Steuerung, Kontrolltechniken) hin zur Improvisation als proaktivem Gestalten einer kritischen Ontologie sprechen. Kritische Ontologie bedeutet im Anschluss an Kant und Michel Foucault, dass das Subjekt nicht als an sich seiend, als Gegebenes verstanden wird, sondern als sich in einem praktisch-ethischen Selbstverhältnis konstituierend.

Der Topos Orientierung/Desorientierung macht dabei deutlich, dass der kulturelle Rahmen der Herstellung und Transformation der Beziehungen zu sich selbst und zu anderen Auswirkungen sowohl auf den institutionellen Apparat als auch auf das Wissen hat. Heute gilt es, sich über die Diskontinuitäten und Gleichzeitigkeiten in diesen Zusammenhängen klar zu werden und diese, als Arbeit in der Differenz, nicht nur zu akzeptieren, sondern auch als Ressource nutzbar zu machen.

FORM UND POLITIK – WELCHE GESTALTUNG?

Die Zeit einer Gestaltung, welche die Welt der Gemeinschaft über eine absolute Singularität der Formen definiert, geht dem Ende entgegen. Denn was kann diese Gestaltung tun? Sie kann der aktuellen Komplexität von Veränderung des Lebens weitere Formenkanons zufügen. Was wir aber brauchen, ist eine Gestaltung, welche die Frage des Wie und Weshalb einer Produktion von Form selbst zum Thema hat. Wir brauchen eine Gestaltung, die durch die Redisposition der Handlungen, Objekte und Bilder, die bereits die Welt der Gemeinschaft formen, oder durch die Schaffung von Situationen unsere Ansichten und unsere Haltungen in Bezug auf kollektive Umgebungen zu verändern sucht. Was heißt das konkret? Es bedeutet, dass diese Gestaltung in eine Praxis eintaucht, die Mikrosituationen anstrebt, welche die Bindungen zwischen den Individuen herstellen oder wiederherstellen, indem sie neue Modi der Konfrontation und der Partizipation hervorrufen. Gegenüber einer vielfach denunzierten Utopie sucht diese Gestaltung nach zurückgenommenen

Formen einer Mikropolitik. Immer geht es um Funktion der Gemeinschaft, einen spezifischen Raum, neue Formen der Teilhabe an der gemeinschaftlichen Welt.
Das Objekt rückt in den Hintergrund, während der Prozess eine tragende Rolle einnimmt. Im Fokus steht somit die Situationsbezogenheit: die Praxis der Gestaltung als eine Art und Weise, einen Raum zu besetzen oder ihn in die Beziehungen zwischen Körper, Bild, Raum und Zeit neu einzuordnen. Es ist also nicht die Gestaltung selbst, die das Konzept der Gemeinschaft definiert, sondern es ist das Dispositiv, die Ästhetik als Diskurs, das sie sichtbar macht. Eine Performance zum Beispiel ist nicht nur der Name einer Gestaltung. Es ist der Name eines Diskurses einer bestimmten Art und Weise, Gestaltung zu machen, einer Form der Sichtbarkeit der Gestaltung.
Dasjenige, das die Praxis der Gestaltung mit der Frage der Gemeinschaft verbindet, ist die Frage der Konstitution: sowohl der materiellen wie auch der symbolischen Konstitution eines bestimmten Zeit-Raum-Gefüges, eines Komplexes, der in diesem Fall nicht durch die Form selbst, sondern durch die Beziehungen zwischen gewöhnlichen Formen und einer feinfühligen Erfahrung entsteht.
Die Gestaltung ist dann nicht politisch durch ihre direkte Aussage. Sie ist nicht politisch durch die Art und Weise, wie sie die Strukturen der Gesellschaft eins zu eins repräsentiert, ihre Konflikte oder ihre Identitäten zeigt. Sie ist politisch durch den Abstand, den sie im Hinblick auf diese Funktionen findet. Sie ist politisch durch die Art und Weise, wie sie spezifische Zeiträume erzeugt und erfahrbar macht, wie sie Verhandlungen über einen spezifischen gesellschaftlichen Raum ermöglicht und mitgestaltet. Wir stellen also die Frage danach, wie Form gemacht wird – und bewegen uns damit in das metapolitische Feld, das Feld des Gestaltens von Gestaltung.

RADICAL POSTSCRIPT

Wir haben gesagt, dass Improvisation die Handlung ist, die in der Lage ist, in komplexen Situationen Orientierung im Wechselspiel mit Desorientierung hervorzurufen. Man könnte es so formulieren: Improvisation ist ein Ergänzungstool zur rationalen Welt. Das würde unserer Vorstellung entsprechen, Improvisation fiele nur dann an, wenn etwas schief geht. Man könnte aber auch radikaler vorgehen und sagen: Improvisation ist die Grundform allen Handelns. Selbst dort, wo sich der Anschein rationaler Ordnung auftut, handelt es sich dann um eine Sonderform einer prozessualen Dynamik, die sich nie im Grundcharakter des permanenten Entwurfs verliert. Das hieße, Konzepte des Erkennens, die unsere epistemische Bezogenheit als statisch bezeichnen, zu überschreiten. Aber kann es eine Theorie des Prozesses geben, wenn der Prozess immer im Fluss ist? Vielleicht kommen wir über Henri Lefebvres Begriff der „Produktion von Raum" weiter. Lefebvre denkt Raum situativ. Produktion wird nicht ökonomisch gedacht – dann wäre es ja effizienter, sich gleich nur mit Ergebnissen, das heißt Produkten von Prozessen zu befassen. Wenn wir aber die Produktion von Raum als Improvisation deuten, wird Produktion ein kreativer Vorgang, der statt abgeschlossener Produkte Dispositionen und Fähigkeiten erzeugt, also ein Metalernen, welches in Anschlussoperationen von Prozessen mündet. Dann wird Improvisation, als soziale Raumproduktion, weder aleatorisches Glückspiel noch statischer Produktionsprozess, sondern eine Art situative Regelleitung – ein gestalteter Prozess im Zusammenspiel mit minimalen Strukturen, offener Form

und multipler Nutzung – die sich aber, das haben wir zuvor zu zeigen versucht, aus dem Prozess selbst speisen kann.
Gerade weil sich ein Prozessverlauf als etwas Äußerliches nicht einfach objektivieren lässt, rückt unsere Haltung zum Prozess in den Blick. Jemand, der improvisiert, also mit Materialien des Prozesses in ihrer Transformation arbeitet, hat ein affirmatives oder zumindest gelassenes Verhältnis zu den Überraschungen, die aus dem Prozess erwachsen, mithin Überraschungen, welche die Person durch ihre Handlungen, ihr Verhalten selbst mit hervorgerufen hat. Improvisationsraum ist ein spezieller Raum der Orientierung: Wir produzieren diesen Raum in dem Wissen, dass er Vorgänge der Desorientierung bereithält. Indem wir aber genau das geübt haben wie ein Instrument, ist es genau das Unvorhersehbare, das für uns Teil des kreativen Vorgangs ist. Trotz der Unberechenbarkeit des von uns miterzeugten Raums gehen wir davon aus, dass wir ihn konstruktiv bespielen können, nehmen an, dass wir im Spiel selbst einen gewissen Zielhorizont nicht aus den Augen verlieren, uns also in der Desorientierung orientieren und uns, alles Scheitern inbegriffen, mit jedem Mal in der Kunst des Improvisierens weiterentwickeln. Hinter dem Risiko steht die Aussicht, durch komplexe Interaktion mit dem Realen auf ein hohes Niveau der Erlebnisintensität und der Qualifizierung von Erfahrung zu gelangen.
Wenn es uns gelingt, die Seite des Betrachters von der passiven Rezeptionshaltung zur aktiven Gestaltungsebene zu transferieren, merken wir, dass die Improvisation von einer Möglichkeit eines kritischen Subjekts zeugt, das neue Erfahrungsmuster des sozialen Alltags und der Alltagswahrnehmung entwickeln kann. Dieses Wahrnehmungsangebot erzeugt ein Erfahrungsfeld, das uns die experimentelle Aktivität des Deutens von Raum als soziale Interaktion nicht nur eröffnet, sondern auch von uns einfordert.
Dann gewänne der Umgang gegenwärtiger Stadtakteure mit den Phänomenen der urbanen Welt Bedeutung. Die Improvisationen sagen uns nicht, wie wir die Stadt zu sehen haben, sondern sie laden uns dazu ein, diese im Zusammenspiel kommunikativer Potenziale und Deutungsweisen des Urbanen selbst zu entdecken und zu entwickeln.
Es verlöre auch die vielbeklagte Delegierung gestalterischer Arbeit an die Apparate ihren Sinn. Für den Improvisator kommt es vielmehr darauf an, in seiner Positionierung, in der Suche nach seinem Ort eine Spur dessen zu legen, was im Prozess immer mitschwingt: die Aufgabe, einen Ort der eigenen Haltung zu finden, zu kreieren. Die Auseinandersetzung mit den Prozessen, die Suche nach Orientierung oder Desorientierung meint dann immer auch den Konflikt um die eigene Position. Und dafür heißt es, sich Zeit zu nehmen. Arendt bringt die Standortbestimmung des Einzelnen in direkte Verbindung mit Zeit. Zeit ist, so Arendt, nicht Kontinuum, sie ist „in der Mitte", dort wo der Mensch steht. Der Standort des Menschen „ist nicht die Gegenwart, wie wir sie gewöhnlich verstehen, sondern vielmehr eine Lücke in der Zeit", die von dauernden Konflikten, „Standpunkt-Beziehungen gegen die Vergangenheit und die Zukunft aufrechterhalten wird"[18].
Wenn wir in diesem Zusammenhang von Zeit sprechen, bedeutet das auch, Raumbegriffe zu hinterfragen. Ein von isolierten Objekten und Formen ausgehender Raumbegriff denkt Bewegung als etwas dem Raum Äußerliches. Er ist deshalb nicht in der Lage, die Qualität von Zeit, von der Produktion von Raum als temporalen Prozess zu integrieren. Improvisatoren aber geht es vielmehr darum, Objekte der Stadt in ihrer temporalen Entität zu begreifen. Wie geht das? Indem man von den Objekten, von der Stadt, von den Gebäuden zur Aktivität, die sie produziert, zurückgeht. Dieser Schritt zurück bedeutet hier

zwei Schritte nach vorn: Vermittels dieses Prozesses wandelt sich Stadt von einer Ansammlung verschiedener Objekte zur Produktion von Raum. Produktion von Raum trägt in sich bereits die temporale Dimension des Prozesses. Diese Energie zu nutzen, fordert, die Deutung von Form umzudrehen: Bewegung kommt dann nicht aus Form, sondern Form aus Bewegung. Denn wenn abgeschlossene Prozesse als fertige Form interpretiert werden, verschwindet die widerspruchsvolle Genesis des Prozesses, und das Potenzial temporärer Situiertheit bleibt verdeckt.
Improvisieren kann auch bedeuten, den Ort zu verfehlen. Improvisieren spricht von einem Prozess, davon, abwesend und anwesend zu sein, nach dem Eigentlichen zu suchen. Das Bewegen in der Stadt verstärkt und vervielfacht die Stadt und macht daraus eine Erfahrung. Improvisation selbst wird so Teil eines kreativen Prozesses auf der höheren Ebene, als Resultat akkumulierten Wissens. Kurz: Diese Improvisation stimuliert unsere Urteilskraft. Im Sinne Kants können wir sagen, dass sich damit unsere Erfahrungen qualifizieren.[19] Es ginge dann darum, anzuerkennen, dass (Des-)Orientierung nicht nur eine unvermeidliche Vorstufe zu einem sinnvollen Handeln darstellt. Wenn wir (Des-)Orientierung auch als Vorgang und nicht allein als Resultat interpretieren, können sich neue Formen des Orientierungswissens in der reflexiven Praxis des Improvisierens selbst eröffnen. Dieses Orientierungswissen hat spezifische Eigenheiten: Es ist direkt an den Prozess geknüpft, besteht aus Aktivität, ist synästhetisch, das heißt es fordert als „körperliche Vernunft" all unsere Sinne und hat selbst eine offene, dynamische Metaform. Metaformen sind, wie bereits erwähnt, Formen, die uns zum Hermeneuten unserer selbst und unseres Handelns machen, also ermöglichen, dass durch Handlung (Des-)Orientierung strukturiert werden kann. Denn für ein Orientierungswissen in Improvisation ist nicht nur die Faktizität des Handelns, sondern auch das Vorliegen und Entwickeln dynamischer handlungsleitender Strukturen, und seien sie noch so minimal, entscheidend. Es eröffnet sich in Improvisation als (Des-)Orientierung ein Feld dynamischen Wissens, das der dynamischen Verfasstheit der Welt nicht nur entspricht, sondern es, im radikalen Sinne, mitgestaltet.

KP _ 13
Nachdem in den vorhergehenden Texten schon mit dem Klischee aufgeräumt wurde, Improvisation wäre nur eine Frage des Behebens eines Zu-wenig an Planung, soll im Folgenden skizziert werden, wie das Verhältnis von Komposition zu bestimmen ist. Dies mündet in einen Vorschlag dazu, wie das Potenzial der Improvisation, akkurates Wissen über Gegebenheiten und Möglichkeiten zu erstellen, in Form einer Ermöglichungsarchitektur auf das Bauen übertragen werden könnte.

13

ERMÖGLICHUNGSARCHITEKTUR. FÜR EINE TECHNOLOGIE DER IMPROVISATION

Die Beziehung von Musik und Architektur hat eine lange und intensive Historie. Das überrascht – sind die phänomenologischen Differenzen zwischen den Disziplinen doch sehr groß: Musik kann als ephemer, immateriell gelten, wohingegen Architektur physisch, statisch in Baukörpern festgeschrieben ist.
Der Kern der Beziehung zwischen Musik und Architektur spielt sich daher eher auf der Metaebene eines strukturellen, formal-logischen Zusammenhangs ab, den wir als Komposition bezeichnen können: das Austarieren von Proportion, Form, Harmonie und Rhythmus. In beiden Künsten wird besonderer Wert auf die Kompositionsweise gelegt, auf das „digitale", das numerische Konzept, die mathematische Grundlage, die zur Planung des architektonischen und musikalischen Werks führen soll. Dies zeigt sich in den bekannten Beispielen der ionischen oder dorischen Säulenordnung der griechischen Antike, die von bestimmten Tonleiterproportionen abgeleitet wurden, ebenso wie in der Fassade des Palazzo Rucellai, die Alberti nach Intervallverhältnissen strukturierte. Wir können dementsprechend mit Schlegel sagen: „Architektur ist eine musikalische Plastik, Orchestik eine plastische Mimik."[1]
Ein Autor, ein Genie, vielleicht sogar ein Stararchitekt entwirft, der Rest folgt der Orchestik. Dieser Ansatz ist einem Raum- und Architekturverständnis geschuldet, das Raum als neutralen Behälter ansieht, in dem, dem Prinzip Figur-Grund folgend, Objekte nach besten

Proportionen und Konzeptionen verteilt, orchestriert und realisiert werden. Der Raumtheoretiker Henri Lefebvre nennt dies ***the representations of space***: „Representations of space: conceptualized space, the space of scientists, planners, urbanists, technocratic subdividers and social engineers as of a certain type of artist with a scientific bent – all of whom identify what is lived and what is perceived with what is conceived."[2] Der konzeptualisierte, geplante Raum wird nicht nur aus einem Rationalraum der Vernunft heraus auf das Reale aufgesetzt, er wird vielmehr mit dem gelebten und erfahrenen Raum verwechselt und diesem gleichgesetzt.

Aktuelle Theorien über Raum zeigen aber, dass diese konzeptionelle Sichtweise nicht mehr ausreicht, um die Komplexität urbaner Prozesse zu beschreiben und zu gestalten. Gefordert wird weniger, den Raum als Behältnis, sondern vermehrt den bewegten Raum als relationale An-Ordnung von Gütern und Menschen zu interpretieren.[3] In diesem Kontext verschiebt sich die Perspektive von den Objekten hin zu Prozessen und Handlungsverläufen: Raum wird performativ gedacht.[4] Im Zuge der Suche danach, was diese Art und Weise, den Raum zu verstehen, für die Gestaltung bedeutet, verliert die Metapher der „Komposition" ihre Bedeutung. Vielmehr gälte es nun zu fragen, welche musikalischen Organisationsweisen jetzt interessant sein könnten. Und hier kommt dasjenige in den Blick, das vorher wertlos erschien: die Improvisation.

Dieser Gedankengang ist nicht als Rückfall in ein informelles ***anything goes*** zu verstehen, sondern als ***upcycling*** eines mentalen Modells: Improvisation als Technologie. Ich möchte hier vier Ebenen unterscheiden: Auf der ersten Ebene steht die Improvisation:[5] Eine Ordnung, die rein reaktiv und reparierend zu Werke geht, alles ad hoc löst und ohne Plan ist. Auf der zweiten Ebene finden wir die geplante Organisation: Sie versucht, den Plan perfekt zu machen, um damit Realität zu ordnen. Die dritte Ebene ist die der Kybernetik. Diese erkennt Prozesse an, allerdings versucht sie, aus Prozessen Produkte zu machen und auf Input-Output-Variablen zu reduzieren. Auf der vierten Ebene finden wir die Improvisation zweiter Ordnung – Improvisationstechnologie. Improvisation zweiter Ordnung konzentriert sich auf die Ordnung von Ordnung, also die Organisation von Unordnung. Indem sie sich auf das Vektorfeld der Kräfte in Situationen fokussiert, wird in Potenzialen von Situationen gedacht. Improvisierende Akteure agieren prozesshaft im Prozess und haben die eigene Transformation mit auf dem Schirm.

Improvisation sichert die Unabhängigkeit der in ihr enthaltenen Strukturen als Wert und bewahrt gerade auf diesem Weg die Feinheit der Gestaltung. Wer Improvisation übt, übt Muster zu erkennen, die andere übersehen, und diese Muster pragmatisch und subtil zu nutzen. Daraus wird deutlich, dass Improvisation nicht, wie oft gemeint, weniger Zeit und weniger Planung braucht. Das Gegenteil ist der Fall: Der konstruktive Umgang mit Unordnung als kooperative Überschreitung des Plans ist potenziell schwieriger, kostet mehr Zeit an Vor- und Nachbereitung. Auch kann eine zu große Offenheit den Prozess schwächen und richtungslos machen. Deshalb verlangt Improvisation eine hohe Konzentration auf koordinierende Maßnahmen und Interaktion. Koordination von Handlungen basiert auf Struktur: auf einer Grammatik, als systematische Zusammenstellung von Regeln und Routinen, die die ineinandergreifenden Handlungen so koordiniert, dass ein sozialer Prozess entsteht, der für alle Handelnden Sinn ergibt. Was allerdings herkömmlich außer Acht gelassen wird: Die Substanz der Organisation von Handlung sind die Handlungen selbst. Das heißt, Handlung erzeugt auf organisationaler Ebene Struktur mit.

Improvisation zweiter Ordnung wird oft vermieden, weil keine Zeit zur Verfügung steht, mehrdeutige Gestaltungen zu interpretieren. Warum lohnt es sich trotzdem, Zeit in Improvisation zu investieren? Weil die, die sich die Zeit nehmen, über Situationen und deren Potenziale zu reflektieren und versuchen, diese Reflexionen in offene Handlungsprozesse zu integrieren, in der Lage sind, Mehrdeutigkeit anzunehmen und somit ihren Handlungsspielraum erweitern. Warum? Weil sie in der Lage sind zu erkennen, wann Mehrdeutigkeit funktional und wann sie dysfunktional ist. Wobei beides auf der Metaebene einer Situation funktional sein kann. Je höher die Improvisationsfähigkeit, desto größer ist die Befähigung, Mehrdeutigkeit in der jeweils zur Verfügung stehenden Zeit zu prozessieren. Denn je mehr Improvisationen man gemacht hat, desto mehr beginnt man globale Zeithorizonte wie auch Makrorhythmen zu erkennen und zu bespielen. Das heißt auch, dass jeder, der improvisieren will, also in unserem Fall jeder an einem Projekt beteiligte Akteur, sich über Rahmungen klar werden muss und damit über die Gestaltung von Prozessen. Gerade weil er aus der Handlung Strukturen generiert, muss er über die Situation als Totalität Bescheid wissen, für globale Tendenzen und Wirkungsgefüge ein Bewusstsein haben. Man kann es mit einem Orchestermusiker und einem Jazzmusiker vergleichen: Der Orchestermusiker folgt einem Plan und führt diesen so gut wie möglich aus. Dazu muss er aber nicht die Partitur kennen, denn der Dirigent lenkt den Prozess. Herbert von Karajan sagte nicht umsonst, es gäbe zwei Situationen, in denen Diktatur notwendig ist: Im Militär und im Orchester. Der Jazzmusiker hingegen kann gar nicht spielen, wenn er nicht die Partitur, das harmonische Gerüst und die Möglichkeiten kennt, die darin stecken. Auch wenn sich der Jazzmusiker in bestimmten Situationen für Optionen entscheidet, tut er dies in dem Bewusstsein, dass es auch andere Optionen gegeben hätte. Das Erstaunliche ist, dass ihn dieses Bewusstsein nicht entscheidungsunfähig macht. Gerade darin liegen das Wesen und das Können von Improvisation.
Improvisation kann definiert werden als konstruktiver Umgang mit Unordnung in der Gemeinschaft. Dieser Satz ist zunächst einmal leer und rein formal. Er ist eher als Werkzeug gedacht, Sinn zu erzeugen oder zu hinterfragen, denn als formal-inhaltliche Vorschrift zu gelten. Es geht darum, anhand dieses Satzes zu hinterfragen, was Struktur und (Un-)Ordnung (Form) in einer jeweiligen Situation bedeutet, wie daraus Funktionen und Nutzungen abgeleitet werden können und in welchem Interessen- oder Konfliktfeld sich die Situation abspielt (Gemeinschaft). Dieser Reflexionsvorgang ist auch die Funktion des Satzes selbst als Form: Zweck ist es, über Form zu reflektieren, anstatt Form anzuwenden. Man könnte den Satz als Imperativ des Improvisierens deuten: Als Vorschlag sozusagen, dass jeder, der an einer Improvisation teilnimmt, Zeit dafür aufwenden sollte, darüber nachzudenken, nach welchen Regeln eine Situation sowohl funktioniert als auch gestaltet werden kann.

METALERNEN

Improvisation kann als handlungsorientiertes Metalernen verstanden werden, das überlagernd arbeitet: Es bewegt sich wie ein dynamisches, sich weiterentwickelndes Wissen, während gleichzeitig statische universelle Formen im Hintergrund „weiterrauschen". Improvisation beinhaltet konstantes Lernen, das sich aus dem improvisatorischen Umgang mit Situationen, aus dem prozessualen Arbeiten an und mit dem Material entwickelt.

Interessant ist dabei, dass, obwohl wir von der performativen Dimension des Raums ausgingen, die Metaebene eine neue Relevanz erhält. Aber nicht als Komposition, sondern als Urteilskraft in *real-time*, als reflexives Handeln, das sich den eigenen Bedingungen zu stellen hat. Diese Verschiebung zur Metaebene hin zeigt sich auch in der aktuellen Tendenz, die Recherche zu Projekten in den Vordergrund zu rücken, ja zu Projekten selbst zu machen. Prominentestes Beispiel ist Rem Koolhaas, der seiner praktischen Combo OMA die Metacombo AMO hinzugefügt hat.

Im Handeln selbst gibt es für die Improvisation keine einzig richtige Methode. Verschiedene Methoden gilt es auf der organisationalen Ebene zu kombinieren, Zielführendes mit Flexibilität zu verbinden, Behutsamkeit mit Konsequenz. Improvisation ist situationsbasiert und situationsabhängig: Eine Methode, die anzuwenden im einen Moment richtig ist, kann sich im nächsten Moment schon als falsch erweisen, weil sich die Situation und ihr Vektorfeld verändert haben. Die Wahl des *kairos*, des richtigen oder vielmehr adäquaten Zeitpunkts spielt eine genauso entscheidende Rolle wie der Ort und der Raum. Eine Methode, die an einem Ort angemessen war, kann an einem anderen ungeeignet sein. Improvisation ist kein Handlungsmodell des Entweder-Oder, aber auch kein Opportunismus, sondern unermüdliche, sorgfältige Erprobung von Handlungsspielräumen. Improvisation wäre hier die Fähigkeit, Innovation in Handlung einzubeziehen, indem man das Reale fast hypnotisch beachtet, sich in einer Mischung aus Handeln und Meditieren ins Jetzt begibt, um die Möglichkeiten und Potenziale einer Situation sichtbar zu machen.

ERMÖGLICHUNGSARCHITEKTUR

Im Zusammenhang mit der Arbeit von Anne Lacaton und Jean-Philippe Vassal habe ich den Begriff der Ermöglichungsarchitektur vorgeschlagen. Architektur wird dann primär etwas, das aus einer situativen Bewegung hervorgerufen wird: „Erst das Leben, die Aneignung, die ermöglichte Improvisation konstituiert den Raum als Qualität. Man könnte bei Lacaton und Vassal von einer Ermöglichungsarchitektur, einer Raumproduktion zweiter Ordnung sprechen: Sie produzieren räumliche Strukturen, die wiederum Produktion von Raum ermöglichen. Der räumliche Mehrwert bemisst sich für Lacaton und Vassal nicht allein in Extraquadratmetern, sondern in dem hinzugefügten Potential an Lebensbewegung, -erfahrung und letztendlich -qualität."[6]

Es geht nicht darum, sich dem Paradigma der Performanz unterzuordnen, sondern in einem ständigen Lernprozess über den Ort und die Situation neue Deutungs- und Handlungsmöglichkeiten zu erforschen. Ziel ist nicht allein herauszufinden, was eine Situation meint, sondern was sie ermöglicht, also was in einer Situation performativ „drin" ist. Damit ist weder ein Relativismus, Subjektivismus oder Ästhetizismus gemeint, sondern der Versuch, das Reale anzuerkennen und konstruktiv zu bespielen. Problematiken der konkreten Bearbeitung, der Details im Rahmen einer Realisierbarkeit auch und vor allem im Bezug auf zukünftige architekturrelevante Fragen des *low budget*: Umnutzung, Zwischennutzung und Restnutzung wären genau an dieser Schnittstelle zu verhandeln. Ein in diesem Sinne erweiterter Begriff des Entwerfens würde sich weniger an einem Verfahren orientieren, das zum Zeitpunkt X eine bestimmte Anzahl Pläne hervorbringt, die zum Zeitpunkt Y in der Realität umgesetzt werden sollen – und dann unter Umständen gar keine Chance mehr auf die oder Sinn in der Realisierung haben. Vielmehr wird das Entwerfen als reflexives Handeln verstanden, das an der Realität entlang „aktualisiert“ wird. Realität wird dabei auf abrufbare Potenziale seismografisch abgetastet – was als solches auch zu „üben“ ist. Form wird nicht ad acta gelegt, sondern, in der Überwindung von groben Vereinfachungen und der Hinwendung zu Komplexität und Heterogenität, neu zu denken gesucht.

13

Hanna Lippmann: *line up*, 2006

KP _ 14
In dem von Mario Hohmann und Stefan Rettich herausgegebenen Reader A–Z wird ein Misstrauen gegenüber der architektonischen Bilderflut der 1990er Jahre angedeutet, dem ein erneutes Nachdenken über architektonische Grundbegriffe gegenübergestellt wird. Dass mein dortiger Beitrag Improvisation als einen architektonischen Grundbegriff behauptet, gehört mit zur Taktik des Buches, in dem auch danach gefragt ist, ob es reicht, Begriffe zu reformieren oder gar neue zu erfinden.
Mein Text thematisiert in diesem Kontext den Konnex von Raum, Fußball und Organisation.

14

I WIE IMPROVISATION

Wo immer ich gerade gehe, denke ich an Pässe, Kombinationen, Möglichkeiten. Dann kommt das Spiel und ich bin bereit. Youri Djorkaeff

Als Youri Djorkaeff in der Saison 1999/2000 zu Kaiserslautern wechselte, schrieb der *Stern* folgende richtungsweisende Zeilen: Djorkaeff wirke in Kaiserslauterns Elf wie „ein moderner Jazzmusiker in einer biederen Blaskapelle: Da sind einfach zu wenige, die seine Improvisationen aufgreifen können – und wollen." Bedeutet das etwa, dass die anderen Spieler, allesamt gestandene Bundesligaprofis, nicht spielen können? Nein. Heißt es, dass sie nicht in der Lage sind, unerwartete Situationen zu lösen? Nein. Der Unterschied besteht einzig und allein in der Auffassung des Raums. Für Djorkaeff ist der Raum durchdrungen von Möglichkeiten, ein Feld zu antizipierender Optionen. Für die anderen Spieler ist der Raum ein objektives Raumgefüge, das nur dann durchbrochen wird, wenn sich ein Stürmer an der Abwehr vorbeischleicht. Dann greift der letzte Mann ein, beruhigt die Situation mit einer Grätsche: Es gibt Freistoß und man kann in Ruhe seine Mauer bauen. Letztere Art, komplexe Situationen zu lösen, könnte man als *Improvisation erster Ordnung* bezeichnen, die allein als reaktives, reparierendes, Mangel ausgleichendes Prinzip agiert. Djorkaeff hingegen beherrscht die *Improvisation zweiter Ordnung*: das Überführen erlernter Regeln und Praxen in ein antizipatorisches Konzept. Ist Djorkaeff deshalb gleichzusetzen mit einem postmodernen Architekten? Nein, denn für ihn hat sich der

Raum nicht aufgelöst. Ein Spielfeld hat immer noch dieselben Maße, das Tor steht mittig und das Spiel dauert 90 Minuten.

Was also ist neu? Die absolute Autonomie des Subjekts der Moderne wie auch deren Auflösung in der Postmoderne ist obsolet geworden. Eine neue Intersubjektivität antizipierender Improvisatoren ist gefragt. Denn mit der Zunahme der Geschwindigkeit des Fußballs ist es heute nicht mehr möglich, dass nur ein Spielmacher improvisiert und die anderen in der Tiefe des Raums warten. Felix Magath fordert: „Heute muss jeder Profi möglichst viele Passvarianten beherrschen." Es geht also nicht um ein Konkurrenzprinzip der Hochperformanz des Einzelnen, sondern darum, neue Kooperationsmodelle im Sinne der Improvisation zu entwickeln, innerhalb derer alle Improvisationsteilnehmer gleichrangig an der Produktion und Konstitution von Raum teilhaben. Volker Finke positioniert seine Taktik deshalb konsequenterweise als ***Konzeptfußball*** im Gegensatz zum althergebrachten Modell des ***Heroenfußballs***.

Die zeitgenössischen Strategien des Fußballs verweisen auf den prozessualen Raumbegriff Henri Lefebvres,[1] mit dem dieser die raum-zeitliche Organisation von Körpern, Handlungen und deren Verknüpfungen als Raum Produzierendes beschreibt. Wenn also Raum erst aus der Praxis lesbar wird, ist es für die Architektur nur adäquat, sich um die Kunst des Handelns neue Gedanken zu machen.

Improvisation als Kunst des Handelns ist der konstruktive Umgang mit Unordnung – ein Konzept des Handelns, das sich im Handeln selbst entfaltet.[2] Der Ort der Improvisation ist der Ort der Konvergenz von Konzeption und Ausführung. Improvisation verstärkt und fundiert die emergenten Strategien des Entwerfens und Planens. Sie kann als ein generierendes Prinzip gelesen werden, das einen gleichzeitig spontanen wie regelhaften Umgang mit der Umwelt hervorbringt. Dabei geht Improvisation nicht nur auf die real existierende Situation ein; sie verändert und erzeugt Situationen mit. Das Potenzial der Improvisation als ***ars inveniendi*** – als Kunst des Erfindens – ist dann nicht als ***Improvisation erster Ordnung*** zu lesen, die allein als reparierendes, Mangel ausgleichendes Prinzip agiert, sondern als ***Improvisation zweiter Ordnung***, die bereits das Erlernen von Regeln und Praxen voraussetzt. ***Improvisation zweiter Ordnung*** ist Kunst im Sinne einer praktischen Meisterschaft. Wobei Improvisationsordnungen einander durchdringen können. Was als Behelfsmittel beginnt, kann zum Konzept ausgebaut werden.

Der Struktur von Improvisation wohnt ein duales Prinzip inne: Sie ist gleichzeitig ***modus operandi*** – Art des Handelns oder Produzierens – wie auch ***opus operatum*** – Produkt, Produziertes. Das aus dem Improvisieren erhandelte Produkt ist mit einer entscheidenden Besonderheit gekennzeichnet: Es ist kein abgeschlossenes Werk, sondern ein offenes. Ein Produkt, das davon lebt, dass es neue Anschlusswerte und -produkte erzeugt, antizipiert und mit-meint. Als Improvisationsprodukt verfügt es deshalb über eine immanente Produktökologie, die sich nicht nach Effizienz im herkömmlichen Sinne eines Nullsummenspiels richtet, sondern durch seinen Modulcharakter von seiner Koppelungskapazität abhängig ist.

IMPRO-COMBO ALS LERNENDE ORGANISATION

Improvisation beinhaltet konstantes Lernen in Organisation[3], das sich aus dem improvisatorischen Umgang mit Raum selbst, aus dem prozessualen Arbeiten an und mit dem Material entwickelt. Dieses Lernen gliedert sich in ein duales System: Wann immer

Improvisation zweiter Ordnung stattfindet, muss zum einen schon eine Kompetenz zur Behandlung der Situation erlernt worden sein; zum anderen trägt die Improvisation zum Lernen dieser Kompetenzen bei. Das heißt, dass eine *Impro-Combo zweiter Ordnung* eine wissensintensive Organisation ist; sie muss bereits über einen gewissen Grad an Ressourcen der Improvisationsfähigkeit verfügen.
Weiterhin ist Voraussetzung, dass der Improvisations-Habitus des Teilnehmers lernfähig, also veränderbar und differenzierbar ist.
Der Habitus muss offen sein und einen bestimmten Grad an Lernfähigkeit aufweisen. Als komplexer Prozess bedarf Improvisation deshalb zeitintensiver Formen des Lernens. Denn Improvisation funktioniert als Technologie lebender Systeme, nicht als Mechanik. Lernen wird improvisatorisch organisiert, Gelerntes wird verarbeitet. Lernen kann man die Improvisation nur in der Improvisation selbst.

KOMPLEXITÄT

Mit der Fähigkeit, auf Veränderungen zu reagieren und sie selbst mit zu erzeugen, kann Improvisation besser als statische Systeme mit Komplexität umgehen. Als generatives Konzept produziert Improvisation jedoch auch selbst Komplexität. Mit der komplexen Anlage ihrer Strukturen und den Kriterien ihrer produzierenden Differenzierung erzeugt und verstärkt sie anders als traditionelle statische Organisations- und Handlungskonzepte sowohl Risiken und Unsicherheiten als auch Konflikte zwischen Ordnungsvorstellungen und Verhaltensweisen, die nicht nur gesellschaftskonforme Regeln, sondern auch ihre eigenen Regeln immer wieder infrage stellen. Improvisation produziert ihre eigenen Sollbruchstellen: Die Kohärenz wird konstant von der eigenen Veränderung unterminiert.
Anders gesagt: Improvisation ist eine Strategie für den Umgang mit der Diskontinuität von Planung und Raumproduktion auf allen Maßstabsebenen. Besser als konventionelle Strategien ist sie in der Lage, auf die sich stetig verändernden Bedingungen zu reagieren. Einige Protagonisten der jungen Architektengeneration bedienen sich dieser Strategien bereits, indem sie temporäre Nutzungen als Ausgangspunkt für unbekannte Entwicklungen entwerfen oder künstlerische Intervention als Stimulation im Sinne einer *architektonischen Akupunktur* praktizieren.

(UN-)ORDNUNG DES RAUMS

Improvisation agiert ortsspezifisch. Sie ist kein Adhocismus, wie zum Beispiel die Collage, sondern eine Methodologie des Entwickelns von Startpunkten, die durch Emergenz, Kommunikation und Kooperation ihre eigenen Ordnungen kreiert. Wir konstatieren, dass der Erhalt von „Ordnung" heute zu einem Unterfangen geworden ist, das Unmengen an Energie verschlingt, ohne Raumsituationen real zu lokalisieren oder anzuerkennen. Improvisation dreht die Perspektive um und eröffnet so eine neue Dimension: Sie behandelt Unordnung konstruktiv. Subtil mischt sie unterschiedliche Ordnungszustände, Muster und Strukturen. Der Dualismus von Ordnung versus Unordnung entfällt: Eigentlich ist Improvisation ein Stabilitätskern, der unendliche Sequenzen von Raumbewegungen erzeugen kann. Das bedeutet jedoch nicht, dass alles Improvisation ist: Improvisation kann nur dasjenige weiterverarbeiten, für das sie bereits Ankopplungselemente besitzt. Wie oben gezeigt, kann Improvisation dabei auf die kognitiven Ressourcen der Teilnehmer zurückgreifen. Intentionalität und Kohärenz der Improvisation können jedoch auch durch formalisierende Maßnahmen außerhalb der Improvisation stimuliert werden; durch die Konzeption von Minimalstrukturen als Schema der Improvisationsvorgabe. Dies kann als eine Art Minimallandkarte verstanden werden, die es der *Impro-Combo* ermöglicht, Leerläufe und Missverständnisse oder Inkohärenzen zu vermeiden und einen gemeinsamen Zielkorridor zu bestimmen. Wenn wir uns den vektorialen Raum einer Reglermatrix vorstellen, so können wir sagen: Je niedriger der Pegel der Struktur ist, desto höher müssen die Regler für Interaktion und Kommunikation gefahren werden.

Improvisation beinhaltet drei Charakteristiken: Überlagerung, Hybridität und Lokalität. In ihrem Vektorfeld finden absoluter und relativer Raum, lineare und nicht-lineare Geometrie zusammen. Das meint Organisation und Experiment als ganzheitlicher Ansatz von Raum und Ereignis. Es scheint, dass die alltäglich gelebten Improvisationen, Diversifikationen und *Patchwork-Identitäten* immer mehr den sozialen Raum bestimmen, ohne dass sich daraus bereits eine gesellschaftlich beachtete Position entwickelt hätte.

Wir befinden uns an einem Übergang der Rollenvertauschung: Gelebte Räume werden ausschlaggebend für produktive Aktivität. Innerhalb der gelebten Räume verzahnen sich die improvisierenden Akteure zu neuen Formen von Gemeinschaft – der sozial lockeren *Impro-Combo*. Vermittels Improvisation kann Architektur hier ansetzen und das Potenzial realer Alltäglichkeit wieder in ihr Konzept zurückholen. Improvisation ist dann Designansatz und mentales Modell, um die Verbindung zwischen der Dynamik eines neuen Arbeitens, Lernens und Lebens in einer kooperativen Gesellschaft herzustellen. Sie ist das integrierte Design von Human Resources, Raumorganisation und Handlungskapazität – von physischen und virtuellen Elementen, in denen Arbeiten, Lernen und Leben in funktionaler wie emotionaler Weise verschmelzen.

IMPROVISATION ALS ARCHITEKTONISCHER LEBENSENTWURF

Zurück zum Fußball: Am flexibelsten ist ein Trainer, wenn er rotieren kann. Ottmar Hitzfeld verfügte während seiner Zeit bei Bayern München über eine große Auswahl an Personal, die ihn im Bemühen um mehr taktische Flexibilität unterstützte. „Situativ" möchte Hitzfeld handeln, so die *Süddeutsche Zeitung*, und je nach „Gegner und aktueller Anforderung im Spiel" sein Team zusammenstellen. Die Bedingung dafür, so weiß der Organisationssoziologe Hitzfeld, ist eine gute wechselseitige Organisation, die „die Räume kompakt macht", sowie eine internationalisierte und demokratisierte mannschaftsinterne Hierarchie. Was vormals als Nebenprodukt gedacht war – die Improvisation – wird zu Hauptprodukt und -produktionsweise gesellschaftlichen Raums. Als Metathese gilt: Die Improvisation ist der grundsätzliche Lebensentwurf unserer Zeit: Improvisation ist Fußball, ist Architektur, ist gelebter Raum. Die Zusammenführung von Spontaneität, Erfahrung und Imagination in der Erkenntnis des gesellschaftlich Realen öffnet so die Erkenntnis für den Raum des Spiels. Indem Improvisation die Körperlichkeit und die Geschichte der Erfahrung des Einzelnen wie der Gruppe einbezieht, wird sie zum post-postmodernen Lebensentwurf. Gelebte Autobiografie ist der rote Faden im konstruktiven Umgang mit Unordnung: Architektur nutzt Improvisation als Modus der Arbeit und der Produktion komplexer Realität – eine Vision zukünftiger Architekturproduktion als Gestaltung zeitgenössischen Lebensraums.

KP _ 15
Ostern 2009 besuchten mich zwei junge Architekten, Adeline Seidel und Björn Hekmati, in Berlin, um mich nach meiner Denkungsart auszufragen. Aus ihrem Enthusiasmus und der Intelligenz ihrer Fragen ist dieses Interview entstanden, das in GENERALIST *veröffentlicht wurde.*
Inhaltlich kreist das Gespräch um die relevante Themenstellung, ob und auf welche Weise Improvisation und Planung zusammenhängen.

15

GOTTAPLAN. INTERVIEW MIT *GENERALIST*

GENERALIST: Herr Dell, Planen ist das Thema unseres aktuellen Heftes, Improvisation ist Thema Ihres Buches *Prinzip Improvisation* aus dem Jahr 2002. Planen und Improvisieren – der Plan und das Provisorium – sind das Gegensätze?
DELL: Nein. So verstanden sprächen wir von *Improvisation erster Ordnung*, dem landläufigen Begriff, der die Idee entwertet. Sie gehen dabei davon aus, einer Situation völlig ahnungslos gegenüberzustehen, mit „null Plan"; man hat also überhaupt keine Ahnung. Nichts. Totales Chaos. Dann lässt man sich treiben, nach dem Motto: „Irgendwie wird das schon klappen." Das ist eine basale Alltagstechnik, die ohne Bewusstsein für das eigene Handeln, ohne Plan ausgeführt wird. Das wäre *trial and error*, die Art, in der die Menschen vielleicht einst mit der Produktion von Dingen und Ideen begonnen haben.

GENERALIST: Dann ist Improvisation also eine Art Aufsatz oder Anbau an den Plan?
DELL: Improvisation, so wie ich sie verstehe, *Improvisation zweiter Ordnung*, ist eine andere Form der Planung. Es ist eine Planung, in der das Überschreiten des Plans mitgedacht ist. Man setzt also auf den Plan noch einen drauf; Improvisation heißt dann nicht etwa, dass man ohne Plan denkt. Im Gegenteil, man muss hierfür 30, 40, 50 oder gar 60 Pläne parallel vorhalten – eine maximale Planvarianz. Das kann aber niemand alleine schaffen, auch nicht ein Stararchitekt; das können nur Teams bzw. Combos schaffen. Alleine geht es nicht.

GENERALIST: Haben Sie eine endgültige Definition für den Begriff Improvisation?
DELL: Ja und nein. Die Definition lautet: Improvisation ist der konstruktive Umgang mit Unordnung in Gemeinschaft. Das ist der zentrale Satz, allerdings ein rein formaler Satz. Hier fehlt noch die Auseinandersetzung mit der jeweiligen Situation, die bewusste Wahrnehmung der jeweiligen realen Umstände. Erst das Situative füllt dann den Satz mit Inhalten.
Aber hier muss ich einhaken: Endgültigkeit ist ja keine Kategorie für Begriffe. Der Prozess der Bestimmung geht weiter. Begriffe sind ja nicht unbedingt Werkzeuge, die man eins zu eins anwenden kann. Sie können das sein, aber das reicht nicht hin, denn dann würden wir ja gar nicht wissen, wo die Begriffe herkommen.
Natürlich haben wir einen Hang dazu, uns Begriffe als naturalisierte Fakten anzueignen und unhinterfragt zu verwenden. Es ist ja auch das große Plus von Gesellschaft, dass Konsens und Konvention überhaupt möglich sind, dass wir also nicht ständig alles neu definieren müssen. Allerdings gibt es daran einen Haken: Platon sagt, es gäbe Ideen, die uns informierten. Daher wissen wir, was der Begriff ist, wir haben eine Idee davon. Der originären Idee aber können wir uns nur nähern, wir erkennen sie nie ganz. Aber es gibt sie bereits vor dem Denken, sie steht außerhalb unserer Welt. Und nur so können wir überhaupt das ganze Chaos ordnen; nur so, weil es etwas – die Idee – bereits gibt.
Kant sagte dann später, Begriffe seien lediglich leere Formen und es sei eigentlich unsere Syntheseleistung, die Begriffe weiterzudenken, sie zu erweitern, denn würden sie nicht erweitert, dann würde ja beim Denken nichts gedacht und nichts erkannt. Erkenntnis ist folglich nur das, was wir erkennen, was es erst dadurch gibt und was wir dann anwenden. Das ist es – extrem verkürzt –, was Kant die bestimmende Urteilskraft nennt.
In der Zukunft wird es aber die reflektierende Urteilskraft sein, um die es geht. Eine Urteilskraft, die sich im Bewusstsein darüber ist, dass sich die Regeln und Gesetze, die sie vorfindet, Projektionen sind, unsere Interpretation der Welt und nicht umgekehrt. Das heißt, sie sind verhandelbar; das heißt auch, sie sind als Begriffe immer neu zu erfinden. Und genau darum geht es bei der Entwicklung eines Begriffs wie zum Beispiel Improvisation. (Schaut auf die Uhr.) Das wird jetzt hier Stunden dauern, aber das macht nichts.

GENERALIST: Die Improvisation nach Dell erzeugt also kein Provisorium, sondern etwas völlig anderes?
DELL: Sie ist etwas völlig anderes. Die europäische Kulturgeschichte hat eine wahnsinnige Entwicklung genommen im Bezug auf den Plan und wie man das Zukünftige komplett zustellt mit einem Plan. So entstand schon bei Aristoteles die Vorstellung, ein Plan sei im Kern bereits in allem erhalten und müsse sich nur in der Form entwickeln. Der mittelalterlichen Scholastik kam das gut zupass – als Machttechnologie. Hier wurde Gott in die Form eingeschrieben, der göttliche Plan bestimmte den Lauf der Dinge als eine Formenteleologie. Später suchten die Naturwissenschaften nach einem Plan, nach den Gesetzen der Natur. Dann kam die entscheidende Neuerung von Kant: Er macht uns klar, dass wir es selbst sind, die der Natur die Gesetze beilegen. Was uns dazu befähigt, ist eben jene reflektierende Urteilskraft – und die kann man trainieren.

GENERALIST: Die Kenntnis der Naturgesetze verspricht Vorhersagbarkeit, also Planbarkeit?
DELL: Genau. Hier kommt die Macht zum Vorschein, sie liegt bei demjenigen, der gerade

die Informiertheit über den göttlichen Plan oder aber das Naturgesetz für sich beansprucht und sich damit legitimiert, indem er behauptet, diese läge „natürlich“ vor. Kulmination dessen ist die industrielle Gesellschaft. Diese höchste Kulturleistung, wo alles durchgeplant ist wie etwa in der industriellen Stadt. Das Denken dahinter besagt: Da gibt es einen, der weiß Bescheid, und der Rest setzt es um. Das ist die Leistung der Industrialisierung, es gibt den einen Wissenschaftler oder Chef mit einem Plan, und 3000 Arbeiter legen los, die machen das dann. Und wenn die den Plan auch befolgen, dann wird das Maximum erreicht.

GENERALIST: Eine Art Masterplan definiert das maximal Erreichbare?
DELL: Ja, der maximal aufgepumpte Plan war der Stand der Industrialisierung. Die nächste Stufe kommt in den 1950er, 60er Jahren mit der Kybernetik. Die besagt, es bestehe ein kleines Dilemma. Pläne seien bisher gar nicht prozessual gedacht, sondern gingen von einem bestimmten Zeitpunkt maximaler Durchsicht aus. Eigentlich war die Kybernetik aber auch nur eine Kriegstechnik. Es galt in den Zeiten der atomaren Bedrohung Systeme wie zum Beispiel die Städte ohne Zentrum zu bauen, um weniger angreifbar zu sein – auch ein Hintergrund des ***sprawl***. Hier begann das prozessuale Denken, allerdings als Produkt verstanden, als eine abgeschlossene Input-Output-Blackbox. Dann natürlich haben die Kybernetiker noch an den Computer geglaubt. Sie meinten, wenn sie die Rechenleistung nur weit genug hochfahren und die ganzen Performanceparameter kennen würden, dann wäre alles vorhersagbar; dann hätten wir den Prozess im Griff, als geschlossenes System 15
– wiederum ein teleologischer Gedanke.

GENERALIST: Dabei liest sich ja bereits die Schöpfungsgeschichte eher wie eine Improvisation: „Und er sah, dass es gut war.“
DELL: Und so spielt sich das jetzt auch in der Gesellschaft ab. Wir merken heute ganz klar, dass die Komplexität unserer Welt und ihrer Bewegung derart zunimmt, dass wir das Reale, wie es wirklich ist – nämlich nicht als Realisiertes, sondern wie es uns als Sein entgegenkommt – und an dem wir auch aktiv beteiligt sind, so nicht in den Griff bekommen. Und das bedeutet, dass uns die platonische Zeitverschiebung zwischen dem Vorhandensein der Idee und unserer Erkenntnis davon jetzt das Wasser abgräbt. Weil wir immer zu spät kommen, und weil wir trotzdem immer behaupten, dass wir alles mit unserer provisorischen Erkenntnis bewältigen könnten. „Morgen, morgen wissen wir Bescheid. Gib mir nur noch zwei, drei Minuten und ich hab' den Plan.“ Schon bei der letzten Europameisterschaft sagte Slaven Bilić, die Systeme brächen zusammen und Improvisation sei die Zukunft im Fußball.

GENERALIST: Schön und gut, aber das hält doch kein Bauherr aus. Als Planer müssen wir doch letztlich ein fertiges Produkt abliefern und wir werden dafür bezahlt, den Plan davon zu haben.
DELL: Genau, aber diese Produkte sind meist Förmchen. Das kennen Sie doch aus der Uni selber. Förmchen kann man jetzt super generieren mit unheimlich tollen Apparaten, wenn der Lehrstuhl sich die leisten kann. Da kommen die tollsten Förmchen heraus. Bullshit. Das ist genau der Punkt: Es geht mir um die Form und nicht um Förmchen. Förmchen werden immer schon produziert. Aber jetzt merkt man, dass das nicht mehr hält,

diese ganzen Derivate, die ganzen Oberflächen, kaschiert als tolle, innovative Arbeit, obwohl sie überhaupt keine sind, weil sie nie in die Tiefe gehen. Das ist jetzt vorbei, man kann sich entspannen.

GENERALIST: Wir kennen das Förmchen aus dem Sandkasten. Bedeutet Förmchen hier jetzt eine verniedlichte, kleine, lächerliche Form oder ist damit gemeint, dass es eine Hohlform ist, die jedes Medium abdecken kann?
DELL: Es hat beides davon. Es kann alles abbilden, aber es ist eine Schnelloberfläche, die einfach versucht, den göttlichen Plan zu behaupten, um die Diskussion zu vermeiden – was ich schon auch wichtig finde, das ist eine basale Technik, die muss man beherrschen. Nur darauf aufbauend, müsste man sich auch der Leere einmal ausliefern, um zur Form zu kommen, müsste man reflektieren, was man da eigentlich macht, müsste man das Entwerfen selbst zum Objekt der Erkenntnis machen. Denn nur so, indem man das Verfahren selbst immer wieder zum formalen Analyseobjekt macht, kann man ja in die jeweilige Situation eintauchen. Nur so, weil man doch selbst die Techniken entwickelt, die den Prozess ausmachen. Für den Planer bedeutet das, sich selbst prozessual zum Prozess zu verhalten, also die eigene Transformation in den Planungsprozess einzubeziehen; das ist eine Art Meta-Monitoring. Deshalb ist Improvisation als Technologie eigentlich Meta-Lernen, weil es sich die ganze Zeit selbst informiert.

GENERALIST: Ließe sich das auch konkreter formulieren?
DELL: Ja. Also das Primat der Form wird abgelöst durch eine Reflexion über Form. Das heißt, man versucht wirklich mal, eine Situation komplett zu scannen und wahrzunehmen. Vielleicht mit den Techniken der Situationisten, was weiß ich. Die Beobachtung, die Wahrnehmung wird auf ein richtig intensives Level gehoben. Als Praxiserfahrung – so als hätte man keinen Plan, als wollte man noch nichts – als Loslassen verstanden.

GENERALIST: Staunen?
DELL: Staunen, sich konfrontieren, das ganze Repertoire der qualitativen Forschung ausschöpfen, rein ins Feld und sich viel Zeit lassen, das ist gemeint. Dabei wird Material gesammelt, Daten, alles was anfällt, dafür gibt es ja verschiedene Techniken. So entsteht ein riesiger Wust an Rohmaterial – das haben Prozesse so an sich. Sie kennen das aus dem Entwurfsprozess, bei dem Tausend gute Ideen entstehen. Aber was passiert, wenn der Cut kommt, wenn der Trichter sich verjüngt, dann kommen Sie zu einem Ergebnis – das ist auch prima –, nur der ganze Abfall der Rohmaterialien, von dem Sie dachten, Sie hätten den noch auf dem Schirm, den haben Sie drei Wochen später vergessen. Und das ist das Wesen von Improvisation als Technologie, dass man den ***Logos*** im Bewusstsein behält, der sich im Prozess entwickelt. Es ist eine riesige Mehrarbeit, dem Prozess immer *a posteriori* einen Sinn zuzuordnen. Ich nenne das ***post-content***. Wenn also diese Rohmaterialien entstehen als eine Art Samples und Sie dann mit diesen Samples arbeiten und sie ordnen – ich sage Ihnen: Das ist schon eine Gestaltung. Eine Gestaltungsleistung, die aber nirgends angerechnet wird. Rem Kohlhaas hat das bereits verstanden, er hat nämlich AMO deshalb gegründet und die Recherche nach vorne gebracht, weil die Recherche eigentlich viel interessanter ist als das Objekt. Wie geht das? Nur in Teamwork, das ist das Allerwichtigste, deswegen heißt es ja „in Gemeinschaft“. Dafür muss man das richtige

Team, die richtige Combo auch finden, um mit dem Material umzugehen, es zu konzeptionalisieren, dem Material einen Plan zu geben. Man hat ein Bewusstsein für die Situation, man ist sich bewusst, dass dieses Raster, das man aufsetzt, nur eine Nachbarschaftsordnung ist, ein strukturelles Relais. Ein Diagramm, das weder eine Realität abbildet noch eine komplette Abstraktion ist, sondern das eine zusätzliche Erkenntniswahrheit in sich trägt.

GENERALIST: Aber wozu? Wir versuchen als Architekten, durch präzise Planung einerseits und einen mindestens zeitgeistigen Gestaltungsanspruch andererseits so etwas wie architektonische Qualität oder ästhetische Qualität der Räume und Oberflächen zu erzeugen. Welche Qualität erzeugt die Improvisation auf der Metaebene?
DELL: Sie kennen Martina Löw und die Raumsoziologie – sie kennen Henri Lefebvre und den relationalen Raum. Die These, dass der Raum relational und nicht euklidisch verstanden werden muss, und dass sich die Räume sozial konstituieren bzw. produziert werden – das ist doch Konsens. Aber wie macht man das? Was fangen die Gestalter nun an mit dem relationalen Raum? Wenn Sie mich fragen, geht es jetzt darum, das Konzept des relationalen Raums auf uns selbst anzuwenden. Eine architektonische Qualität hat damit wohl auch zu tun, aber die wird weniger durch das Objekt als durch die Art und Weise des Verfahrens bestimmt: eine Denkungsart, wie Strukturen verwendet werden, um zu einer Art „Ermöglichungsarchitektur" zu gelangen. Mich interessiert die Offenlegung dieser Verfahren. Das ist genau das, was uns im Studiengang ***Urban Design*** an der HCU Hamburg umtreibt, worüber ich mich ständig mit Bernd Kniess und dem Team dort austausche.

GENERALIST: Da klafft offenbar eine Lücke zwischen der wissenschaftlichen Erkenntnis über und dem handelnden Gestalten von Raum?
DELL: Ja. Deshalb beschäftige ich mich ja mit der Improvisationstechnologie, weil es eben sonst kaum einer macht. Eigentlich spiele ich ja am liebsten in der Ecke mein Vibrafon, das verbraucht nicht mal Strom. Aber seit über zehn Jahren arbeite ich eben auch an der Improvisationstechnologie, denn das ist die Technologie der Zukunft, davon bin ich überzeugt.

GENERALIST: Eine letzte Frage Herr Dell, wie lautet Ihr Lebensmotto?
DELL: Das Lebensmotto?

GENERALIST: Diese Frage kann man schnell beantworten oder gar nicht.
DELL: Let's hit it.

GENERALIST: Herr Dell, wir danken Ihnen für dieses Gespräch.

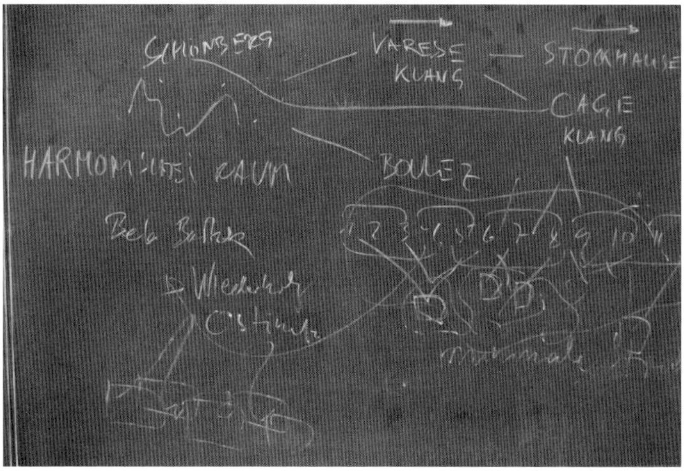

15a Musikalische Raumtheorie 1, Universität Bamberg, 02.12.2010

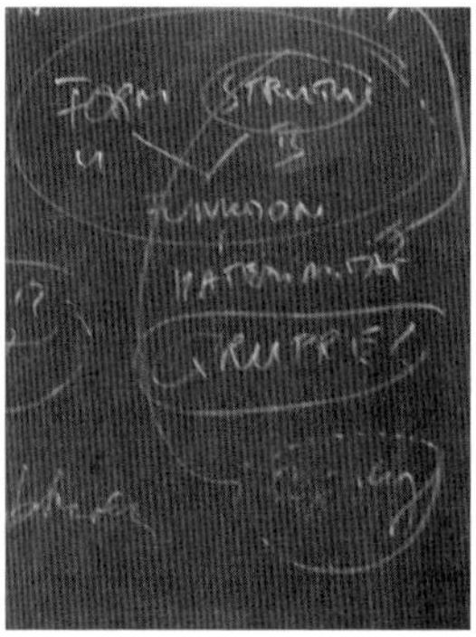

15b Musikalische Raumtheorie 1, Universität Bamberg, 02.12.2010

16 Lecture-Performance, Universität Bamberg, 02.12.2010

KP _ 16
Der nächste Beitrag ist eine persönliche Stellungnahme zum Thema und vermittelt einen kleinen Einblick, wie ich zu meinem spezifischen Ansatz kam und einen Ausblick darauf, welche Momente einer politischen Philosophie der Improvisation zukünftig wichtig sind.
Der Text ist ein Remix eines Vortrags, den ich 2008 beim Symposium „Improvisieren – Das unvorhergesehene Tun" gehalten habe. Die Tagung entstand aus dem Projekt „Die Szenen des Virtuosen" des „Sonderforschungsbereichs des Performativen" an der FU Berlin. Der Remix stammt von Hans-Friedrich Bormann.

16

SUBJEKTE DER WIEDERVERWERTUNG (REMIX)

Vom Genießen war die Rede, und auch ich möchte zuallererst sagen, wie sehr ich es genieße, dass sich eine ganze Tagung mit Improvisation beschäftigt. Allerdings haben Sie mit Ihren durchweg komponierten Beiträgen bereits eine maximale Kontingenz dessen geschaffen, was Improvisation sein könnte, und mich in eine völlige Unordnung gestürzt darüber, wie ich jetzt improvisieren soll.
Ich theoretisiere ja nicht für mich allein am Schreibtisch, sondern bin für Sie da. Und weil ich wirklich für Sie da sein will, heißt das: Ich improvisiere. Ich gucke also nicht nach unten. Oder – vielleicht gucke ich doch ab und zu nach unten, denn ich habe ein paar Rohmaterialien dabei. Das könnte sogar eine erste Kennzeichnung von Improvisation sein: dass man Rohmaterialien dabei hat. Die können vorgefertigt sein, die können von jemand anderem sein, die können von einem selbst sein. Man weiß nie, ob man sie benutzt.

***

Wenn ich heute über Improvisation spreche, gehe ich von meinen eigenen Erfahrungen als Musiker aus. Ich befinde mich damit in der Position eines Praktikers, der für sich eine angewandte Theorie entwickelt. Das war bereits in der Vergangenheit eine wesentliche Motivation für mich. Ich versuchte, dem Formlosen eine Struktur zu geben und mich so selbst zu legitimieren – eine Art Baron-Münchhausen-Strategie. Und die war vonnöten, weil es nichts gab, worauf ich zurückgreifen konnte. In den Jazz-Zeitschriften war nur zu lesen, wie andere Musiker versucht haben, dem Problem auszuweichen, indem sie sagten: Wir spielen halt.

Mit so einem Legitimationsdefizit war auch Derek Bailey konfrontiert, der als einer der ersten über Improvisation wirklich nachgedacht hat.[1] Deswegen hat er gesagt, Improvisation ist Müll – das war natürlich polemisch gemeint.[2] Eigentlich hat er damit seine eigene Situation als Musiker beschrieben: Er war halt nichts wert. Der hätte mal versuchen sollen, auf einer Musikakademie Improvisation zu üben! Ich kenne ja auch die Geschichten von Leuten, mit denen ich gespielt habe, Heinz Sauer etwa oder Albert Mangelsdorff: Die durften sich am Konservatorium nicht erwischen lassen.
Aber ich bin aus einer anderen Generation, ich bin jemand, der aus dem Können des Improvisierens Gewinn ziehen konnte. Und das fängt damit an, dass ich – was zumindest in Deutschland ja ganz normal ist für professionelle Musiker – die komplette Klassik-Ausbildung vorweisen kann. So als 13- oder 14-jähriger Bub saß ich dann in einem Orchester und dachte: Was für ein Wahnsinnssound! Die anderen Musiker aber – ich rede hier nicht von irgendeinem C-Orchester, das war ein A-Orchester! – lasen gleichzeitig *Playboy* und hatten solche Kügelchen dabei, mit denen sie anderen Leuten ins Genick schossen, und der Schlagzeuger ging zum Biertrinken raus, bis der nächste Schlag kam, und alle haben immer darauf gewartet, was der Dirigent macht und wann der Dirigent was sagt. Da war für mich klar: So möchte ich nicht leben. Das war mein persönlicher Ausgangspunkt. Und so reifte in mir der Wunsch, Improvisation zu lernen. Jazz war für mich die einzige Möglichkeit, meine eigenen Vorstellungen umzusetzen: in einem geschützten Raum, in dem man dialogisch an Strukturen arbeitet und diese weiterentwickeln kann.

***

Ich möchte jetzt auf ein paar Aspekte zurückkommen, die heute schon angesprochen wurden. Friederike Lampert sagte eben so sympathisch, das sei eben so bei den Amerikanern. Und da ist auch was dran, es kommt nichts von ungefähr. Es waren Amerikaner, welche die Improvisation technologisch entwickelt haben, und dies gilt für den Tänzer und Choreograf William Forsythe ebenso wie für Steve Paxton, von denen wir schon gehört haben.[3] Solche Leute haben die politischen Strategien der 1960er Jahre technologisch ausgearbeitet. Das hat natürlich auch mit einem pragmatischen Ansatz zu tun: In Amerika macht man einfach was und hat überhaupt kein Legitimationsproblem. Aber die haben ja auch keinen Bach, Beethoven, Schiller oder Goethe hervorgebracht, was durchaus ein Vorteil ist. Jedenfalls führt es dazu, dass zu eben der Zeit, als sich Bailey bei uns nicht hätte erwischen lassen dürfen, es in Boston schon längst, nämlich seit den 1940er Jahren, das Berklee College of Music gab, auf dem man Improvisation als Technologie erlernen konnte: Als ein strukturell durchdachtes, angewandtes Lenkungslernen. Da haben wir einen unglaublichen Nachholbedarf, und zwar bis heute.
Ich selbst hatte angefangen, in Holland zu studieren, weil das in Deutschland mit meinem Instrument – dem Vibrafon – gar nicht ging. Und dann habe ich ein Stipendium an eben diesem Berklee College bekommen; die haben mir alles bezahlt und ich durfte mit Gary Burton arbeiten, der damals mein Guru war.
Es war das Größte für mich, in Amerika zu sein, mit diesen tollen Leuten dort zu spielen und mich zu messen. Aber natürlich habe ich einen Schock bekommen, als ich dann wieder nach Deutschland zurückkam, wo es nichts Vergleichbares gab. Ich war ja total überzeugt von dieser Musik. Auftreten konnte ich auch hier überall, das war nicht das Problem. Nur kamen dann Leute nach einem Konzert zu mir und sagten: Das ist ja unglaublich, was Sie

da spielen! Das kann aber nicht alles improvisiert sein! Und wenn ich dann meinte: Ja, doch, das ist alles improvisiert ... da sind die vor Enttäuschung in Tränen ausgebrochen! Da habe ich mich natürlich gefragt: Was ist hier los? Warum ist das so? Und ich habe angefangen zu zweifeln: Vielleicht ist das ja wirklich nichts wert.

So begann ich, über Improvisation nachzudenken und habe schließlich ein Buch verfasst, das die Neubewertung des Begriffs der Improvisation zum Ziel hatte[4]. In dem Buch ging es um den *kairos*, um die *metis* und um die Intelligenz, eine Situation zu lenken. Eine Intelligenz, die schon bei den Griechen ganz wenig theoretisiert worden ist.

Im letzten Teil des Buchs, in dem ich alles zusammentragen wollte, kam ich dann zu einem Problem, das von Ihnen auch schon angesprochen wurde: Ist nicht irgendwie alles Improvisation? Es gibt ja Leute, die genau das vertreten. Der Posaunist George Lewis zum Beispiel sagt, dass alles Improvisation ist, und der Philosoph Jacques Derrida ist auch ganz nah dran zu sagen, alles ist Improvisation – weil die Differenz immer da ist: Ich kann mich schließlich noch so anstrengen, ich kriege die Wiederholung nie richtig hin, und schon bin ich in der Improvisation.[5]

Für mich war diese Sicht jedoch nicht interessant, ich wollte ja eine angewandte Theorie entwickeln, ich wollte die Situation gestalten. Es ging mir auch nie darum, in eine (wie auch immer geartete) Not hinein- oder aus ihr hinauszukommen. Die Not hat mich nie interessiert, dieser Reparaturmodus, dieses: Jetzt ist was schiefgegangen, jetzt muss ich mal improvisieren, das ist für mich uninteressant. Der Kern liegt für mich in der Performanz des Ereignisses als einer grundlegenden Positivität:

Das Diagramm beobachtet und zeigt das Verfahren als Funktionieren, als Verlauf, als Prozess, der etwas hervorbringt, er sucht nicht nach einem heimlichen Sinn, der „unter" der Oberfläche zu entdecken sei. Ich ziehe mich hiermit jedoch nicht in einen Relativismus zurück, der sagt: Nun gut, da passiert etwas, das hat keinen teleologischen Sinn, also kann es alles Mögliche sein, beschäftigen wir uns nicht mehr damit. Für mich verhält es sich genau umgekehrt: Gerade weil hier in einer Form Wissen produziert wird, der wir mit dem Verfahren des Erkennens als Objekt nicht näherkommen, gibt es neue Arbeit, und zwar das Verfahren des relationalen Offenlegens einer prozessualen Performanz als Wissensproduktion neuer Ordnung. Mit Deleuze ließe sich sagen: „Sinn ist niemals Prinzip oder original, er ist hergestellt [*produit* i.O.]"[6]. Ich halte aber fest: Obwohl ein performatives Ereignis als Improvisation und als Aussage direkt und positiv in die Welt tritt, ist ihr Funktionieren im Dunkeln. Das habe ich ja oben beschrieben. Mit Foucault könnte man sagen: Die Improvisation ist „gleichzeitig nicht sichtbar und nicht verborgen"[7]. Deshalb bedarf es eines Mehr an diagrammatischer Arbeit (siehe „Diagramm und offene Notation").

Wie gesagt, für mich ist Improvisation kein Unfall, sondern Kunst. Bei mir gibt es einen Willen zur Improvisation, und meine Fragen lauten: Woher kommt der? Und: Was mache ich damit? So kam ich, um überhaupt konstruktiv mit Diagrammen, mit Matrizes arbeiten zu können, zur Notwendigkeit des Urteilens. Improvisation zwingt zum Urteilen, das ist für mich klar.

***

Damit ich überhaupt arbeiten kann, brauche ich drei Parameter: Funktion, Struktur und Form. Das ist ganz unabhängig davon, ob es sich überhaupt um Musik handelt; ich will Ihnen ja nur zeigen, wie ich über Improvisation nachdenke, wie ich sie handhabbar mache.

Das Konzept dieser Trias kommt von Henri Lefebvre und seiner Theorie der Raumproduktion. Lefebvre pochte auf die soziale Dimension des Raums, stellte fest, dass sich sozialer Raum, aufgrund der Komplexität des Realen und Formalen, die er erzeugt, schwer analysieren lässt. Man könnte sagen, Raum wehrt sich gegen eine Analyse. Lefebvre versuchte dieser Problematik zu begegnen, indem er eine Matrix für die Raumuntersuchung einführte, die in eben jene drei Grundparameter, drei Konzeptionen, eingeteilt ist: Form, Struktur und Funktion. „Wie jede Realität fällt der soziale Raum methodologisch und theoretisch unter drei generelle Konzepte: die Form, die Struktur, die Funktion. Das bedeutet, dass jeder soziale Raum Objekt einer formellen, strukturellen und funktionalen Analyse werden kann. Jede trägt einen Kode mit sich, eine Methode, um dasjenige zu erhellen, welches zuvor unzugänglich erschien."[8] (Abb. 15a und 15b, S. 166)
Da ich vor einer ähnlichen Problemstellung stand, habe ich diese Kategorien übernommen und in meine Arbeit übersetzt. Funktion steht dabei für das Material, das im Prozess erzeugt wird, die Materie all dessen, was dann noch passiert, egal wie abstrakt es sein mag. Struktur ist das, was diesen Prozess regelt; Strukturen sind entweder Regeln oder Ensembles von Elementen, die einer bestimmten Ordnung unterliegen. Das Dritte, eben die Ordnung, das ist das, was ich Form nenne. Und so bin ich zu folgendem Satz gekommen: *Improvisation ist der konstruktive Umgang mit Unordnung in Gemeinschaft.*
Ob es sich dabei um Konfliktbewältigung oder Konfliktprovokation handelt, spielt für mich keine Rolle, denn dieser Satz ist leer. Und seine Leere ist das Konstruktive. Die Möglichkeit eines strukturierenden Umgangs mit Unordnung ist völlig unabhängig davon, ob ich ihn als Problem oder als Chance oder wie auch immer interpretiere und ideologisch präge. Ich muss nur durch, egal wie. Allerdings wirft dieser Satz, gerade weil er inhaltlich leer ist, sofort die Frage auf – und das schließt direkt an die Argumentation des Philosophen Georg Bertram an–: Was ist überhaupt Unordnung und was Struktur?[9] Denn genau das ist überhaupt nicht festgelegt. Die Kontingenz selbst wandelt sich je nachdem, was ich als unordentlich empfinde. Oder was als unordentlich oder ordentlich ausgehandelt wird. Und eben um solche Prozesse geht es mir.
Damit komme ich wieder zum Urteilen zurück, genauer: zur Urteilskraft. Bei Immanuel Kant heißt es in der Einleitung der *Kritik der Urteilskraft*: „Wenn nun aber der Verstand a priori Gesetze der Natur, dagegen Vernunft Gesetze der Freiheit an die Hand gibt, so ist doch nach der Analogie zu erwarten: daß die Urteilskraft, welche beider Vermögen ihren Zusammenhang vermittelt, auch eben so wohl wie jene ihre eigentümliche Prinzipien a priori dazu hergeben und vielleicht zu einem besonderen Teile der Philosophie den Grund legen werde, und gleichwohl kann diese als System nur zweiteilig sein."[10] Ich sehe die Sache so: In der *Kritik der reinen Vernunft* beschäftigt sich Kant mit der „Ordnung" und in der *Kritik der praktischen Vernunft* beschäftigt er sich mit der „Funktion". Um sie zusammenzubringen, um sie zum Funktionieren zu bringen, braucht man ein Drittes, eben die „Struktur", die strukturelle Regelung – Kant nennt sie die Urteilskraft. Und das ist sehr interessant, weil man nur durch die Urteilskraft erkennen kann, dass Regeln ***beigelegt*** werden. Noch ein Zitat: „Die Philosophie, als doktrinales System der Erkenntnis der Natur sowohl als Freiheit, bekommt hierdurch nun keinen neuen Teil; denn die Vorstellung der Natur als Kunst ist eine bloße Idee, die unserer Nachforschung derselben, mithin bloß dem Subjekte zum Prinzip dient, um in das Aggregat empirischer Gesetze, als solcher, wo möglich einen Zusammenhang, als in einem System, zu bringen, indem wir der Natur eine Beziehung auf

dieses unser Bedürfnis beilegen."[11] Dieser Moment des Beilegens ist für mich sehr wichtig. Für Kant war es naiv zu glauben, dass die Naturgesetze einfach vorgefunden werden. Er sagt: „Wir legen sie bei." Und es geht in der *Kritik der Urteilskraft* darum, diese Regeln zu entwickeln. Für mich ist interessant, dass der heute zu konstatierende Zwang zur Evaluation mehr die bestimmende Urteilskraft und weniger die reflektierende Urteilskraft in Anspruch nimmt. Kant trennt die beiden, indem er sagt: „Die bestimmende Urteilskraft beschäftigt sich zwar auch mit Regeln, aber sie wendet Regeln an, während die reflektierende Urteilskraft darüber nachdenkt, was überhaupt eine Regel ist und wie wir uns zu den Regeln zu verhalten haben."
Das sind zwei verschiedene Modelle, was häufig vergessen wird. Weshalb ich mich auch zur Wehr setzen muss, wenn mir entgegengehalten wird: „Tja, Herr Dell, indem Sie sagen, dass Improvisation so toll ist, betreiben Sie eine Euphemisierung Prenzlauerbergischer Selbstausbeutungsverhältnisse." So weit ist es schon mit dem Neoliberalismus gekommen, dass man sich den Wohlfahrtsstaat zurückwünscht, nur weil man mit der Freiheit nicht umgehen kann!
Damit bin ich auch bei dem Verhältnis von Mündigkeit und Autonomie. Denn das ist der Punkt: Ich bin kein autonomer Virtuose. Da liegt ein großes Missverständnis. Wenn die Leute nach dem Konzert denken: „Mensch, das ist ja unglaublich, was die da machen!" Und dann zu mir sagen: „Das ist ja toll, müssen die Schlegel eigentlich immer rot sein oder können die auch mal blau sein? Und übrigens, das ist meine Frau Ulrike, wir haben das erste Mal wieder was gespürt und jetzt geben wir Ihnen einen Rotwein aus (...)" Diese Leute haben nie darüber nachgedacht, was ich überhaupt mache, was für Verfahren ich anwende. Davon haben die gar keine Ahnung. Das ist eine Sache, die mich unglaublich umtreibt. Dass eigentlich keiner versteht, was ich mache. Außer mir, der ich mich dauernd damit beschäftige und das aufnehme und versuche es zu lesen.
Denn Improvisation lebt vom Kommentar, sie bedarf der Erläuterung. Das ist das Gegenteil von dem, was die Werbung sagt: Die Sache spricht überhaupt nicht für sich selbst. Letztlich kann man nicht einmal wissen, ob überhaupt improvisiert wird. Aber indem man sein Verfahren öffentlich macht, kann man die Leute zum Nachdenken anregen. Und deswegen ist es auch so schlimm, dass es kein allgemeines Bewusstsein für die Improvisation gibt. Will man *wirklich* improvisieren, muss man ein totales Bewusstsein haben von dem, was man tut. Improvisation zwingt zur Selbstbeobachtung, sie zwingt zur Auseinandersetzung mit dem, was gerade geschieht. Es geht nicht anders. Und das ist nicht zuletzt eine gesellschaftliche und politische Frage.

***

Hannah Arendt hat sich über den Zusammenhang von Ästhetik und Politik in ihren Vorlesungen an der New School for Social Research Gedanken gemacht. Ich möchte das hier nicht ausführen, aber ein Zitat vorlesen, das für mich erhellend ist: „Im Kulturellen und im Politischen, also in dem gesamten Bereich des öffentlichen Lebens, geht es weder um Erkenntnis noch um Wahrheit, sondern um Urteilen und Entscheiden, um das urteilende Begutachten und Bereden der gemeinsamen Welt und die Entscheidung darüber, wie sie weiterhin aussehen und auf welche Weise in ihr gehandelt werden soll."[12] Mit anderen Worten: Es geht um die Konstruktion von Realität in Gemeinschaft. So verstehe ich auch den Satz von der Improvisation als konstruktiver Umgang mit Unordnung in Gemeinschaft. Das

16

wird natürlich unheimlich kompliziert, wenn man im Verbund improvisiert. Aber eben dort findet genau das statt: eine permanente Aushandlung darüber, was die Ordnung ist. Hier möchte ich auf die belgische Politikwissenschaftlerin Chantal Mouffe zurückgreifen, die *Über das Politische* geschrieben hat: „Jede Ordnung ist die temporäre und widerrufliche Artikulation kontingenter Verfahrensweisen. Die Grenze zwischen dem Gesellschaftlichen und dem Politischen ist nicht festgelegt und erfordert ständige Verschiebungen und Neuverhandlungen zwischen den gesellschaftlich Handelnden. Es könnte immer auch anders sein – daher basiert jede Ordnung auf dem Ausschluss anderer Möglichkeiten. In *diesem* Sinne kann sie auch ‚politisch' genannt werden, da sie der Ausdruck bestimmter Machtverhältnisse ist. Macht ist für das Gesellschaftliche konstitutiv, weil das Gesellschaftliche ohne die ihm seine Form gebenden Machtverhältnisse nicht sein könnte. Was in einem bestimmten Augenblick für die ‚natürliche' Ordnung gehalten wird – gemäß dem ihr entsprechenden ‚common sense' –, ist das Ergebnis sedimentierter Verfahrensweisen; es ist niemals Manifestation einer tieferen Objektivität, die sich von den Verfahrensweisen trennen ließe, denen es sein Dasein verdankt.
Ich fasse diesen Punkt zusammen: Jede gesellschaftliche Ordnung ist politischer Natur und basiert auf einer Form von Ausschließung. Es gibt immer andere unterdrückte Möglichkeiten, die aber reaktiviert werden können."[13] Eben darum geht es auch in der Improvisation: Man hat sich in einem bestimmten Prozess für bestimmte Verfahrensweisen und Möglichkeiten entschieden, man ist sich aber stets der Tatsache bewusst, dass hier etwas sedimentiert wird. Man weiß es, und man thematisiert es auch. Man muss also in einer bestimmten Situation nicht so tun, als sei die Ordnung natürlich gegeben, sondern man macht zum Gegenstand, dass diese Ordnung verhandelbar ist. Dabei geht es nicht darum, auf eine pubertäre Weise die ganze Zeit Normen zu unterlaufen. Aber man macht in dem Bewusstsein weiter, dass das Verfahren so und so geordnet ist und sich Rechenschaft darüber abzulegen hat.

Jetzt bin ich versucht, ein Beispiel zu nennen. Es klingt ideologisch gefärbt, ist es vielleicht auch, aber das Beispiel ist einfach unheimlich einleuchtend. Also: Wir feiern gerade Karajans soundsovielten Jubiläumstag und da wird noch einmal richtig in diese Orchester- und Dirigentenkiste gegriffen. Eben dieser Karajan hat etwas Interessantes gesagt: Es gäbe zwei Modi, in denen Diktatur wirklich nötig sei, das eine sei die Musik und das andere das Militär. Und ich glaube, dass er recht hat. Dass ein Orchester wirklich am besten funktioniert, wenn jeder Musiker weiß, was er zu tun hat. Das impliziert aber auch, dass er nicht über den kompletten Raum Bescheid wissen muss. Er muss die Partitur nicht kennen, denn es ist für das Gelingen – und das meine ich völlig ohne Wertung – schlicht nicht nötig. Beim Jazz-Verfahren oder beim Forsythe-Tanz dagegen ist eben das sehr wichtig, da muss jeder Mitwirkende die Grundstruktur, den Aufbau des Ganzen kennen.

Deswegen muss jedes Improvisationsprojekt eine bestimmte Sprache oder einen bestimmten Rahmen entwickeln, der deutlich macht, wie es sich zu strukturieren gedenkt und zugleich die Möglichkeit offenhalten, sich zu verändern. Das heißt, man hat eine bestimmte Art und Weise, wie man Prozesse in Gang bringt und lenkt, man muss aber gleichzeitig einen Kontrollgang mitdenken, damit die Anschlussfähigkeit erhalten bleibt.

Bestimmt haben Sie auch schon gedacht: „Mensch, wenn ich nur noch wüsste, was damals war, jetzt ist es weg!" Und tatsächlich können wir Improvisationen dokumentieren – und diese Dokumentation, diese Samples eines Prozesses lassen sich sedimentieren in einem

Katalog, der es ermöglicht, im Nachhinein Anschlussmöglichkeiten zu finden, die vielleicht in der Situation selbst gar nicht gewollt waren oder nicht wahrgenommen wurden.

Nur deshalb hat sich Jazz so rasant entwickeln können: weil es Dokumentationsmöglichkeiten wie zum Beispiel die Schallplatte gab. Im Tanz ist diese Idee bei Rudolph von Laban in den 1920er Jahren aufgetaucht, doch sie blieb dann liegen, weil man mit seinen komplizierten Notationen nichts anfangen konnte. Das ist das Gleiche wie bei Jazz-Notationen. Die sehen abstrakt aus, wie Hieroglyphen, und das müssen sie auch, um ihre Offenheit zu bewahren. Aber nur wenn Sie die Platte dazu haben – zum Beispiel von John Coltrane –, dann können Sie etwas damit machen. Deswegen war das 20. Jahrhundert auch so ein Explosionsjahrhundert der Improvisation und ihrer Technologie, weil es dort erstmals die Möglichkeit gab, Prozesse aufzunehmen, zu speichern und diese Samples in neue Prozesse einzuspeisen und weiterzuentwickeln. Man muss so etwas ja nicht tun, aber man kann es. Das ist ganz entscheidend.

So kam ja auch Forsythes *Improvisation Technologies* zustande.[14] Er hat ja nicht umsonst so lange dafür gebraucht. Viele denken ja immer noch: „Ach, Improvisation, das macht man mal eben so.“ Eben nicht! Forsythe hat zehn Jahre gebraucht, um eine komplexe Improvisationsrahmung zu schaffen. Das ist es, worum es auch mir geht: zu zeigen, dass Improvisation nicht Kontingenz bewältigt, sondern anerkennt. Und deshalb ist sie – auf einer Metaebene – andauernd damit beschäftigt, Ordnung zu erstellen. Das ist natürlich anstrengend, und daher kommt sicher auch das Bild vom Improvisator als Übermensch. Vielleicht gibt es ja überhaupt keinen, der das richtig kann. Aber das tut eben nichts zur Sache. Womöglich konnte man zu Beethovens Zeiten seine Streichquartette nicht richtig spielen – macht doch nichts! Heute kann man es halt, und da ist nichts Großes dabei. Das entwickelt sich einfach, ebenso wie die Improvisationstechnologie. Und das ist ein politisches Phänomen, weil damit im Bereich des Ästhetischen thematisiert wird, dass Ordnung verhandelbar ist. Das hat natürlich auch etwas Destabilisierendes, doch das gehört dazu und man muss es aushalten.

Das Ganze ist allerdings nicht teleologisch gedacht, jedenfalls nicht als eine Fortschritts-Geschichte im Hegelschen Sinn. Sondern eher so, dass man es länger aushält zu improvisieren. Ich nehme noch einmal als praktisches Beispiel mich selbst. Also: Ich habe immer schon Free Jazz gehasst, abgrundtief gehasst. Für mich war es wichtig, dass die Improvisation strukturiert ist und formal läuft. Das war damals in den 80er Jahren sicher auch ein *Backlash* auf die 70er Jahre, also meine Elterngeneration, die immer fünfe hat gerade sein lassen. Ich dachte, so kann man an die Sache nicht herangehen. Aber in den 90er Jahren habe ich dann den Free Jazz durch einen Zufall wiederentdeckt und musste mich damit auseinandersetzen. Und da habe ich überhaupt erst gemerkt, wie anstrengend diese Musik ist und wie anstrengend es ist, wenn man in einem nicht bereits vorstrukturierten Raum Kohärenz erzeugen will. Also – das ist Wahnsinn! Es ist das Gegenteil von dem, was ich immer dachte: „Diese Typen machen einfach irgendwas“. Wobei es natürlich auch in diesem Feld qualitative Unterschiede gibt. Für mich jedenfalls ist es so: Wenn ich zu Hause übe und es schaffe, über 20 Minuten hinaus ein völlig un-vorstrukturiertes Solo zu spielen, stellt sich die Frage nach dem Gelingen auf einer ganz anderen Ebene. Dann geht es nicht um das Erscheinen der Sache selbst, sondern um meine Haltung: Ich habe es geschafft. Ich habe es geschafft, mich dem auszusetzen, und ich habe darüber nachgedacht, wie ich mich in diesem unordentlichen Raum verhalte. Nur eben nicht in dieser Haltung von: Ich lasse mal los – das ist verantwortungslos. Ich selbst habe Unordnung produziert, also muss ich mich dazu verhalten und damit leben: Improvisation ist eine Frage der Ethik.

***

Diese ethische Haltung habe ich auch beim späten Foucault wiedergefunden. Das fand ich sehr interessant, weil er sonst häufig versucht hat, Technologien als Ausdruck und Mittel von Macht zu beschreiben, und das gilt selbst noch für das Konzept der *Gouvernementalität.* Dadurch war für mich der ganze Bereich sehr negativ belegt, und dieser kritische Impetus hat mich in meinem Handeln immer wieder gebremst. Zuweilen war ich unheimlich frustriert. Einerseits fand ich es gut, dass man das Problem der Steuerung kritisch beleuchtet, und dass ich nicht ganz so feuchtfröhlich in die Improvisation reingehen konnte, war mir recht. Aber durch Foucault hatte jede Steuerung einen Beigeschmack von Gewalt. Deswegen war ich sehr angetan, dass es zum Schluss auch für ihn in eine andere Richtung ging. Ich möchte an dieser Stelle auf den Aufsatz „Was ist Aufklärung?“ aus dem Jahr 1984 Bezug nehmen. Foucault zeigt hier auf, wie sich die Stoßrichtung von Kritik als Form verändert, indem „Kritik nicht länger als Suche nach formalen Strukturen mit universaler Geltung geübt wird, sondern eher als historische Untersuchung der Ereignisse, die uns dazu geführt haben, uns als Subjekte dessen, was wir tun, denken und sagen, zu konstituieren und anzuerkennen“[15].
Für mich heißt das: Strukturen sind nicht universell, sondern prozessbezogen. Und sie geben Auskunft darüber, wie ich mich als Subjekt in diesem Prozess verhalte, wie ich dort meine Handlungen strukturiere. Darin liegt ja genau die diagrammatische Arbeit des Improvisierens. Doch damit es sich nicht einfach nur um eine Behauptung oder den „leeren Traum von Freiheit“[16] handelt, muss meines Erachtens diese historisch-kritische Haltung auch eine ***experimentelle*** Haltung sein. „Ich meine, daß diese an den Grenzen unserer selbst verrichtete Arbeit (...) dem Test der Wirklichkeit und der Aktualität aussetzen muß, um sowohl die Punkte zu ergreifen, wo Veränderung möglich und wünschenswert ist, als auch zu bestimmen, welche genaue Form diese Veränderung annehmen soll. Das bedeutet, daß diese historische Ontologie unserer selbst von allen Projekten Abstand nehmen muß, die beanspruchen, global oder radikal zu sein. In der Tat wissen wir aus Erfahrung, dass der Anspruch, dem System der gegenwärtigen Realität zu entkommen, um allgemeine Programme einer anderen Gesellschaft, einer anderen Weise zu denken, einer anderen Kultur, einer anderen Weltanschauung hervorzubringen, nur zur Rückkehr zu den gefährlichsten Traditionen geführt hat.“[17]
Auch die Improvisation ist kein Rettungsanker eines neuen, besseren Lebens, sie ist, darauf bestehe ich, eine Technologie. Bei Foucault heißt es weiter: „Das führt zu einer Untersuchung dessen, was ‚praktische Systeme‘ genannt werden könnte. Als homogenes Bezugsfeld nehmen wir hier weder die Vorstellungen, die Menschen von sich selbst haben, noch die Bedingungen, von denen sie ohne ihr Wissen bestimmt sind, sondern eher, was sie tun und wie sie es tun. Das heißt die Rationalitätsformen, die ihre Weise zu handeln, organisieren (dies könnte der technologische Aspekt genannt werden) und die Freiheit, mit der sie innerhalb dieser praktischen Systeme handeln, darauf reagieren, was andere tun und bis zu einem gewissen Punkt die Spielregeln modifizieren (dies könnte die strategische Seite dieser Praktiken genannt werden).“[18]

Man handelt immer zwischen der Strategie und der Praxis, zwischen dem, was man möchte, und dem, was möglich ist. Und die Improvisation ist ein Organisationsverfahren, das die maximale Mehrdeutigkeit einer Situation zulässt – so würde ich es beschreiben.
Für mich hat das auch mit Lust zu tun, mit dem Genießen. Deswegen finde ich auch den Gegensatz von Freizeit und Arbeit problematisch, weil da eben etwas fehlt. Noch einmal mit Kant gesprochen: Es gibt das Erkenntnisvermögen, es gibt das Begehrungsvermögen und es gibt die Lust. Für mich ist die Arbeit mit dem Erkenntnisvermögen verbunden, die Freizeit mit dem Begehrungsvermögen – die Lust aber findet darin keinen Platz – das wurde ja auch schon kulturpessimistisch formuliert: dass sich bei uns alles nur noch zwischen Begehren und Erkenntnis abspielt. Für mich bietet die Improvisation eine Möglichkeit zu genießen: indem man die reflektierende Urteilskraft anstrengt und mit ihrer Hilfe Situationen organisiert, in denen eine maximale Mehrdeutigkeit zugelassen ist.

Ich möchte zum Schluss kommen, auch um der Tatsache Rechnung zu tragen, dass in zehn Minuten die Sportschau anfängt. Denn es geht mich katastrophal an, wenn die samstags um 18:30 Uhr nicht läuft. Denn nur weil ich Improvisator bin, heißt das nicht, dass ich dauernd unordentlich bin und denke, die Sportschau könnte irgendwann anfangen. Die Disziplinierung ist in uns drin, und deswegen ist es doch überhaupt kein Wunder, dass man Disziplinierungstechniken anwendet, um improvisieren zu können. Es ist sogar das Normalste von der Welt. Diese ganzen Disziplinierungstechniken sedimentieren in mich hinein. Aber ohne Disziplin können wir auch das konstruktive Überschreiten der Disziplin gar nicht leisten. Ich wiederhole mich: Wenn man improvisieren will, dann muss man es können. So einfach ist das.

16

17 Earl Brown: *Folio*, 1952

TEIL 3
MUSIKALISCHES RAUMDENKEN

18 AMO/Rem Koolhaas: Doppelseite aus der Studie *Hollocore Ruhrgebiet*, 2002

KP _ 17
Mit diesem Text wird das Verhältnis von Form und Komposition erörtert. Damit sei auch der Frage nachgegangen, wie sich heute Autorenschaft, gestalterische Autonomie und das Verhältnis von gestalterischer Praxis und Gesellschaft bestimmen lassen und wie sich durch Formdenken unser Bild von Gesellschaft definieren lässt.

17

KOMPOSITION UND FORM

Das Gefühl, nichts lasse sich ändern, hat die Musik befallen. Adorno

Was macht man beim Komponieren? Adorno beschreibt Komponieren als Denken in Tönen, welches einer eigenen Gesetzmäßigkeit und Logik folgt und sich einerseits mit der Theorie der Musik auseinandersetzt, andererseits selbst als Gegenstand der Reflexion Theorien zu beeinflussen und zu stiften vermag. Bis es dahin kam, bedurfte es einer immensen historischen Entwicklung, in deren Verlauf sich die Bedeutung des Begriffs Komposition immer wieder radikal geändert hat.

KLEINE GESCHICHTE DER MUSIKALISCHEN KOMPOSITION

Das Wort Komposition stammt vom lateinischen ***compositio***, was soviel heißt wie Zusammenstellung. Das Verb ***componere*** wird im Mittelalter als zusammenstellen, -setzen verwendet und zwar zunächst in der Medizin und der Chemie. Erst im 16. Jahrhundert gilt es auch für das Abfassen von Musikstücken und wird im 18. Jahrhundert, beeinflusst vom französischen ***composer***, in der bildenden Kunst zu einem bestimmten Gesichtspunkten folgenden Anordnen von Figuren. Komposition als tonschriftlich ausgearbeitete Musik wird musikalisches Werk.
So finden wir im 9. Jahrhundert Komposition nur im Bereich der Einstimmigkeit (*Sequenz-cantus firmus*). Erst ab dem 12. Jahrhundert wird Mehrstimmigkeit möglich. Mit dem

Aufstieg des Humanismus und der Renaissance, der Hinwendung zur antiken Rhetorik – für die Griechen bedeutete Komposition das wohllautende Zusammenführen der Wörter zum Satzganzen – in Verbindung mit dem Aufkommen eines neuen Harmonieverständnisses eröffnen sich neue Möglichkeiten und Freiheiten für die Komposition. Melodieführung wird komplexer: Komposition beginnt den Kontrapunkt miteinzubeziehen und damit eine radikale Neuerung in der musikalischen Setzkunst einzuleiten.
Mit dem Aufstieg der Schriftlichkeit in der Musik beginnt Komposition als Werkzeug zur Erstellung musikalischer Werke eine zentrale Stelle in der abendländischen Musikgeschichte einzunehmen. Die Notenschrift ermöglicht eine duale Repräsentation von Musik: als Schrift und als aufgeführtes, performatives Klangereignis. Das schließt neue Reflexionsmodi, ein neues Nachdenken über Musik mit ein. Damit einhergehend entwickeln sich neue Formen des Verstehens von Komposition, die sich sowohl in der Interpretation als auch der Rezeption und der Aufführungspraxis sowie der Editionstechnik widerspiegeln. Umgekehrt bedeutet das auch, dass Logik und Art der Aussage der Komposition immer mit den jeweilig geschichtlich gegebenen, tonsprachlichen Konventionen verknüpft auftreten. Diese Konventionen betreffen das Tonsystem, die Tonalität sowie das Verhältnis von Stimme und Klang, die Dissonanzbehandlung, die Messung und Gliederung der Zeit durch Mensur bzw. Takt, Metrum und Rhythmus. Aus diesen, in den jeweiligen Epochen immer anders gewichteten, Konventionen entwickeln sich jeweils musiksprachliche Systeme, deren Werte Kompositionen beeinflussen und die gleichzeitig durch die künstlerische Entwicklung des Komponierens verändert werden.
Wir können sagen, dass sich der Begriff Komposition im 16. Jahrhundert in Bezug auf den ständigen Gebrauch von Musik etabliert hat. Das ist auch daran abzulesen, dass sich aus der Schriftlichkeit der Musik ein neues Diskursfeld eröffnet. Neue Formen der Wissensvermittlung entstehen, so zum Beispiel umfangreiche Lehrbücher für den Kontrapunkt. Die zunehmende klangliche bzw. akkordische Rechtfertigung des Satzes sowie die neue, selbstständige Instrumentalmusik lassen im 17. und 18. Jahrhundert den Kontrapunkt zu einem Extrem sich entfalten, an dessen Höhepunkt Bach steht.

AUFSTIEG DES SUBJEKTS

Das kompositorische Subjekt jedoch (als frz. ***compositeur***) betritt erst im 18. Jahrhundert im Zuge der Aufklärung die musikalische Weltbühne. Erst jetzt beginnt der Autor musikalischer Werke zum Fixpunkt musikalischer Aufführungspraxis und Identifikation zu werden. Das souveräne musikalische Subjekt wird erfunden. Dies geschieht nicht ohne neue Legitimationsstrukturen, die sich in der zunehmenden Berufung auf die Form äußern. So sucht sich der Komponist bei bestimmten harmonischen Formgesetzen nachhaltig zu versichern – Komponieren wird Umgang mit dem Normativen. Das ist deutlich an der Musik abzulesen. War der Kontrapunkt des Barock vornehmlich inhaltlich-strukturell orientiert, so beginnt sich mit der Klassik ein System der formalen Normen zu entwickeln: klare Kadenzen-(Funktions-)Harmonik, Takt und Taktgruppe, Metrik in Form von Satzgliedern. Bestimmendes formales Werkzeug hierbei wird die Sonatensatzform. So kann die Klassik als Einigung von Inhalt und Formen, von Gedanke und Erscheinungen interpretiert werden. Dabei ist wichtig zu beachten, dass hier der Gehalt als den norm- und formgebenden Prinzipien untergeordnet verstanden wird.

Im 19. Jahrhundert beginnt der Kampf mit der Form: Das Inhaltliche soll zum Bewegenden der Form werden. Als Beispiele hierfür können Programmmusik oder Erleben wie bei der *Symphonie fantastique* von Hector Berlioz oder neue Lebensweisen bei Richard Wagner, Todesverkündigung bei Anton Bruckner oder Darstellung der Welt in ihrer Gebrochenheit durch Gustav Mahler gelten.

ENTSUBJEKTIVIERUNG UND FORM

Zum 20. Jahrhundert hin wird das Bewegende der Musik zunehmend auf die Kreation der Poetik zurückgeführt: Die kompositionsgeschichtliche Verstärkung des Subjektivierungsprozesses bewirkt eine zunehmende Sprengung der formalen Systeme wie Metrik, Harmonik und Melodik. Inhalt wird weniger und weniger von Formen abstrahierbar. Der Form-Inhalt-Dualismus kommt zum Verschwinden – eine Absolutheit bricht sich in der Neuen Musik durch extreme Dissonanzen, den Einbezug von Geräuschen und kleinen ungewöhnlichen Instrumentaltechniken Bahn. Totalität, Atomisierung und die undurchsichtig subjektive Art des Komponierens sind, so schreibt Adorno in den 60er Jahren, die Konstituenten der jüngsten Musik. Das kompositorische Subjekt kann sich immer mehr einer autonomen Freiheit zuordnen, einer Selbstbeschränkung. So ist für Helmut Lachenmann Komponieren heute: über die Mittel nachdenken. Beschrieben ist damit ein Metavorgang, welcher das Komponieren als Zusammenstellung musikalischer Materialien selbst thematisiert. Andersherum wird in der seriellen Kompositionstechnik das Subjektive auszuschalten versucht. Diese Abdankung des Subjekts, die Zertrümmerung des subjektiven Sinns manifestiert sich für Adorno als Spannungsverlust, als nichtige Spielerei, gar als Parodie verwirklichter Freiheit. Er vermutet hier ein Komponieren ohne Verantwortung: Kompositionen, aus denen sich das Subjekt herauszieht, als schäme es sich des eigenen Überlebens.

Nun ist es aber für unsere Untersuchung interessant, dass Adorno hier serielle Konstruktion mit Aleatorik, also dem Einbezug des Zufalls, gleichsetzt. Dies erscheint mir als nicht schlüssig. Für die serielle Technik würde ich den Einwand des „Rückzugs des Komponisten" gelten lassen, auch wenn immer noch Entscheidungen über das Material, über die Konstruktion getroffen werden müssen. Dennoch ist hier eine gewisse Mechanisierung im Kompositionsprozess zu beobachten. Diese steht jedoch dem mechanischen Ausführen eines Generalbasses im Barock nicht viel nach. Als viel wichtiger erachte ich die Sachlage aber bei der so genannten Aleatorik, also der den Zufall einbeziehenden Musik. Hier gibt es zum einen die Variante von John Cage, die in der ausführenden Form zwar geschlossen bleibt, ihre Konstruktion jedoch Zufallsprinzipien überlässt. Diese Variante ist für uns im Kontext Form aufgrund ihrer formalen Schwäche uninteressant. Belangreicher sind diejenigen Kompositionskonzepte, die Improvisation einbeziehen und damit den performativ-formalen Rahmen öffnen. Auch diese Kompositionsverfahren werden in der Neuen Musik als aleatorisch bezeichnet: Weil der Komponist nicht vorhersehen kann, was die Musiker mit dem Material machen werden, spricht man vom Zufälligen in der Musik. Aber Zufall hier mit Entsubjektivierung gleichzusetzen, ist falsch. Vielmehr erhält die Komposition in der Öffnung der Form für Improvisation eine Vervielfachung des Subjektiven.

Wie kommt Adorno auf die Argumentation einer Entsubjektivierung in der Improvisation? Meines Erachtens liegt es daran, dass er die Zeit des Komponierens und die Zeit des

Aufführens voneinander trennt. Dies hat zur Folge, dass zwar inhaltlich die Formfreiheit gegeben ist, jedoch formal die Regel bleibt: Das zur Aufführung Bestimmte ist fix und wird nicht mehr verändert. Der Komponist verfügt weiterhin über die Formhegemonie, auf der Metaebene der Gestaltung bleibt die Macht über die Form bei ihm. Das bedeutet, dass auch in der Hinwendung zur offenen Form des 20. Jahrhunderts dem Autor die zentrale Position im Musikschaffen eingeräumt wird. Es gilt dann immer noch das Gesetz: Bewegung (Aufführung) kommt aus der Form (Schrift). Eine Weiterentwicklung können wir hier nur durch die formale Öffnung auf der Ebene des Diskurses über die Form selbst erreichen; und die Praxis dieses Diskurses heißt Improvisation.

Komposition und Architektur

An welchem Scharnier ist nun die Frage der Komposition mit der Frage der Architektur verknüpft? Genau am Begriff der Form. Henri Lefebvre macht in *The Production of Space* deutlich, dass im Raumdiskurs Form und formale Analyse auf den Begriff der Komposition bezogen werden können. Funktion stünde dann für Konstruktion, Struktur für Proportionen, Maßstab und Rhythmus.

Form – Struktur – Funktion: Grundsätzliches

Raum ist nach Lefebvre in drei Grundkonzepte einzuteilen: Form, Struktur und Funktion. Kurz gesagt steht Form für Ordnung, Struktur für Regeln bzw. Ensembleeinheiten und Funktion für Nutzung. Will ich mehr über den urbanen Raum erfahren, so muss ich die generellen Konzepte der Form, der Struktur und der Funktionen kritisieren und analysieren. Jede dieser Perspektiven beinhaltet für sich wiederum Codes und Methoden, um den Raum zu entziffern. Gleichzeitig kann ich beobachten, dass diese Begriffe, je nach der geistigen Zeit, unterschiedliche Bedeutungen haben und sich in dieser Bedeutung überlagern.

Methodologisch ist es wichtig, in Betracht zu ziehen, dass die drei Begriffe Form, Funktion und Struktur gemeinsam und ineinander verwoben existieren. Das ist oft schwer zu erkennen. Denn wenn wir uns mit dem produzierten Raum auseinandersetzen, haben wir es mit einem Produkt zu tun, das aus Handlung entsteht. In seiner Konstitution durch Handlung tendiert der produzierte Raum dazu, die Unterschiede zwischen Form, Funktion und Struktur zu verwischen. Es reicht also nicht aus, den Raum nur in Fragmenten zu untersuchen. Andererseits ist es auch verkürzend, Raum nur in Figurationen von Ensembles oder Texturen zusammenzufassen. Denn das Resultat davon wäre ein extremer Formalismus, der die Logik von Wissen und Kohärenz privilegierte. Diese Art der Auseinandersetzung behauptet, dass Form nichts anderes aussagt als sich selbst. Die Folge ist ein Resultat, das uns nicht mit Wahrheit, sondern nur mit Bedeutung zurücklässt. Das gleiche gilt im Übrigen auch für einen Strukturalismus, der Struktur zur Form erhebt.

Form und Ideologie

Das triadische Schema von Form, Funktion und Struktur ist also nicht mechanisch-formal anwendbar, sondern immer sozio-historisch zu untersuchen. Denn: Ich muss in Betracht ziehen, dass der Begriff der Komposition genauso mit Ideologien besetzt ist wie der Begriff der Form. Gleichzeitig gilt, dass Funktion nicht unabhängig von sozialen Beziehungen und deren Transformation zu verstehen ist. Und für die Struktur gilt, dass die Techniken der

Handlungen an Rhythmen und damit an die Ordnung des Raums geknüpft sind und sich je nach geschichtlicher Epoche wandeln.
So haben die alten Griechen Konstruktion und Kunst in einem verbunden: Form und Struktur sind direkt zueinander in Beziehung gesetzt, werden eins. Die Frage der Ordnung geht bei den Griechen in der Frage der Struktur auf, sodass die äußere Erscheinung und die Komposition griechischer Gebäude ununterscheidbar sind. Jedes enthält das andere. Man kann einen griechischen Tempel nicht ohne seine Ordnung sehen. Ohne seine Struktur würde der Tempel nicht existieren. Ordnung ist hier nicht dekorativ: Für Eugène Viollet-le-Duc sind griechische Ordnungen nichts als die Struktur selbst. Das heißt Formen und Struktur stehen in direktem Zusammenhang mit der Funktion.
Im Gegensatz hierzu ist der Raum der römischen Epoche durch Trennung gekennzeichnet. Die römische Baukunst unterscheidet zwischen der Konstruktion und der Form, in die die Konstruktion eingekleidet wird. Form ist von der Konstruktion unabhängig. Für die Römer geht es darum, Volumen so zu organisieren, dass sie eine bestimmte spezifische Funktion erfüllen. Die Ordnungen der Griechen hingegen – dorisch, ionisch usw. – waren selbst Struktur. Das römische Prinzip übernimmt die formalen Ordnungen der Griechen, jedoch lediglich als eine Dekoration, die entfernt, unterlassen oder ersetzt werden kann.
Die Diversifikation des Raums durch die Römer, einhergehend mit der juristischen Dominanz des Privaten, hat einen Verlust der griechischen Ordnung zur Folge und eine Zerstörung der Einheit von Form, Struktur und Funktion. Das hat direkte Auswirkung auf die Gestaltung der Gebäude, die zum Zeichen eines neuen Formalismus werden: Wir sehen die Spaltung zwischen dekorativen und funktionalen Elementen, zwischen der Behandlung des Volumens, der Maße und der Behandlung der Fassade und somit zwischen Konstruktion und Komposition, zwischen Architektur und Realität.
Aus diesem Konzept entwickelt sich die römische Villa als Generator eines neuen Raums, der für Europa bis heute bestimmend bleibt. Nicht nur hat die Villa viele europäische Städte mit begründet. Sie hat auch eine Konzeption des Raums eingeführt, die noch heute großen Einfluss auf die Raumordnung hat. Zum einen sehen wir die Auflösung von zusammenhängenden Elementen als Teilung und zum zweiten, daraus folgend, eine Unterordnung von Raum unter das abstrakte Prinzip des Eigentums. Das Prinzip Eigentum wird zum Endpunkt der reinen Kontemplation über die Natur, über den Kosmos oder über die Welt. Eigentum ist juristischer Natur und daher als extern zu gelebten Erfahrungen zu verstehen. Als solches führt es hin zu einer Welt, die transformiert, statt nur zu interpretieren. Eine Welt des Eigentums, dies wird bei Hegel deutlich, ist eine des unablässigen Fortschritts.
Das Verhältnis von absolutem Raum und reiner Form bleibt in unserem heutigen Denken von Architektur vorbestimmend: Die Frage nach einem genau bemessenen Volumen, das neutral, hermetisch und konstitutiv aus der Rationalität der Einheit von Logos und Kosmos hervorgeht. Dahinter steht das methodische Prinzip der kohärenten Stabilität einer Ordnung, die direkt mit politischer Ordnung und sozialem Leben verknüpft ist. Genau diese Verwiesenheit auf Ordnung macht es uns auch heute noch so schwer, Prozesse wirklich offen zu denken und nicht wieder in Formen zu pressen.
Ich kann also sagen, dass die Frage der Form auch aktuell eine zentrale Position im Komplex der Diskussion von Komposition und Architektur einnimmt. Was bedeutet nun Form?

ZUR FORM

Der Begriff Form kann von unterschiedlichen Seiten her verstanden werden. Form bedeutet im figürlichen Sinn soviel wie äußere Gestalt, sichtbarer Aufbau eines Körpers. Im Denken Platons bedeutet Form auch eine außerhalb des Lebens stehende, nach allgemeingültigen Normen geregelte Idee.

Idee in der Form

Aristoteles' Lehre vom Sein vertritt die These, dass das Allgemeine das Innere der Dinge bestimme und ihm Gestalt gebe. So sei das Allgemeine als Essenz zur Formsubstanz verdichtet. Neben der Welt des Realen, des Lebens, wirke eine Welt der Wesenheit. Das Charakteristische der Wesenheit sei, dass sie abgelöst von Zeit und Materie einen Bereich der Vollkommenheit bilde. Diese Vollkommenheit sei die eines höheren Seins.

Gott in der Form

Die Scholastik übernahm die Lehre von Aristoteles, verzichtete jedoch darauf, den Wesenheiten ein Sein über den Dingen zuzusprechen. Wie Aristoteles sah sie die Wesenheit in den Dingen als substanzielle Form. Gleich blieb auch die Grundanschauung vom Wesen des Allgemeinen. Es wurde als Prinzip der Formen interpretiert, welches bewegend und vor allem zwecktätig gerichtet die Dinge bestimmte. Hinter diesem Konzept stand die Weltanschauung einer zielgerichteten Deutung des zeitlichen Geschehens. Deshalb besann sich die Scholastik darauf, den platonischen Gedanken der unmittelbaren inneren Schau wieder aufzunehmen. Das Konzept besteht darin, dem Verstand eine höhere Instanz der Einsicht zuzuordnen, die im direkten Kontakt mit den höchsten, seinsbestimmenden Formelementen steht. Damit nimmt die Lehre vom Sein einen deduktiven Charakter an. Denn nun können die Wesenheiten aus der menschlichen Vernunft abgeleitet werden, um das in Erfahrung zu bringen, was der Erfahrung selbst nicht zu entnehmen ist.

Kritik der Form

Die Kritik Kants ist nicht gegen die Grundlage der alten Ontologie, also der Seinslehre gerichtet, sondern gegen die spekulative Metaphysik, die man auf ihr aufgebaut hatte. Kant wendet sich gegen das deduktive Schema. Deduzieren lässt sich für ihn nur a priori aus gewissen Prinzipien. Aber genau die Frage nach dem, was a priori gegeben ist, wird von Kant einer eingehenden Kritik unterzogen. Für Kant gibt es hier nur zwei Formen der Anschauungen, und auch diese gelten nur von der Erscheinung der Dinge, nicht von ihrem An-sich-Sein. Damit fällt die Substanz der Formen. Gleichzeitig greift Kant in der Kritik der Urteilskraft auch die Zielgerichtetheit der Prozesse an und spricht ihr die konstitutive Bedeutung ab (siehe „Subjekte der Wiederverwertung").

Subjekt in der Form

Dies wird im Idealismus nicht weiter verfolgt. Sowohl Schelling, Fichte als auch Hegel verfahren in ihrer Philosophie der Natur wieder nach dem Vorbild der Scholastik und ihrer zielgerichteten Vorstellungen. Kant wollte die Frage der Erkenntnis selbst thematisieren. Er fragte danach, wie uns Erkenntnis überhaupt möglich sein könne. Der Idealismus der

Vernunft jedoch glaubte sich wieder im Besitz unumstößlicher allgemeiner Gewissheiten, mit denen sich der Fortgang der Zeit zielgerichtet deuten ließ. Die Form ist nicht mehr Substanz, sondern Subjekt: Das Subjekt produziert die Welt, auf die es handeln kann, so Fichte.

Heute erscheint uns Form als Hintergrund des Seins, der Substanz, des Menschen selbst. Die Form ist ein Produkt, das produktiv wird. Dieses Produkt reagiert auf seine Produktion, es modifiziert und transformiert sich. Die Form als Produkt ist ein besonderes Produkt: Es ist immateriell. Vom Standpunkt des Idealismus aus würde man sagen, dass die Form eine mentale Charakteristik darstellt, die an eine metaphysische Herkunft gekoppelt ist: an die Kohärenz, die Identität und die direkte oder indirekte Herkunft eines souveränen Seins. Vom pragmatischen Standpunkt aus ist Form nichts weiter als die Wahrnehmung der Verkettung von Fakten und der Beziehungen zwischen den Dingen.

Form neu denken

Was aber bedeutet Form für Architektur heute? Es gilt, die Dichotomie von Idealismus und Pragmatismus zu überwinden. Um Kant zu paraphrasieren: Es geht nicht um formell versus informell, sondern um das Reflektieren über die Form selbst. Dazu bedarf es struktureller Durchsicht: Es geht auch darum, Regeln nicht nur anzuwenden, sondern situationsspezifisch zu entwerfen. Dies würde konsequenterweise auch die Einführung einer Metadisziplin in der Architekturausbildung beinhalten: Es ginge dann darum, das Entwerfen selbst zum Objekt der Erkenntnis zu machen.

Die seit den 80er Jahren zu konstatierende Hinwendung zum Stararchitekten könnte eher als Rückfall in das mentale Modell einer Mischung aus „Gott und Subjekt in der Form“ interpretiert werden. Diese Entwicklung scheint keine wirklichen Erkenntnisgewinne mehr zuzulassen. Deshalb lohnt es sich, die Argumentation Kants wieder aufzugreifen. Danach kann es beim heutigen Fragen nach dem Sein weder um substanzielle Formen noch um eine a priori zielgerichtete Determination von Realprozessen gehen, also um Prozesse, die durch die Formen bestimmt sind. Anders gesagt: Ich kann heute weder durch die Definition des Allgemeinen noch durch die Ableitung aus einem formalen Schema zum Realen kommen. Ich kann das Sein nur nach und nach, in der Zeit selbst, dem Realen ablauschen. Da ich hier auf ein absolutes Kriterium der Wahrheit verzichten muss, geht es mir mehr um die ständige Verhandlung, um das ständige Forschen, um ständige Korrekturen, die niemals zum Abschluss kommen. Es kann somit der Frage des Seins nicht um Erkenntnis oder um Urteile, sondern nur um den Gegenstand der Erkenntnis selbst zu tun sein. Das heißt gleichzeitig, dass die Prinzipien des Gegenstands keineswegs auch Erkenntnisprinzipien sind.

Wenn ich die Tatsache ernst nehme, dass Raum produziert wird, muss ich das Verhältnis von Handlung und Form umdrehen: Nicht die Form bestimmt die Handlung, sondern umgekehrt. In diesem Handlungsprozess Kohärenz herzustellen setzt voraus, dass Handeln strukturierend wirkt: Und hierin liegt das Wesen von Improvisation begründet – was in der industriellen Phase ein Beiprodukt war, wird sozusagen als Handlungsmodell „upgecycelt“, neu bewertet: Improvisation ist dann vergemeinschaftendes Handlungsmodell zum konstruktiven Umgang mit urbaner Komplexität.

Will Architektur heute nicht die Rolle des Tranquilizers spielen – und, als Paradedisziplin der Form, Komplexität unter formalen Oberflächen verdecken –, sondern aktiv an der

Konstitution von Raum beteiligt sein, kann sie nicht umhin, sich umzuorientieren: weg von der reinen Produktion neuer Objekte, hin zur Sichtbarmachung und Vermittlung von Potenzialen, die in Prozessen angelegt sind. Ganz so, wie es Jean Philippe Vassal bei seiner Antrittsvorlesung an der TU Berlin im Juni 2007 deutlich machte: „The biggest problem with positive aspects of a situation is that these aspects seem very often invisible." Architektur überschreitet hier die Konzentration auf Form hin zu einem situativen, moderierenden Gestalten von Situationen des alltäglichen Lebens: Sie wird politisch – und musikalisch zugleich.

KP _ 18

Die Tatsache, dass rein formale Ansätze nicht mehr in der Lage sind, ein gestaltendes Agieren und Reagieren auf die komplexen, chaotischen und schwer erfassbaren urbanen Phänomene der Gegenwart zu erzeugen, ruft den Trend zu neuen Verfahren und damit Darstellungstechniken hervor. Das hat nicht nur zur Folge, dass Entwerfen auf eine Diagrammatik hin moduliert wird.[1] Diagrammatik wird vielmehr zu einer ganzen Epistemologie hin weitergedreht. Koolhaas ist so radikal zu sagen, dass die Art und Weise des Architekten, die Welt zu sehen, diagrammatisch angelegt werden kann. „For us the diagram is not only a device that triggers architecture, or enables us to trigger architecture. It is also a device with which to look at the world and to try to represent some of the bizarre conditions we observe. For me this remains an important part of what we might call ‚the diagram' today."[2] Dieses Vorgehen ruft seine eigenen merkwürdigen Repräsentationen hervor: Kataloge, Atlanten, Kartografien, Variantologien von Material und Materialordnungen. Was aber sagen uns diese nicht-repräsentationalen, hybriden Mappings? *Im Folgenden wollen wir die Materialität und Konzeption der Diagrammatik mit dem Begriff der offenen Notation näher bestimmen.*

18

DIAGRAMM UND OFFENE NOTATION. VON DER ATONALEN LOGIK DES URBANEN

Notations include time as a variable. It is not accidental that notations figure most significantly in the arts that unfold in time: music, dance or theatre.[3] Steve Allen

NOTATION

Der Begriff der Notation steht in der Musik für die grafische Bezeichnung musikalischer Verläufe. Insbesondere für die europäische Musik gilt, dass sie eine Notenschrift entwickelt hat, die darauf abzielt, Tonhöhen, -dauern und -lautstärken in allen Details festzuhalten. Ihr Anliegen war und ist die perfekte Reproduktion musikalischer Werke. Der in der europäischen Musikgeschichte vollzogene Paradigmenwechsel von der Mündlichkeit zur Schriftlichkeit hat dabei nicht nur zur Entwicklung einer hochgradig detaillierten Notenschrift geführt, sondern auch die Aufführungspraxis selbst entscheidend geprägt. Praxis erschließt sich als „Interpretation" aus einer Schrift, die bis in alle Einzelheiten in der Lage ist, performative Verläufe zu repräsentieren, abzubilden. In diesem Zusammenhang bewirkt die Trennung von schriftlich fixiertem Text und klingender, aufgeführter Musik auch die zunehmende Trennung von Komposition und Ausführung, von Konzeption und Performanz. Damit einher geht die klare Benennung von Autorschaft, die unter dem Postulat der Originalität steht. Im Sinne Marx' können wir auch in der Musik von einem

Prozess der Arbeitsteilung sprechen, die wiederum bestimmte Produktions- und Abhängigkeitsverhältnisse erzeugt. Arbeitsteilung besagt, dass die Entscheidung über Funktion, Struktur und Form, wie zum Beispiel Klangvorstellung und Dynamik, bei einem Autor liegt, während der Ausführende diese Funktion möglichst getreu „nachzuempfinden", sprich ins Werk zu setzen hat. Erhard Karkoschka sagt deshalb zu Recht, dass es in der Geschichte der Notation vor allem um die Funktion als Hilfsmittel ging, das als Medium zwischen Autor und Ausführendem vermittelte, um Performanz herzustellen.[4]
Notation lässt sich also zusammenfassend als Prozess bezeichnen, der Musik zur Darbietung in Schrift übersetzt. Allerdings ist dieser Prozess, wie alle anderen Kulturtechniken auch, tradierten Formen und Normen wie der Auseinandersetzung mit diesen unterworfen. So ist in den 50er und 60er Jahren des 20. Jahrhunderts zu bemerken, wie das Kriterium der Angemessenheit von Notenschrift an die dargestellte Musik durch die Frage nach der „Leistungsfähigkeit" ergänzt wird. Was kann Notation überhaupt noch an Neuem generieren? Und wie können neue Performanzen hergestellt werden? Aus dieser Frage emergiert die Forderung der Neuen Musik nach der radikalen Transformation ihrer bisherigen Darstellungsmittel. Dieser musikgeschichtliche Engpass bringt neue Praktiken der Notation hervor, musikalische Schriftformen, die beginnen, sich von der direkten Repräsentation von Tonreihen zu emanzipieren. Erst die „musikalische Graphik unsrer Gegenwart schafft", so Karkoschka, „vom Klangresultat teilweise unabhängige graphische Werte"[5]. Mit diesem Diskursfeld wird in Zweifel gezogen, ob oder inwieweit in den grafischen Systemen der Neuen Musik die Bewegungen eines Ausführenden noch auf die Zeichen der Notation zurückzuführen sind, ob oder inwieweit diese also in dem Sinne repräsentational sind, dass sie die Notation und ihre Ausführung „abbilden". Damit wird auch die Problematik der Bestimmtheit – der relativen Bestimmtheit oder aber Unbestimmtheit von Musik und ihrer Performanz – in den Blick genommen. Mit einem Wort: Das Verhältnis von Notation zu Performanz wird problematisch. Die Notation des Werks kann nicht das „Echte" sein, sondern nur Repräsentation dessen, was klingende Realisierung hervorrufen soll. Aus diesem Tatbestand lässt sich ableiten, dass jede Notation – und sei sie noch so differenziert – nicht das transportieren kann, was „wirklich" geschieht. War in der ersten Hälfte des 20. Jahrhunderts der Kompositionsvorgang zum immer dichteren Akt des Schreibens geworden, so kann die Nicht-Notation der grafischen Partituren der 50er und 60er Jahre als eine Art Gegenbewegung zu dieser „Entfremdung" von der Performanz verstanden werden, als Bewegung hin zur Realität der Performanz selbst.
Diese neue musikalische Denkungsart erfordert also eine neuartige Aufzeichnung. Was aber meint der Begriff „grafische Notation"? Karkoschka beschreibt es folgendermaßen: „die Komponisten entwickeln Zeichen für die Notierung ungefährer Werte und bald auch die ‚musikalische Graphik' – das sind Zeichnungen, die keine eindeutigen musikalischen Phänomene meinen, sondern die Spieler mit bildästhetischen Qualitäten zu analogen Klangbildern führen sollen"[6]. Nicht nur inhaltlich, sondern auch formal hat dies Folgen: So „soll der nur ungefähr angedeutete Verlauf den Interpreten enthemmen, freimachen zum spontanen Entdecken bisher unerhörter klanglicher Ereignisse". Die „grafischen Partituren" suchen neue Wege der Form zu eröffnen, erproben anhand minimaler Strukturen und Muster oder Module, Freiheitsgrade wieder einzuführen, um die Performanz, die Präsenz der Ausführenden herauszufordern und zu erhöhen. Diese „neuen" Notationen sind jedoch keine Reformversuche, keine Verbesserung einer Repräsentation des zu Spielenden,

sondern stellen eine völlig neue Konzeption von Notation und Performanz dar: „Offenbar hat sich das musikalische Denken (...) so sehr verändert, dass der gesamte bisherige Rahmen der Notation – und nicht er allein! – gleichsam wie durch eine Explosion gesprengt wurde.“[7] Der Kern der Versuche zielt auf Rahmung und musikalischen Einbezug von Indetermination. Dies liegt zum einen in der zunehmenden Verdichtung der Information in der Notation selbst und damit ihrer Übersteuerung begründet: Die seriellen Verfahren führten die Musikschrift in eine solche Komplexität, „dass die Interpretation zunehmend unsicherer wird“[8]. Der andere Grund besteht in dem neuen Wunsch nach Partizipation und Authentizität: Vor allem durch die Erfahrung mit dem Jazz werden neue Versuche unternommen, Interpreten in den Kompositionsakt einzubeziehen, Spontaneität, Zufall und unbestimmte Klänge wie Geräusche zu integrieren. Komponist Earle Brown, der Erfinder der *open form work*, erinnert sich an eine Synthese, „in der einerseits die serielle Musik ein Stück weit aufgegeben und in die andererseits einige Elemente der aleatorischen (...) Musik einbezogen werden. Letztere haben ihre Ursprünge im Jazz.“ Diese neue Bewegung inspirierte Brown, „neue, wesentlich flexiblere Kompositionen zu schreiben, als es in der üblichen metrischen Standard-Notation möglich gewesen wäre“[9]. (Abb. 17, S. 176)
Die neuen Notationen können als Rahmungen von Experimenten verstanden werden, die keine eindeutige, repräsentationale Zuschreibung in Klangphänomenen erfahren, sondern vielmehr einen epistemologischen Raum thematisieren und performativ rahmen. Die Gedankenführung eines „vielschichtigen und meta-logischen Phänomen[s], wie es die Musik [ist]“[10], wird nicht einem Rationalraum der Vernunft außerhalb der Interpretation zugeordnet, sondern in den Verlauf der Performanz selbst eingebettet. Performanz wird Experimentalraum: „Viele Fragen gewinnen ihre entscheidenden Konturen erst durch langwährendes Ausprobieren, wobei freilich das stete Durchdenken nicht fehlen darf.“[11]

Komponisten wie Iannis Xenakis versuchten gar, über außermusikalische Notationspraktiken zur Musik selbst vorzustoßen. Xenakis verstand sich als Grafiker, der über die Zeichnung zum Sinn der Musik gelangte: „Im Rückblick glaube ich, dass es für mich natürlicher war zu zeichnen. Manchmal zeichnete ich, und meine Zeichnungen stellten musikalische Symbole dar. Ich kannte die traditionelle Musiklehre, aber zu einer bestimmten Freiheit des Denkens konnte es so nicht kommen. Ich war überzeugt, dass man eine andere Methode, Musik aufzuschreiben, entwickeln könnte. Ich fing an, mir Klangphänomene unter Zuhilfenahme von Zeichnungen vorzustellen: Spiralen, sich schneidende Flächen usw.“[12]
Somit thematisieren die nicht-repräsentationalen Notationsentwürfe in der Neuen Musik der 1950er bis 70er Jahre das Verhältnis zwischen Entwurf, Aufzeichnung, Wiederholung, Interpretation, Reproduktion oder Improvisation. Im Konnex mit Architektur und Stadtanalyse ist es an dieser Stelle unser Ziel, auf einem parallel sich entfaltenden Themenfeld die Transposition der Zeitlichkeit künstlerischer Verfahren und Kommunikationsweisen zu untersuchen. Die Notation als Werkzeug nimmt, in künstlerische Produktionsweisen selbst eingeführt, neue Bedeutungen oder Funktionen an, die die Form der Kunst, und die Art, wie sie gemacht und reflektiert wird, verändert. Dabei ist es für uns von Wichtigkeit, dass das Herstellen von Notation in der Neuen Musik als wesentlicher Aspekt des kreativen Aktes gedeutet wird.

NOTATION ALS EPISTEMOLOGISCHE PRAXIS – SPUREN DES EXPERIMENTALRAUMS

Bevor wir uns der Transposition der Notationsverfahren auf die Stadtanalyse zuwenden können, ist die Frage nach der erkenntnistheoretischen Dimension von Notation zu klären. Der Wissenschaftshistoriker Hans-Jörg Rheinberger gibt einen Hinweis darauf, welche Rolle die Notation in den Wissenschaften und deren experimenteller Arbeitsweise spielt: „Notation oszilliert zwischen ephemerer Unbestimmtheit und endgültiger Bestimmung, es assoziiert sich mit ihr das vorübergehende Festhalten eines Flüchtigen wie auch der definitive Eintrag in einen festen Rahmen. Das Notat kann ein spontaner Einfall sein oder eine auf Dauer geltende Ausführung und Ausfertigung. Und dann ist da noch alles das, was sich zwischen diesen Extremen ereignen und abspielen mag. Doch es gibt etwas Verbindendes, das mit Schrift oder Graphismus im weitesten Sinne zu tun hat."[13] Das Notieren der Prozesse in der jeweiligen Versuchsanordnung, dem jeweilig spezifischen Untersuchungsgebiet erzeugt ein „Sprechen", eine performative Hervorbringung des Wissens selbst. Notieren ist, wie Rheinberger herausstellt, nicht losgelöst von Wissen zu verstehen und umgekehrt. Wir schreiben nicht etwas auf, was wir schon wissen, sondern das Wissen vervollständigt sich, produziert sich im Akt des Notierens mit.
Rheinberger verweist in diesem Kontext auf Edmund Husserls Bemerkungen in *Ursprung der Geometrie* zur Funktion der Notation, sozusagen virtuell gewordene Mitteilung zu sein. „Danach vollzieht sich also durch das Niederschreiben eine Verwandlung des ursprünglichen Seinsmodus des Sinngebildes in der geometrischen Sphäre der Evidenz des zur Aussprache kommenden geometrischen Gebildes. Es sedimentiert sich sozusagen. Aber der Lesende kann es wieder evident werden lassen, die Evidenz reaktivieren."[14] Rheinberger spricht im Verweis auf Husserls Bemerkungen von einer „iterativen Differenz", die eine nachträgliche Aktivierung von Sinngebilden ermöglicht. Notation geht aber, darauf weist Rheinberger ausdrücklich hin, weit darüber hinaus: Notationen werden „vielleicht nicht einmal hauptsächlich (...) ins Licht ihrer primären Evidenzen zurückgestellt, sondern sie werden zugleich auch fortgeschrieben"[15]. Das heißt auch: In die Notation ist der Zeitfaktor eingeschrieben, die Zeit des Prozesses, in dem „alle neuen Erwerbe sich wieder sedimentieren und wieder zu Arbeitsmaterialien werden"[16] und Wissen sich transformiert. Notation bedeutet dabei nicht nur Schrift im engeren Sinne – auch Formen der grafischen Aufzeichnung sind, so Rheinberger, im erweiterten Sinne in den Blick zu nehmen. Grafismen sind in der Geschichte wissenschaftlicher Experimentallabors immer wieder von entscheidender Bedeutung. Die als Notationen sedimentierten Erwerbe werden zu Arbeitsmaterialien, zum Ausgangspunkt von Fortschriften, die dann ihrerseits wieder als Sedimente abgelagert werden können.
Wir sagten oben, dass in der musikalischen Grafik Performanz zum Experimentalraum wird. Gegenläufig dazu fällt Rheinbergers Analyse der Notation in der Wissenschaft aus: Notate, als Protokolle, können als Spuren des Experiments bezeichnet werden, sie sind „Verlaufsformen von Experimenten", die „von Spuren und Graphemen (...) ausgehen und diese in der einen oder anderen mehr oder weniger geregelten Form verschriftlichen"[17]. Entscheidend für Rheinberger ist dabei der performativ-produktive Aspekt des Notierens selbst. Dieses ist kein passives Aufschreiben dessen, was sich im Experiment abspielt, sondern ist „vielmehr Raum der produktiven Auseinandersetzung mit dem Stoff"[18]. Es gilt,

so Rheinberger, „die Musik dort zu finden, wo sie sich wirklich abspielt, nämlich zwischen den Zeilen". Für die Wissenschaften bilden Notationen „epistemologische Akte"[19], die sich zwar immer mithilfe, aber immer nur jenseits aller Notation abspielen.

NOTATION ALS DIAGRAMM

Welche Bedeutung aber haben die grafischen Notationen der Neuen Musik für die Frage der Stadt? Vor allem eine: Sie verweisen auf die Performanz, auf das Machen, die performative Konstitution von Stadt und deren Modi der Wissensproduktion. Und sie versuchen neue Darstellungsformen für die nicht-repräsentationalen Verläufe von Performanz zu finden. Das ist im Kontext der Stadtforschung deshalb interessant, weil die traditionellen Repräsentationsformen noch von einem stabilen, fixierten Objekt Stadt ausgehen. Diese Sichtweise wird heute zunehmend problematisch. Stan Allen betont: „the contemporary city is not reducible to an artefact. The city today is a place where visible and invisible streams of information, capital and subjects interact in complex formations. They form a dispersed field, a network of flows. In order to describe or to intervene in this new field architects need representational techniques that engage time and change, shifting scales, mobile points of view, and multiple programs."[20]

Notationen von Stadt heute sind im Zwischenraum von Performanz und Experiment anzusiedeln. Sie verwenden eine Form der performativen Darstellung, die es ermöglicht, Spuren aktueller Stadt zu untersuchen. Das impliziert, wie die Grafismen der Neuen Musik diagrammatisch, das heißt repräsentational vorzugehen. Was bedeutet das?

Dazu sei der Versuch unternommen, die Bedeutung des Diagrammatischen für unsere Arbeit am Denken von Gilles Deleuze zu erhellen. Deleuze sagt: Das Diagramm ist eine Karte. Aber diese Karte ist eine besondere: sie ist eine „abstrakte Maschine"[21]. Für Deleuze definiert sich diese Maschine durch „informelle Funktionen und Materien", die in ihrer Darstellung, in ihrer Kartografie das Verhältnis, die Differenz von Karte und Territorium problematisiert. Das Diagramm stellt also nicht einfach etwas dar, sondern es verweigert sogar diese Darstellung als Repräsentation. Das ist interessant, gehen wir doch normalerweise davon aus, das Repräsentationen dazu gemacht sind, um Wahrheiten zu erkennen. Was Deleuze an diesem Konzept fehlerhaft findet, ist, dass es das Werden ausklammert und immer von festen Punkten und Formen der Erkenntnis ausgeht. Das Diagramm jedoch ist intersozial und immer im Werden begriffen. Deshalb, sagt Deleuze, funktioniert es niemals so, dass „es eine präexistierende Welt abbildet; es produziert einen neuen Typus von Realität, ein neues Modell von Wahrheit (…) Es macht die Geschichte, in dem es die vorherigen Realitäten und Bedeutungen auflöst und dabei ebensoviel Punkte der Emergenz oder der Kreativität der unerwarteten Verbindungen und der unwahrscheinlichen Übergänge bildet. Es fügt der Geschichte ein Werden zu."[22] Das Diagramm bildet also nicht einfach ab, sondern ist produktiv. Genau deshalb spricht Deleuze von dem Paradoxon, dass das Diagramm als abstrakte Maschine blind ist, „obgleich sie es ja ist, die zum Sehen oder Sprechen bringt"[23]. Als Prozess der Produktion in der Zeit agiert das Diagramm also eher konstruktiv improvisatorisch: „es wirbelt unaufhörlich die Materien und die Funktionen so durcheinander, dass sich unentwegt Veränderungen ergeben"[24]. Das gestalterisch Interessante daran ist, dahinter zu kommen, wie sich das Diagramm als intersozialer Akt permanent neu organisiert, wie „es vorherige Realitäten und Bedeutungen

auflöst und dabei ebenso viele Punkte der Emergenz oder der Kreativität, der unerwarteten Verbindungen der unwahrscheinlichen Übergänge bildet"[25].
Die Potenziale einer Situation werden als Funktionen zur Geltung gebracht, wodurch diese Funktionen gesteigert oder auch erst aktualisiert werden. Das Diagramm kann uns eine Vorstellung von den Prozessen des Remix, des ***reprogramming*** von Stadt geben, in der weniger neue Objekte generiert werden denn Transformationen. Seine Bewegung bringt die Konstruktion, die Form aus sich selbst hervor. Das Entwerfen ist dann neu zu bestimmen: Nicht mehr als transzendente Idee oder Form, die sich als Plan beschreiben ließe, der dann zur Realisierung findet und der das Objekt bereits in seiner Gestalt und Anwendung festlegen würde. Denn das Diagramm ist blind, insofern es noch keine genaue Beschreibung dessen sein kann, was es hervorbringt bzw. aktualisiert. Gleichzeitig ist das Diagramm jedoch nicht chaotisch oder ohne Steuerung. Es sind nur ganz andere Steuerungsmechanismen am Werk, Mechanismen, die nicht von außen, sondern vom Inneren des Prozesses und seiner Interaktionen her kommen. Das Diagramm wirkt operativ und performativ, es bringt Form hervor mit einer eigentümlichen Kausalqualität, als immanente, nicht totalisierende Ursache: „die abstrakte Maschine ist gleichsam die Ursache der konkreten Anordnungen, die deren Beziehungen herstellen; und diese Kräfteverhältnisse verlaufen ‚nicht oberhalb', sondern im Geflecht der Anordnungen, die sie produzieren"[26].
Und sie ist gleichzeitig die Karte dieser Kräfteverhältnisse, als Projektogramm, als Notation des Prozessverlaufs und seiner Einschnitte. Die als digitale oder analoge Karten in die Gestaltung eingeführten Diagramme sind selbst Einschnitte, die immer einen bestimmten Zeitpunkt eines bestimmten Feldes zu beschreiben suchen und ein abstraktes Bild davon zu geben suchen, was möglich ist. Die Interpretation dieser Bild-Diagramme als Deutungsarbeit ist gleichzeitig Übung und Bildung im Denken und Antizipieren diagrammatischer Bewegung von Virtualität zu Aktualität. Die Frage ist dann nicht mehr „Erkenne ich ein Objekt?" oder „Stimmt ein Objekt mit meiner Idee als Form überein?", sondern eher „Wann findet eine Aktualisierung als Effekt statt? Wie merke ich das?" und „Welche Kriterien und Werte bringen die Effekte hervor?"

ZU EINER ATONALEN LOGIK DES URBANEN

Die Frage, ob es die Regel ist, die dem Diagramm die Form gibt oder ob es das Diagramm ist, das die Regel erzeugt, ist in unserem Vorgehen nachrangig bzw. gar nicht operativ interessant. Denn das Diagramm entsteht nicht durch Planung, sondern durch Schwellenarbeit, es ist nicht lateral oder vertikal, sondern transversal, seine Regeln sind auf der gleichen Ebene angesiedelt wie es selbst. Was also ein Diagramm formt, ist die Performativität seiner strategischen Eigenschaften. Es ist als ein Verfahren des Übergangs und der Variation zu beschreiben, das aus der Topologie der Punkte eine temporär ebenso funktionierende wie heterogene und mannigfaltige Nachbarschaftsordnung herstellt. Mannigfaltig deshalb, weil das Diagramm strukturell offen ist und kein abgeschlossenes System darstellt. Deleuze spricht in diesem Zusammenhang von einer atonalen Logik.[27]
Den Begriff der atonalen Logik führt Deleuze in dem Kapitel „Ein neuer Archivar" des Buches Foucault ein. In seiner Deutung von Foucaults Werk ***Archäologie des Wissens*** setzt Deleuze den radikalen Bruch Foucaults mit der Kontinuität des Historizismus in Bezug zu Boulez' Bruch mit der Tonalität. In diesem Zusammenhang soll die Konstruktion der

atonalen Logik helfen, das Konzept der Serialisierung und Realisierung einer „diagonalen Funktion" zu fassen, anhand dessen Foucault den enigmatischen und bedeutsamen Begriff der Aussage (*énoncé*) erklärt. So wie Foucault die Bedingungen der Möglichkeit, Dimensionen und formalen Beziehungen der „Äußerung" zu klären sucht, analysiert Boulez die Logik der Serien. Das Ziel der Boulezschen Arbeit, die Frage der Struktur und der großmaßstäblichen Form in einer epistemologischen Weise zu behandeln, weist, so Deleuzes These, Ähnlichkeiten mit Foucaults Versuch auf, die Theorien der Quellen, der Natur und der Grenzen des Wissens zu untersuchen.
In seinen (wenigen) Bemerkungen zur Musik hatte Foucault betont, dass der Wert der seriellen Musik darin liege, dass sie den empirischen Beweis für einen diskursiven Status liefere, der jenseits der Ambitionen herkömmlicher logischer und rechtskräftiger Charakterisierungen liegt. Nach Foucault ist diese Musikform „eine besondere Lektion gegen die Kategorien des Universalen"[28]. Als solche hält sie die Erfahrung einer diagonalen Dimension bereit, die den Anspruch des 20. Jahrhunderts auf Logik oder Grammatik als Fundierungen des Denkens infrage stellt. Foucault spricht von „einer Analyse, die nicht die Gebrauchsregeln einer kanonischen Form sucht, sondern die Aufdeckung eines Prinzips vielfältiger Beziehungen"[29]. Diese Beschreibung paraphrasierend konstatiert er später in Bezug auf seine eigene Arbeit: „Die genealogische Methode ist eine serielle Aktion und Operation," die, statt „eine Ähnlichkeitsbeziehung" zu suchen, „alle Spuren auseinanderlegt" und auf der Suche nach den unzähligen Anfängen „tausend verlorene Ereignisse wimmeln läßt"[30].
Was aber meint der Begriff der Serie? Serien sind für Boulez der Generator der Polyfonie der Polyfonien und der diagonalen Funktion, im Gegensatz zur lateralen Melodie und der vertikalen Harmonie der traditionellen Musik. Der Extremfall einer Serie ist der Cluster, dort „werden alle Elemente gleichzeitig als Funktion einer Zeit x betrachtet; von der linearen diagonalen Funktion der Zeit gelangt man zu einer Zeit null"[31], erläuterte Boulez bei den Darmstädter Ferienkursen 1960. Die Anlehnung an mathematische Termini beschränkt die musikalische Analyse auf die Stringenz der Ableitungen in Bezug auf die Schlüssigkeit des Systems der Kompositionsweise. Reflexion von Musik soll rein auf der Ebene der Logik vollzogen werden, als logisches Bewusstsein, das primär auf der Ebene von Funktionen und Relationen basiert – Boulez' Serienstrukturen operieren via quasimathematischer Formeln.
Deleuzes Beschreibung der Foucaultschen Epistemologie funktioniert entsprechend, wenn Deleuze sagt, dass Aussagen in unterschiedlichen Epistemen „sich auf eine bewegliche Diagonale beziehen, die es innerhalb dieses Raumes gestattet, ein und dieselbe Gesamtheit auf verschiedenen Ebenen direkt zu konfrontieren, aber auch, auf ein und demselben Niveau bestimmte Gesamtheiten auszuwählen, ohne die anderen zu berücksichtigen, die dennoch dazu gehören"[32]. Deleuze spricht hier von einem „Raum der Verknappung"[33], der mit lückenhaften und zerstückelten Formen – ähnlich Boulez' seriellen Motiven – Bewegungen, Verschiebungen und Überlagerungen erlaubt. Wenn es richtig ist, dass diese Übertragung der Logik in die Knappheit und Streuung besagt, dass die Aussagen knapp sind, so bedeutet dies nicht, dass bei der Produktion dieser Aussagen auf Originalität zurückgegriffen werden muss. Deleuze führt hier als Begründung an, dass eine Aussage „stets ein Aussenden von Singularitäten bedeutet, die sich in einem korrespondierenden Raum verteilen"[34]. Das deckt sich mit Boulez' Einschätzung von Webern, die Deleuze auch

zitiert: „Er [Webern] hat eine neue Dimension geschaffen, die wir diagonale Dimension nennen können, eine Weise, Punkte, Blöcke oder Figuren nicht mehr nur in der Ebene, sondern im Raum zu verteilen.“[35]

Es fällt auf, dass in beiden Kontexten Raum nicht als Realraum, sondern als philosophischer Diskursraum oder musikalischer Raum gedacht wird. Das ist für Deleuzes Argumentation wesentlich: Es geht um das Verfahren selbst, in dem die Formation und Transformation der Räume vor allem topologische Fragestellungen aufwerfen, also die der relationalen Ordnung. Die Zerstückelung erzeugt eine Minimalstruktur, die einen Ort, eine Organisation oder ein territoriales Gefüge durch ihre Positionierung im Gefüge beeinflussen kann. Diese Minimalstruktur agiert als Motor der Kartografie der seriellen bzw. atonalen Logik, arbeitet mit der Transformation, mit der permanenten Umleitung und Verschiebung von Funktionen, die der atonalen Logik innewohnen. In diesem Sinne bezieht sich auch die Beschreibung der Karte als Diagramm auf die serielle Musik als wuchernde musikalische Form, in der sich das Maschinelle als Vielheit, als Verkettung äußert, für das es nur ein Außen gibt: „Die Musik hört nicht auf, ihre Fluchtlinien ziehen zu lassen, gleichsam als ‚Transformations-Vielheiten‘, und kehrt dabei sogar ihre eigenen Codes um, die sie arbrifizieren und strukturieren“[36], schreiben Deleuze und Guattari.

Fassen wir zusammen: Diagramme abstrahieren nicht nur durch grafische Techniken, sie wirken auch performativ in ihrem Sich-Zeigen. Sie arbeiten an einer „intensiven“ Oberfläche. Sie bieten keine „Einsicht“ in ein Objekt, sondern setzen sich selbst für das Objekt. Deshalb ist die Differenz von Realität und Kopie im Diagramm aufgehoben. In dieser Eigenschaft geht das Diagramm über das Planen hinaus: Es ist kein Entwurf dessen, was als Bild-Objekt in die Tiefe dringt und zur Realisierung herausfordert, sondern es eröffnet im Schwebezustand zwischen Imaginärem und Realem ein Feld des Virtuellen, das auf seine Aktualisierung hin tendieren kann. Das Diagramm arbeitet also nicht-repräsentational. Was aber können wir damit tun? Wir können die Phänomenologie überschreiten, unser Unterbewusstsein als Schriftkörper und Produktionsstätte anzapfen und produktiv werden lassen. Was aber heißt das?

Die große Entdeckung der Psychoanalyse, sagt Deleuze gemeinsam mit Felix Guattari in ***Anti-Ödipus***, war die Wunschproduktion, waren die Produktionen des Unbewussten. Mit dem Konzept der figurativen Repräsentation wurde diese Entdeckung wieder ins Dunkel verbannt: „an die Stelle des Unbewussten als Fabrik trat das antike Theater, an die Stelle der Produktionseinheiten trat die Repräsentation, an die Stelle des produktiven Unbewussten trat ein solches, das sich nur mehr ausdrücken konnte (Mythos, Tragödie, Traum ...)“[37]. Als Folge dessen lässt sich ein Rückzug auf die Phänomenologie, auf die Oberfläche des Ausdrucks selbst beobachten. Marx beschreibt eindrücklich, wie man aus dem Geschmack des Weizens nicht entnehmen kann, wer ihn angebaut hat. Über das Wie der Produktion erfährt man nichts. „Das Produkt nimmt umso mehr den Schein eines Eigentümlichen an, als man es auf ideale Formen der Kausalität, der Komprehension oder der Expression bezieht, nicht aber auf den realen Produktionsprozess, dem es entspringt.“[38] Die Ketten des Unbewussten werden linearisiert. Mit Deleuze gesprochen: „Die gesamte Wunschproduktion wird (...) den Erfordernissen der Repräsentation, dem stumpfsinnigen Spiel des Repräsentanten und des Repräsentierten innerhalb der Repräsentation unterworfen. (...) Das produktive Unbewusste räumt das Feld zugunsten eines Unbewussten, das sich nur mehr ausdrücken kann – im Mythos, in der Tragödie, im

Traum."[39] Was bedeutet das für die Konzeption von Stadt? Wir können konstatieren, dass es eine gleichartige Entwicklung wie oben beschrieben auch in der Planung gibt: Statt sich den mannigfaltigen Relationen der Stadt zu öffnen, verschließt sich Planung in der Sackgasse der repräsentationalen Darstellung. Wir gehen jedoch von der Grundannahme aus, dass repräsentationale Darstellungsformen als Notationen und Konzeptionen nicht mehr hinreichen, um dahinter zu kommen, wie Organisation von Stadt funktioniert. Heutige Organisationsformen von Stadt beginnen zu explodieren, weil ihre Bewegungen bereits explodiert sind. Ein Fokus auf die figurativen Objekte der Organisation hilft deshalb nicht weiter. Vielmehr gilt es, den Prozess der Organisation selbst in den Blick zu nehmen.

ACTIVE SCRIPT: RECORDING THE WORLD

Spulen wir noch einmal zurück: Prozess wird bei Marx aus dem Gegensatz von Industrie und Natur her gedacht: Industrie entnimmt der Natur Rohstoffe und gibt ihr Abfall zurück. Dieser Prozess wird unterteilt in die Sphären von Produktion, Distribution und Konsumtion. Allerdings weist Marx darauf hin, dass die Basis dieser Unterscheidungen nicht nur das Kapital und die Arbeitsteilung bilden, sondern auch das falsche Bewusstsein, dass sich die Akteure des Kapitalismus von sich selbst machen. Deleuze und Guattari betonen demgegenüber: „in Wahrheit gibt es gar keine wechselseitig unabhängigen Sphären: Die Produktion ist unmittelbare Konsumtion und Aufzeichnung (*enregistrement*); Aufzeichnung und Konsumtion bestimmen direkt die Produktion, allerdings innerhalb ihrer selbst. Demnach ist alles Produktion."[40] Das heißt weiterhin: „Nicht Mensch noch Natur sind mehr vorhanden, sondern einzig Prozesse, die das eine im anderen erzeugen und die Maschinen aneinanderkoppeln."[41] Daraus leiten sie die Forderung ab: „Aufzeichnung und Konsumtion sind in die Produktion selbst hineinzutragen." Die Aufgabe besteht also darin, „sie zu Produktionen eines gemeinsamen Prozesses zu machen"[42] und damit anzunehmen: „Es gibt nur eine Produktion, die des Realen."[43] Das Unbewusste ist nicht expressiv, sondern produktiv, nicht imaginär, sondern nicht-figurativ. Das Unbewusste ist eine Maschine. Die Definition von Maschine „bestimmt sich als ein System von Einschnitten"[44]. Schrift – als Notation – wird Performanz, wird relationale Praxis. Das heißt, bei der Analyse der Stadt gehen wir davon aus, dass jede Maschine eine Art Code in sich trägt, „der von seiner Aufzeichnung und Weitergabe innerhalb der verschiedenen Körperregionen ebenso wenig zu trennen ist wie von der Aufzeichnung der Beziehungen der Regionen untereinander"[45]. Damit wird deutlich, dass der Aufzeichnung des Prozesses als Bewegung neue Bedeutung zukommt. Und für diese Verfahren gilt es, neue Formen der nicht-homogenen Notation zu erfinden und diese neu zu konzeptionalisieren – und zwar als Schrift des Realen selbst, als „Aufreihung von Buchstaben verschiedener Alphabete, wo plötzlich ein Ideogramm, ein Piktogramm, das kleine Bild (…) erscheint"[46].

Der Strukturalismus zeigte auf, dass wir nicht nur zwischen Imaginärem und Realem zu unterscheiden haben, sondern dass zwischen diesen beiden etwas Präextensives liegt, das Vorstellung und Wirklichkeit sowohl begründet wie auch verknüpft: die Struktur. Mit Deleuze wird aber klar, dass das Erhellen von Strukturen nur dann Sinn macht, wenn diese in ihrem Funktionieren, ihrer Performanz gezeigt werden. Denn Strukturen sind weder Repräsentationen noch Träger der Beziehungen von Identitäten. Sie sind vielmehr Bestandteile von „abstrakten Maschinen" und verweisen damit auf den

Produktionsprozess und auf die Produktionsverhältnisse. Strukturen können nicht auf repräsentationale Einschreibungen zurückgeführt werden, sie sind primär. Wenn wir sagen, dass die Diagramme der Stadt, die wir suchen, nicht-repräsentative Eigenschaften haben, so bedeutet das nicht, dass sie nichts repräsentieren, sondern dass sie als Verläufe und nicht als Abbilder funktionieren. Wohl sind sie Träger von Beziehungen und Verteiler von Agenten, aber die Agenten bilden keine Identitäten, wie auch die Beziehungen nicht statisch sind. Der Komplex der Beziehungen zu den Maschinen, der sich unter dem Gesichtspunkt der Aufzeichnung des Prozesses und unter den Bedingungen entfaltet, die ihm eigentümlich zukommen – wenngleich sie als Feedback auch auf den Prozess reagieren –, wird dem Ereignis zugeschrieben. „Zuschreiben" meint hier eine Schnittmenge aus Rechenschaftsbericht und kreativer Produktion im Notieren selbst.

ZWISCHEN MAPPING UND NOTATION

Rekapitulieren wir: Wenn sich der Architekturbegriff von der Gestaltung reiner Objekte und Formen hin zur Gestaltung von Prozessen, Raumentwicklungen und politischen Fragen verschiebt, wenn es immer wieder um neue Definitionen dessen geht, was „Prozess" und „Prozesshaftigkeit" heute im Denken, Entwerfen und Produzieren von Architektur bedeuten können, dann wird es wichtig und essenziell, die Stadt als Handlung reflexiv selbst zum Objekt der Untersuchung zu machen. Dies wiederum hat Auswirkungen auf die Praxis des Entwerfens. Entwerfen versteht sich zunehmend als ein Arbeiten und Denken, das den Prozess nicht als Mittel zum Zweck, sondern als Teil der Produktion interpretiert. Im Zuge dieser Verschiebung erfahren bildgebende Verfahren/Projektionen als neu zu erfindende Darstellung von und praxisrelevanter Umgang mit Prozessen aktuelle Relevanz. Sie stehen nicht nur gleichwertig neben den physischen Objekten, sondern werden als Notationsformen von Prozessen, wie Partitur, Diagramm, Piktogramm oder filmische Arbeit, zur Substanz architektonischen Selbstverständnisses und Praktizierens.

In diesem Konnex ist zu berücksichtigen, dass Notationen Spuren von Reflexion sind und Reflexion hervorrufen. Sie können nicht für sich allein stehen, sondern bedürfen immer der Interpretation, des Nachvollzugs des Sinns. Das unterscheidet sie auch von *mappings*. Notationen transformieren auch, so unsere These, die Reflexionsweise über organisationale Systeme, Prozesse und (Eigen-)Logiken. Die Grafiken der Neuen Musik zeigen, wie etwa mit der Erfindung der offenen Partitur Earle Browns, ein Verständnis von Musik in einem umfassenderen Sinn, und zwar als partizipative Konstruktion von Zeitabläufen, hervorgerufen wird.

Notationen können als *cognitive mappings* gelten, insofern sie als ein zeichenhaftes Konstrukt raum-zeitlicher Lern-und-Orientierungsprozesse[47] verstanden werden. Notationen basieren wie *cognitive maps* auf Vorstellungsräumen, die als subjektive Abbilder physisch existierender Verläufe interpretierbar sind. Allerdings ist entscheidend, dass Notationen nicht nur Raum-, sondern auch Zeitabbildungen darstellen. Das heißt, ihre relationale Aufzeichnung von Raum- und Zeiterlebnissen ist nicht auf die Frage nach Entfernungen oder Merkpunkten zu beschränken. Des Weiteren wohnt ihnen ein produktiver Aspekt inne, der gerade dadurch verstärkt wird, dass eine Notation als Diagramm nicht nur auf die performative Produktion von Wissen verweist, sondern auch performativ wirkt. Dieser Aspekt ist deshalb wichtig, weil es nicht nur darum geht, wie wir uns orientieren, sondern auch darum, wie wir Orientierung herstellen (siehe „Improvisation als (Des-)Orientierung). Dadurch erreicht die Notation ein strategisches Level: Sie kann, so unsere Vermutung, auch als Strategie eingesetzt werden, und zwar in der Vergegenwärtigung von Vorstellungsräumen als Wissensreservoir. Es geht dabei nicht darum, etwas zu repräsentieren, also abzubilden, sondern darum, sich darüber klar zu werden, was qualitativ mit einer urbanen Situation „los ist".

Darin liegt der Hebel des musikalischen Raumdenkens: Indem man den musikalischen „Kanal" öffnet, erschließt man sich sozusagen auf musikalische Weise Zusammenhänge einer atonalen Verschaltlogik nicht-linearer Muster und Strukturen von Stadt. Indem der Fokus auf die abstrakte mediale Ebene der Musikalität einer Stadt gesetzt wird, versuchen wir ein „radiales Denken" auszulösen, das sprachliches und bildhaftes Denken synthetisiert in eine bewusste Opposition zu linearen Texten oder Zeichenabfolgen stellt.[48] Dies könnte als ein Oszillieren zwischen zweidimensionalem Überblickswissen, mehrdimensionalem Organisationswissen und sinnlicher, musikalischer Ästhetik beschrieben werden.

Notationen sind in diesem Kontext eine Übung der Vergegenwärtigung eines urbanen Feldes als Diagramm. Man könnte es auch als Versuch der Verschriftlichung des organisationalen Prozesses von Stadt bezeichnen. Das Gestalten der Notation soll helfen, städtische Situationen für uns begreifbar, das Wissen performativ zu machen. Sie könnte damit zu einem erweiterten Informationsträger werden, der als Werkzeug eingesetzt werden kann, um insgesamt eine Darstellung des organisationalen Sachverhalts zu leisten, der in einer jeweilig spezifischen Situation relevant ist. Wenn im Rahmen eines Versuchsaufbaus Notationen ausgeführt werden, so stellt der Verlauf nicht das Urbane als solches dar, sondern verweist auf sein „Gemacht-Sein" als Verfahren. Es wird sozusagen der Erkenntnisprozess des performativen Ausführens von Stadt gespiegelt. Als solcher wirkt der Verlauf des Diagramms im Sinne eines künstlerischen Erkenntnisprozesses, der von analytischen Überlegungen zu hörbaren „strukturalen Rhythmen" übergeht und in der synthetischen Idee vom musikalischen Kunstwerk als Organisation kulminiert.

So definieren wir die Partitur der Notation als das strukturale Netz, auf dem sich die Quantitäten und Qualitäten der musikalischen Idee als das Urbane abspielen. Dabei entstehen Muster sowohl aus dem Moment der Wiederholung gleichartiger Motive als auch aus dem Wiederholungsmoment gleichartiger Cluster.Dies kann nur funktionieren, wenn man das Verfahren der Notation nicht als *l'art pour l'art* versteht, sondern die ästhetische Praxis als Fortschreibung der Struktur, die gegeben ist, ernst nimmt. Das heißt auch, Sorge dafür zu tragen, nicht zu schnell ins Entwerfen sogenannter „Problemlösungen" zu kommen, sondern erst einmal die Aufmerksamkeit darauf zu lenken, was ist, also zu erfassen: Wie ist die Mischung, wie ist der Groove der Stadt unterteilt, wie ist die Gestimmtheit urbaner Situationen produziert bzw. aufgebaut? Notationen sind somit auch als eine Recherche zu verstehen, die versucht, subjektive Bilder als Ausdruck von Stadt zu provozieren und hervorzurufen, um herauszubekommen, wie das subjektive Bild der Stadt für unterschiedliche urbane Akteure beschaffen ist und wie dieses Bild bestimmte Muster ausbildet, die wiederum mit Notationen anderer Rechercheakteure verglichen werden können.

Jacques Derrida spricht von der Erweiterung der Schrift oder dessen was Schrift sein kann. Er bezieht nicht nur die physischen Gesten der literalen, piktografischen oder ideografischen Inskription mit ein, sondern die Gesamtheit dessen, was Schrift ermöglicht. Alles wird Schrift, was zur Inskription führen kann, mithin auch „musikalische (...) ‚Schrift'".

„Und all das nicht nur, um das Notationssystem zu beschreiben, das sich sekundär an diese Tätigkeiten anknüpft, sondern das Wesen und den Gehalt der Tätigkeiten selbst."[49] Dieses Verständnis von Schrift bekräftigt unseren Ansatz, Notation weder nur als bildhaft-referenzielle Verdoppelung von Sachverhalten noch als notativ-lineare Verdoppelung musikalischer Äußerungen zu begreifen, sondern selbst performativ zu interpretieren: Als Notationssysteme, die „aus den Modalitäten einer graphisch-haptischen Tätigkeit eigener Prägung"[50] hervorgehen. Und darin liegt das Wesen der Notation, auf diesen performativen Bezug hin hat sich ihre Interpretation zu richten: auf das, was in ihr selbst als Aussage zur Wirkung kommen könnte und nicht auf das, was sie als Idee oder Figur ausdrücken soll. Notationen sind Ausdrücke von Experimenten des Ausdrucks und hierin findet sich ihre soziale Konstituierung. Denn es sind, mit den Worten Bruno Latours, nicht die Sprachspiele, die den Sinnzusammenhang von Welt konstituieren: „Das soziale Band der Gesellschaft, in der wir leben, besteht aus Objekten, die im Laboratorium fabriziert sind."[51] Damit sind auch Notationen als inskribierte Objekte gemeint, die, mit Foucault und Boulez gesprochen, formale, serielle Sequenzen darstellen.
Notation des Urbanen wird zum Moment einer differenziellen, unabschließbaren Produktion des Wissens, in der das, was wir als Stadt bezeichnen, in seiner performativ-grafematischen Qualität „am Machen" ist. Das musikalische Raumdenken legt als diagrammatische Arbeit nicht-repräsentationale Spuren in einen Repräsentationsraum, Spuren, die das erhellen sollen, was es zu untersuchen gibt. Diese Spuren sind wichtig, weil wir in dem Moment, in dem wir Stadt erhandeln, also im Tun sind, der atonalen Logik des Urbanen nicht habhaft werden. Der Spurcharakter der Notationen zollt dieser immanenten Nachträglichkeit, der Verzögerung Tribut. Es ist eine Meta-Produktion, das heißt eine Produktion der Produktion im Gang, die nichts anderes darstellt als ihre Fähigkeit, weiter darzustellen. Der Wert dieser Notation ist bestimmt durch ihr Können, Lesarten ihrer selbst zu provozieren. Die Einheiten werden nicht mehr zentral, sondern von Interaktionen gesteuert. In diesen Aussageverschaltungen bewirken Anschlüsse und Unterbrechungen jeweils eine Verlagerung der Bedeutung hin zu Aktualität, Prozess und Produktion. Wie Boulez' strukturelle Zellen haben hybride, offene Notationen des Urbanen keine letzte Bedeutung, keine kanonische Interpretation: Ihre Bedeutung besteht darin, neue Interpretationen zu stimulieren. Im Offenlegen der Relationalität des Urbanen evoziert sie so neue Anschluss- und Verschaltmöglichkeiten. Mit der offenen Notation wird nicht improvisatorisch Stadt, sondern das Improvisatorische von Stadt gedacht. (Abb. 18, S. 177)
Mit dieser Wendung der notativen Logik zu Assemblagen, *Cut-Ups*, Geweben von Relationen und seriellen Verschaltungen wird die Methode des Folgerns und Schließens um die Logik des Sinns und der Ereignisse, des experimentellen Paradoxons der Verschränkung von Handeln und Denken erweitert. Notation in diesem Sinne dreht sich nicht mehr um die Unterscheidung von Abstraktion und Figuration, Mechanismus und Organismus. Die Idee der Notation befreit sich davon, lediglich Träger eines Codes und der damit assoziierten Handlungen zu sein. Notation wird selbst produktiv, wird selbst Teil der Forschung und des Experiments. Zwar geht sie von der seriellen Topologie struktureller Elemente aus, aber sie legt weniger Punkte fest, als dass sie Linien zieht, die einen relationalen Raum des *Inter-Esses,* des Zwischen-Seins, eröffnen: „*Zwischen* den Dingen bezeichnet keine lokalisierbare Beziehung, die von einem zum anderen geht und umgekehrt, sondern eine Pendelbewegung, eine transversale Bewegung, die in die eine *und* die andere Richtung

geht, ein Strom ohne Anfang oder Ende, der seine beiden Ufer unterspült und in der Mitte immer schneller fließt."[52] Kurz: Notation wird zu einem diagrammatischen Verfahren. Das Bild der Konzeption geht von der Anwendung bereits vorhandener Methoden – nach Kant das Denken der bestimmenden Urteilskraft – zur Suche nach lebendigen Handlungsweisen – das Denken der reflektierenden Urteilskraft. Das Zeichensystem überschreitet seine Abbildfunktion dahingehend, dass es keine Zone des Experiments zu externalisieren sucht, sondern diese einbezieht, um von dort aus neue Regeln und die Chance der Transformation einzuführen. Anhand des Diagramms entwirft man sozusagen Räume, die sich nicht auf das Nachzeichnen eines bestehenden Modells oder das Eins-zu-Eins-ins-Werk-Setzen von Parametern berufen. Vielmehr werden Modell und Parameter selbst zum Material, zum Ausgangspunkt des Experimentierens. Wenn auf diese Weise performative Elemente in die Grafik der Notation selbst eingeführt werden, verändern sich auch der soziale- und der Erfahrungsraum der Performanz, ebenso wie die Beziehung Autor-Rezipient-Ausführender. Das bedeutet, es eröffnen sich neue Fragen des Denkens mit und von Notation, Fragen nach der Rolle der Performanz im Diskurs über den Raum und nach den politischen Implikationen eines solchen Verfahrens.

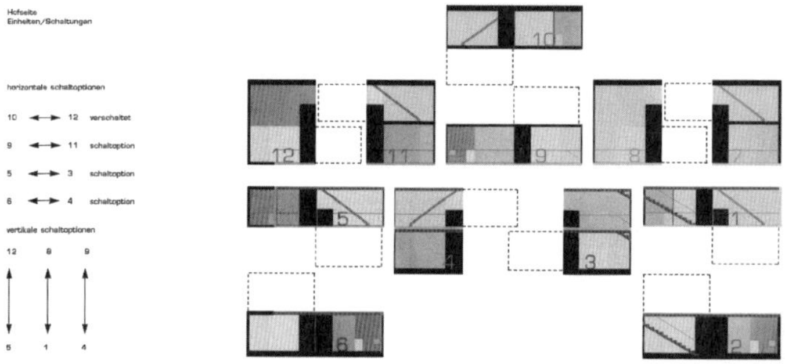

19 Brandlhuber&Kniess+: Kölner Brett, Schaltmodule, 1999

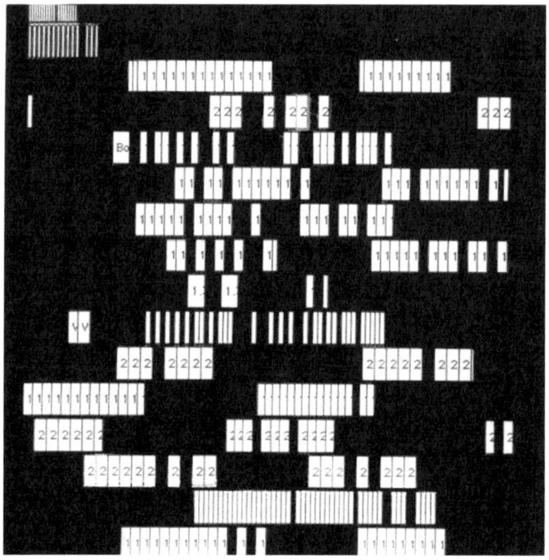

20 Christopher Dell: *Metazoon,* 2000

KP _ 19
Dieser Text mag dem Leser als der in dieser Sammlung befremdlichste erscheinen, nimmt er doch als Booklet-Text Bezug auf etwas, was dem Leser gar nicht vorliegt: eine Musikaufnahme. Das Phänomen der Aufnahme als Klang ist jedoch meines Erachtens nicht nötig, zeigt sich doch an diesem Text am deutlichsten dasjenige, was für mich den Kern des musikalischen Raumdenkens ausmacht: die angewandte Relationalität. In dieser angewandten Relationalität wird offenbar, wie die phänomenologische Konzeption der Epoché *(als Urteilsenthaltung), die Dinge – in diesem Fall musikalische Elemente – ohne Vorannahmen auf sich wirken und so die Verschaltoptionen der Elemente am klarsten zutage treten lässt.*

19

METAZOON

INTRO

Für uns gewöhnungsbedürftig ist die Tatsache, dass Edmund Husserl mit dem vorurteilsfreien Vorgehen der *Epoché* nicht ein herkömmliches wissenschaftliches Vorgehen meint – denn es sind ja, betont Husserl, gerade die Wissenschaften, die fälschlicherweise die raum-zeitliche Wirklichkeit als daseiend voraussetzen. In der Wahrnehmungsübung der *Epoché* hingegen bleiben alle Vorannahmen „außer Spiel“[1]. Ergebnis und Sinn dessen ist, dass es uns die Beobachtung der Beziehungen zwischen Akten und ihren Korrelaten vor Augen und zu einer phänomenologischen Beschreibung der Wahrnehmung selbst führen kann. Das heißt auch, dass damit der Blick frei wird für diejenigen Relationen, die ich aus der Wahrnehmung ableiten kann. Statt zu beurteilen, was die Dinge vor dem Hintergrund einer Voraussetzung ihrer Existenz bedeuten, geht es darum, den Index der Verbindungen und deren Logik zu erhellen bzw., in meinem Falle, anzuwenden.
Für seine Zeitgenossen sehr überraschend, schrieb Husserl 1913: „Die ‚Logischen Untersuchungen‘ waren für mich ein Werk des Durchbruchs, und somit nicht ein Ende, sondern ein Anfang.“[2] Husserl widerlegte mit seinen Untersuchungen nicht nur die Empiriker, die den Rückgang auf die Sachen mit der Erfahrung von Naturtatsachen selbst verwechselten. Seine Untersuchungen begründeten nicht nur die Phänomenologie als eigentlich philosophische Aufgabe gegenüber einer Technizität der Logik („Formelkrams“ – O-Ton Husserl). Im Sinne einer angewandten Relationalität verweisen die *Logischen*

Untersuchungen auch und gerade darauf, dass in den Verknüpfungsleistungen dessen, was an relationalem Potenzial in Situationen gegeben ist, auch eine logische Aufgabe begriffen liegt. Logische Sätze aber sagen nichts über ihre Evidenz aus. Deshalb können sie, so Husserl, „ihre Beziehung zu Evidenzerlebnissen nur auf dem Wege der Anwendung erlangen"[3]. Es ist also alles eine Frage der Übung an der Form. Üben kann man nur, wenn man etwas macht, wenn man etwas anwendet. Genau deshalb ist es sinnvoll, dass die Komposition *Metazoon* nicht in Bezug auf das gebaute, „realisierte" Loftgebäude Kölner Brett des Architekturbüros b&k+ entworfen wurde, sondern als Versuch der Anwendung seiner immanenten relationalen Logik.

START

Die Entwicklung einer Komposition stellt am Anfang immer die Frage nach dem ersten Impuls, dem Finden eines Nukleus, aus dem sich die weiteren Verläufe und Formen spiralhaft entfalten und entwickeln. Bei *Metazoon* **(01)** steht das Modul im Vordergrund. Seine Eigenschaften und Möglichkeiten einen intuitiven Kontext zu strukturieren, spielen eine entscheidende Rolle in der Welt der Musik und bilden die Schnittstelle zur Architektur von b&k+. Der „Schaltplan" zum Gebäudeentwurf des Kölner Bretts macht deutlich, dass sich aus dem gestalterischen Grundkonzept des Moduls mannigfaltige Nutzungsmöglichkeiten ergeben, die sogenannten Schaltoptionen. **(02)**. Die Ökonomie der Relationen **(03)** wird hier durch die Ausgangsbasis zweier Grundmodule gesichert. In dieser Weise gestaltet sich auch das kompositorische Verfahren von *Metazoon*. Die zwei Metablocks setzen sich aus je einer Vierer-Struktur und einer Fünfer-Struktur zusammen. Block eins hat binären Charakter, Block zwei gliedert sich ternär. Das asymmetrische Zahlenverhältnis, sowohl innerlich als auch äußerlich, garantiert bereits in der Anlage der Kerne eine mannigfaltige Anzahl an Überlagerungsoptionen und Phasenverschiebungen. Von diesem Grundmodell ausgehend, werden im weiteren Arbeitsverlauf Variationen abgeleitet, um in den Ebenen entsprechende Entwürfe zu finden. **(04)**. Die Ebenen können im Einzelnen der Bassbereich sein, zum Beispiel Basslauf, Bass Drum, oder der mittlere bis hohe Bereich: Melodie, Layer, Snare, Hi Hat. Auch der rhythmische Aspekt spielt mit in den genetischen Prozess hinein. So benötigt jede Tonformung ihre eigene rhythmische Sprache. **(05)** Variable Melodiefindung stand immer in diesem Kontext der Realisierung der Ebenen. Die Klangparameter und Klangobjekte wurden im experimentellen Verfahren gewonnen, wobei bestimmte Klangfarben wie die der Perkussion eine besondere Rolle einnehmen. Sie verdeutlichen am besten die rhythmische Struktur und sorgen für Transparenz bezüglich der ursprünglichen Raster und Flächen. Die weiteren Klänge ergaben sich aus Samplingverfahren. **(06)** Dabei wurden auch, je nach musikalischem Kontext, elektronische Raumverfremdungen miteinbezogen. Diese sind jedoch streng an die Hamoniestruktur gebunden. Die Dynamik der Stücke bleibt äußerlich eher statisch, gewinnt jedoch für die innere Struktur der einzelnen Tonformen und Tonspuren immense Bedeutung. Denn lebendige Organik wird erst durch feingliedrige Unregelmäßigkeiten erreicht, durch Lebendigkeit im Innersten, inwendige Intensität des Impulses. **(07)** Resultat des Extrahierens sind zwölf plus eins Tonspuren **(08)**, welche in *Metazoon* in den mannigfaltigsten Variationen „verschaltet" sind. Ein vielschichtiges Klangbild eröffnet sich, welches eine Offenheit der Wahrnehmungsperspektiven ermöglicht.

Weitere Stücke werden aus dem ursprünglichen Grund aus *Metazoon* gewonnen. Gezoomte Details verwandeln sich in neue Nuklei, die, in Reaktion mit Fremdelementen, wiederum ihre eigenen Peripherien erzeugen. Sie werden hier ***koaxiale Objekte*** genannt. **(09)**
Der individuelle Raum innerhalb des kompositorischen Kontextes wird durch die Improvisation des Vibrafons geschaffen. In einem improvisatorischen Umgang mit den ***koaxialen Objekten*** bilden sich Reibungen; die Oberfläche der Grundstruktur wird risshaft umspielt, in ein Diskontinuum getaucht. **(10)** Die subjektive Plötzlichkeit ebnet sich ihren Weg durch die planbare Textur, fügt ihr Krisen zu, um in den Absenzen kurz innezuhalten. Jacques Derrida nannte es „jenes wesentliche Nichts, aufgrund dessen alles in Erscheinung zu treten vermag (...) Einzig und allein die reine Abwesenheit (...) kann inspirieren“[4].
Dauer des *Metazoon* = 12 min + 30 sec
Tonspuren: hat and + ornetted + bouleson + moeseled + dsp pot + herbieed + g fluteled + verschalt + headbilly + mouse7 + boulesonb + mouse3d + acoustic drums = 12 + 1
metazoon + metazoonreverse + koaxial objekt 1–6 + absenz 1–4 = 12
voids gaps walls stairs ducts windows material inside outside horizontal vertical elevator noteon noteoff space rest rhythm timbre movement mode harmony melody

(01) Modulare Konzepte ermöglichen es, strukturelle Klarheit mit der flexiblen Umsetzung komplexer Sachzusammenhänge zu verbinden. Der ursprünglichen Genese subjektiver Experimentalität soll eine Achse zur Verfügung gestellt werden, welche für ein integratives Proportionsgefüge sorgt. Ziel bleibt die Transparenz der Textur, immer gedacht in Relation zu ihren individuellen Objekten. Diese Transparenz gilt es sowohl in der operativen wie auch in der intertextuellen Zone herzustellen. Für den Anthropologen Claude Lévi-Strauss ist es klar, dass ein Gleichgewicht zwischen struktureller Durchdringung und emphatischem Ereignis das Ziel bleiben muss. Diese Ökonomie der dualen Kräfte ist ein unendlich fragiler, vielzelliger Organismus. Ich möchte hierfür den Begriff *Metazoon* gebrauchen. Der Begriff stammt aus der Biologie und bedeutet „vielzelliges Lebewesen“.

(02) Beruht das Prinzip des Moduls auf seiner etymologischen Herkunft, dem Begriff des Maßes, so wird in der Husserlschen Phänomenologie das Erlebnis zum Modul seiner Ontologie. Der Mensch erspürt den Raum und das Maß in der Bewegung, sei es visuell in der Bewegung der Augen, haptisch in der Bewegung der Hand oder anderer Körperteile und auditiv in der Bewegung des Ohrhammers. Das Maß befindet sich, auf der Folie der Grundstruktur, in ständiger Veränderung. Bereits für Aristoteles steht das Maß für Einheit und das Messbare für Vielheit. Vielheit ist sich demnach immer der Einheit bewusst. So leitet sich auch Spinozas Ethik von einer modularen Koordination der Attribute ab. Leben ist ewiger Modus in allen Attributen. Entscheidend bei Spinoza ist der geometrische Ansatz, optische und musikalische Gesetze in die Gliederung der Ethik einzubeziehen. So baut sich für ihn alles nach einem Immanenzplan auf, der gleich einer „natürlichen Komposition“ in einem dynamischen Feld die „Zusammensetzung und Zersetzung von Verhältnissen“ ordnet, welche „die Natur bis ins Unendliche affiziert“. In einer Welt der drei Affekte Licht, Geruch und Wärme organisiert das Individuum den komplexen, bestehenden Modus. Spinoza bezeichnet diesen Modus als das, „was in dem Andern ist, durch was es begriffen wird“. Somit entsteht Wirklichkeit immer erst in Beziehung zu dem anderen. Diese Beziehung kann sich sowohl simultan als auch sukzessive äußern.[5] Für die sukzessive Wahrnehmung des Moments hat Husserl, auch wieder im Rückgriff auf die Musik, im Zusammenhang mit dem Erleben einer melodischen Gestalt den Begriff ***Retention*** eingeführt (siehe Abschnitt 11). ***Retention*** bedeutet das Vorher, das Jetzt und die Erwartung des Danach in einer melodischen (vertikalen) oder harmonischen (vertikalen und horizontalen) musikalischen Bewegung in der Zeit (siehe Abschnitt 12).

(03) Ein Netzwerk von Relationen wird in Form von Maßen, Zahlen, Ordnungen und Proportionen erstellt, um in diesem hyperbolischen „Environment" einen subjektiven Prozess auszulösen. Je vielschichtiger das Milieu angelegt ist, desto kritischer wird dementsprechend das Verhältnis vom Objekt zur Textur. Dazu Mark C. Taylor: „Sobald alles transparent ist, schwinden Tiefe und Innen. Paradoxerweise ist das Resultat einer solchen Transparenz Transluzenz."[6] Umso wichtiger scheint es mir, eine Strategie zu entwickeln, welche dem Pluralismus immanent gedacht ist, sich also der Ambiguität nicht verschließt, sondern sie in optionale Möglichkeitsfelder einschließt. Das Gebäude entäußert sich dem rein Figurativen, es wird zum Grund der Ereignisse. Dies setzt die aktive Teilnahme des Betrachters am Gebäude voraus (siehe Abschnitt 13). Für Le Corbusier bedeutete dies eine Begegnung der an der „clartés géométriques" geschulten Augen mit der dem zeitgemäß abgewandelten Faktor N nachgestalteten Natur und Architektur. Seine ***Promenade architecturale*** ist eindeutig dem phänomenologischen Ansatz der wandelbaren Wahrnehmungszustände verpflichtet.

(04) Der Schwerpunkt bei ***Metazoon*** liegt, wie auch bei der Architektur von b&k+, in der Organisation des geschichteten Raums. Ein dynamischer Dualismus von Anwesenheit und Abwesenheit entfaltet sich in der Relation der Objekte zueinander in der subjektiven Wahrnehmung. Die modulare Metaebene eröffnet ein Raumkontinuum, welches sich in einer offenen, fließenden Struktur äußert. Darin verzahnen sich diskontinuierliche Gruppen mit ihren Eigenzeiten. Das Kontinuum bleibt gewahrt durch die Wiederholung der Zyklen in ihm. Die Relationen der Zyklen zueinander changieren beständig. Die Topografien der Körper werden evident in ihrer Überlagerung und ihrer Transparenz. Sind die als MIDI-Daten vorhandenen Noeme der Grundstruktur und ihrer variierten Sequenzen noch als Signifikant anwesend, so verändert sich im Lauf der koaxialen Verwandlung die Signifikanz. Das Signifikat kann durch In-vitro-Klangereignisse, also Samples, beliebig ausgetauscht werden und je nach Aktivität des parasitären Objektes Eigenheiten mit einbringen. Diese Optionen bestimmen die Entwicklung der ***koaxialen Objekte***. Das Signifikat kann in dem Samplingverfahren weiterhin in Realtime deformiert werden. Die Gestalt des Klanges wird amorph.

(05) In der rhythmischen Körperlichkeit des Intervalls wird Struktur und Zahl zum sinnlich wahrnehmbaren Ereignis, zum Sinnbild einer Ontologie der Ästhetik. Zum Problem symbolbestimmter und formalästhetischer Zahlenkomposition in mittelalterlicher Literatur schreibt Ernst Hellgardt: „In der Ontologie und Ästhetik der Zahl geht es um Sein und Form der Dinge, so wie sie eigentlich sind. Sofern es sich um Dinge in Raum und Zeit handelt, zu denen Kunstwerke gehören, geht es im Besonderen nicht um irgendeine geistige, sondern um die raumzeitliche, sinnlich wahrnehmbare Zahlhaftigkeit des Kunstwerks."[7] Wenn es demnach um sinnlich erfahrbare Proportionen geht, geht es auch immer um eine

Bestimmung des Innen und Außen, des „Zwischen" den Körpern, in welchem der Raum sich entbirgt. Es geht also um eine Ästhetik der Interstitielle, der Zwischenräume (siehe Abschnitt 14).

(06) Das Sampling stellt für mich eine Weiterentwicklung der Schrift dar, ermöglicht es doch, auf bereits Erklungenes vermittels Aufzeichnungen/Samples zu rekurrieren. Samples geben uns ein Zeichen, ein Bild von Klang, abgelöst vom ursprünglich Klang schreibenden Ereignis. Weiterhin besteht die Möglichkeit, diese Klangschrift in einem morphologischen Prozess zu verändern, mit ihr zu spielen. Der Signifikant erscheint also in immer wieder neuem Kontext. Bildeten bisher in der Musik Signifikat und Signifikant eine Einheit, so erfährt diese Kontinuität jetzt eine tiefe Erschütterung. Eine Grammatik der Sampling-Schrift gibt es bisher nicht und wird es wahrscheinlich auch nie geben. Das heißt, eine offene Grammatologie eröffnet ein wirbelartiges Optionsfeld, aus welchem sich immer neue Bedeutungszusammenhänge herauskristallisieren und zu einer weiteren Verdichtung der Ereignisse beitragen. Die Ordnung dieser Klangschichten wird durch die Kategorisierung des Materials erzielt, durch die Erstellung eines Katalogs im ursprünglichen Sinne. So gibt es Tonformen mit plötzlich ansteigender Dynamik, mit kurzem Nachklang, mit viel oder wenig Obertönen oder gar mit ganzen Tonclustern. Auch kann die Zeit der Schrift umgedreht werden, kann sich der Klang als *reversed* äußern. Gab es durch die Grundmodule die rhythmische Ordnung ersten und zweiten Grades, so kommt innerhalb des Samples eine weitere Ordnung hinzu. Das heißt, das Sample kann sich in einem Vierer-Feld binär bewegen und im Inneren eine ternäre Substruktur aufweisen. Sowohl die Einschwingung als auch die Obertonbewegung kann sich in einem aktiven oder inaktiven Feld bewegen. Das heißt, dass die Dauer sich in lokale und globale Ebenen teilt. Entscheidend bleibt die Bewegung als solche und ihre Wahrnehmung.

(07) Das *Metazoon* ist also der Kern einer vielschichtigen Symbiose, einer feinnervigen Architektur des Innen und Außen. Wichtigstes Merkmal bleibt der ostentative Charakter der einzelnen Ebenen in sich, ihr Bezug zur Wiederholung in Form des mäandernden Ostinatos.
Das Ostinato hat in der Musik dieses Jahrhunderts eine entscheidende Rolle gespielt, denn es ermöglicht die Repetition von Nuklei, ohne Rücksicht auf vertikale Hierarchien nehmen zu müssen. Eine Freiheit wurde geschaffen, die die neue Option eines offenen Regelwerks erlaubt. Eine Iterierbarkeit der Regeln bleibt garantiert, jedoch kann sich die sprachliche Identität der nomadischen Tropen, der Ostinati, neu strukturieren. Also besteht kein Verzicht auf Identität, sondern eine Verlagerung der Intensitäten. Vincent Persichetti beschreibt das Ostinato in seiner *20th Century Harmony* folgendermaßen: „A well defined melodic segment, insistently repeated." Weiter: das Ostinato „helps to clarify the texture of polytonal writing"[8]. Lässt man nun, wie bei *Metazoon*, die Segmente wuchern, so erhält man ein multikristallines Gewächs, ein mäanderartiges Gebilde. Die mäandrierenden, rhythmischen Tonspuren führen zu einer auditiven Auflösung von „Tragen und Lasten" und damit zu einer Neubewertung der statischen Verhältnisse. Eine Wechselbeziehung der Massen entsteht, wie sie auch in der Architektur – zum Beispiel in den „Übergangsbauten" des Künstlers Wenzel Hablik – deutlich wird. In ihnen markiert der Schwebezustand zwischen Utopie und Realität den Übergang zu einer neuen dynamischen Konstruktionsweise, die

sich auch in den Experimenten der niederländischen Gruppe De Stijl und deren „Farbauflösung" der Innenräume zeigt (siehe Abschnitt **15**).

(08) Die Erfindung der Zahl als ein bildhaftes Medium von Maß hat in der Entwicklung der abendländischen Kultur eine essenzielle Bedeutung. Sie bewegt sich von Anfang an in einem Bereich, der das außerweltliche und das weltliche mit einschließt. Zahlenmystik gehört zum festen Bestandteil der Religionen, im Besonderen der Kabbala des Judentums. Des Weiteren ist die Zahl die Grundlage für geometrische Berechnungen, Zeichnungen, Partituren oder Pläne. Für Heisenberg ist sie „ein Bild unserer Beziehung zur Natur" überhaupt. Die Zahl Zwölf im Besonderen schließt in ihrem Aufbau den Dualismus von Struktur und Genese mit ein. So steht die Zahl Drei für den Ursprung, die Genese, und die Zahl Vier für die geschaffene Welt, die Struktur.

(09) Mittel der Kommunikation bleibt die Grundordnung der Module als Matrix ***koaxialer Ebenen***, ein Gefüge einer Harmonie der Bewegung. Der Begriff Harmonie wird in diesem Kontext von dem Ansatz Heraklits abgeleitet, der sie folgendermaßen definiert: „Das Widerstreitende ist vorteilhaft und aus dem Wesensverschiedenen erwächst die schönste Harmonie, wie eben alles aus Gegensätzlichem entsteht." In diesem Sinne wird ein Modus der Metaebene entworfen, welcher mannigfaltige Verzahnungen und Wechselbeziehungen der „Widerstreitenden" ermöglicht. Die Beschreibung eines modularen Komplexes und seiner symmetrischen Eigenschaften gab bereits Vitruv: „Symmetria (...) ist der sich aus den Gliedern des Bauwerks selbst ergebende Einklang und die auf einem berechneten Teil (***modulus***) beruhende Wechselbeziehung der einzelnen Teile für sich gesondert zur Gestalt des Bauwerks als Ganzem." Berechnung also insofern, als dass ein Beziehungsraster erstellt wird, welches interkontextuell eine Vielzahl von Korrelationen zulässt.

(10) Hier wird im künstlerischen Bereich am Umgang mit dem Phänomen gearbeitet, dass die Komplexität der Gesellschaft immer vielschichtigere Zeitabläufe generiert. Denn auch im sozialen Kontext existiert eine Vielzahl von Zeiten neben- und miteinander. Eine verdichtete Gegenwart beinhaltet unter anderem die subjektive Lokalzeit, die parallele Laborzeit sowie unterschiedliche Globalzeiten, welche in einer Komplementarität von Wechsel und Kontinuität eine Verfügbarkeit einfordern und gleichzeitig eigenverantwortliches Handeln, also subjektives Gestalten des Zeitraums voraussetzen. Ein Zeitkorrelat, also ein Zeitkorridor von Sequenzen, Organismen und Zellen, erzeugt eine fraktale Ordnung, in welcher einzig „rituelle Gesten" einen Rückbezug auf Identitäten erlauben (siehe Abschnitt 16). Stehen einem im Umgang mit der Zeit verschiedenste Strategiebündel, wie zum Beispiel Beschleunigen, Verlangsamen, Versprechen etc. zur Verfügung, so bleibt das entscheidende Maß das Intervall. „Entscheidungen wären bedeutungslos, wenn sie nicht zur Diskontinuität führen könnten, (...) aber sie wären ebenso bedeutungslos, wenn sie keinerlei Folgen hätten", so Norbert Elias. Die Funktion der Zeit entsteht also laut Helga Nowotny erst im Zusammenspiel der Beziehungen, im „strategischen Spiel mit dem Intervall".

(11) Herrschte für den Philosophen Edmund Husserl noch eine Eindeutigkeit der melodischen Wahrnehmung vor, so verändert sich die ***Retention*** im ***Metazoon*** beständig, da immer neue Beziehungsfelder geschaffen werden und diese bei mehrmaligem Hören auch immer wieder anders vom Hörer interpretiert werden können. Eine Akkumulation der musikalischen Ereignisse ruft eine subjektive Resonanz hervor, eine Verdrehung des Großen und des Kleinen kommt in Gang, diskontinuierlich tun sich Risse zwischen Objekt und Bedeutung des Objekts auf, immer eingebettet in den zeitlichen Raum und die modulare Substanz. Die Objekte verändern ihren Charakter, existieren jedoch unabhängig davon als Objekte weiter.

(12) Die Linearität der Zeit wird in der Verkopplung der Module überwunden, das Letzte kann sich immer auch auf das Erste beziehen, kann mit ihm verschaltet werden. Auch die Samples können vermittels ***reverse*** ihre Zeit umdrehen. In einer Kontraktion und Expansion der Interstitielle entfaltet sich eine mehrdeutige Transparenz der multiplen Relationsoptionen. An den Schnittstellen reagieren Tiefe und Oberfläche. Rhythmische Struktur und Interferenz bilden das komplexe, flüssige Environment, in dem durch operative Eingriffe eine Identität der Objekte im subjektiven Kontext erhalten bleibt. In der Tiefe des Raums erscheinen die Objekte nicht auditiv kognitiv abgeschlossen, sondern offen. Der Hörer wird zum Flaneur, zum intelligenten Beobachter mit eigener Perspektive.
Gehörtes wird zu Bildern von Masse und Raum, zu gestischen Gestalten von Flächen, Massen und Figuren. Sind die Grundmodule der Komposition noch im Kommensurablen verhaftet, objektiviert, da von der Maschine Computer ausführbar, so wird in der Improvisation des Vibrafons das Inkommensurable deutlich. Paradoxerweise bürgt gerade sein ephemerer Charakter für seine Eindrücklichkeit. Das Verschwindende manifestiert sich in seiner Unwiederholbarkeit, seiner Einmaligkeit. Wechselspiele von Ruhe und Bewegung in der Musik standen, wie bereits gezeigt, seit jeher in enger Beziehung zur Architektur. Bezeichnet Schelling in seiner „Philosophie der Kunst" Architektur noch als „erstarrte Musik", so kann man sagen, dass sich in den heutigen Architekturkonzepten die Erstarrung aufgelöst hat, die Architektur in Bewegung gekommen ist. Derrida beschrieb es folgendermaßen: „Der Wurf geht der Architektur, die kommt, entgegen. Er geht ihr Risiko ein und gibt uns dadurch eine Chance."[9] Und Ludwig Mies van der Rohe sagte: „Take out your trumpet, architecture needs resounding ideas."

(13) Bei unserem Projekt äußert sich dies in einem Vexierspiel von Objekt- und Texturzustand. Die Spuren überlagern sich und können vom Beobachter – in diesem Falle dem Zuhörer – selbst in eine Perspektive gegossen werden. Das Verhältnis ändert sich je nach Ansicht. Die Gradation des Fokus kann sich kontinuierlich ändern oder in eine Diskontinuität münden. Präsenz ist entscheidend, wird zum imponderablen Ereignis, Signifikat und Signifikant werden permanent ausgetauscht oder verdecken sich gegenseitig. Reflexion wird zum Spiel zwischen Licht und Schatten, Beat und Offbeat.

(14) Fußte die Gestaltung der Zwischenräume der Säulen bei Vitruv noch auf modularen Proportionsverhältnissen, die das Intervall mit einer Leere füllen, so plante Alberti 15 Jahrhunderte später die Fassade des Pallazzo Rucellai zwar auch nach musikalischen Intervallen, jedoch vornehmlich auf die erfahrbare Fläche hin. Bei Le Corbusier wird dann die Bewegung des Menschen zum Modul, zum Proportionsintervall, welches von der Fibonacci-Zahlenserie des Goldenen Schnitts abgeleitet wird. Bezog sich die musikalische Struktur der Pythagoreer noch auf eine „Himmelsharmonie des Universums", so wird bei Le Corbusier wieder der Mensch zum Maß, ein Rückgriff auf die Renaissance und Leonardo da Vinci.

(15) Die Übergänge in den Disziplinen waren also bereits zu Beginn des 20. Jahrhunderts fließend. So forderte auch Schönberg in der Auseinandersetzung mit dem musikalischen Material eine „Ökonomie der Mittel", welche sich in Form des variierenden Ostinatos sehr gut bewerkstelligen lässt. Ein gelungenes Beispiel hierfür ist das zweite der *Drei Klavierstücke Opus 11*, in welchem ein im Bass eingeführtes Segment das ganze Stück bewuchert, ja seine Form konstituiert. Diese Periodizität im Kleinen wie im Großen ermöglicht eine neue Konstituierung der Form, welche, durch die Entdeckung der Nicht-Linearität von Bewegung (Husserl, Einstein etc.), in ihrer klassischen Definition nicht mehr haltbar war, sich aufgelöst hatte. Vom anthropologischen Standpunkt aus sieht es Claude Lévi-Strauss wie folgt: „Jedes wird zum Ursprung neuer Achsen, (…) an die sich bald mittels einer doppelten, prospektiven und retrospektiven Bewegung Sequenzen heften (…) In dem Maße also, wie sich der Nebel ausdehnt, verdichtet sich der Kern."[10]

(16) Können wir nach Tugendhat sagen, dass das Erlebnis in Veränderung besteht und erlebte Veränderung ein zeitliches Sortal ist, ein Zeitgegenstand, so wird das Durchleben dieses ideellen Gegenstandes als Form einer Möglichkeitswerdung in ein Wechselspiel von Ent- und Verbergung geworfen.[11] Martin Heidegger sieht dieses Oszillieren folgendermaßen: „Die Unverborgenheit des Seienden, die ihm gewährte Helle, verdunkelt das Licht des Seins. Das Sein entzieht sich, indem es das Seiende entbirgt."[12] Es ist dies das bipolare, dialogische Spiel zwischen Struktur und Genese, zwischen Apollo und Dionysos, zwischen dem Ich und dem Anderen. Ein Spiel der Gegensätze, welches nach der Einheit strebt, jedoch diese Einheit nie erreicht. Das Paradigma der Dislokation in der zeitgenössischen Kunst und in der Improvisation fügt diesem Spiel eine neue Intensivierung zu. War es bei Heidegger noch das „Ausrichten auf ein Ereignis, das vor jedem Dunkel kommt, daß das Denken hüten muß und welches es als Eintritt des Anderen ermöglichen und vorbereiten soll"[13], so ist für den Philosophen Jean-François Lyotard „nur die Fähigkeit, das zu empfangen, was zu denken das Denken nicht vorbereitet ist", das Denken, welches „verdient, Denken genannt zu werden"[14].

KP _ 20
Mit dem folgenden Text begann meine Zusammenarbeit mit dem Architekturbüro b&k+, ein Büro, das Ende der 90er Jahre von Köln aus Furore machte. Merkmal der Zusammenarbeit war, gemeinsam festzustellen, dass es, wie es Meyer Voggenreiter ausgedrückt hat, „so nicht weitergehen kann, nicht mit der Architektur, nicht mit der Landschaft und auch nicht mit uns". b&k+ läuteten damit einen Diskurs ein, der die Externalisierungskonzepte herkömmlicher Architektur in Zweifel zog und die Neuerfindung von Praktiken forderte, „die wir ins Spiel bringen und in denen wir uns aufs Spiel setzen".
In diesem Kontext war es mein Anliegen, das Thema der Telematik als „Näherbringen von Entferntem" auch auf das Medium der Musik zu übertragen und aus dieser Konstellation Fragestellungen im Hinblick auf neue Vergemeinschaftungsformen aufzuwerfen

20

TELEMATISCHE KLANGSTRUKTUR. IMPLOSION DES MUSIKALISCHEN RAUMS

INS INNERE DES KLANGS

Licht, Klang und Geruch geben uns Gewissheit über die Existenz des Anderen. Sei es in der ephemeren Unfasslichkeit des Geruchs und Klangs oder in der berührbaren Welt des gesehenen Objekts in unserer Nähe. Bis zum 14. Jahrhundert blieb Ferne immer Ferne, da sie nur in Umrissen sichtbar, hörbar oder riechbar war. Ein Näherholen des Entfernten gelang erst in der Entwicklung der Perspektive in der Renaissancemalerei. Jedoch war diese bildhafte Erscheinung inaktiv, in dem Sinne, dass der Betrachter selbst die Partikel im Gehirn zusammenstellt. Die Bewegung des Bildes bleibt statisch. In der telematischen Bilderwelt eines Computermonitors sehen wir bewegte Teilchen, das Bild besteht aus Energie, auch wenn es scheinbar steht. In seiner Bewegung entsteht eine aktive Optik, die der Betrachter in einer Passivität wahrnimmt. Nach Virilio sehen wir diese Bilder, ohne zu sehen, das heißt, statt selbst zu agieren, werden wir von einer virtuellen Präsenz bespielt, der Telepräsenz. Wie verhält sich dieses Phänomen zur Wahrnehmung und Ausführung des Klangs in der Telematik? Dieser Bereich ist bisher weitestgehend unerforscht, da sich die meisten Untersuchungen auf die visuelle Wahrnehmung konzentrieren. Dies, obwohl der erste telematische Datenüberträger als ein Vermittler akustischer Daten arbeitete, nämlich in Form des Telegrafen, später des Telefons. Vermittels einer synergetischen Metapherstrategie (Edison: „Ein Vierfachtelegraph wird wie ein Wasserleitungssystem sein.")

entstand die erste Kommunikationsform, die die physikalische Ferne fast in Echtzeit überwand. Dies hatte einschneidende Konsequenzen für die neue Ontologie des Raums. Er wurde Bewegung. Frank Lloyd Wright: „It is significant that not only have space values entirely changed to time values, now ready to form new standards of movement-measurement, but a new sense of spacing based upon speed is here."[1] War also durch die neuen Technologien eine neue Einteilung und Strukturierung von Raum möglich, so betraf dies nicht nur die Architektur, sondern auch und im besonderen Maße den bewegten Klang; sowohl die Musik als auch die Übertragung von mündlicher Schrift, der gesprochenen Sprache.

Bereits Ferruccio Busoni verlangte 1907 in seinem „Entwurf einer neuen Ästhetik der Tonkunst" eine Neuorientierung, weg von den herkömmlichen Datenträgern, den Instrumenten, hin zu neuen Klangerzeugern, welche die symmetrischen, architektonischen Strukturen der Musiksprache aufbrechen und die Musik in eine „Landschaft" des Klangs hineinführen sollten. Sein Schüler Edgar Varèse entwickelte diese These weiter und begann mit Sirenen, später mit Tonbändern zu experimentieren. Auch seine Methode, für herkömmliche Instrumente zu komponieren, wurde maßgeblich von den neuen Wahrnehmungsphänomenologien geprägt. Für ihn war Klang Bewegung. Er versuchte der musikalischen Zeit neben den Dimensionen der Vertikale, der Horizontale und der Dynamik eine vierte Dimension zu geben, die der Projektion. „I shall add a fourth (dimension), sound projection – the feeling, that sound is leaving us whith no hope of being reflected back, a feeling akin to that aroused by beams of light sent forth by a powerful searchlight – for the ear as for the eye, that sense of projection, of a journey into space."[2] Für diese Bewegung des Klangs in „bodies of intelligent sounds, moving freely in space" hätte sich Varèse eine Arbeit *im* Klang und nicht *am* Klang gewünscht, wie er immer wieder betonte. Er erreichte dies, indem er die herkömmlichen Instrumente so kombinierte, dass sich ihre Obertonspektren lösten und einen neuen Klangraum eröffneten. Melodien begannen sich von der Horizontalen zu lösen und in vertikale Bewegungen überzugehen. Es entstanden Klangflächen, die die Bewegung in den Raum verlagerten und aus der linearen Zeitstruktur herausnahmen. Auch war Varèse der erste, der vermittels der Komposition *Ionisation* ausschließlich für Instrumente mit aperiodischer Schwingung, nämlich Schlaginstrumente, den Materialcharakter von Klang herausarbeitete. Es blieb jedoch seinen Nachfolgern Stockhausen, Boulez, Ligeti und weiteren vorbehalten, diese Arbeit fortzuführen. Denn erst die elektronischen Klanggeneratoren ermöglichten ein synthetisches Erzeugen und Bearbeiten des Klangs. Anfang der 50er Jahre begann man, nachdem die herkömmlichen Instrumentierungen ausgereizt schienen, mit der Analyse und damit einhergehend der Synthese des Klangs. Die para- und hyperbolischen Klangkurven, welche Varèse mit Sirenen erzeugt hatte, konnten nun im Labor hergestellt werden, genauso wie der ursprünglichste Ton überhaupt, der Sinuston.

Entscheidend hierbei ist, dass es sich zum ersten Mal um Klänge handelt, die nicht in der natürlichen Umgebung vorhanden sind. Es sind virtuelle Töne, die nur an einem Ort existieren, klingen, an dem Ort des Lautsprechers. Das Paradoxon ist, dass diese Ent-Ortung erst die Ubiquität des Klangs, seine Präsenz an vielen Orten gleichzeitig, in Form der Telepräsenz ermöglicht. Die Zergliederung des Klangs in Impulse, seine Einteilung in periodische und aperiodische Schwingungen per Filteranalyse gleicht im Übrigen sehr der spektralen Lichtanalyse durch Prismen. Der Laboreingriff ins Innerste des Klangs und

damit die Möglichkeit seiner Manipulation und Variation ermöglicht zum ersten Mal ein orbitales Klangverhältnis. So, wie in der Geodäsie vermittels Satelliten die Erde aus dem Orbit analysiert und auch verändert werden kann, wie zum Beispiel in Militäraktionen, so kann nun von außen per „Audiodäsie“ in den Klang hineingeschaut werden. Bereits jeder Heimanwender kann mit einem billigen Programm seine Audiodaten per AIFF, Sound Designer oder Wave visualisieren und mit einem Mausklick verändern. Des Weiteren kann er diese Files per Internet ins gesamte Netz verschicken. In einem integrierten Netzwerk kann er, wie zum Beispiel mit der webtauglichen MIDI-Editier-Software ResRocket, auch eine Komposition gemeinsam mit anderen Surfern bespielen. Die musikalischen Möglichkeiten entbinden sich vom realen Raum und vom ursprünglichen Klangerzeuger, die virtuelle Erscheinung beherrscht die Aktualität. Der musikalische Raum implodiert.
Konzentrierte man sich seit den Anfängen der elektronischen Musik auf die klangimmanenten Bewegungen, so trat dahinter die Motorik des Individuums zurück. Die musikalische Bewegung im Raum wird vom Gerät, von der Maschine ausgeführt. Ein Sequenzer-Arrangement versorgt per MIDI-Daten ein Areal virtueller Klangerzeuger wie Sampler und Soundmodule mit Informationen über alle Klangparameter in der Zeit. Wo sich Musiker mit der Realisierung des Klangs auf dem Instrument abplagten, genügt heute eine kleine Bewegung mit der Maus. War der Zeitraum des Musikstücks auch der Zeitraum, in dem es gespielt wurde, so sind diese Zeiten nun voneinander getrennt, in Labor- oder Schreibzeit und Abspielzeit. Bei der Abspielzeit kann man sich als Interpret im Studio getrost eine Zigarette anzünden oder an dem einen oder anderen Poti (Potenziometer) drehen. Entscheidend wird bei der Bearbeitung durch Poti, der Filterung, wiederum, dass es sich nur um die ***Beschreibung*** des Klangs, nicht um dessen Ausführung handelt. Die mit dem Instrument verbundene, sinnlich erfahrbare, mit dem Hier und Jetzt verhaftete Bewegung entfällt. Gleichzeitig erhöht sich die Geschwindigkeit der rhythmischen Intervalle. Viele der angesagten Drum'n'Bass-Grooves wären von einem Schlagzeuger nicht mehr realisierbar. Die Eingrenzung der musikalischen Welt durch die Möglichkeiten der Instrumente wird gesprengt. Gleichzeitig ist die Notwendigkeit der Kommunikation in einem Verband mehrerer miteinander spielender Musiker nicht mehr unbedingt gegeben. Der Computer und seine Peripherie können mühelos ganze Orchester simulieren. Ähnlich wie in der Architektur mit dem ***architectural walkthrough***, muss sich ein Komponist die Partitur nicht mehr aktiv im Kopf vorstellen – Mozart beschrieb es in einem Brief an seinen Vater: „da wird es immer größer und ich breite es immer weiter und heller aus, und das Ding wird im Kopf wahrlich fast fertig, wenn es auch lang ist, (...) und ich es auch gar nicht nacheinander, wie es hernach kommen muß, in der Einbildung höre, sondern wie gleich alles zusammen.“ –, sondern kann sich das programmierte „Bild“ erst einmal in Ruhe präsentieren lassen und auch dem Kunden vorführen. Bereits heute wird im Elektro-Ambient-Bereich der große Anteil der zum Teil immens orchestrierten Klangwerke von nur je einer Person hergestellt. Der Diskurs, der zur Realisierung notwendig wäre, entfällt. Die größtmögliche Unabhängigkeit entsteht, einhergehend mit dem Preisverfall für die Herstellung von CDs, auch in der Vermarktung des Produktes. Die Beziehung zum Anderen jedoch schrumpft zum Verhältnis Anbieter-Konsument.
Entscheidend wird also in der telematischen Klangwelt sein, wie sich der Kommunikationsfluss äußert. Da der herkömmliche Weg über Instrumente entfällt, können sich entweder Elektroniker mit ihren Maschinen zum Jammen treffen, per Knopfdruck Vorgänge auslösen

und stoppen oder aber man jammt im Internet. Hier wird es in den nächsten Jahren davon abhängen, inwieweit sich die bisher eher rezeptive Internetoberfläche hin zu einer interaktiven entwickelt. Bereits Vilém Flusser stellte fest, dass Menschen durch Beziehungen existieren. Wird in einer einseitig benutzbaren Telematik die Maschinisierung der Entfernung zum Anderen, die Emphase des öffentlichen Raums nicht verlorengehen? Das Versprechen einer „Sandzeit", so Flusser, welches ein entropisches Zirkulieren der Klangpartikel im virtuellen Raum verheißt, kann nur in operativen, aktiven und reversiblen Schaltoptionen eingelöst werden. Des Weiteren müssen in diesem System Irregulative vorhanden sein, welche die Perfektion verhindern und einseitige Hierarchien unmöglich machen. Denn die Perfektion der Illusion kann nur Desillusion hervorrufen.

TELEMATISCHE KLANGLANDSCHAFT

Verwandelte sich durch die Erfindung der bewegten Bilder die Landschaft in einen Film – wenn wir zum Beispiel mit einem Zug durch ein Gebirge fahren – so transformierte sich der Klang durch die Telematik zur Landschaft, zu einer Masse als Raum mit seiner eigenen Tiefenschärfe. Die Topik der Beschleunigung verhalf ihm zu einer ***Polytopie***: In der telematischen Welt sind ihm nun mehrere Raummomente gleichzeitig zu eigen. Die Decodierung des Signifikanten und die Analyse der Oberfläche in Form radikaler Skalierung als Topoi der Moderne haben uns neue Möglichkeiten eröffnet; gleichzeitig bedarf es neuer Strategien, um diese Möglichkeiten nicht mit einem Verlust der Differenz zum Unsichtbaren und Unhörbaren zu bezahlen. Die vollständige Geometrisierung der Gesellschaft – jede E-Mail sieht gleich aus – birgt einen Kulturverlust in sich. Auch wenn wir als Spiegelexistenzen im Lacan'schen Sinne eine Entfremdung selbst heraufprovozieren, so wird im gleichen Atemzug eine Frage nach einer Ästhetik der Absenz umso wichtiger. So brauchen wir auch in der Musik neue Strategien der Präsenz/Absenz. Die Implosion des musikalischen Raums, bereits bei Richard Wagner durch das extreme Nomadisieren des Kerns, des Leitthemas, eingeläutet, hat sich im 20. Jahrhundert durch die Spaltung des Klangs selbst manifestiert. Körperenergie am Instrument und unmittelbare Kommunikation mit den Mitmusikern sind einer Schaltzentrale am Computer gewichen. Das Intervall wird zum Interface, Kommunikation zur Kommutation. Telematische Klangkörper sind Körper mit eigener Bewegung, eigener Energie. Die Bewegung des Klangs wird zur ***Beschreibung*** des Klangs. Der Mensch sitzt am Mischpult und kontrolliert die Motorik. Die Emphase spielt sich im Hirn ab, nicht mehr im Körper. War selbst ein Tonband oder eine Schallplatte noch sinnlich spürbar, so gibt es den Eingriff nun nur noch virtuell. Wer aus Versehen eine Audiodatei per ***permanent delete*** von der Festplatte löscht, braucht sich nicht mehr auf die Suche zu begeben, es wäre zwecklos. Selbst der Abfall verschwindet. Es gibt keine Ruinen, keine Patina, kein Altern, nur Existenz oder Inexistenz, ***record*** oder ***delete***. Entwickelte sich in der Architektur die Typologie des Gebäudes vom Bauwerk hin zum Machwerk, vom statischen zum kinetischen Objekt, so lassen sich auch hier Parallelen zur Musik ziehen.

Der transitorische Raum des Übergangs vom Klangerzeuger zum Klangerzeugnis, vom Instrument hin zum virtuellen Klang hat die Struktur von Musik nachhaltig verändert. Gilt im urbanen Kontext der Bahnhof oder der Flughafenterminal als Interface, als Schnittstelle zur Durchtrennung zwecks gesteigerter Verbindung, so ist in der telematischen

Klanglandschaft das MIDI-Interface gemeinsam mit dem Modem die Schnittstelle zum Instrument und zum Netz.

COMPUTER ALS JAHRMARKT – AUTOMATISIERUNG VON MUSIK

Seit alters her gibt es das Verlangen danach, Musikinstrumente zu automatisieren. Automatisieren heißt hier, dass die Instrumente mit Tonspeichern versehen sind und vermittels des Lesens der Schrift dieses Speichers eine koordinierte, mechanische Bewegung ausführen, die zum Klang eines Musikstücks führt. Diese Instrumente und ihre Speicher haben sich im Laufe der Jahrhunderte stark verändert. Bereits vor unserer Zeitrechnung gab es in China Glockenspiele mit bestifteten Walzen. Setzte man die Walze in Bewegung, wurden durch die Stifte die Intervalle der Anschläge der Glocken bestimmt. In Europa gibt es diese Form der Glockenspiele seit dem 14. Jahrhundert. In der Mitte des 18. Jahrhunderts wurde dieses Walzensystem ausgebaut und mittels eines Luftzufuhrsystems mit einer Orgel oder Flöte verbunden. Diese sogenannten Flötenuhren waren bereits synästhetische Möbelstücke, da sie mit einer Uhr gekoppelt waren. Die Auslösung des Flötenwerks erfolgte durch die Uhr, eine Verbindung von Zeit und Klang entstand. Interessanterweise gab es solche Orgeln auch als portable Instrumente in Kleinformat. Sie hießen „Vogelorgeln". Man nahm sie mit in die Natur und konnte dort durch mehrmaliges Vorspielen eines kurzen Stückes den Vögeln diese Lieder beibringen. Zu richtiggehend multimedialen Geräten wurden diese Instrumente in der ersten Hälfte des 19. Jahrhunderts. Es entstanden Flötenschränke mit Figurenautomaten, sodass sich, synchron zu der Musik, ein Schauspiel mit Holzfiguren in einem Guckkasten vollzog. Mit den sogenannten Drehorgeln konnte man, da sie auf Rädern befestigt waren, umherziehen und Jahrmärkte bespielen.

Arbeiteten die Tonspeicher für diese Instrumente immer mit einem Positiv, also einem auf dem Medium angebrachten Stift, so ergab sich mit der Erfindung des gelochten Kartonstreifens eine Möglichkeit der negativen Tonspeicherschrift. Bezeichnenderweise war dies ein ***sideeffect*** der Industrialisierung, so hatte als erster der Erfinder Joseph-Marie Jacquard 1805 seine Webmaschinen mit diesem Lochkartensystem ausgestattet. Gelochte Kartonstreifen wurden über eine Lesevorrichtung gezogen, welche anfangs durch mechanische, später durch pneumatische Abtastung den Spielvorgang auslöste und bestimmte. Der ursprüngliche Karton wurde später von widerstandsfähigerem Leder abgelöst. Ludwig Hupfeld erkannte um die Jahrhundertwende das große Potenzial der selbstspielenden Pianos und Orchester. Bereits 1910 hatte er eine Fabrik mit 1500 Mitarbeitern. Sogar selbstspielende Geigenapparate wurden von seiner Firma auf Basis des Lochkartons entworfen. Diese konnten, zum Erstaunen der Zuhörer, alle von einem Geigenvirtuosen beherrschten Techniken nachvollziehen. Das in Frankreich gebaute Pleyela übertraf sogar zeitweise die Produktion „normaler" Klaviere. Le Corbusier war von diesem Instrument begeistert, er schrieb auch den Anzeigentext der Firma, in der von ihm herausgegebenen Zeitschrift *Esprit Nouveau*. In der Ausgabe vom November 1921 heißt es dort: „Le pleyela, avec ses rouleaux de 84 troux, prend une ampleur sonore, insituée. Il affranchit le jeu du piano de la sujétion séculaire aux dix doigts de la main (...) Grâce à la mécanique musicale, l'amateur de musique entendra les œuvres de son goût, parmi sa collection de rouleaux, il composera un programme à son choix." Durch das Aufkommen der Schallplatte im späten 19. Jahrhundert und des Radios in den 30er Jahren

des 20. Jahrhunderts wurden diese Instrumente jedoch verdrängt. War die Schallplatte ein Medium, welches den gesamten Klangvorgang, also Signifikat und Signifikant speicherte, so begann man erst nach dem Zweiten Weltkrieg mit der Weiterentwicklung von Instrumenten, die selbst den Klang produzierten, jedoch auch auf eine Tonspeicherschrift rekurrierten. Sie waren allerdings nicht mehr mechanisch, sondern elektronisch. Vermittels Tongeneratoren konnte man nun einen Grundsound erzeugen, der nach Belieben über Filter regulierbar war. Dieses analoge System wurde später durch Synthesizer mit digitalen Operatoren erweitert. Hatte man bis in die 80er Jahre noch für jeden Synthesizer einen eigenen Sequenzer, so wurde durch die Einführung des MIDI (Musical Instrument Digital Interface) eine einheitliche Tonspeichersprache geschaffen, die mit digitalen Daten per Interface die verschiedensten Klangmodule steuern sowie Daten extern ins Netz verschicken kann.
Notenschrift ist heute nicht mehr nötig, die Vorstellung des Klangs passiert nicht im Kopf, sondern im Computer. Per UPIC, einem Visualisierungsprogramm für Klang, wird Grafik zu Sound. Digitale Modelle synkritischer Natur eröffnen sich in der Konvergenz von Replikation, Simulation und mathematischer Formalisierung. Operative Artefakte deformieren den Klang in der Autorität des perfekt gerasterten Raums. So wie es im beginnenden 20. Jahrhundert möglich war, den „Tanzbären", eine mechanisch spielbare Harmonika, laut dem originalen Werbetext der Firma A. Zuleger in Leipzig „sofort ohne Notenkenntnisse" zu „spielen", kann man heute per Internet ganze Hitarrangements laden und mit einem MIDI-Programm „spielen". Die sogenannte Domotik, die totale Informatisierung und Virtualisierung des häuslichen Raums, greift auch auf die Musik über. Musik bildet sich im imaginären Raum der implodierenden Stadt innerhalb des Mikrochips ab. Erinnerung, Gedächtnis und Geste automatisieren sich in Körperprothesen. Transkription wird zur Transition. Die Aura als „einmalige Erscheinung einer Ferne, so nah sie auch sein mag" (Walter Benjamin)[3], wird unendlich wiederholt.

ENTFREMDUNG VOM KLANG

Die Mechanisierung von Musik ist demnach kein neues Phänomen. Sie war seit jeher probates Mittel, Räume oder ganze Städte – per Kirchenglockenspiel – zu bespielen. Dennoch geht sie einher mit einer Art Bildwerdung von Klang, indem der Klang einem „agierenden" Gerät zugeordnet wird. Er löst sich von der Bewegung des Menschen, von seiner Körperlichkeit und wird zum Spiegel. Ist der Klang im Spiel der erfahrene, ***ge***worfene Klang, so wird er im mechanischen Instrument zum ***ent***worfenen. Die koordinierte Aktion des Körpers in Raum und Zeit wird zu einer separierten, getrennten Aktion. Das getrennte Gerät führt zu einer Entortung des Klangs, der weder der Natur noch dem Menschen angehört. Er wird zum Sinnbild der odysseischen Sirenen, welche nach Peter Sloterdijk in unentrinnbarer Weise immer „vom Ort des Hörenden her singen"[4]. Die musikalische Form wird singulär, ursprünglich, in der „Stiftung" der Walze entworfen und generiert sich ab da immer selbst; Redundanz in Selbstreferenz. Es ist die Musik des Passanten, des Beiläufigen, der Entriegelung, der Erreichbarkeit von Musik, denn nun kann auch er durch Drehen oder Auslösen einer Mechanik bei dem Musikwerk sein. Es ist dies das Paradoxon, dass in der Musik die ***Entfremdung*** die Intimzone öffnet, indem sie den Wunsch nach Lied ***erfüllt***, welches selbst immer dem Ausdruck des Wunsches an sich verhaftet war. Erfüllung ohne die letzte Teilhabe des Ausführenden, dadurch ist Musik noch verletzlicher. Die Assoziation zwischen dem Gesang der Sirenen und der Vernichtung ist, das Ende des Musikwerkes als Ende der Zeit zu erleben, ohne dabei, aber doch am selben Ort gewesen zu sein. Die Sicherheit gegen das Vergessen ist in der Schrift des Tonspeichers gegeben – und doch vermag es das Ursprüngliche nicht zu sein: Ein präalphabetisches Erinnern im telematischen Spiegel der Verzerrung. Denn Schrift äußert sich im Nachklang des Kopfes, Schrift ist Zeit; Klang hingegen ist Raum ohne Ort.

Mechanisch-automatische Instrumente waren immer an Riten gebunden, sei es an Gottesdienste, Feste in Gemeinschaften oder an den Rückzug des Individuums in den Single-Haushalt mit Stereoanlage als Fest der Einsamkeit. Der Speicher ruft mit dem spezifischen Klang auch Sinneserfahrungen ab, welche mit ihm unweigerlich verknüpft sind. Wahrnehmung wird kodifiziert, wird Pawlowsche Erregung im ontosinnlichen Raum. Musik ist Fest. Das Fest schließt laut Hans-Georg Gadamer immer die absolute Gegenwart mit ein. Gegenwart als Teilhabe. Gegenwart ist das Angesicht des anderen, der Spiegel, der gehütete, *gewartete* Spiegel. Gegenwart ist im Fremden, welches sich in der Wart zeigt, im *varoa*, dem aus Steinen gebildeten Wegzeichen. Dieses *varoa*, die Wart, schließt die Abgrenzung immer mit ein. Das Fest ist ein Außer-sich-Sein in der Gegenwart des Dinges selbst. Denn, so Martin Heidegger: „Viel näher als alle Empfindungen sind uns die Dinge selbst.“[5] Die Gegenwart ist also in mir mit dem Anderen in dem *Bereich* des Festes. Bereich als Ort der *unmittelbaren* Erfahrung, welche sich im Fest entbirgt. „Nicht nur das, *wonach* eine Erkenntnis sich richtet, muß schon irgendwie unverborgen sein, sondern auch der ganze *Bereich* in dem dieses ‚Sichrichten nach etwas‘ sich bewegt, und ebenso dasjenige, *für* das eine Anmessung des Satzes an der Sache offenbar wird, muß sich als Ganzes schon im Unverborgenen abspielen.“[6] Dies beschreibt sehr gut den Widerstreit zwischen Entbergung und Verborgenem, zwischen Entfremdung und Teilhabe. Dieser Konflikt spielt sich auch in der Musik seit Jahrhunderten ab. Musik zu mechanisieren, zu entbergen, bedeutet auch, sie aus der Natur herauszulösen. Dies entspricht der Entwicklung der Bildkunst: So war für Dürer Kunstwollen folgendermaßen bestimmt: „Denn wahrhaftig steckt die Kunst in der Natur, wer sie heraus kann reißen, der hat sie.“ Immanent bleibt jedoch die Frage, ob und inwiefern in der Entbergung an sich der Verlust der Ursprünglichkeit *eingeschrieben* ist. Der Philosoph Ernst Bloch löst diese Frage in dem Konnex Kunst und dem Dialog zwischen mir und dem Anderen. „Vor-Schein ist dies Erlangbare dadurch, daß das Metier des Ans-Ende-Treibens in dem dialektisch offenen Raum geschieht, worin jeder Gegenstand ästhetisch dargestellt werden kann. Diese Ausgestaltung bleibt auch als Vor-Schein Schein, aber bleibt nicht Illusion; vielmehr alles im Kunstbild Erscheinende ist bis zu einer Entschiedenheit geschärft oder verdichtet, die die Erlebniswelt zwar nur selten zeigt, die aber durchaus in den Sujets angelegt ist.“[7] Diese Entschiedenheit heißt demnach auch Durchdringung und Verständnis des Sujets, eine Voraussetzung der Emphase im Offenen. Für Bloch ist es der „fundierte Schein“. Dieser „bleibt virtuell, doch im selben Sinne wie ein Spiegelbild virtuell ist“, das heißt, dass er „einen Gegenstand außerhalb seiner, mit allen Tiefendimensionen, auf der Reflexionsfläche wiedergibt“.[8] Dieser Vor-Schein bleibt immanent, er erweitert die „Natur ohne über sie hinaus zu gehen“ (Schiller). Telematik, indem sie das Näherbringen des Anderen, „tele“, mit der Auto*matik* verbindet, hat an dieser Entbergung teil. Ihrem mathematischen Urgrund der strengen Geometrisierung und Skalierung gilt es, auch im musikbasierenden

Umgang mit ihr offene, spielerische und unberechenbare Akzente entgegenzusetzen. Es gilt, die Überwindung der hierarchischen Taktstrichperspektive in der Renaissance, in der Neuen Musik des 20. Jahrhunderts und im Jazz für diese Aufgabe zu aktivieren. Besonders der Jazz mit seinen improvisatorischen, in Realtime reversiblen Formen zeigt hierfür Wege auf. Spielerischer, improvisatorischer Umgang mit der Telematik setzt allerdings die aktive Teilnahme an dem „Fest der Möglichkeiten“ (Bloch) voraus. Die totale akustische Präsenz im transitorischen, virtuellen Raum kann die Imagination und Durchdringung nicht ersetzen. Das Interface ist nicht Substitut für Kommunikation, sondern Mittel. War im Urbanismus der Moderne der Mensch der Maschine laut Varèse „emphatisch zugetan“ , so reicht heute eine bloße Technikgläubigkeit nicht aus. Die Beschleunigung hat ihre Grenze erreicht, der telematische Raum schleudert die Klangpartikel von Ort zu Ort. Das Heideggersche Bewohnen des Ortes ist durch das Bewegen des Ortes abgelöst worden. Nun gilt es, Bewegung wieder zu bewohnen.
Wurden die griechischen Wörter nach Heidegger „vom römischen Denken ohne die gleichursprüngliche Erfahrung dessen, was sie sagen, übernommen, ohne das griechische Wort“[9], so liegt es an uns, die digitale Schrift mit den ursprünglichen Erfahrungen zu verbinden. Feiern wir das Fest der Möglichkeiten der Theorie der digitalen Schrift, bezogen auf den griechischen Sinn von Theorie, verwandt mit ***Theoros***, was soviel bedeutet wie „Teilnehmer an einer Festgemeinschaft“. Diese Gemeinschaft bleibt nicht, sie ist nicht fixiert, sie reist, sie nomadisiert, sie „entfernt sich vom Ursprung, um das Ursprüngliche sichtbar zu machen“, so Gadamer. Fordern wir also die künstlerische, dialogische Auseinandersetzung mit dem Medium ein. In Anlehnung an den Aristotelischen Hyläformismus gibt uns Bloch in seiner Beschreibung der ästhetisch-utopischen Bedeutung von Kunst folgenden Ausblick: „das selber bereits gestaltete Offene im großen Kunstwesen gibt das Material und die Form zu einer Chiffre des Eigentlichen“[10].

KP _ 21
Kann man das Leise entdecken? Darum geht es hier weniger als vielmehr darum, wie die begriffliche Bestimmung der Stille an die Frage des Raums geknüpft ist. Aus der Arbeit an und dem Spiel mit der Stille ließe sich wahrlich etwas im Leisen entdecken – die improvisatorische Zeit der dauernden Differenz.
Der Text ist eine bearbeitete Transkription eines Vortrags beim Essener Forum für Baukommunikation am 27. Oktober 2005.

21

DIE ENTDECKUNG DES LEISEN

Ich kann mich jetzt dem freien Spiel widmen und in diesem Prozess, so hoffe ich, auch immer Bezüge aufnehmen von dem, was bereits im Raum steht.
Die Stille, die sich vor meinem Vortrag im Saal entfaltete, möchte ich aufnehmen für das Spiel, das jetzt kommt.
Um beginnen zu können, muss ich noch den MiniDisc-Rekorder einschalten. Denn es ist das Wesen von Improvisation im Modus zwei, dass sie sich durch Aufzeichnung weiterentwickelt. Erst die Aufzeichnung impliziert die Möglichkeit der zeitverschobenen Analyse. Improvisation im Modus eins bezeichnet den Reparaturmodus: Ich muss improvisieren, weil etwas schiefgegangen ist. Diese Art, mit komplexen Situationen umzugehen, könnte man als Improvisation bezeichnen, die allein als reaktives, reparierendes und Mangel ausgleichendes Prinzip agiert. Die Erkenntnis, die ich aus einer solchen Improvisation ziehe, ist, dass ich diese Situation der Unordnung zwar bewältigt habe, diese aber nie mehr erleben will. Deshalb werde ich das nächste Mal „besser" planen. Dieser Modus greift jedoch nur, wenn Situationen wirklich planbar sind. Improvisation zweiter Ordnung ist etwas ganz anderes: Hier geht es um das Anerkennen von Unordnung und das Überführen erlernter Regeln und Praxen in ein antizipatorisches Konzept, das mit dieser Unordnung spielt.
Die Analyse dient mir zum Lernen. Das bedeutet weiterhin: Ich könnte auch von einer spezifisch stattgefundenen Improvisation lernen, ohne direkt an ihr teilgenommen zu haben. Hier eröffnet sich bereits ein Widerspruch: Improvisation wird eigentlich nur für diejenigen produziert, die unmittelbar teilhaben, in diesem Falle also wirklich nur für Sie, die Sie hier

sind. Trotzdem kann ich das Produkt als MiniDisc zum Beispiel später noch einmal nachhören und strukturell überprüfen, was passiert ist.
So lernt man Improvisation: durch die Analyse der Dokumentation. Und erst im 20. Jahrhundert haben sich neue Dokumentationsmedien wie Video, Schallplatte, CD usw. entwickelt, die das Aufzeichnen von Ereignissen möglich machen. Diese Medien sind die geschichtliche Voraussetzung für die Komplexität heutiger Improvisation.
Musik: Improvisationen auf dem Vibrafon (fünf Minuten)
Das war jetzt ein Spiel im Leisen oder: Ich habe versucht, möglichst leise zu spielen. Das ist kein Prinzip, sondern ich kann verschiedene variable Dynamiken einbauen. Sie merken schon, dass, wenn (*flüsternd gesprochen*) ich leise spiele, der Kontrast höher ist (*sehr laut gesprochen*) und das, was das so anfällig macht (*flüsternd gesprochen*), wenn ich ganz leise spreche, ist die Tatsache, dass ich schutzlos bin.
(*Wieder mit normaler Lautstärke gesprochen.*) Das ist genau der Punkt, um den es geht. Wenn ich leiser bin, bin ich schutzloser. Das heißt, ich muss ein Mehr an körperlicher Intensität aufbringen, um das Leise stark zu machen. Das finde ich sehr interessant an der Entdeckung über das Leise: Dass es soviel Intensität erfordert und einfordert, wenn es da ist und um da zu sein. Ich möchte nun auf verschiedene Punkte eingehen, die mir in diesem Zusammenhang wichtig erscheinen. Zum einen den Begriff des kontrastierenden Hörens, zu dem ich soeben kurz etwas sagen konnte. Dann die Frage danach, ob der Mensch variabel ist. In diesem Themenkomplex ging es vor allem darum, die Laut-Texturen der Stadt ganz anders zu klassifizieren. Was weiterhin impliziert, dass es eine Qualität von Klang gibt, nicht nur eine Quantität. Die Quantität ist natürlich wichtig, sonst könnten keine Normen, keine Richtlinien erstellt werden. Aber die Qualität ist auch unheimlich wichtig.
Etymologisch können wir zwei Modi der Stille identifizieren: im Englischen ist ***still*** „ohne Bewegung, lautlos", im Mittelhochdeutschen bedeutete es „geheim, verborgen". Wir können demnach unterscheiden zwischen einem Modus der Erfahrung von etwas als Nicht-Bewegung und dem Modus der Erfahrung, dass etwas nicht zu mir spricht, geheim bleibt. Nicht-Bewegung kann dann Lautstärke bedeuten: Der Klang ist leise. Dies ist in Dezibel messbar. Andererseits kann Klang auch leise sein, wenn er mir nichts sagt, wenn ich ihn nicht verstehe. Dann kann er „unheimlich" leise für mich sein. Auch wenn etwas quantitativ unheimlich laut ist, erreicht es mich nicht: Ich habe eine Blockade, weil ich es nicht lesen kann – ich meine jetzt Lesen nicht unbedingt im Sinne eines Eins-zu-Eins-Verstehens. Wenn wir davon ausgehen, dass wir über Wahrnehmung und Reflexion verfügen, dann bedeutet aktives Umsetzen dessen, dass ich das Wahrgenommene in das aktive Feedback einbringen kann, und zwar dergestalt, dass ich selbst etwas dazu beitragen kann, so, wie ich es annehme. Leise kann also auch etwas sein, das mir nicht aktiv zugänglich ist.
Und nun komme ich zu dem nächsten Feld, das mir wichtig ist: Das Feld des Rhythmus, des Rhythmischen. Es scheint immer klarer zu werden, dass Rhythmus für das Einordnen von Lautstärke wichtig und für die Art und Weise, wie ich den Klang wahrnehme, ebenso mitführend ist, wie für die Ermittlung musikalischer Raumordnung. Der Rhythmus hat beide Qualitäten, er kann auch so komplex sein, dass ich ihn gar nicht mehr wahrnehme oder dass ich ihn als störend empfinde, weil ich ihn nicht lesen und mich nicht aktiv zu ihm verhalten kann. In unserem mitteleuropäischen Kreis ist es so, dass das aktive Verhalten zur Musik, was das Rhythmische betrifft, etwas beschränkt ist. Wenn wir die Entwicklung der klassischen Musik betrachten, können wir deshalb den Schwerpunkt vor allem bei

der Harmonik beobachten. Der späte Beethoven, dann Wagner und Schönberg stellen den Höhepunkt jener harmonischen Ausarbeitung dar, die später in der seriellen Schule komplett aufgelöst werden wird. Aber wenn man untersucht, was bei Wagner rhythmisch passiert, so ist dies im Vergleich mit den Rhythmen der Stadt doch sehr reduziert.

Wenn wir in der zeitgenössischen Stadt weniger Harmonie (Funktion) und Melodie (Form) orten können, tritt das Rhythmische in den Vordergrund. Es wird klar, wie wichtig Rhythmus ist.

Rhythmus entsteht in einem universellen Raum. Es muss erstmal ein Impuls da sein und es muss noch ein Impuls da sein, damit ich überhaupt die Zeitspanne wahrnehme, in der das passiert. Das heißt, wenn Sie zum Beispiel die Zeitspanne von 8:00 bis 22:00 Uhr messen, so ist dies eine Zeitspanne, die ich vielleicht schon gar nicht mehr als Rhythmus wahrnehmen kann. Dieser Rhythmus ist messbar, aber wenn ich kein Training habe, kann ich ihn nicht wahrnehmen. Das verlangt eine Meditationstechnik. Im japanischen Nō-Theater gibt es außergewöhnlich weit auseinanderliegende Rhythmen. Die Spieler warten auf den Beat, eine halbe Stunde – dann kommt der Beat, aber: an der richtigen Stelle. Das ist eine hohe Kunst, ich jedenfalls kann das nicht. Das heißt auch: Ich bin viel schneller getaktet. Gleichviel aber, ob ein Rhythmus dicht oder weit ist: Er entsteht in einem universellen Raum und produziert einen rhythmischen Raum und dieser produzierte Raum ist immer mehrdeutig.

Das ist wichtig. Ich hatte vorhin zufällig in meiner Improvisation folgenden Fall: Das Spielen von vier gegen fünf, das heißt fünf und vier werden gleichzeitig gespielt. Dabei kann ich mich durch das Zählen körperlich unterschiedlich einklinken und dadurch verschiedene Perspektiven auf den musikalischen Zeitraum erzeugen. Dies ist ganz normal. Gleichviel was wir über das „Sein“, über die „Enthüllung“ und die „Entbergung“ oder dergleichen sagen können: Wenn es am Ende auf einen simplen Dreivierteltakt hinausläuft, ist es zu wenig. Es trifft vielmehr das zu, was Marshall McLuhan gesagt hat: Dass die komplexe urbane Welt polyrhythmisch angelegt ist.

Für manche aber mag die Stadt als ein kakofonisches Gebilde erscheinen. Dann gilt, was ich oben angedeutet habe: Wir können uns nicht aktiv zur Komplexität verhalten. Die Frage, was Rhythmus ist und wie laut er ist oder nicht – ich wohne ja selbst an einer Straße – ist prekär. Und es ist eine Frage der Bildung. Leider bin ich natürlich als Musiker überqualifiziert für unsere Straße – und übersensibel, denn ich werde von dieser Straße ständig informiert. Die Stille ist der universale Raum, aus dem Musik überhaupt entsteht, sie ist konstitutiv für Rhythmus. In diesem Konnex ist die Frage der musikalischen Pause zu klären. Ich erachte es als ein historisch interessantes Phänomen, dass es die Pause als Pause noch gar nicht lange gibt. Im Mittelalter hat man die Pause nicht näher bestimmt. Musik war eine Angelegenheit der Kirche. Die Mönche haben in der Kirche so gesungen, wie der Hall des Klangraums es ihnen erlaubte. Die Musik ist fast stehengeblieben, sie ist als eins geflossen. Die Singenden waren ganz in der Musik. In diesem Zusammenhang hat die Stille den Klang mit affiziert und der Rhythmus ist von selbst entstanden. Wie dies entstand, war von Stimmungen abhängig, von rituellen Funktionen. Musik war eine ontologische Sache: Aus dem Sein ist der Rhythmus als Sein entstanden.

Im Zuge der Aufklärung, mit dem Heraufzug des Autors, des Komponisten, wurde die Frage dringend, wie sich das Sein, die Stille, der Rhythmus analysieren und konstruieren lassen.

Es wurde die Frage virulent, wie ein musikalischer Zeitraum zu takten sei. Und dann hat man sich folgerichtig über die Pause Gedanken macht. Es ist deutlich, dass die Pause suggeriert, es sei nichts da. In der Notenschrift, in der Partitur wirkt die Pause wie ein Rationalraum, eine Art *White Cube*, wie ein Museum, von dem man einfach sagt, hier passiert nichts, dieser Ort ist nur Rahmung. Auch wenn wir seit John Cage wissen, das es solch einen Neutralraum gar nicht gibt: Jede Pause ist durchdrungen von unendlich vielen Geräuschen. Auch in der Pause ist Klang die ganze Zeit da. Das blenden wir im Laufe der Zeit aus, weil wir darauf trainiert sind. In einem Konzert hören wir der Musik zu, wir konzentrieren uns auf die Musik und die sie umfassende Hermeneutik. Diese Hermeneutik wirkt wirklich hermetisch, ihr Verstandes- und Deutungshorizont macht uns für einen Teilbereich des Klangs unempfänglich. Und wenn in der Generalpause draußen ein Auto vorbeifährt oder einer ein Hauchen oder Atmen hören lässt, versuchen wir das auszublenden. Darin liegt ein aktiver, produzierender Prozess: Ein Akt der selektiven Wahrnehmung, den wir kulturell erlernt haben. Jemand, der das nicht gewohnt ist, der wird einfach die ganze Zeit alles hören, was sich ereignet. Als ich in Indien mit dem hervorragenden Karnataka College of Percussion konzertieren durfte, verhielt es sich so: Auf der Bühne war immer ein Transistorradio dabei, welches den im jeweiligen Musikstück aktuellen Grundton erklingen ließ. Es wird nicht wie bei uns nur am Anfang gestimmt, sondern das Gerät ist immer an. Es hat klanglich eine unglaublich schlechte Qualität, aber das ist ganz egal, denn jeder hört weg. Aber nicht wirklich weg, denn die Tonhöhe als Strukturmerkmal wird sehr wohl registriert. Nur vom Klang selbst, von der Farbe, wird abstrahiert. Der Klang dieses Gerätes ist nur eine Zahl. Das Transistorradio steht und klingt auf der Bühne als ein Orientierungsraum, der einem immer sagt: Da ist der Grundton. Zurück zur Pause: Es gibt verschiedene Formen davon. Im Brockhaus steht dazu Folgendes: „Zeitweises Schweigen einzelner oder aller Stimmen eines Satzes. Die Lehre von den musikalischen rhetorischen Figuren benennt und erklärt im 17./18. Jahrhundert verschiedene Arten von Pausen. Abruptio: Abreißen, unerwartetes Abbrechen der Musik, zum Beispiel wenn nach Subdominante, Dominante eine Pause vor der Tonika kommt. Ellipis: Auslassung, die Verschweigung einer Konsonanz, einer Pause nach einer Dissonanz, bei Riemann ist es die Auslassung einer Tonika. Suspiratio: Aufatmen in der modalen Mehrstimmigkeit, ein Einschnitt von kurzer Dauer. In Frankreich wird die Viertelpause heute noch *soupir* genannt." Das ist merkwürdig: Dass in Frankreich immer noch auf diese Weise von der Pause gesprochen wird. „Leise" bedeutet in unterschiedlichen Kulturen Unterschiedliches. Eine Pause ist eine Pause, aber ein *soupir* ist ein Atmen. Für den französischen Kulturkreis gilt, dass Pause nicht ein Nichts ist, sondern etwas, indem ein Atmen stattfindet, indem unter Umständen eine Vorbereitung auf etwas anderes, auf das Andere, stattfindet.

Und die Form der *Tmesis* bedeutet Trennung, Zerschneidung, Zerreißen eines musikalischen oder textlichen Zusammenhangs durch eine Pause. Wenn wir von verschiedenen Formen von Pausen ausgehen, können wir zum Beispiel für den Stadtraum sagen: Mit einer Ampelschaltung wird man per *Tmesis* aus dem Schlaf herausgerissen, weil der Verkehr immer neu ansetzt. Das kann unter Umständen mehr irritieren als beständiger Verkehrsfluss.

Am Anfang des 19. Jahrhunderts entdeckte der Musiktheoretiker Hugo Riemann die Pause in bestimmten Fällen als Teil des Motivs, sie ist dann keine Zählpause. Folgerichtig erkennt Riemann auch Innenpausen im Motiv an. Das ist dann die Fortentwicklung

der Pause, das heißt, die Pause wird auch als Teil des Motivs wahrgenommen und das wertet die Pause auf. Ab diesem Zeitpunkt ist sie Teil des Konstruktes einer Komposition. Dies ist bereits bei Schönberg sehr deutlich und wird später im Serialismus eines Boulez, eines Stockhausen in ein noch größeres Extrem überführt. In der Konstruktion von Komplexität *in* Zeit wird die Pause somit zum essenziellen Faktor von der numerischen Einordnung *der* Zeit.
Worauf ich jetzt als nächstes hinaus will, ist die Bestimmung von Stille durch John Cage. Sein Klassiker aus den 50er Jahren ist das Stück *4'33''*. David Tudor setzt sich ans Klavier – das ist schon eine performative Setzung, die dort stattfindet – und spielt keinen Ton. Da entsteht ein Neben-Klang-Raum, der inszeniert wird. Deshalb handelt es sich hier nach meinem Erachten eher um ein architektonisches oder theatrales Projekt als um ein musikalisches. Tudor setzt sich ans Klavier, er macht den Deckel auf, und nach vier Minuten und 33 Sekunden macht er den Deckel wieder zu. Da passiert gar nichts. Es passiert genau das, was Cage damit deutlich machen will: Dass in einer Pause nicht Nichts herrscht, aber auch kein besonderes Atmen auf etwas hin, sondern dass der universelle Raum da ist, ein Raum-Klang-Sein, das wir eigentlich gar nicht wahrnehmen und auch nicht wahrnehmen müssen, weil es uns vielleicht nur irritiert. Cage sagt selbst: „Es gibt keine Stille." Das ist genau der Punkt. Das irritiert uns erst dann, wenn wir anfangen, es richtig wahrzunehmen, unsere Intention auf die Nicht-Intentionalität des Klangs zu richten.
Ich erlebte eine interessante Geschichte in Salzau. Dort gibt es ein Jazzfestival im Juni. Letztes Jahr hatte der Plattenproduzent Siegfried Loch die Idee, ob man nicht morgens um 6:00 Uhr mal draußen am See mit den Tieren spielen könnte. Das Festival findet in einem Schloss statt und vor dem Schloss ist ein schöner Lenné-Garten und in dem Lenné-Garten befindet sich ein Teich und an den Teich hat Ilja Kabakov einen Pavillon gebaut. Und dort sollte das Konzert stattfinden. Der Plattenproduzent bestellte einen Toningenieur und dann habe ich mich dort morgens um 6:00 Uhr mit dem schwedischen Posaunisten Nils Landgren und dem dänischen Bassisten Lars Danielsson getroffen und wir haben dort gespielt. Und das war erstaunlich. Es war erstaunlich insofern, dass ich, wenn ich jetzt hier für Sie spiele, ich alles ausblenden kann. Darauf bin ich absolut trainiert: alles auszublenden, als Virtuose. Ich verhalte mich sehr „un-Cage-mäßig". Cage hasste Virtuosen. Sein großes Ziel ist es gewesen, den Virtuosen zu diskreditieren, bloßzustellen. Ich als Virtuose bin natürlich auf eine solche „Inauthentizität" gepolt. Das Interessante in Salzau aber war, dass es mir nicht mehr möglich war, inauthentisch zu sein. Die Geräusche, die dort von außen auf mich zukamen, haben mich so irritiert, dass ich nicht mehr anders konnte, als auf den Background, der eben da ist, einzugehen. Und insofern hat sich dort mein Kontrasthören hoffentlich verbessert. Dies habe ich später in dem Projekt „Kolkata Monodosis"[1] einfach zum Konzept gemacht, indem ich in den Straßen Kolkatas Konzerte gab, die dann natürlich gar keine Konzerte mehr waren, sondern performative Fenster. Der Name für die Technik des „performativen Fensters" ist wieder eine Anspielung auf Cage. Einmal hat er vor Publikum einfach ein Fenster des Konzertsaals geöffnet und die Zuhörer den Straßenlärm hören lassen. Damit hat er, nach meiner Diktion, ein „performatives" Fenster geöffnet. Der Fokus wird auf die Assemblage einer Situation gelenkt, neue Verknüpfungen werden von den Wahrnehmenden hergestellt. Die Straße da draußen ist kein mysteriöser Kontext, sondern die Stadt. In diesem Fall könnte man phänomenologisch sagen, die Stadt erscheint als flache Klanglandschaft.

Soviel zu Cage. Cage ist für mich vor allem historisch interessant. Cage, das ist eine bestimmte Zeit, in der man bestimmte Phänomene aufzeigen wollte. Das ist für mich nicht mehr adäquat. Für mich ist adäquat, dass ich die Stille mit Intensität fülle, vielleicht auch mit einem Hypertonus. Für mich ist wichtig, dass gerade dann, wenn Stille da ist – auch wenn es laut Cage keine Stille gibt – wenn die ideelle Qualität von Stille als Raum da ist, ich selbst noch aktiver sein muss.
Auch für mich ist Stille nicht Nichts, sondern etwas, eine Dialektik von Klang und Nicht-Klang mit einer Qualität. Jedoch kann ich Stille nicht einfach so da sein lassen, sondern ich will Stille gestalten, die Stille auch zum Werk machen. Und das Entscheidende daran ist, dass Stille selbst produziert wird. Das ist für mich auch das emanzipatorische Moment daran: Dass Stille nicht nur durch Verordnung entsteht, sondern dass ich selbst Teil eines Produzierens von Stille bin.
Ich möchte jetzt auf die bereits angerissene Thematik des Bewusstseins zu sprechen kommen und auf die Frage, ob es vielleicht neue mentale Modelle zu entwickeln gilt, vor allem wenn es um Qualität geht, darum, wie wir aktiv Dinge wahrnehmen und Räume produzieren. Dazu möchte ich einen ganz kurzen geschichtlichen Abriss einfügen. Stille ist in der agrikulturellen Gesellschaft ein absoluter Raum, der die Landschaft komplett umschließt. Das bedeutet, die Menschen leben in dem Raum, verbrauchen den Raum als zyklischen Raum: Es kommt das Säen, es kommt das Wachsen, es kommt die Ernte. Dieser absolute Raum ist sowohl Heimatraum als auch religiöser Raum.
Innerhalb des Zentrums dieses zyklischen Bereichs wächst ein Gebilde heran: die Stadt. Von ihr gehen neue Formen der Strukturierung dieses absoluten Raums aus. Die Stadt, die Agglomeration, der Zentralpunkt innerhalb eines Feldes, beginnt den absoluten Raum beherrschbar zu machen: Der Klerus beginnt im Mittelalter die Stille zu strukturieren. Und dieses Strukturieren erfahren wir dann in einem speziellen Insel-Raum, der extra gebaut wird, in dem Raum der Kirche. Ein ganz stiller Raum, in dem wirklich nur auf diese Einteilung des Absoluten gehört wird. Dieses zentralistische Hören gibt den Menschen eine neue Form der Orientierung in der absoluten Weite, Stille.
Für mich stellt der Übergang hin zum industriellen Zeitalter eine neue Form von der Einteilung dieses Absoluten dar. Die Wissenschaften setzen in ihrem Rationalismus den Verzicht auf jede finalistische Erklärung des universellen Raums und die Behauptung seines unendlichen Charakters voraus. Eingetaucht in die unendliche Zeit der langen Dauer ist der Mensch zerteilt zwischen einer geografischen und einer sozialen Zeit und somit von jeder Form einer Universalität der Natur ausgeschlossen. Während der mittelalterliche Mensch in einem Raum lebte, in dem Wahrheit als offenbarte Religion vor jeder aktiven Ausübung philosophischen Denkens gegeben war, wird der Mensch der Aufklärung zum Einsatzpunkt einer gewaltigen Umkehrung: In ihm liegt nun die Souveränität eines Denkens, das sich nicht mehr auf eine ihm vorausgehende Wahrheit berufen kann. Und die Qualität von Zeit beginnt sich zu ändern: Zyklen werden auseinander gerissen und linear gemacht. Und so wird auch der Rhythmus linearer gemacht. Inanspruchnahme von Zeit durch die Arbeitszeit, die Maschinentaktung, die Arbeitsteilung usw.
Für mich wäre es interessant, jetzt herauszufinden, ob in dem Übergang von einer industriellen Gesellschaft zu einer urbanen Gesellschaft, in der die Dinge beginnen, sich mehr zu mischen, neue Rhythmen entstehen, die für uns eine neue Kohärenzmöglichkeit eröffnen, die jenseits von dem operiert, was wir als industrielle Taktung kennen. Das bedeutet

nicht, dass man jetzt wieder zurück zum Exotischen geht, dass man sagt, ach ja, da kommen die Sambatrommler wieder, das ist so toll und ursprünglich, sondern die Frage neu stellt: Wie können wir etwas finden, was für uns rhythmisch adäquat ist für die Zukunft und welche mentalen Modelle müssen wir dafür entwickeln, wie organisiert sich das und welche Qualitäten hat das? Denn ich bin der Überzeugung, in dieser Rhythmik liegt auch ein Potenzial und in der Rhythmusanalyse, wie Henri Lefebvre sie nennt, liegt auch für den Städtebauer ein Potenzial, die Stadt neu zu lesen. Man beginnt eben genau das neu zu lesen, von dem man sagt, es sei Kakofonie. Man plant nicht neue Harmonien und Rhythmen, um die Dissonanz des Unordentlichen zu homogenisieren, sondern lernt die Dissonanz harmonisch zu hören.

Natürlich sind hierfür ganz viele Untersuchungen nötig. Aber es wäre mein Wunsch, dass sich dieser Themenkomplex des Rhythmischen neu in dem Maße organisieren kann, sodass jeder weiß, dass er selber Produzent des Raums ist, den er lebt. Nur so können für mich Lösungen entstehen, in einer Art Hoffnung, einer Art Utopie. In den 60er Jahren hat Lefebvre gesagt, Rhythmusanalyse wird das Kommende sein, es wird die Psychoanalyse ersetzen.

Für mich liegt im Laut und Leise vielleicht ein Ansatzpunkt eines neuen Lernens oder eines neuen Hinschauens und einer neuen Sensibilität verborgen.

Und hier möchte ich auf das Verhältnis von Improvisation zur Stille eingehen: Improvisation könnte als der negative Ort der Stille, Ort der sprachlichen Katastrophe, der semantischen Unordnung, der permanenten Krise bezeichnet werden. Der Bruch der Improvisation liegt nicht darin, das semantische System zu annullieren. Die Wende liegt darin, es nicht von außen, sondern von innen her weiterzuentwickeln. Das bedeutet auch, einzugestehen, dass es kein Außen gibt, von dem wir das System beurteilen können. Wir arbeiten in der Differenz selbst. In dieser Differenz befinden sich Stille und Unordnung gleichermaßen. Indem wir an der äußersten Grenze des Raums, an der transitorischen Schwelle der Zeit arbeiten, etablieren wir den Unterhalt zu einem Sinnbezug zu der Welt, in der wir leben. So führt Improvisation in eine Ökonomie, die sich anders organisiert als das Dualitätsmodell von Praxis und Theorie, welches in Entwurf und Ausführung auseinandertritt. Eine erweiterte Kommunikations- und Kooperationsoberfläche entsteht, in der handwerkliche Kompetenz und geistige Ressourcen koinzidieren und in selbstständige Positionen innerhalb eines weitverzweigten Re-Arrangements von Assoziationen münden. Das improvisatorische Produkt ist nicht als ein fertiges zu lesen, sondern dieses Produkt wird wieder zum Material innerhalb eines fortlaufenden Produktionsprozesses. Das Verfahren des Produzierens verweist auf die spezifischen Bedürfnisse der Produzierenden und integriert sie so in das Ereignis denkenden Tuns: Improvisation.

„Nur das Schweigen zum Du, das Schweigen aller Zungen, das verschwiegene Harren im ungeformten, im ungeschiedenen, im vorzunglichen Wort lässt das Du frei, steht mit ihm in der Verhaltenheit, wo der Geist sich nicht kundgibt, sondern ist“, sagt Martin Buber. Indem sich Improvisation der Beschreibung, der Begrifflichkeit entzieht, ist sie nicht Stille, sondern praktische Verschwiegenheit, die sich mit der Stille verbündet. Sie steht zwischen dem Wort und der Stille, dem Produkt und dem Nicht-Produzierten. Der Ort der Improvisation basiert auf einer Einstellung, ***attitude***, die Produktivität nur im Sinne eines offenen Systems, eines Kreierens von Möglichkeiten und Räumen intersubjektiven Austauschs und fließender Transformation generiert. Im Augenblick des *Kairos* bricht aus der Stille ein

Feld von Intensitäten, von Begegnung und Freiheit. Improvisation wird zum Werkzeug, das die Grenze lesbar macht, das die Arbeit in der Differenz organisiert und navigiert. Das denkende Tun wird zum Raum experimenteller Kohärenz und Solidarität. Da sie jeden Moment wieder in die Stille verschwinden kann, ist der Improvisation keine eindeutige Eigenschaft zuzuordnen. Nicht mehr entweder – oder, ja oder nein, sondern in der Bewegung des Dazwischen: Bewegung im ternären Code. Aus der scheinbar gegenläufigen Bewegung von Stille und Improvisation entwickelt sich eine thematische Kontinuität und inhaltliche Verwobenheit der Begegnung. Jedes einzelne Improvisationsprojekt schafft wiederum neue Anschlusswerte und bewahrt gleichzeitig seine eigene Individualität. Improvisation ist auf Stille, in der etwas ist, angewiesen: Sie funktioniert wie ein Aufnahmegerät, das in einen konstanten ***record-mode*** geschaltet ist und seismografisch die Minimalstrukturen der Denk- und Handlungsbewegung prozessiert, ein- und austreten lässt.

Der gleitende Fluss der Stille wird interpoliert, irritiert und gleichzeitig angenommen. Die Gesten treten aus dem Beziehungsnetz heraus, um in einer neuen Konfiguration wieder in das Netz einzutreten und es so von Innen heraus zu modifizieren. Damit bleibt die improvisatorische Geste der Stille verbunden: Wie die Stille entzieht sie sich der Exemplarität eindeutiger Definition. Nur in unbestimmtem Zustand kann die Geste, Handlung, Aktion in Bewegung bleiben und so den Ort der Stille immer wieder neu entdecken. Improvisation ist somit weder linear noch intentional, sondern nomadisierender Ausdruck leibgebundener Lebenswirklichkeit: Raum des Fragments und des Imperfekts. Improvisation nimmt die Regeln der Lebenswelt an, um sie zu verschieben. In diesem Gebrauch von Spielkonstruktionen entzieht sie sich selbst den Boden, um neue Grundlagen möglich zu machen. In einem turbulenten, zentrifugalen Schwung konstituieren die improvisatorischen Fragmente eine hybride Architektur des Innen-Außen, in der jede Struktur wieder quersteht zur Chronologie und so Fenster zum Möglichen wird. Die Verdichtung wird erzeugt, um wieder in Polyvalenz zu zerfallen. Eine Praxis der Peripherie eröffnet sich, durch die hindurch wir erst wirklich zum Zentrum der Dinge vorstoßen können.

Die Stille gibt uns Geborgenheit. Im Einklang mit der Stille zu sein, gibt uns das Gefühl, stimmig mit den universalen Strömen der Zeit und des Raums zu existieren. Offen-Geschlossen, Innen und Außen: Es sind dies die Polaritäten, zwischen denen wir unser Sein zu einem Da-Sein leibgebundener Lebenswirklichkeit werden lassen.

Die Stille ist ohne Ort, sie ist nicht lokalisierbar wie das Handeln. Die Entfaltung der Stille ist wie das Atmen: global und in der Wirkung diffus, umfassend, niemals isoliert. In der Umfassenheit der Stille wartet der ***Kairos***. Die Zeit der Gelegenheit ist still, sie ist dunkel, sie versteckt sich in der Stille. Nur die List der ***Metis*** eröffnet uns die Zeit des ***Kairos***, in welcher wir von der Gelegenheit ergriffen werden, indem wir sie ergreifen. Bei jeder improvisatorischen Grenzbewegung, bei jeder Verschiebung begleitet uns die Stille und hält für uns Gelegenheiten bereit.

KP _ 22
Nach den in diesem Band immer wieder durchscheinenden Behauptungen einer politischen Philosophie der Improvisation könnte man das abschließende Manifest, da es sich im Wesentlichen auf die Forderung nach einem universitären Institut begrenzt, in dieser Form unter Umständen für kraftlos erachten. Aber geschichtlich betrachtet schildert es zu dem Zeitpunkt seiner Entstehung, im Jahr 2002, den realpolitischen Versuch, diese Gedanken institutionell „unterzubringen". Was auch insofern gelang, als es in dem von Linda Reisch, Jürgen Kluge und Nelson Killius herausgegebenen Suhrkamp-Band Die Bildung der Zukunft *erschien und mir damit auch ein Feld zukünftigen Arbeitens am Thema ermöglichte. Und: Universität halte ich weiterhin als Schnittstelle des Wissens für ebenso relevant wie die im Manifest enthaltenen Gedanken zu Gesellschaft und Wissen.*

22

MANIFEST. FÜR EINE TECHNOLOGIE DER IMPROVISATION

Die Veränderungen, die auf uns zukommen, werden nicht durch geeignete Verwaltungsvorschriften vorbereitet werden können; sie werden vielmehr außerordentliche Anforderungen an die Improvisationsfähigkeit des Einzelnen stellen.[1] Hellmut Becker

Sorgte bisher ein Staat in eigenem Interesse für die Bildung seiner Bürger, so wird heute ein neues Rollenverständnis des Interessenausgleichs zwischen Individuen, gesellschaftlichen Gruppen und dem Staat wichtig. Die Handlungsfähigkeit des Einzelnen ist eng verknüpft mit dem ständigen Engagement, die Welt und ihre Zusammenhänge besser zu verstehen, Interessenströmungen zu erkennen und ausgehend von diesem Verständnis zu handeln. Dabei ist allerdings evident, dass der Einzelne nicht mehr in der Lage ist, alle Lebensbereiche allein zu meistern. Er muss sich Netzwerkstrukturen aufbauen, um transdisziplinär das Feld der gesellschaftlichen Aufgaben zu bespielen. Dazu könnte Bildung einen Beitrag leisten.
Ich möchte am Beispiel Hochschule überlegen, wie eine Bildung der Zukunft aussehen könnte. Dabei wäre Hochschulausbildung nicht nur strukturell zu reformieren. Verschiedenste Ansätze zur inhaltlichen Veränderung und zur Erweiterung des Lehrspektrums müssten diskutiert werden. Die Lehrinhalte und methodischen Ansätze wären weiterhin nicht allein von den leitenden Funktionen aus zu ändern. Es stellt sich die Frage, wie Studierende lernen könnten, unter eigener Regie ihr Studium zu strukturieren.

Hintergrund und Ausgangspunkt dieser Fragestellung sind Situierung und Horizont intellektueller Praxis im Kontext neuer postindustrieller Ökonomieverhältnisse. Im Zuge der durch ökonomische Kräfte verursachten Veränderung klassischer Definitionen von Arbeit und Arbeitskraft hat eine Verschiebung der Rolle von Kultur, Bildung und Kunst in unserer Gesellschaft stattgefunden. Jedwede Umstrukturierung im Bildungssektor müsste die geschichtliche Analyse dieser Alteration zur Grundlage haben.
Ökonomie und Gesellschaft lassen sich immer weniger trennen. Arbeits- und Produktionszyklen werden in die gesellschaftlichen Orte hineingetragen, bei gleichzeitiger Diversifizierung der Produktionsprozesse. *Je mehr der Produktionsprozess gegenüber dem Produkt in den Vordergrund tritt*, je mehr Information verarbeitet anstatt Energie verwaltet werden muss,[2] desto mehr werden Subjekte gebraucht, die sowohl über intellektuelle, künstlerische und kulturelle als auch technische und manuelle Fähigkeiten verfügen. *Disziplinäre Spezialisierung reicht nicht mehr aus.* Es kommt nicht nur darauf an, die Kontextualität, die größeren Zusammenhänge zu durchschauen, sondern auch darauf, sie für den Produktionsprozess nutzbar und improvisatorisch, situativ bespielen zu können.
Voraussetzung hierfür wäre eine Metatechnologie des intersubjektiven, kulturellen wie sozioökonomischen Hintergrundwissens, welches sich konstant praktisch abgleichen muss. *Gefragt wäre eine Technologie der Improvisation*. Dieser Improvisationstechnologie wäre es um die Erstellung von Werkzeugen zu tun, die es den produzierenden Subjekten ermöglicht, soziale wie ökonomische Bindungen zu lösen und in einer performativen Dimension neue Bindungen einzugehen und sich so den politisch-öffentlichen Raum neu anzueignen. Ort einer solchen Metadisziplin könnte zum Beispiel ein „Institut für Improvisationstechnologie" sein, welches der Universität angeschlossen ist. Seine Aufgaben wären sowohl im operativen wie organisatorischen Bereich zu suchen als auch im inhaltlichen Sektor. Ein weiterer Punkt wäre die Erarbeitung von Methodenwechseln und Transpositionsleistungen, die sich zum einen als Voraussetzung für zwischendisziplinäre Bewegung darstellen und zum anderen die bereits aus den ökonomischen Bedingungen emergierten Praktiken in einen kulturell-politischen Entwurf übersetzen, der es den Praktiken ermöglicht, sowohl kulturelle Bedeutung als auch kollektiven Ausdruck zu finden.
Das Neue an dieser Kontextualisierung wäre, dass sie sich auf den Wissensstand der Subjekte begibt, die tatsächlich intersubjektiv tätig sind und deren Erfahrungswerte sie in einen kulturellen Sinn transponiert, ohne ihn zu fixieren.
Neue Lernmodelle zu entwickeln, heißt auch, Abschied zu nehmen vom Student als Einzelkämpfer, als neoliberales Subjekt. Bildung wäre dann nicht mehr nur Repräsentation, sondern Reflexion von Gesellschaft. Denn in einem ökonomisch-flexiblen, mehr und mehr mediatisierten Raum werden andere Anforderungen an den Einzelnen gestellt. Originäre, singuläre Leistungen treten zugunsten neuer, improvisatorisch verschalteter Teamfähigkeiten zurück.[3] Hochschulen in der heutigen Form werden dem nicht mehr gerecht. Begründet liegt dies in dem kulturellen Unvermögen, neue Definitionen von Arbeit zu entwickeln und einem ökonomischen Prinzip der Verknappung von Arbeit entgegenzuwirken. *Der Großteil der künftigen Studienabgänger wird sich seinen Arbeitsplatz selbst improvisatorisch erfinden müssen*. Es geht darum, den Studenten zu vermitteln, das gesellschaftlich entstandene Provisorium nicht mehr als Zustand des eschatologisch Zu-Bewältigenden zu denken und zu lesen. Sondern: Das Provisorium ist in

der postindustriellen Gesellschaft der Status quo an sich. *Die schnelle, reflexive wie aktive Bewegung der arbeitenden Subjekte im Provisorium setzt eines voraus: Improvisation.*
Ein Institut für Improvisationstechnologie würde sich um die Einbindung von Praktikern in den Hochschulbetrieb bemühen und solche Kräfte einbinden, die aufgrund ihrer künstlerisch-intellektuellen Praxis und ihres theoretischen Hintergrunds Modelle, ein neues Bild vom Studieren erzeugen können. Man könnte so das Stereotyp des spezialisierten Professionellen durch den despezialisierten Improvisator ersetzen, der im Kontext des Instituts und der Hochschule dazu befähigt wird, sich selbst auszubilden und zu organisieren. Dies in der Einsicht, dass der reine Professionalismus in einem Bildungssystem, das „intellektuelle Konformität ebenso belohnt wie freiwillige Unterordnung unter Ziele, die nicht von der Wissenschaft, sondern von der Regierung gesetzt werden"[4], uns nicht weiterbringt. Das Anliegen ist nicht, Professionalisierung kategorisch abzulehnen – oder wie Theodor Adorno sagen würde, die Halbbildung zu euphemisieren –, sondern Bildung um die Forderung nach einer neuen Improvisationsfähigkeit zu ergänzen. Diese wäre „eher der Sorge und der Zuneigung verdankt (...) als dem Interesse an Profit und selbstbezogener Spezialisierung"[5]. Ein Programm kultureller Ausbildung, welches die Maxime einer neuen Improvisation einschließt, würde neue Lehrinhalte und Lernmethoden in zweierlei Hinsicht erfordern und generieren:

1. Methoden, die sich mit den Produktionsprozessen und deren Eigenschaften befassen: Improvisation, Experiment, Research sowie das Erarbeiten unkonventioneller Denk- und Handlungsmuster. 22
2. Inhalte, die selbst bei hoher Professionalisierung und Technisierung die Frage nach Ethik, Moral und soziokulturellen Kontexten miteinbeziehen.

Studierende erwerben Qualifikationen und eignen sich Informationen mit Blick auf eine zukünftige berufliche Praxis an. Deshalb haben wir der Tatsache Rechnung zu tragen, dass die Zusammenhänge, in die Wissen eingebettet ist und die Regeln, nach denen Information erzeugt werden, für die Studierenden ganz andere Aktualitäten einschließen als für ihre – auch immer seltener – fest angestellten Lehrer. Wie auch immer: Das neue Bildungsziel ist nicht mehr der in ein festes Arbeitsverhältnis eingebundene Spezialist, sondern der „mobile Mensch, der sich immer neue Spezialitäten aneignen kann"[6]. Da sich die Arbeitsinhalte und Arbeitsgrundlagen rapide ändern, geht es darum, „freie Menschen zu erziehen, die in der Lage sind, die ihnen von der technischen Entwicklung her gegebenen Aufgaben als freie Menschen speziell zu bewältigen"[7]. Diese frei arbeitenden Subjekte müssen Spezialisten in der Despezialisierung sein und befähigt dazu, sich sowohl in der technischen Anwendung als auch in der wissenschaftlichen Theorie mit anderen Spezialisten zu verständigen. Das interdisziplinäre Wissen gewinnt so mehr und mehr an Bedeutung.
In einer Zeit der anhaltenden Expansion eines utilitaristischen Systemdenkens und des damit einhergehenden Rückzugs des Individuums vom Engagement in der Gesellschaft – da kann ich auch nichts machen, das System ist halt so – könnte Improvisation als Therapeutikum dienen. Das Reparieren, Recyceln und Neu-Versammeln von beschädigten sozialen Beziehungen in und als Improvisation wäre dazu geeignet, einen praktischen Ort des Individuums und seiner intersubjektiven Entfaltung zu schaffen und zu sichern. Es gehört zum Wesen der Improvisation, die Trennung von Handelndem und Be-Handeltem,

von Sender und Empfänger, von aktiv und passiv, von intern und extern zu unterlaufen. Gerade diese Beachtung des ***Inter-Esses*** als Zwischen-Menschen-und-Dingen-Sein führt zu einer „strukturellen“ Beachtung des Wirklichen, welche neue Verschaltoptionen eröffnet, die jene der rein rationalen Wirtschaftsfähigkeit weit überschreiten.

ANHANG

ENDNOTEN

I INTRO

1 Dell, Christopher: *Prinzip Improvisation.* Köln 2002
2 Deleuze, Gilles: *Woran erkennt man den Strukturalismus?* Berlin 1992, S. 45
3 Deleuze, Gilles/Parnet, Claire: *Dialogues.* Paris 1996, S. 10 : „... les bonnes manières de lire aujourd'hui, c'est d'arriver à traiter un livre comme on écoute un disque."
4 So z.B. in Meschnig, Alexander/Stuhr, Mathias (Hg.): *Arbeit als Lebensstil.* Frankfurt/Main a.M. 2003
5 Vgl. zum pragmatistischen Wahrheitsbegriff besonders Peirce, Charles Sanders: *Collected Papers of Ch. S. Peirce.* Harvard 1931–1935, Bd. 5, S. 247; ders.: *Chance, Love and Logic.* New York 1949, S. 16 ff.; Wells, Harry K.: *Der Pragmatismus.* Berlin 1957, S. 170
6 Lefebvre, Henri: „Space: Social Product and Use Value". In: Freiberg, J.W. (Hg.): *Critical Sociology: European Perspectives.* New York 1979, S. 287
7 Lefebvre, Henri: *Die Revolution der Städte.* Dresden 2003 (1972), S. 199
8 Harvey, David: *Justice, Nature and the Geography of Difference.* Oxford 1996, S. 259
9 Ebd., S. 260–261
10 Ebd., S. 263–264
11 Callon, Michel: „Some Elements of a Sociology of Translation: Domestication of the Scallops and the Fisherman of St Brieuc Bay". In: Law, J. (Hg.): *Power, Action and Belief: A New Sociology of Knowledge.* London 1986, S. 196–232. Callon, Michel (Hg.): „Techno-economic Networks and Irreversibility". In: Law, J. (Hg): *A Sociology of Monsters: Essays on Power, Technology and Domination.* London 1991, S.196–233
12 Latour, Bruno: *Wir sind nie modern gewesen. Versuch einer symmetrischen Anthropologie.* Frankfurt/Main 1998. Latour, Bruno: „On Actor Network Theory. A Few Clarifications". In: *Soziale Welt,* Heft 47, 1996, S. 369–381
13 Amin, Ash/Graham, Stephen: „The Ordinary City". In: *Transactions of the Institute of British Geographers,* Volume 22, Issue 4, S. 411–429
14 Bingham, Nick: „Objections: From Technological Determinism Towards Geographies of Relations". In: *Environment and Planning D: Society and Space,* Heft 14, 1996, S. 647
15 „Durcharbeitung" im Konnex von „Bildung" nennt Hegel in seiner Rechtsphilosophie die Transformation von „natürlichen" Bedürfnissen in Interessen, die intersubjektivem, öffentlichem Austausch zu waren sind. Gemeint ist eine „Befreiung", die das Erlangen und Gestalten einer Artikulation des besondren Wunsches in allgemeingültigen Termini (durch die Form seiner Momente (§157)) ermöglicht, um so ein Interesse bekunden zu können. „Diese Befreiung ist im Subjekt die harte Arbeit gegen die bloße Subjektivität des Benehmens, (...) Durch diese Arbeit der Bildung ist es aber, daß der subektive Wille selbst in sich die Objektivität gewinnt, in der er seinerseits allein würdig und fähig ist, die Wirklichkeit der Idee zu sein." (§187) Der Moment der Befreiung durch Transformation kann an den Moment der Krise gekoppelt sein, und zwar dann, wenn Alltagspraxis nicht mehr funktioniert, weil die normativen Vorgaben der regierenden Organe nicht mehr deckungsgleich mit der Rationalität der verallgemeinerbaren Prinzipien sind (siehe zum Beispiel „Stuttgart 21"). In diesem Moment der Krise erscheint die „Gestaltung in der Geschichte" (§138) als Neuformung sozialer Prinzipien.
16 Lefebvre, Henri: *Le droit à la ville.* Paris 1967
17 Unter dem Slogan „Recht auf Stadt" formieren sich seit einigen Jahren in verschiedenen Ländern soziale Bewegungen. Siehe hierzu unter anderem http://www.rechtaufstadt.net/, http://www.righttothecity.org/, www.buko.info. Substanziell zum Thema ist das Doppelheft „Cities for People, not for Profit" der Zeitschrift *City: Analysis of Urban Trends, Culture, Theory, Policy, Action,* Heft 13/2+3, London 2009, S. 176–184
18 Lefebvre: *Revolution der Städte,* S. 81
19 Man beobachte die sozialen Bewegungen, die sich unter dem Schlagwort „Recht auf Stadt" in den letzten Jahren formiert und auch in den Medien große Resonanz erfahren haben.
20 Lefebvre: *Revolution der Städte,* S. 44
21 Ebd., S. 180
22 Ebd., S. 198
23 Lefebvre, Henri: *Writings on Cities.* Oxford 1996, S. 143
24 Lefebvre: *Revolution der Städte,* S. 58
25 Ebd., S. 60
26 Ebd.
27 Bauman, Zygmunt: *Krise der Politik.* Hamburg 2000
28 De Certeau, Michel: *Kunst des Handelns.* Berlin 1988, S. 102
29 Vogel, Matthias: „Nachvollzug und die Erfahrung musikalischen Sinns". In: Becker, Alexander/Vogel, Matthias (Hg.): *Musikalischer Sinn.* Frankfurt/Main 2007, S. 9
30 Ebd., S. 17
31 Ebd., S. 19
32 Reichert, Dagmar: „Das Denken: Der Raum der Geographie". In: *259003 – Subjektivität und Cyberspace.* Wien, S. 14–21
33 Cassirer, Ernst: „Mythischer, ästhetischer und theoretischer Raum" (1931). In: Dünne, Jörg/Günzel Stephan (Hg.): *Raumtheorie. Grundlagentexte aus Philosophie und Kulturwissenschaften.* Frankfurt/Main 2006, S. 494
34 Vogel: „Nachvollzug und die Erfahrung musikalischen Sinns", S. 319
35 Ebd., S. 320
36 Husserl, Edmund: *Philosophie als strenge Wissenschaft* (1911). Frankfurt/Main 1965, S. 85
37 Husserl, Edmund: *Logische Untersuchungen,* Bd. II. Halle 1928, S. 9
38 Ebd.
39 Blumenberg, Hans: *Zu den Sachen und zurück.* Frankfurt/Main 2007
40 Deleuze, Gilles: *Foucault.* Frankfurt/Main 1992, S. 155
41 Delueze/Parnet: *Dialogues,* S. 71: „Il ne suffice pas de faire une logique de relations, il ne suffit pas de reconnaître les droits du jugement de relation comme sphère autonome, distinct des jugement d'existence et d'attribution. (...) Il fout alles loin: faire que la rencontre avec les relationes pénètre et corrompe tout, mine l'être, le fasse basculer."
42 Foucault, Michel: „Nietzsche, die Genealogie und die

Historie". In: Ders.: *Subversion des Wissens.* München 1978, S. 89
43 Deleuze: *Foucault,* S. 153
44 Deleuze, Gilles/Guattari, Felix: *Tausend Plateaus.* Kapitalismus und Schizophrenie. Berlin 1977, S. 23
45 Boulez, Pierre: „Jalons". In: Nattiez, Jean-Jaques (Hg.): *Dix ans d'enseignement au Collège de France.* Paris 1989, S. 265: „Il s'agissait donc d'une infrastructure des hauteurs moins rigide, plus riche, plus variée et moins contraignante d'emploi. Car ces blocs sonores, inutile de dire que je ne me sentais aucunement obligé d'en employer les sons simultanément, c'est-à-dire comme des accords réels, mais je pouvais les parcourir, les balayer dans n'importe quel sens, dans n'importe quel ordre."
46 Zur Aktualität des Diskurses um Wagner und dessen philosphischer Implikationen siehe u.a.: Badiou, Alain: *Cinq leçons sur le ‚cas' Wagner.* Paris 2010; Zizek, Slavoj: *Variations Wagner.* Paris 2010; Lacoue-Labarthe, Philippe: *musica ficta (Figuren Wagners).* Stuttgart 1997
47 Deleuze/Guattari: *Tausend Plateaus,* S. 24
48 Ebd., S. 257

1 MEGACITY

1 Arendt, Hannah: *Was ist Politik?* München 2003, S. 49
2 Cour, Jean Marie/Snrech, Serge (Hg.): *Preparing for the Future. A Vision of West Africa in the Year 2020.* Paris 1998
3 Interview mit Jonathan Noakes. In: Reynolds, Margaret/Noakes, Jonathan (Hg.): *Salman Rushdie. The Essential Guide to Contemporary Literature.* London 2003, S. 12
4 Rushdie, Salman: *Midnight's Children.* New York 1981
5 Lewis, Clara: „Gross Misuse of Mumbai's Slum Rehab Scheme". In: *Times of India.* Mumbai, 26.10.2006; vgl. http://timesofindia.indiatimes.com/articleshow/154064.cms, Abrufdatum 06.12.2010
6 Singh, Simpreet: „Redeveloping Dharavi–But Which Way?" In: *The South Asian,* 23.07.2007; vgl. http://www.thesouthasian.org/archives/2007/redeveloping_dharavi_but_which.html, Abrufdatum 06.12.2010
7 Sassen, Saskia: „Wirtschaft und Kultur in der Globalen Stadt". In: Meurer, Bernd (Hg.): *Die Zukunft des Raums.* Frankfurt/Main 1994, S. 79
8 In diesem Zusammenhang spielt das Wachsen der asiatischen Metropolen eine wichtige Rolle: Es sind jene nicht-westlichen Weltstädte wie Tokio, Schanghai und Bombay, die als solche dem Begriff der Globalisierung erst Berechtigung geben.
9 Davis, Mike: *Planet der Slums.* Berlin 2007
10 Interview mit Rana Dasgupta. In: 3sat Kulturzeit, 25.09.2006
11 Dasgupta, Rana: *Die geschenkte Nacht.* München 2006
12 Interview mit Rana Dasgupta. In: 3sat Kulturzeit, 25.09.2006
13 Brillembourg, Alfredo u. a. (Hg.): *Informal City. Caracas Case.* München 2005, S. 39
14 Das Folgende nach: „Lula kündigt Milliarden-Programm gegen Gewalt an". In: *Der Spiegel,* Heft 35, 2007; vgl. http://www.spiegel.de/politik/ausland/0,1518,501060,00.html, Abrufdatum 07.12.2010
15 Small Arms Survey: *Small Arms Survey 2007: Guns in the City.* http://www.smallarmssurvey.org/publications/by-type/yearbook/small-arms-survey-2007.html, Abrufdatum 07.12.2010
16 Lehnartz, Sascha: „Hier ist es schlimmer als im Irak". In: *Frankfurter Allgemeine Sonntagszeitung,* 20. 05.2007
17 Lanz, Stephan (Hg.): *City of Coop.* Berlin 2005
18 Tibaijuka, Anna: „Schwierige neue Welt". In: *Internationale Politik,* November 2006

2 DIE ZEIT DER ...

1 Vgl. Castells, Manuel: *The Rise of the Network Society.* Oxford 1996
2 Vgl. Dell, Christopher: „Performanz des Raums". In: *Arch+ 183.* Aachen 2007
3 Vgl. Sennett, Richard: *The Use of Disorder.* New York 1970
4 Lefebvre, Henri: *Die Revolution der Städte.* Dresden 2003, S. 128
5 Der Begriff der Homophobie wird hier im Sinn der Sozialwissenschaften als „gruppenbezogene Menschenfeindlichkeit" verwendet.
6 Vgl. u. a. Sturm, Gabriele: *Wege zum Raum.* Opladen 2000, S. 13
7 Vgl. u. a. Bröckling, Ulrich/Krasmann, Susanne/Lemke, Thomas (Hg.): *Gouvernementalität der Gegenwart. Studien zur Ökonomisierung des Sozialen.* Frankfurt/Main 2000

3 DIE PERFORMANZ DES ...

1 Dell, Christopher: *Prinzip Improvisation.* Köln 2002
2 Auch um zu verhindern, dass, wie Angelika Fitz anmahnt, die Rede über Performanz nicht in der naiven Affirmation marketingwirksamer, leerer Spektakel endet. Vgl. Fitz, Angelika: „Nicht alles ist politisch". In: *ARCH+.* Heft 174, Aachen 2005, S. 4 ff.
3 Dell, Christopher: „Improvisation braucht Methode". In: *ARCH+.* Heft 167, Aachen 2003, S. 4 ff.
4 Michel Foucault beschrieb dieses sogenannte Disziplinarmodell in seinem berühmten Buch: *Surveiller et punir. La naissance de la prison.* Paris 1975; dt.: *Überwachen und Strafen. Die Geburt des Gefängnisses.* Frankfurt/Main 1994 (9. Auflage)
5 Foucault, Michel: *Geschichte der Gouvernementalität.* Bd. 1, Frankfurt/Main 2004
6 Vgl. Kuhnert, Nikolaus/Ngo, Anh-Linh: „Gouvernementalisierung der Planung". In: Oswalt, Philipp (Hg.): *Schrumpfende Städte.* Bd. 2, S. 19 ff. und *ARCH+.* Heft 173, Aachen 2005
7 Ebd.: „The activities designed for the site should be experimental, the place itself expendable and changeable. The organisation of space and the objects occupying it should, on the one hand, challenge the participants' mental and physical dexterity and, on the other, allow for a flow of space and time, in which passive and active pleasure is provoked."
8 Unsere Kultur strotzt heute vor solchen Leitbildern. Nur hat sich die raum-zeitliche Dimension ausgeweitet: von dem 24-Stunden-Zyklus des *Fun Palace* zu einem „lifelong learning". Der totale Zugriff, ein Leben lang.
9 Lobsinger, Mary Louise: „Cybernetic Theory and the Architecture of Performance". In: Goldhagen, Sarah Williams/Legault, Réjean (Hg.): *Anxious Modernisms.* Cambridge (Mass.) 2000, S. 119 ff.
10 Vgl. hierzu: Landau, Roy: „An Architecture of Enabling. The Work of Cedric Price". In: *The AA Files.* Heft 8, London 1985, S. 3–7
11 Lobsinger, Mary Louise: „Cedric Price – Eine

Architektur der Performanz". In: ***Daidalos.*** Heft 74, Berlin 2000, S. 24 ff.
12 Koolhaas, Rem: „Das Versäumnis der Moderne". In: ***ARCH+.*** Heft 175, Aachen 2005
13 „Hat der Einzelne aber weder die Fähigkeit noch die Möglichkeit, für sich selbst da zu sein, dann werden die Begriffe der Psychologie zu Begriffen der gesellschaftsformenden Kräfte, die die Psyche bestimmen." Marcuse, Herbert: ***Triebstruktur und Gesellschaft. Ein philosophischer Beitrag zu Sigmund Freud.*** Frankfurt/Main 1973, S. 7
14 „In our attempt to eludicate the scope and the limits of the prevalent repressiveness in contemporary civilzation, we shall have to describe it in terms of the specific reality principle that has governed the origins and the growth of this civilization. We designate it as performance principle in order to emphazise that under its rule society is stratified according to the competitive economic performances of its members. It is clearly not the only historical reality principle: other modes of societal organization not merely prevailed in primitive cultures but also survived into the modern period." Herbert Marcuse, ***Eros and Civilisation. A philosophical Inquiry into Freud,*** New York 1961 (1955), S. 40-41
15 Marcuse wird sie später „eindimensionale Gesellschaften" nennen. Vgl. Marcuse, Herbert: ***One-Dimensional Man. Studies in the Ideology of Advanced Industrial Society,*** Boston 1964
16 Ebd., S. 49
17 Ebd., S. 50
18 Marcuse, Herbert: „Some Social Implications of Modern Technology". In: Arato, Andrew/Gebhardt, Eike (Hg.): ***The Essential Frankfurt School Reader.*** New York 1988 (1941), S. 145
19 Vgl. Anm. 3: In ***Überwachen und Strafen*** deutete Foucault das Panoptikum des englischen Philosophen Jeremy Bentham als eine Architektur, mit der sich die Grundlagen der aktuellen Gesellschaftsformation beschreiben lassen. Es handelt sich dabei um das Konzept eines perfekten Gefängnisses: In dessen Mitte steht ein Turm, aus dem heraus Wächter die rundherum angeordneten, offenen Gefängniszellen einsehen können. Damit werden die Gefangenen unter die permanente potenzielle Kontrolle eines allumfassenden Blickes gestellt. Jederzeit können sie beobachtet und für falsche Handlungen bestraft werden. Das führt bei ihnen zu einer neuen Konzeption von Verhalten, die gerade diesen potenziellen Blick der Überwacher einbezieht.
20 Holert, Tom/Terkessidis, Mark: „Einführung in den Mainstream der Minderheiten". In: Dies. (Hg.): ***Mainstream der Minderheiten.*** Berlin 1996, S. 5–19
21 Vgl. dazu Michel Foucaults Konzept der Gouvernementalität, siehe Foucault: ***Geschichte der Gouvernementalität***
22 Deleuze, Gilles: „Postskriptum über die Kontrollgesellschaften". In: ***Unterhandlungen 1972–1990.*** Frankfurt/Main 1993, S. 257
23 Vgl. Kießling, Simon: ***Die antiautoritäre Revolte der 68er. Postindustrielle Konsumgesellschaft und säkulare Religionsgeschichte der Moderne.*** Köln 2006
24 Ebd., S. 15
25 Deleuze: ***Postskriptum über die Kontrollgesellschaften,*** S. 255
26 Ebd., S. 257
27 Ebd., S. 256
28 Am Beginn des 20. Jahrhunderts gab Frederick Winslow Taylor in seinem Schlüsselwerk eine genaue Gebrauchsanleitung einer individuellen Arbeits-Choreografie: „These tasks are carefully planned, so that both good and careful work are called for in their performance." Taylor, Frederick Winslow: ***The Principles of Scientific Management.*** New York 1954 (1911), S. 39
29 Ebd., S. 114
30 Foucaults dialektischer Begriff ***gouvernemental*** verweist auf das gleiche Phänomen der Selbstführung, wobei er zugleich immer eine Fremdführung mitkonzipiert, vgl. Foucault: ***Geschichte der Gouvernementalität.***
31 Lazzarato, Maurizio: „Immaterielle Arbeit. Gesellschaftliche Tätigkeit unter Bedingungen des Postfordismus". In: Negri, Antonio/Lazzarato, Maurizio/Virno, Paolo (Hg.): ***Umherschweifende Produzenten. Immaterielle Arbeit und Subversion.*** Berlin 1998, S. 43
32 Foucault: ***Geschichte der Gouvernementalität.***
33 So zum Beispiel bei Meschnig, Alexander/Stuhr, Mathias (Hg.): ***Arbeit als Lebensstil.*** Frankfurt/Main 2003
34 Beck, Ulrich: ***Risikogesellschaft. Auf dem Weg in eine andere Moderne.*** Frankfurt/Main 1986
35 Bourdieu, Pierre: ***Die feinen Unterschiede. Kritik der gesellschaftlichen Urteilskraft.*** Frankfurt/Main 1982, S. 276
36 Ruby, Ilka/Ruby, Andreas: „Naïve Architecture. Notes on the Work of Lacaton & Vassal". In: ***2G.*** Heft 21, Barcelona 2002, S. 4
37 „One continue (...) to base oneself on notions of functioning and of construction that take no account of the beginning, or end, or the life span of a building. These givens interest us." Ruby, Ilka/Ruby, Andreas/Steiner, Dietmar: „A Conversation with Patrice Goulet". In: Ebd., S. 126
38 Ruby/Ruby/Steiner: „A Conversation with Patrice Goulet", S. 123
39 Ebd., S. 96
40 Hier liegt auch ein expliziter Bezug zu Lefebvre, der dem Urbanen eine Hinwendung zu den gelebten Räumen zuordnet. Siehe Dell, Christopher: „Improvisation braucht Methode". In: ***ARCH+.*** Heft 167, Aachen 2003
41 Nach einem Vortrag, gehalten beim Jahreskongress Stadtbaukultur, 30. 09. 2005, Wuppertal
42 Ruby/Ruby/Steiner: ***A Conversation with Patrice Goulet,*** S. 141
43 De Certeau, Michel: ***Kunst des Handelns.*** Berlin 1988, S. 188
44 Ebd., S. 182
45 Ebd., S. 187
46 Vgl. dazu Lönnendonker, Siegward: ***Spaziergangsdemo,*** In: ***ARCH+.*** Heft 173, Aachen 2007
47 Rem Koolhaas im Gespräch mit ***ARCH+.*** In: ***ARCH+.*** Heft 175, Aachen 2005, S. 16
48 Rancière, Jacques: ***Das Unvernehmen: Politik und Philosophie.*** Frankfurt/Main 2002. Siehe auch: Steiner, Barbara: „Komplizenschaft?". In: ***ARCH+.*** Heft 173, Aachen 2005. Rancière, Jacques: „Die Politik der Ästhetik". In: ***ARCH+.*** Heft 178, Aachen 2006
49 Die Entwicklung und Ausprägung des Performanzprinzips in der zweiten Hälfte des 20. Jahrhunderts spiegelt sich in den politischen Bewegungen des Westens seit den 1950er Jahren wider. Die Rassenunruhen in den USA, die Proteste der Studenten-, der Frauenemanzipations- und der ökologischen Bewegung so wie die heutigen NGOs der Globalisierungsgegner: Sie alle teilen das Performanzprinzip der Transformation von Gesellschaft aus dem Inneren heraus, nach der Devise des ***margins to the center.*** Indem kleine Aktionen performativ aufgeladen werden, entwickeln sie eine

Sogkraft, die sich medial vervielfältigt.
50 Lefebvre, Henri: *Die Revolution der Städte.* Dresden 2003, S. 158

4 DIE PERFORMATIVE ...

1 Marx, Karl: „Das Kapital". In: Marx, Karl/Engels, Friedrich: *Werke.* Bd. 23, Berlin 1960, S. 76
2 Debord, Guy: *Gesellschaft des Spektakels.* Hamburg 1978, § 36
3 Ebd., S. 6
4 Ebd., § 49
5 Ebd., S. 20
6 Ebd., S. 6
7 Marcuse, Herbert: *Triebstrukur und Gesellschaft. Ein philosophischer Beitrag zu Sigmund Freud.* Frankfurt/Main 1973; Marcuse, Herbert: *Eros and Civilisation: A Philosophical Inquiry into Freud.* New York 1961 (1955); Marcuse, Herbert: *One-Dimensional Man. Studies in the Ideology of Advanced Industrial Society.* Boston 1991
8 Debord, Guy: *Potlatch. Informationsbulletin der Lettristischen Internationale.* (1954–1957), Berlin 2002, S. 224
9 Marx, Karl: „Der achtzehnte Brumaire des Louis Bonaparte". In: Marx/Engels: *Werke*, S. 118. „Bürgerliche Revolutionen, wie die des achtzehnten Jahrhunderts, stürmen rascher von Erfolg zu Erfolg, ihre dramatischen Effekte überbieten sich, Menschen und Dinge scheinen in Feuerbrillanten gefaßt, die Ekstase ist der Geist jedes Tages; aber sie sind kurzlebig, bald haben sie ihren Höhepunkt erreicht, und ein langer Katzenjammer erfaßt die Gesellschaft, ehe sie die Resultate ihrer Drang- und Sturmperiode nüchtern sich aneignen lernt. Proletarische Revolutionen dagegen, wie die des neunzehnten Jahrhunderts, kritisieren beständig sich selbst, unterbrechen sich fortwährend in ihrem eignen Lauf, kommen auf das scheinbar Vollbrachte zurück, um es wieder von neuem anzufangen, verhöhnen grausam-gründlich die Halbheiten, Schwächen und Erbärmlichkeiten ihrer ersten Versuche, scheinen ihren Gegner nur niederzuwerfen, damit er neue Kräfte aus der Erde sauge und sich riesenhafter ihnen gegenüber wieder aufrichte, schrecken stets von neuem zurück vor der unbestimmten Ungeheuerlichkeit ihrer eigenen Zwecke, bis die Situation geschaffen ist, die jede Umkehr unmöglich macht, und die Verhältnisse selbst rufen: Hic Rhodus, hic salta! Hier ist die Rose, hier tanze."
10 Debord: *Gesellschaft des Spektakels.*, § 194
11 Ebd., S. 163
12 Ebd., S. 52
13 Ebd., S. 122
14 O. A.: *Beginn einer Epoche. Texte der Situationisten.* Hamburg 1995, S. 160
15 Debord: *Gesellschaft des Spektakels.* § 120
16 Ebd., § 165
17 Ebd., § 169
18 Ebd., § 172
19 O. A.: *Situationistische Internationale 1958–1969, Ausgaben des Organs der Situationistischen Internationale.* Band 2, Hamburg 1977, S. 97
20 Ebd., S. 311
21 Merleau-Ponty, Maurice: *Phänomenologie der Wahrnehmung.* Berlin 1966, S. 77
22 Ebd.
23 Ebd., S. 83
24 O. A.: *Beginn einer Epoche*, S. 64
25 Ebd.
26 Debord, Guy: *Rapport über die Konstruktion von Situationen und die Organisations- und Aktionsbedingungen der Internationalen Situationistischen Tendenz.* Paris 1957
27 Ebd.
28 Ebd.
29 Debord, Guy: *Internationale Situationisten*
30 O. A.: *Ausgaben des Organs der Situationistischen Internationale.* Band 1, S. 16
31 Ebd., S. 16
32 Ebd., S. 15
33 Ebd., S. 18
34 Ebd., S. 14
35 O. A.: *Beginn einer Epoche.* S. 232
36 Dauvé, Gilles: „Kritik der Situationistischen Internationale". In: Ohrt, Roberto: *Das große Spiel.* Hamburg 1999, S. 122

5 STADT ALS HANDLUNG

1 Constant: „Unitary Urbanism", *Vortrag am Stedelijk Museum Amsterdam.* 20.12.1960
2 Constant: „Another City for another Life". In: *Internationale Situationisten.* Heft 2, Dezember 1958
3 Nicoletti, Manfredo: „The End of Utopia". In: *Perspecta.* Heft 13/14, 1971, S. 276
4 Smithson, Peter. In: *Forum.* Heft 7, 1959, S. 1
5 Constant: „Manifest van de experimentele groep". In: *Reflex: Orgaan van de experimentele groep in Holland.* Nr.1, 1948, S. 2–11
6 Ebd.
7 Smithson, Alison/Smithson, Peter: *Team 10 Primer.* London 1968
8 Smithson, Alison/Smithson, Peter: „Cluster City". In: *Architectural Review.* November 1957, S. 333
9 Ebd.
10 Ebd.
11 Smithson, Alison/Smithson, Peter: „Die gebaute Welt". In: *Architectural Design.* London 1955
12 Ebd.
13 Ebd.
14 Ebd.
15 Smithson, Alison/Smithson, Peter: *Urban Structuring.* London 1967
16 Smithson/Smithson: *Cluster City*
17 Smithson/Smithson: *Die gebaute Welt*
18 Ebd.
19 Ebd.
20 Smithson, Alison/Smithson, Peter: *The Charged Void: Architecture.* New York 2001, S. 86
21 Smithson/Smithson: *Cluster City,* S. 333
22 Sloterdijk, Peter: *Sphären III. Schäume.* Frankfurt/Main 2004, S. 663
23 Smithson/Smithson: *The Charged Void: Architecture*, S. 88
24 Sloterdijk: *Sphären III. Schäume*, S. 656
25 Wigley, Mark: *Constants New Babylon – The Hyper-Architecture of Desire.* Rotterdam 1998, S. 9
26 O. A.: „Das ‚New Babylon' des Künstlers Constant". In: *Frankfurter Allgemeine Zeitung*, 02.07.2002; vgl. http://www.faz.net/s/RubCC21B04 EE95145B3AC-877C874FB1B611/Doc~EA41AB6853DB241F485A9 35F57BB0B26C~ATpl~Ecommon~Scontent.html, abgerufen am 09.12.2010
27 Constant: *New Babylon: The World of Homo Ludens.* Amsterdam 1970
28 Vgl. FN 1
29 Constant: „The Principle of Disorientation". In: *New*

Babylon. Den Haag 1974, S. 65–70
30 Constant: „The Great Game to Come". In: *Potlatch*. Heft 30, 15.07.1959
31 Constant: „Nieuw Urbanisme". In: *Provo*. Heft 9, 12.05.1966
32 Ebd.
33 Debord, Guy: *Rapport über die Konstruktion von Situationen und die Organisations- und Aktionsbedingungen der Internationalen Situationistischen Tendenz*. Paris 1957
34 Debord, Guy: „Einführung in eine Kritik der städtischen Geographie". In: *Der große Schlaf und seine Kunden*. Hamburg 1990, S. 30
35 Smithson, Alison: „Urban Reidentification". In: Dies.: *The Emergence of Team 10 out of CIAM: Documents*. London 1982, S. 7
36 Smithson, Alison/Smithson, Peter: „Human Associations". In: Dies.: *Ordinariness and Light*. Cambridge 1970, S. 59
37 Constant: *Unitary Urbanism*
38 Ebd.
39 Constant: *Another City for Another Life*
40 Constant: *Nieuw Urbanisme*
41 Constant: *New Babylon: The World of Homo Ludens*
42 Sloterdijk: *Sphären III. Schäume*, S. 659
43 Wigley: *Constants New Babylon*, S. 13
44 Usborne, David: „Interview mit Dennis Crompton". In: *Archigram*. Heft 1, 1961, http://archigram.westminster.ac.uk/magazine.php?id=96, abgerufen am 04.01.2011
45 Cook, Peter: „Zoom und ‚reale' Architektur". In: *Archigram*. Heft 4, 1964
46 Ebd.
47 Ebd.
48 Rowe, Colin/Koetter, Fred: *Collage City*. Basel 1984 (1978), S. 9
49 Ebd.
50 Ebd., S. 9
51 Ebd., S. 13
52 Sennett, Richard: *Verfall und Ende des öffentlichen Lebens*. Frankfurt/Main 1983 (1977), S. 27
53 Ebd.
54 Ebd., S. 124
55 Rowe/Koetter: *Collage City*, S. 13
56 Pawley, Martin: *Terminal Architecture*. Chicago 1998
57 Wigley: *Constants New Babylon*, S. 236

6 TAKTIKEN STRATEGISCH ...

1 De Certeau, Michel: *Kunst des Handelns*. Berlin 1988, S. 11
2 De Certeau, Michel: *Das Schreiben der Geschichte*. Frankfurt/Main 1991, S. 82
3 Hegel, Georg Wilhelm Friedrich: *Phänomenologie des Geistes*. Hamburg 1988, S. 25
4 Lefebvre, Henri: *Kritik des Alltagslebens*. Frankfurt/Main 1975, S. 105
5 De Certeau: *Kunst des Handelns*, S. 11
6 Ebd.
7 Ebd.
8 Geulen, Dieter: „Sozialisation". In: Lenzen, Dieter, (Hg.): *Erziehungswissenschaft – Ein Grundkurs*. Reinbek 1994, S. 101
9 De Certeau: *Kunst des Handelns*, S. 187
10 Ebd., S. 13
11 Ebd.
12 Ebd., S. 69
13 Wittgenstein, Ludwig: *Philosophische Untersuchungen*. Frankfurt/Main 2003, § 116, S. 300
14 De Certeau: *Die Kunst des Handelns*, S. 48
15 Ebd.
16 Wittgenstein: *Philosophische Untersuchungen*, § 122, S. 302
17 Ebd., § 43
18 De Certeau: *Die Kunst des Handelns*, S. 48
19 Ebd., S. 61
20 Ebd., S. 52
21 Ebd.
22 Ebd., S. 15
23 Ebd., S. 19
24 Ebd.
25 Ebd., S. 20
26 Ebd.
27 Ebd., S. 21
28 Ebd.
29 Ebd.
30 Ebd., S. 23
31 Ausführlich zum Begriff der Improvisation vgl. Dell, Christopher: *Prinzip Improvisation*. Köln 2002
32 De Certeau: *Kunst des Handelns*, S. 25
33 Ebd., S. 22
34 Ebd.
35 Ebd., S. 50
36 Ebd., S. 54
37 Ebd., S. 51
38 Ebd.
39 Ebd., S. 68
40 Sting, Stephan: „Aneignungsprozesse im Kontext von Peergroup-Geselligkeit". In: Deinet, Ulrich/Reutlinger, Christian (Hg.): *„Aneignung" als Bildungskonzept der Sozialpädagogik: Beiträge zur Pädagogik des Kindes- und Jugendalters in Zeiten entgrenzter Lernorte*. Wiesbaden 2004, S. 139
41 Helsper, Werner: „Sozialisation". In: Krüger, Hans-Hermann/Helsper, Werner (Hg.): *Einführung in Grundbegriffe und Grundfragen der Erziehungs-wissenschaft: Einführungskurs Erziehungswissenschaft*. Bd. 1, Stuttgart 2000, S. 72
42 De Certeau: *Die Kunst des Handelns*, S. 69
43 Geulen, Dieter: *Sozialisation*, S. 101
44 Häußermann, Hartmut/Siebel, Walter/Läpple, Dieter: *Stadtpolitik*. Frankfurt/Main 2007
45 Michel, Boris: *Stadt und Gouvernementalität*. Münster 2005; Reutlinger, Christian: „Die Notwendigkeit einer neuen Empirie der Aneignung". In: Deinet/Reutlinger (Hg.): *Aneignung als Bildungskonzept der Sozialpädagogik*
46 Löw, Martina: *Raumsoziologie*. Frankfurt/Main 2000
47 De Certeau: *Die Kunst des Handelns*, S. 66
48 Ebd.
49 Beispiele solcher Praxis finden sich unter anderem in der Architektur der Büros OMA/Rem Koolhaas, Bow Wow, Lacaton & Vassal oder bernd kniess architekten stadtplaner.

7 PERFORMATIVE PRODUKT...

1 Gottdiener, Mark: „Ein Marx für unsere Zeit: Henri Lefebvre und Die Produktion des Raumes". In: *An Architektur. Produktion und Gebrauch gebauter Umwelt*. Heft 01, Berlin 2002
2 Wittgenstein, Ludwig: *Tractatus logico-philosophicus*. Werkausgabe, Bd. 1, Frankfurt/Main 1984, 6.52
3 Wittgenstein, Ludwig: *Philosophische Untersu-*

chungen. Wiener Ausgabe, Hg. v. Michael Nedo, Bd. 1, Wien/New York 1994, S. 195
4 Ebd.
5 Ebd.
6 Ebd., S. 196
7 Ebd., S. 133
8 Lootsma, Bart: „Houses on Demand. Mass Customization in der Architektur". In: *ARCH+.* Heft 158, Aachen 2001, S. 24, 25
9 Žižek, Slavoj: *Körperlose Organe.* Frankfurt/Main 2005, S. 86
10 Ebd., S. 87

8 NEUE HANDLUNGS...

1 Barthes, Roland: „Semiologie und Stadtplanung". In: Ders.: *Das semiologische Abenteuer.* Frankfurt/Main 1988, S. 199–209
2 Henri Lefebvre definiert Raum als Produkt. Daraus leitet er die Forderung ab, die Erforschung von Raum weg von den Dingen auf die *tatsächliche Produktion von Raum* zu verlagern. Das schließt für Lefebvre ein, den Raum in seiner Totalität zu untersuchen. Dabei hat Raum als Produkt eine Qualität, die ihn von anderen Produkten unterscheidet: Er ist selbst sowohl ein Produkt als auch ein Medium, in welchem andere Produkte hergestellt werden (siehe Lefebvre, Henri: *The Production of Space.* Oxford 1991, S. 36, 37). In diesem Kontext kommt der Untersuchung von Zeit und Rhythmus eine Schlüsselrolle zu: „Gefragt ist eine klare Unterscheidung zwischen einer imaginierten Wissenschaft des Raumes auf der einen und realem Wissen über die Produktion von Raum auf der anderen Seite. Solch ein Wissen, im Kontrast zu der Fragmentierung, Interpretation und Repräsentation einer ‚sogenannten' Wissenschaft des Raumes, wird vor allem Eines wieder entdecken: die Zeit (und zuallererst die Zeit der Produktion) in und durch Raum.", Ebd., S. 91
3 Rossi, Aldo: „Introduzione a Boullée". In: *Architettura. Saggio sull'arte.* Padova 1967
4 Assmann, Jan: *Das kulturelle Gedächtnis.* München 1999; Warburg, Aby: „Der Bilderatlas Mnemosyne". In: *Gesammelte Schriften.* Zweite Abteilung, Band II.1, Berlin 2000; Dell, Christopher: „Mnemosyne – Topologien eines kulturellen Gedächtnisses". In: Ders.: *Prinzip Improvisation.* Köln 2002, S. 43
5 Laclau, Ernesto: „Politics and the Limits of Modernity". In: Ross, Andrew (Hg.): *Universal Abandon: The Politics of Postmodernism.* Minneapolis 1988, S. 81
6 Rossi, Aldo: *Die Architektur der Stadt.* München 1988 (Org. 1966), S. 72
7 Mezirow, Jack: *Transformative Erwachsenenbildung.* Baltmannsweiler 1997
8 Parsons, Arthur S.: „The Conventions of the Senses: The Linguistic and Phenomenological Contributions to a Theory of Culture". In: Ders. (Hg.): *Human Studies.* Boston 1988, Volume 11, Number 1, S. 13
9 Lakoff, George: „Cognitive Semantics". In: Eco, Umberto/Santambrogio, Marco/Violi, Patrizia (Hg.): *Meaning and Mental Representations.* Bloomington 1988
10 Ebd., S. 50
11 Ungers, Oswald Mathias: „Die dialektische Stadt". In: Ders.: *Was ich schon immer sagen wollte über die Stadt, wie man sich seine eigenen Häuser baut, und was andere über mich denken.* Braunschweig 1999
12 Rossi, Aldo: *Die Architektur der Stadt,* S. 18
13 Zum „Grand Durand" und dem Konzept der analytischen und generativen Typologie siehe u.a. Panerai, Philippe: „Typologien". In: *ARCH+.* Heft 37, Aachen 1978
14 Dell, Christopher: *Prinzip Improvisation,* S. 43
15 Ebd., S. 12

9 IMPROVISATION BRAUCHT ...

1 Siehe auch: b&k+ (Hg.): *Politische Landschaft.* Köln 2001
2 Dell, Christopher: *Prinzip Improvisation.* Köln 2002
3 Lefebvre, Henri: *Production of Space.* Oxford 1991, S. 91 (Übers. d. Autors)
4 Lefebvre, Henri: *Writings on Cities.* Oxford 1996, S. 143
5 Siehe dazu: Dell, Christopher: *Prinzip Improvisation.* Köln 2002
6 Diesem Wechsel gälte es auch in der Architekturausbildung Rechnung zu tragen und das Fach Darstellen und Gestalten um den Modus der zeitbasierten Künste zu erweitern.
7 Agamben, Giorgio: *The Coming Community.* Minneapolis 1993
8 Zum Politischen als öffentlicher Raum einer Praxis jenseits instrumentalisierter Handlungsspielräume hat Hannah Arendt eine ausgezeichnete Studie vorgelegt, vgl. Ahrendt, Hannah: *Vita Activa.* München 1967
9 Dell, Christopher: *Prinzip Improvisation.* Köln 2002

10 DIE LAGE, DIE LAGE ...

1 Gramsci, Antonio: *Selections from the Prison Note Books.* London 1971, S. 168
2 Aleatorik: eine vom Zufall abhängende Situation. Musikalisches Kompositionsprinzip, bei dem musikalische Abläufe in groben Zügen festgelegt werden, im Einzelnen jedoch offen bleiben.
3 Althusser, Louis: „Le courant souterrain du matérialisme de la rencontre". In: Ders.: *Écrits philosophiques et politiques.* Band 1, Paris 1994, S. 539 f.
4 Althusser, Louis: *Machiavelli and Us.* London 1999, S. 79
5 Ebd., S. 74
6 Ebd., S. 79
7 Dell, Christopher: *Prinzip Improvisation.* Köln 2002, S. 94
8 Ebd., S. 16
9 O.A.: „Berlin Heute". In: *ARCH+.* Heft 167, Aachen 2003, S. 69
10 O.A.: „Stimmen aus dem Off. Ein Email-Gespräch zwischen ARCH+ und raumlabor_berlin". In: *ARCH+.* Heft 167, Aachen 2003, S. 16
11 Schindler, Susanne: „Berlin – Biotop. Szene statt Diskurs". In: *ARCH+.* Heft 166, Aachen 2003, S. 27
12 „Ansonsten haben wir Bauchschmerzen mit dem ‚gap' Thema. 2003 waren wir ‚off', jetzt sind wir ‚gap'. Ich habe dagegen den Eindruck, dass wir mit unserem Büro Strategien erproben, die immer deutlicher ins Zentrum der Debatte um zukünftige Stadtentwicklung rücken. Das heißt ganz klar, dass wir uns nicht am Rand, in einer Nische sehen und deshalb auch nicht dort abgestellt werden wollen." Rettich, Stefan/KARO. In: *Arbeitspapier zur Ausstellung find the gap,* unveröffentlichtes Manuskript.
13 Althusser, Louis: „Le courant souterrain de matérialisme ...". In: Ders.: *Écrits philosophiques et politiques.* Paris 1994, 1995, S. 546: „Singulière philosophie qui est un ‚matérialisme de la rencontre', pensée au travers de la

politique, et qui, comme telle, ne suppose rien de préétabli."
14 Ehrenberg, Alain: „Embourgoisement de la classe ouvrière, prolétariation d'une partie des classes moyennes, ce sont totes ces transformations qui ébralent la lisibilité des rapports de classes." In: Ders.: *Le Culte de la Performance.* Paris 1992, S. 167
15 Ebd.: „l'épanouissement personnel a pris place de l'emancipation et le paraître des individus celui de leur indifférencation, c'est parcque le modèle de société promu par la citoyenneté républicaine comme solution aux rapports de domination entre les classes socials a succombé en meme temps que l'image de la société de classes a perdu sa force".

11 GESTALTUNG UND ...

1 Grüner, Gustav/Georg, Walter/Kahl, Otto (Hg.): *Kleines berufspädagogisches Lexikon.* Bielefeld 1982, S. 117
2 Kant, Immanuel: *Kritik der Urteilskraft.* §40, A155, Frankfurt/Main, S. 225
3 Arendt, Hannah: „Understanding and Politics". In: *Partisan Review.* Heft 20, Boston 1958, S. 391
4 Dazu auch: Dell, Christopher: „Soziale Praxis und Improvisation". In: b&k+ (Hg.): *Politische Landschaft.* Wuppertal/Köln 2001, S. 34–39
5 Lefebvre, Henri: *Die Revolution der Städte.* Dresden 2003
6 Matton, Ton: „Wonderland". In: *A10 Magazine.* Rotterdam 2006
7 Hierzu ausführlicher: Dell, Christopher: „Upcycling the Mind, Take 1". In: Dell, Christopher/Matton, Ton: *Improvisations on Urbanity. Trendy Pragmatism in a Climate of Change.* Rotterdam 2008
8 Wobei die Art und Weise, wie ich strategisch eingreife, wie ich Machtbeziehungen einsetze und steuere, von Foucault als Regierungstechnik oder auch *Gouvernementalität* bezeichnet wird. *Gouvernementalität* ist die Gesamtheit der Praktiken, mithilfe derer man diejenigen Strategien konstituieren, definieren, organisieren und instrumentalisieren kann, die die Einzelnen in ihrer Freiheit wechselseitig verfolgen können. Vgl. u. a. Bröckling, Ulrich/Krasmann, Susanne/Lemke, Thomas (Hg.): *Gouvernementalität der Gegenwart. Studien zur Ökonomisierung des Sozialen.* Frankfurt/Main 2000
9 Vgl. Kant, Immanuel: *Kritik der reinen Vernunft.* Akademie-Ausgabe. Berlin 1962 und 1973, Bd. 3, Nachdruck, B 11
10 Vgl. ebd.: B 194, B 75
11 Vgl. ebd.: B 195
12 Nida-Rümelin, Julian: „Rede auf dem 2. Bundeskongress Nationale Stadtentwicklungspolitik im April 2008 in München". In: *Prüfungen für die Stadtgesellschaft.* Beilage *Frankfurter Rundschau* 25. 04.2008, S. 11

12 IMPROVISATION ALS ...

1 Kant, Immanuel: Kritik der reinen Vernunft. Akademie-Ausgabe. Berlin 1962 und 1973, Bd. 3, Nachdruck, S. 137: „Das Schema der Substanz ist die Beharrlichkeit des Realen in der Zeit, d. i. die Vorstellung desselben als eines Substratum der empirischen Zeitbestimmung überhaupt, welches also bleibt, indem alles andre wechselt. (Die Zeit verläuft sich nicht, sondern in ihr verläuft sich das Dasein des Wandelbaren. Der Zeit also, die selbst unwandelbar und bleibend ist, correspondiert in der Erscheinung das Unwandelbare im Dasein, d. i. die Substanz, und bloss an ihr kann die Folge und das Zugleichsein der Erscheinungen der Zeit nach bestimmt werden.)"
2 Kant: *Kritik der reinen Vernunft*, S. 187
3 Kant, Immanuel: *Was heißt: Sich im Denken orientieren?* Akademie-Ausgabe, Bd. 8, Nachdruck, S. 134
4 Ebd., S. 135
5 Ebd.
6 Ebd., S. 136
7 Ebd., S. 137
8 Lichtenberg, Georg Christoph: *Sudelbücher.* München 1994 (1773–1775), zit. nach: Stegmaier, Werner (Hg.): *Orientierung.* Frankfurt/Main 2005, S. 24
9 Kant: *Was heißt: Sich im Denken orientieren?*, S. 133
10 Ebd.
11 Ebd.
12 Ebd.
13 Siehe hierzu ausführlich: Dell, Christopher: *Prinzip Improvisation.* Köln 2002
14 Improvisation erster Ordnung ist eine Art des Lösens von Situationen, die allein als reaktives, reparierendes, Mangel ausgleichendes Prinzip agiert. Improvisation zweiter Ordnung hingegen ist das Überführen erlernter Regeln und Praxen in ein antizipatorisches Konzept des konstruktiven Umgangs mit Unordnung. Siehe auch Dell: *Prinzip Improvisation.*
15 Lenk, Hans: *Schemaspiele. Über Schema-interpretationen und Interpretationskonstrukte.* Frankfurt/Main 1995, S. 65
16 Ebd., S. 70
17 Arendt, Hannah: „The Crisis in Culture: It's Social and It's Political Significance". In: *Between Past and Future: Eight Exercises in Political Thought.* New York 1968, S. 223. Dieses Zitat war auch das Kernmotto der Ausschreibung „Politics of Design – The Design of Politics", des IFG Ulm von 2006 bis 2008.
18 Arendt, Hannah: *Zwischen Vergangenheit und Zukunft. Übungen im politischen Denken.* München 2000, S. 14
19 Kant, Immanuel: *Kritik der Urteilskraft.* Frankfurt/Main 1974, S. 22

13 ERMÖGLICHUNGS ...

1 Schlegel, Friedrich: *Literarische Notizen 1797–1801.* Frankfurt/Main/Berlin/Wien 1980, Nr. 1854, S. 188
2 Lefebvre, Henri: *Production of Space.* Oxford 1991, S. 38
3 Löw, Martina: *Raumsoziologie.* Frankfurt/Main 2001
4 Löw, Martina: *Raumsoziologie.* Frankfurt/Main 2001; Läpple, Dieter: „Essay über den Raum". In: Häußermann, Hartmut u.a. (Hg.): *Stadt und Raum. Soziologische Analysen.* Pfaffenweiler 1991; Sturm, Gabriele: *Wege zum Raum.* Opladen 2000; Ahrens, Daniela: *Grenzen der Enträumlichung.* Opladen 2001
5 Zum Verhältnis von *kairos* und Improvisation siehe: Dell, Christopher: *Prinzip Improvisation.* Köln 2002
6 Dell, Christopher: „Performanz und Raum". In: *ARCH+.* Heft 183, Aachen 2007

14 I WIE IMPROVISATION

1 Siehe hierzu ausführlich: Lefebvre, Henri: *The Production of Space.* Oxford 1991; Elden, Stuart: „Material zu Henri Lefebvre: Die Produktion des Raums". In: *An Architektur.* Heft 1, Berlin 2002
2 Siehe hierzu ausführlicher: Dell, Christopher: *Prinzip Improvisation.* Köln 2002

3 Lernen in Organisation, ***organisational learning***, tritt dann auf, „wenn Individuen innerhalb einer Organisation eine problematische Situation erfahren und diese Situation im Hinblick auf die Organisation untersuchen. (...) Um organisatorisch zu werden, muss das Lernen, dass aus der Untersuchung hervorgeht, integriert werden erstens in das mentale Design von Organisation, welches die Mitglieder der Organisation haben, und/ oder zweitens in die epistemologischen Artefakte (Kartografie, Gedächtnis, Programm) welche in die Organisationsumwelt eingelagert sind." Argyris, Chris/ Schon, David A.: ***Organizational Learning II – Theory, Method, and Practice***. Reading 1996, S. 16

16 SUBJEKTE DER ...

1 Bailey, Derek: Improvisation. ***It's Nature and Practice in Music***. Überarbeitete Auflage, New York 1992; dt.: ***Improvisation. Kunst ohne Werk***. Hofheim 1987

2 „Improv ist still rubbish." Notiz Baileys auf einer Postkarte an Ben Watson, zit. nach Watson, Ben: ***Derek Bailey and the Story of Free Improvisation***. London/New York 1990, S. 378. Siehe dazu auch: Bormann, Hans-Friedrich: „,Improv is still rubbish.' Strategien und Aporien der Improvisation". In: Brandstetter, Gabriele/Brandl-Risi, Bettina/van Eikels, Kai (Hg.): ***Schwarm(E)Motion. Bewegung zwischen Affekt und Masse***. Freiburg im Breisgau 2007, S. 125–146

3 Vgl. Lampert, Friederike: „Improvisierte Choreographie – Rezept und Beispiel". In: Bormann, Hans-Friedrich/Brandstetter, Gabriele/Matzke, Annemarie: ***Improvisieren: Paradoxien des Unvorhersehbaren. Kunst – Medien – Praxis***. Bielefeld 2010, S. 201

4 Dell, Christopher: ***Prinzip Improvisation***. Köln 2002

5 Zu Derrida siehe auch die Beiträge von Borgards, Roland: „Gesetz, Improvisation, Medien. Improvisationsliteratur bei Thomas Mann (Der Bajazzo) und Hugo Ball (Flametti, ‚Cabaret Voltaire')" und Zanetti, Sandro: „Zwischen Konzept und Akt. Spannungsmomente der Improvisation bei Quintilian und Andersen". Beide in: Bormann/Brandstetter/Matzke: ***Improvisieren***. S. 41 und S. 95.

6 Deleuze, Gilles: ***Logik des Sinns***. Frankfurt/Main 1993, S. 99

7 Foucault, Michel: ***Archäologie des Wissens***. Frankfurt/Main 1973, S. 158

8 Lefebvre, Henri: ***La production de l'espace***. Paris 2000 (1974), S. 172 f.: „Comme toute realité, l'espace social relève méthodologiquement et théoréthiquement de trois concepts généraux: la forme, la structure, la fonction. C'est-à-dire que tout espace social peut devenir l'objet d'une analyse formelle, d'une analyse structurale, d'une analyse fonctionnelle. Chacune apporte un code, une méthode, pour déchiffrer ce qui au premier abord paraît impénétrable."

9 Siehe: Bertram, Georg: „Improvisation und Normativität". In: Brandstätter/Bohrmann/Matzke (Hg.): ***Improvisieren***. Bielefeld, S. 41–40

10 Kant, Immanuel/Weischedel, Wilhelm (Hg.): ***Werkausgabe in 12 Bänden: X: Kritik der Urteilskraft***. Bd. 10, Frankfurt/Main 1974, S. 15

11 Ebd., S. 19

12 Arendt, Hannah/Ludz, Ursula (Hg.): „Kultur und Politik". In: Dies.: ***Zwischen Vergangenheit und Zukunft. Übungen im politischen Denken I***. München/Zürich 1994, S. 300

13 Mouffe, Chantal: ***Über das Politische. Wider die kosmopolitische Illusion***. Frankfurt/Main 2007, S. 26 f.

14 Forsythe, William: ***Improvisation Technologies. A Tool for the Analytical Dance Eye***. Ostfildern1999/2003, CD-ROM/Booklet

15 Foucault, Michel: „Was ist Aufklärung?" In: Erdmann, Eva/Frost, Rainer/Honneth, Axel (Hg.): ***Ethos der Moderne. Foucaults Kritik der Aufklärung***. Frankfurt/ Main/New York 1990, S. 35–54, hier S. 49

16 Ebd.

17 Ebd.

18 Ebd., S. 51

18 DIAGRAMM UND OFFENE ...

1 Koolhaas, Rem: ***Content***. Köln 2004, S. 67

2 Eisenman, Peter/Steele, Brett/Koolhaas, Rem: ***AA Words One: Supercritical: Peter Eisenman Meets Rem Koolhaas***. London 2010, S. 14

3 Allen, Stan: „Mapping the Unmappable: On Notation". In: Ders.: ***Practice, Architecture, Technique and Representation***. London/New York 2000, S. 40

4 Karkoschka, Erhard: ***Das Schriftbild der Neuen Musik***. Celle 1966, S. 1

5 Ebd.

6 Ebd., S. 2

7 Ebd., S. 1

8 Ebd., S. 2

9 Brown, Earle: „Aufregende Synthese in Darmstadt". In: IMD (Hg.): ***Von Kranichstein zur Gegenwart. 50 Jahre Darmstädter Beiträge zur Neuen Musik***. Stuttgart 1996, S. 385

10 Karkoschka: ***Das Schriftbild der Neuen Musik***, S. 6

11 Ebd.

12 Kanach, Sharon: „Sichtbare Musik". In: Appelt, Dieter/von Amelunxen, Hubertus/Weibel, Peter (Hg.): ***Notation. Kalkül und Form in den Künsten***. Berlin 2008, S. 212

13 Rheinberger, Hans-Jörg: „Acht Miszellen zur Notation in den Wissenschaften". In: Appelt/Amelunxen/ Weibel: ***Notation***, S. 279

14 Husserl, Edmund/Riemel, Walter (Hg.): „Der Ursprung der Geometrie". In: Husserl, Edmund: ***Die Krisis der europäischen Wissenschaften und die transzendentale Phänomenologie***. Den Haag 1954, S. 371 f.

15 Rheinberger: ***Acht Miszellen***

16 Ebd.

17 Ebd., S. 281

18 Ebd.

19 Bachelard, Gaston: ***L'activité rationaliste de la phiysque contemporaine***. Paris 1951, S. 25

20 Allen: ***Mapping the Unmappable***

21 Deleuze, Gilles: ***Foucault***. Frankfurt/Main 1992, S. 52

22 Ebd., S. 54

23 Ebd.

24 Ebd., S. 53

25 Ebd., S. 54

26 Ebd., S. 56

27 Ebd., S. 10

28 Foucault, Michel: „Pierre Boulez oder die aufgerissene Wand". In: ***Musik-Konzepte***. Heft 89/90, München 1995, S. 4

29 Ebd., S. 5

30 Foucault, Michel: „Nietzsche, die Genealogie und die Historie". In: Ders.: ***Subversion des Wissens***. München 1978, S. 89

31 Boulez, Pierre: ***Darmstädter Beiträge zur Neuen Musik – Musikdenken Heute 1***. Mainz 1963, S. 37

32 Deleuze: *Foucault*, S. 11
33 Ebd., S. 12
34 Ebd.
35 Boulez, Pierre: *Relevés d'apprenti*. Paris 1966, S. 372
36 Deleuze, Gilles/Guattari, Felix: *Rhizom*. Berlin 1977, S. 20
37 Deleuze, Gilles/Guattari, Felix: *Anti-Ödipus. Kapitalismus und Schizophrenie I*. Frankfurt/Main 1977, S. 32 f.
38 Ebd., S. 33
39 Ebd., S. 69
40 Ebd., S. 9 f.
41 Ebd., S. 8
42 Ebd., S. 43
43 Ebd.
44 Ebd., S. 47
45 Ebd., S. 49
46 Ebd., S. 49 f.
47 Seifert, Jörg: „Cognitive map, Mnemo-Technik und Mind Mapping. Raumeindrücke mental verorten, Wissensstrukturen visualisieren, Vorstellungsräume zum Lernen nutzen". In: *Alfa-Forum. Zeitschrift für Alphabetisierung und Grundbildung*. Heft 60, 2005, S. 32–35
48 Vgl. Kirckhoff, Mogens: *Mind mapping. Die Synthese von sprachlichem und bildhaftem Denken*. Berlin 1990
49 Derrida, Jacques: *Grammatologie*. Frankfurt/Main 1983, S. 20
50 Rheinberger, Hans-Jörg: *Iterationen*. Berlin 2005, S. 12
51 Latour, Bruno: *Wir sind nie modern gewesen: Versuch einer symmetrischen Anthropologie*. Berlin 1995, S. 33
52 Deleuze, Gilles/Guattari, Felix: *Tausend Plateaus*. Berlin 1992, S. 42

19 METAZOON

1 Husserl, Edmund: *Die Idee der Phänomenologie*. Hamburg, S. 39
2 Husserl, Edmund: *Logische Untersuchungen. Prolegomena zur reinen Logik*. Bd. 1, Halle 1928, S. VIII
3 Ebd., S. 183
4 Derrida, Jacques: *Die Schrift und die Differenz*. Frankfurt/Main 2000, S. 17 f.
5 Spinoza, Baruch: *Die Ethik*. Leipzig 1986
6 Taylor, Mark C.: „Überlegungen zur Haut". In: *ARCH+*. Heft 129/130, Aachen 1995, S. 113
7 Hellgardt, Ernst: *Zum Problem symbolbestimmter und formalästhetischer Zahlenkomposition in mittelalterlicher Literatur*. München 1973
8 Persichetti, Vincent: *Twentieth-Century Harmony: Creative Aspects and Practice*. New York 1961, S. 73
9 Derrida, Jacques: „Am Nullpunkt der Verrücktheit". In: Welsch, Wolfgang (Hg.): *Wege aus der Moderne*. Weinheim 1988, S. 232
10 Levi-Strauss, Claude: *Mythologica. Das Rohe und das Gekochte*. Frankfurt/Main 1994, S. 13
11 Tugendhat, Ernst: *Vorlesungen zur Einführung in die sprachanalytische Philosophie*. Frankfurt/Main 1976, S. 436 f.
12 Heidegger, Martin: „Der Spruch des Anaximander". In: Ders.: *Holzwege*. Frankfurt/Main 1950, S. 311
13 Rötzer, Florian: „Im Sog der turbulenten Leere". In: Kähler, Gert (Hg.): *Schräge Architektur und aufrechter Gang*. Braunschweig/Wiesbaden 1993, S. 71
14 Lyotard, Jean-François: „Zeit heute". In: Ders.: *Das Inhumane. Plaudereien über Zeit*. Wien 1990, S. 133

20 TELEMATISCHE ...

1 Wright, Frank Lloyd: *The Living City*. New York, 1958, S. 82
2 „The Liberation of Sound", zit. nach Bernard, Jonathan W.: *The Music of Edgar Varese*. New Haven 1987, S. 18/19
3 Benjamin, Walter: *Das Kunstwerk im Zeitalter seiner technischen Reproduzierbarkeit*. Frankfurt/Main 1981, S. 15
4 Sloterdijk, Peter: *Sphären III. Schäume*. Frankfurt/Main 2004, S. 497
5 Heidegger, Martin: „Der Ursprung des Kunstwerkes". In: *Holzwege*. Frankfurt /Main 1950, S. 15
6 Ebd., S. 41
7 Bloch, Ernst: „Prinzip Hoffnung". In: Ders.: *Gesamtausgabe*, Bd. 5. Frankfurt/Main 1977, S. 247f.
8 Bloch, Ernst: „Kunst und Gesellschaft". In: Ueding, Gert: *Ästhetik des Vor-Scheins* 1. Frankfurt/Main 1974, S. 307
9 Heidegger, *Der Ursprung des Kunstwerkes*, S. 13
10 Bloch, *Kunst und Gesellschaft*, S. 309

21 DIE ENTDECKUNG DES ...

1 Dell, Christopher: „Kolkata Monodosis". http://www.goethe.de/kolkata-monodosis. Abrufdatum 05.01.2011

22 MANIFEST

1 Becker, Hellmut: „Gedanken zur Zukunft der Schule". Freie Rede, gehalten am 08.10.1990 an der Gesamthochschule Kassel. In: Hager, Frithjof (Hg.): *Widersprüche aushalten. Aufgaben der Bildung in unserer Zeit*. München 1992, S. 179
2 „this suggests a shift in parameters of work behaviour and therefore of human performance requirements. (...) the trend is clearly away from tasks requiring people to supply or directly control energy and towards those requiring them to process information." Howell, William C.: „An Overview of Models, Methods and Problems". In Howell, William C./Fleishmann, Edwin A. (Hg.): *Human Performance. Volume 2: Information Processing and Decision Making*. Hillsdale 1982, S. 3
3 Über diese neuen *mixed competences* und Bastelbiografien schreibt Roland Hitzler, Soziologe an der Universität Dortmund: „Menschen basteln ihre Existenz zusammen, sie führen ihr Leben weniger planvoll, sondern zimmern sich in wechselnden Rahmenbedingungen ‚irgendwie' ihr eigenes Dasein. Wir ähneln also nicht so sehr Ingenieuren als vielmehr Heimwerkern mit unterschiedlichem Improvisationstalent. (...) Dadurch wird die individuelle Bastelkompetenz immer wichtiger." Hitzler, Roland: „Heimwerker des Lebens". Interview mit Sabine Rückert. In: *Die Zeit*. Nummer 34/2000, 54. Jahrgang, Hamburg 17.08.2000, S. 12
4 Said, Edward: *Götter die keine sind. Der Ort des Intellektuellen*. Frankfurt/Main 1998, S. 85
5 Ebd.
6 Becker, Hellmut: *„Freiheit zur Bildung"*. In Schmidhäuser, Ulrich (Hg.): *Welche Freiheit meinen wir?* Stuttgart 1962, S. 150
7 Ebd.

Veröffentlichungsnachweis

Die – hier zum Teil leicht überarbeiteten – Texte in diesem Buch erschienen zuerst in folgenden Publikationen:

Megacity. In: Feireiss, Kristin (Hg.): City and Structure. Photo-Essays by HGEsch. HatjeCantz, Ostfildern 2008
Die Zeit der 100-Prozent-Stadt. In: Sulzer, Jürg/Pfeil, Anne (Hg.): Stadt Raum Zeit. Stadtentwicklung zwischen Kontinuität und Wandel (Schriftenreihe Stadtentwicklung und Denkmalpflege, Band 10). jovis Verlag, Berlin 2008
Die Performanz des Raums. In: Arch+ 183. Situativer Urbanismus. Aachen, Mai 2007
Die performative Erkundung der Städte. Kritik des Situationismus. In: spacemag #2. Gaffa Urbanismus, Hamburg 2010.
Stadt als Handlung. Architekturen der Performanz. Mit Exzerpten aus: Kniess, Bernd/Dell, Christopher: „Nachbarschaften". In: Arnold, Daniel (Hg.): Nachbarschaft. Callwey, München 2009
Taktiken strategisch machen. Stadt vom Gebrauch her denken. In: GENERALIST 3/2010. Gebrauch und Gewohnheit. Nicolai, Berlin 2010
Performative Produktion von Raum. Bernd Kniess. In: adoptions. Bernd Kniess/Germany (DD Design Document 20). Damdi, Seoul 2007
Neue Handlungs-Räume und Spiel-Felder. Shrink to fit. In: Shrink to Fit (Hg.): Shrink to Fit. Reader zur Architektur. Revolver Verlag, Frankfurt 2005
Improvisation braucht Methode. Sieben Takes. In: Arch+ 167. Off-Architektur 2. Netzwerke. Aachen, November 2003
Die Lage, die Lage, die Lage. In: Feireiss, Kristin/Commerell, Hans-Jürgen (Hg.): Find The Gap, Neue Köpfe und Wege in der Architektur. Aedes, Berlin 2005
Gestaltung und Interesse. Vers les métaformes. In: Sulzer, Jürg (Hg.): StadtGestalten. Visionen Allianzen Wege. (Schriftenreihe Stadtentwicklung und Denkmalpflege, Band 12). jovis Verlag, Berlin 2009
Improvisation als (Des-)Orientierung. In: Baur, Ruedi et al. (Hg.): Desorientierung 1. Verlag Lars Müller, Baden 2010
Ermöglichungsarchitektur. In: Der Architekt 2/2009. Kreative Akte. Die Architektur und die Künste. Berlin 2009
I wie Improvisation. In: Hohmann, Mario/Rettich, Stefan (Hg.): A–Z. 26 Essays zu Grundbegriffen der Architektur. Verlag Walther König, Köln 2004
GOTTAPLAN. Interview mit GENERALIST. In: GENERALIST 1/2009. GOT A PLAN. Nicolai, Berlin 2009
Subjekte der Wiederverwertung (Remix). In: Bormann, Hans-Friedrich/Brandstetter, Gabriel/Matzke, Annemarie (Hg.): Improvisieren. Paradoxien des Unvorhersehbaren. Kunst – Medien – Praxis. transcript, Bielefeld 2010
Komposition und Form. In: Build. Das Architekten-Magazin 4/2007. Komposition. Wuppertal 2007
Diagramm und offene Notation. Von der atonalen Logik des Urbanen. Unveröffentlicht
Metazoon. In: Dell, Christopher: Metazoon (Text zu CD-Booklet). Verlag Walther König, Köln 2001
Telematische Klangstruktur. Implosion des musikalischen Raums. In: b&k+. in vitro landscape. Grundlagen der Architekturgenetik 1 (Edition Weißenhofgalerie). Verlag Walther König, Köln 1999
Die Entdeckung des Leisen. In: Schmidt, J. Alexander/Jammers, Reinhard (Hg.): Die leise Stadt. 2. Essener Forum für Baukommunikation. av edition, Stuttgart 2006
Manifest. Für eine Technologie der Improvisation. In: Killius, Nelson/ Kluge, Jürgen/Reisch, Linda (Hg.): Die Bildung der Zukunft. Suhrkamp, Frankfurt 2003

Autor und Verlag danken den genannten Verlagen für die freundliche Genehmigung zum Wiederabdruck in diesem Band.

Bildnachweis

Cover Hanna Lippmann, aus *Retina*, 2008
1 Satellitenfoto, http://www.earthobservations.org/images/articles/landsat_shanghai_1973_2005.jpg, Zugriff 17.03.2011
2 Agence France Presse, in: Süddeutsche Zeitung Nr. 270, 20.11.2008, S. 3
3 Cedric Price, Fun Palace, in: Mathews, Stanley: From Agit-Prop to Free-Space, London 2007, S. 83
4 Lacaton&Vasall Architectes, Paris
5 Guy Debord und Asger Jorn, Foto: Rijksbureau voor Kunsthistorische Documentatie, in: Wigley, Mark: The Hyper-Architecture of Desire, Rotterdam 1998, S. 18
6 Smithson, Alison and Peter: The Charged Void, New York 2001, S. 87
7 Wigley, Mark: The Hyper-Architecture of Desire, Rotterdam 1998, S. 153
8 www.archigram.net, Zugriff 17.03.2011
9 Bernd Kniess
10 a, 10 b Michael Reisch
11, 12 Raumlabor, Berlin
13, 14 Ton Matton Office, Wendorf
15 a, 15 b, 16 Christopher Dell
17 Earl Brown, in: Karkoschka, Erhard: Das Schriftbild der Neuen Musik. Celle 1966, S. 93
18 Rem Koolhaas
19 Brandlhuber & Kniess+, Köln
20 Christopher Dell